高等职业教育农业农村部“十三五”规划教材

“十四五”职业教育江苏省规划教材

“十三五”江苏省高等学校重点教材(编号：2017-1-043)

华东地区大学出版社版协第九届优秀教材二等奖

高等数学

（第五版）

主　编　杨天明　梅　霞

副主编　陈智豪　曹卫锋　倪焕敏

吴叶民　顾　敏　张　雷

史和娣　韩广发　唐孝法

蔡井伟　陈　兵

参　编　徐亚丹　顾春华

主　审　骈俊生

南京大学出版社

图书在版编目(CIP)数据

高等数学 / 杨天明，梅霞主编. —5 版. —南京 ：南京大学出版社，2022.7(2024.6 重印)

ISBN 978 - 7 - 305 - 24970 - 9

Ⅰ. ①高… Ⅱ. ①杨… ②梅… Ⅲ. ①高等数学—高等职业教育—教材 Ⅳ. ①O13

中国版本图书馆 CIP 数据核字(2021)第 172839 号

出版发行 南京大学出版社
社　　址 南京市汉口路 22 号　　邮　　编 210093

书　　名 高等数学
GAODENG SHUXUE
主　　编 杨天明　梅　霞
责任编辑 刘　飞　　编辑热线 025 - 83592146
照　　排 南京开卷文化传媒有限公司
印　　刷 南京百花彩色印刷广告制作有限责任公司
开　　本 787×1092　1/16　印张 18.75　字数 485 千
版　　次 2022 年 7 月第 5 版　2024 年 6 月第 4 次印刷
ISBN 978 - 7 - 305 - 24970 - 9
定　　价 46.00 元

网　　址：http://www.njupco.com
官方微博：http://weibo.com/njupco
官方微信：njupress
销售咨询：(025)83594756

编者的话

高等职业教育作为我国高等教育的一个重要组成部分，与普通高等教育相比有其自身特点，其目标是培养生产和管理第一线的技术应用型人才. 高等职业教育的发展急需建设体现其培养目标的教材体系，我们为贯彻党的二十大精神中关于教育要落实立德树人的根本任务，结合教育部有关文件要求，以“结合实际，深化概念，加强计算，注重应用”为宗旨，以“应用为目的，必须、够用为度，适当提高”为原则，以“适应信息化教学技术的发展”为目标，重新修订了这本教材.

本书的编写力求体现以下特色：

1. 理论联系实际原则，着重工农业生产等方面的应用. 本书的基本概念大都是从实际问题入手，并注重各方面的联系，以提高学生解决实际问题的能力.

2. 降低了系统理论的要求. 许多结论都是以“法则、定理”的形式呈现，配以几何解释；每节都有一定量的例题、习题，每章都有复习题，以加强对它们的熟练运用.

3. 制作了一定量的数字资源. 开发兼具查询、电子阅读等功能的数字教材，增强趣味性，提供多样化的学习体验.

4. 感知数学文化. 编写了数学家简介、综合练习等，拓宽学生的知识广度，丰富学习资源.

5. 每章前都有内容提要. 使读者对本章有一整体认识，方便自学.

本书共分十三章，内容有：函数、极限与连续，导数与微分，中值定理与导数的应用，不定积分，定积分，常微分方程，级数，向量与空间解析几何，多元函数微分学，二重积分，矩阵与行列式，线性方程组，以及 MATLAB 及其应用. 参加本书编写的人员有：史和娣、杨天明、吴叶民、张雷、陈兵、陈智豪、顾敏、倪焕敏、唐孝法、顾春华、徐亚丹、梅霞、曹卫锋、韩广发、蔡井伟(按姓氏笔画排序). 全书由梅霞、曹卫锋、陈智豪负责统稿，杨天明统一策划、审定，南京信息职业技术学院骈俊生主审.

本书的出版得到了江苏农林职业技术学院,江阴职业技术学院,无锡工艺职业技术学院,江苏农牧科技职业学院,江苏城乡建设职业学院,南京信息职业技术学院以及南京大学出版社的大力支持,在此谨表示衷心的感谢!

限于编者的水平,加之时间仓促,书中难免有不当之处,敬请专家、同仁以及广大读者批评指正.

编　者

2023 年 7 月

目　录

带*为线上内容,微信扫码可线上学习

二维码资源一览表

第一章　函数、极限与连续

本章提要　应用数学基础研究的主要内容是函数的微积分及其应用，而极限是研究函数的微积分的主要工具. 本章将在复习和加深函数有关知识的基础上，学习函数极限与连续的概念，为学习函数的微积分打好基础.

第一节　函　数

微课：分段函数

一、函数的概念

定义 1-1　设 x 和 y 是两个变量，D 是 $\mathbf{R}$ 的非空子集，任意 $x \in D$，变量 y 按照某个对应关系 f 有唯一确定的实数与之对应（记作 $y = f(x)$），则称 y 是定义在 D 上的函数. 其中，x 称为**自变量**，y 称为**因变量**，D 称为函数 y 的**定义域**. 数集 $\{f(x) \mid x \in D\}$ 称为函数 f 的**值域**.

由于常常通过函数值讨论函数，因此习惯上把自变量为 x、因变量为 y 的函数 f 记成 $y = f(x)$.

由定义 1-1 可见，两个函数相同的充分必要条件是对应关系相同，定义域也相同. 由于函数 $y = |x|$ 与 $y = x$ 的对应关系不同，因此它们是两个不同的函数；由于函数 $y = 2\lg x$ 与 $y = \lg(x^2)$ 的定义域不同，因此它们也是两个不同的函数；而函数 $y = |x|$ 与 $y = \sqrt{x^2}$ 则是同一个函数.

【例 1.1.1】　某地某日的气温 T 和时间 t 是两个变量，由气温自动记录仪描得一条曲线（如图 1-1），这个图形表示了气温 T 和时间 t（从 0 开始）之间的函数关系，记录的时间范围是 $[0,24)$(h).

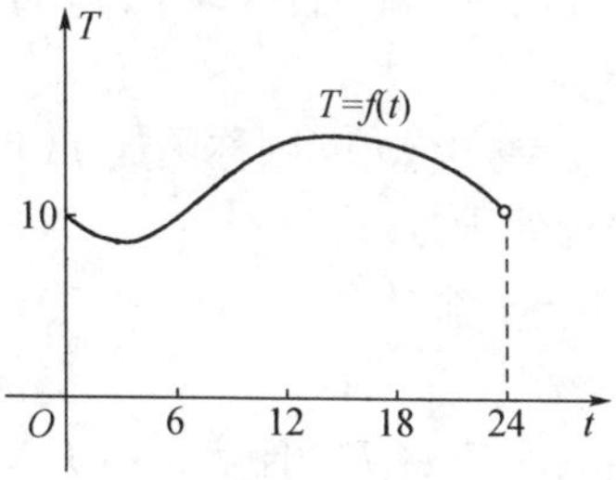

图 1-1

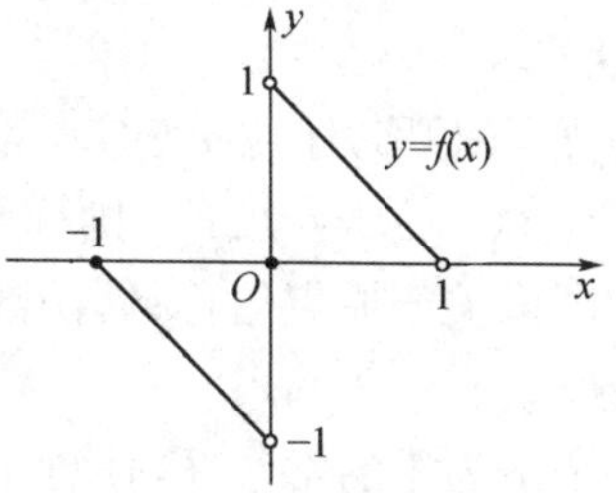

图 1-2

【例 1.1.2】　数学式

$$y = f(x) = \begin{cases} -x+1, & 0 < x < 1; \\ 0, & x = 0; \\ -x-1, & -1 \leqslant x < 0 \end{cases}$$

也表明变量 y 是 x 的函数，它的图像如图 1-2 所示.

函数的定义域，对于具有实际意义的函数来说，要按题意来确定，如【例 1.1.1】中函数的定义域 $D=[0,24)$，又如圆的面积 A 是半径 r 的函数 $A(r)=\pi r^2$，它的定义域是 $(0,+\infty)$；对于抽象地用公式表达的函数，函数的定义域是自变量所能取的使公式有意义的一切值的集合. 如【例 1.1.2】中的函数，其自变量的取值范围在函数的表达式中已经给定了，它的定义域 $D=[-1,1)$.

【例 1.1.3】 确定函数 $y=\dfrac{\lg(1+x)}{x}$ 的定义域.

解 该函数的定义域 D 为满足不等式组

$$\begin{cases}1+x>0,\\ x\neq 0\end{cases}$$

的 x 的集合，即 $D=(-1,0)\cup(0,+\infty)$.

二、函数的几种特性

设函数 $f(x)$ 的定义域为 D.

1. 有界性

设数集 $X\subset D$，如果存在正常数 M，任意 $x\in X$，相应的函数值满足 $|f(x)|\leqslant M$，则称 $f(x)$ 在 X 上有界. 如果不存在这样的正常数 M，则称 $f(x)$ 在 X 上无界.

如果 $f(x)$ 在 D 上有界，则称 $f(x)$ 为有界函数. 例如函数 $\sin x$ 是有界函数. 函数 $\tan x$ 在 $\left(-\dfrac{\pi}{2},\dfrac{\pi}{2}\right)$ 内是无界的，但它在 $\left[-\dfrac{\pi}{4},\dfrac{\pi}{4}\right]$ 上是有界的.

2. 单调性

设区间 $I\subset D$，任意 $x_1,x_2\in I$，若当 $x_1<x_2$，恒有 $f(x_1)<f(x_2)$，则称函数 $f(x)$ 在区间 I 上是单调增加的；如果任意 $x_1,x_2\in I$，若当 $x_1<x_2$，恒有 $f(x_1)>f(x_2)$，则称函数 $f(x)$ 在区间 I 上是单调减少的.

在区间 I 上是单调增加的或单调减少的函数统称为区间 I 上的单调函数. 从几何直观上看，区间 I 上单调增加（或减少）的函数，其图像自左向右是上升（或下降）的.

3. 奇偶性

设 D 关于原点对称，任意 $x\in D$，都有 $f(-x)=-f(x)$，则称函数 $f(x)$ 为奇函数；任意 $x\in D$，都有 $f(-x)=f(x)$，则称函数 $f(x)$ 为偶函数.

奇函数的图像关于原点对称；偶函数的图像关于 y 轴对称.

4. 周期性

设存在一个不为零的常数 T，任意 $x\in D$，有 $x+T\in D$，且 $f(x+T)=f(x)$，则称函数 $f(x)$ 为周期函数，T 为 $f(x)$ 的周期. 当周期函数存在最小正周期时，通常所说的周期指的是最小正周期.

周期函数若以 $T(>0)$ 为周期，则在每个长度为 T 的区间 $[nT,(n+1)T](n\in\mathbf{Z})$ 上函数的图像是相同的.

【例 1.1.4】 讨论函数

$$f(x)=\frac{\mathrm{e}^{x}-\mathrm{e}^{-x}}{\mathrm{e}^{x}+\mathrm{e}^{-x}}$$

的特性.

解　函数 $f(x)$ 的定义域为 **R**.

(1) 任意 $x\in\mathbf{R}$, $|f(x)|=\left|\frac{\mathrm{e}^{x}-\mathrm{e}^{-x}}{\mathrm{e}^{x}+\mathrm{e}^{-x}}\right|\leqslant\frac{\mathrm{e}^{x}+\mathrm{e}^{-x}}{\mathrm{e}^{x}+\mathrm{e}^{-x}}=1$;

(2) 任意 $x\in\mathbf{R}$, $f(-x)=\frac{\mathrm{e}^{-x}-\mathrm{e}^{x}}{\mathrm{e}^{-x}+\mathrm{e}^{x}}=-f(x)$;

(3) 任意 $x_1,x_2\in\mathbf{R}$, $x_1<x_2$, 则

$$f(x_2)-f(x_1)=\frac{\mathrm{e}^{x_2}-\mathrm{e}^{-x_2}}{\mathrm{e}^{x_2}+\mathrm{e}^{-x_2}}-\frac{\mathrm{e}^{x_1}-\mathrm{e}^{-x_1}}{\mathrm{e}^{x_1}+\mathrm{e}^{-x_1}}=\frac{2(\mathrm{e}^{x_2-x_1}-\mathrm{e}^{x_1-x_2})}{(\mathrm{e}^{x_2}+\mathrm{e}^{-x_2})(\mathrm{e}^{x_1}+\mathrm{e}^{-x_1})}>0.$$

因此函数 $f(x)$ 在 **R** 上是有界的、单调增加的奇函数, $f(x)$ 不具有周期性.

三、复合函数与初等函数

1. 基本初等函数

幂函数、指数函数、对数函数、三角函数和反三角函数等五类函数统称为基本初等函数. 为了方便,很多时候把多项式函数也看作基本初等函数. 这些函数是我们今后研究其他各种函数的基础.

现将一些常用的基本初等函数的定义域、值域和特性列表说明如下:

表 1-1　常用的基本初等函数的定义域、值域和特性

函数类型	函　数	定义域与值域	图　像	特　性
幂函数	$y=x$	$x\in(-\infty,+\infty)$ $y\in(-\infty,+\infty)$	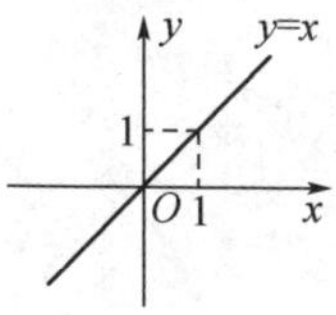	奇函数 单调增加
	$y=x^2$	$x\in(-\infty,+\infty)$ $y\in[0,+\infty)$	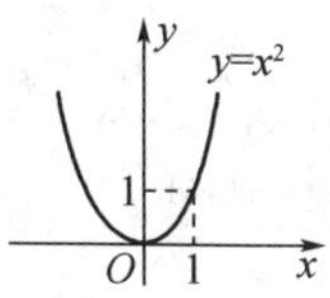	偶函数,在 $(-\infty,0)$ 内单调减少,在 $(0,+\infty)$ 内单调增加
	$y=x^3$	$x\in(-\infty,+\infty)$ $y\in(-\infty,+\infty)$	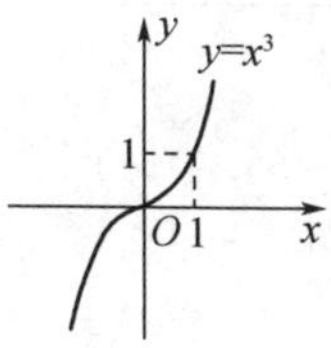	奇函数 单调增加

（续表）

函数类型	函数	定义域与值域	图像	特性
幂函数	$y=x^{-1}$	$x\in(-\infty,0)\cup(0,+\infty)$ $y\in(-\infty,0)\cup(0,+\infty)$	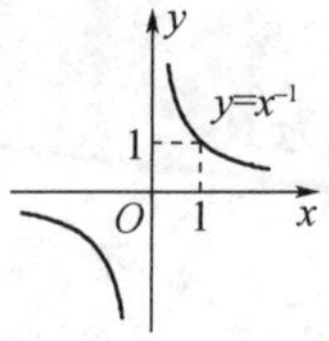	奇函数 单调减少
	$y=x^{\frac{1}{2}}$	$x\in[0,+\infty)$ $y\in[0,+\infty)$	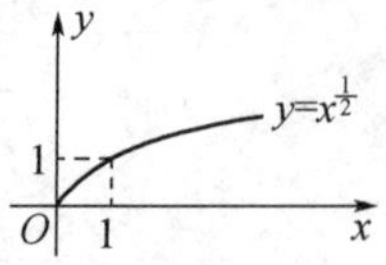	单调增加
指数函数	$y=a^x$ $(0<a<1)$	$x\in(-\infty,+\infty)$ $y\in(0,+\infty)$	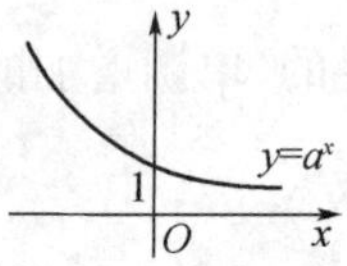	单调减少
	$y=a^x$ $(a>1)$	$x\in(-\infty,+\infty)$ $y\in(0,+\infty)$	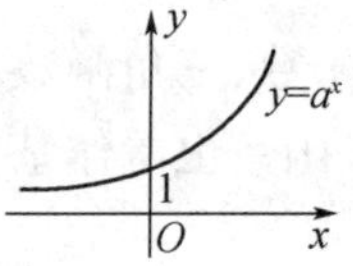	单调增加
对数函数	$y=\log_a x$ $(0<a<1)$	$x\in(0,+\infty)$ $y\in(-\infty,+\infty)$	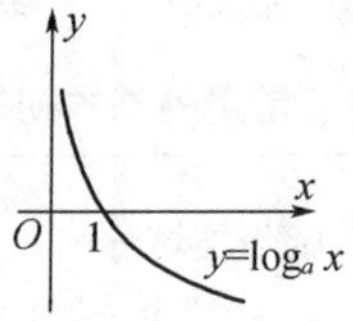	单调减少
	$y=\log_a x$ $(a>1)$	$x\in(0,+\infty)$ $y\in(-\infty,+\infty)$	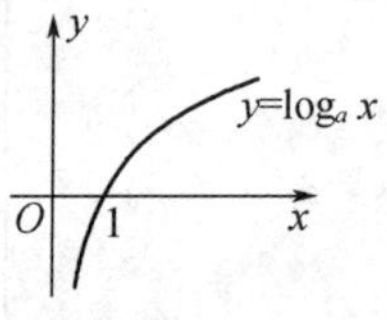	单调增加
三角函数	$y=\sin x$	$x\in(-\infty,+\infty)$ $y\in[-1,1]$	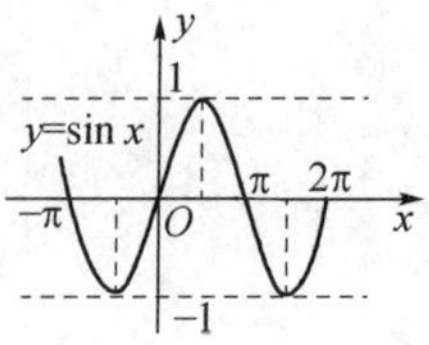	奇函数，周期 2π，有界，在 $\left(2k\pi-\frac{\pi}{2},\ 2k\pi+\frac{\pi}{2}\right)$ 内单调增加，在 $\left(2k\pi+\frac{\pi}{2},\ 2k\pi+\frac{3\pi}{2}\right)$ 内单调减少 $(k\in\mathbf{Z})$
	$y=\cos x$	$x\in(-\infty,+\infty)$ $y\in[-1,1]$	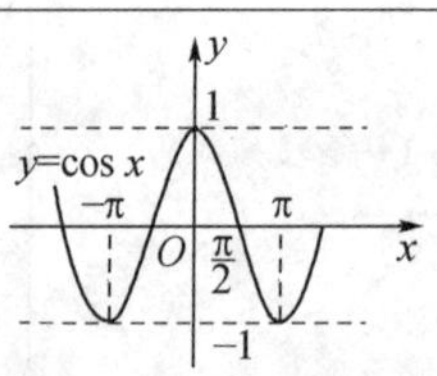	偶函数，周期 2π，有界，在 $(2k\pi,\ 2k\pi+\pi)$ 内单调减少，在 $(2k\pi-\pi,\ 2k\pi)$ 内单调增加 $(k\in\mathbf{Z})$

（续表）

函数类型	函 数	定义域与值域	图 像	特 性
三角函数	$y=\tan x$	$x \neq k\pi+\frac{\pi}{2}$ $y \in (-\infty, +\infty)$	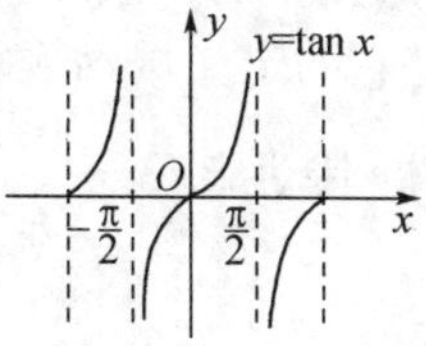	奇函数，周期 π，在 $\left(k\pi-\frac{\pi}{2}, k\pi+\frac{\pi}{2}\right)$ 内单调增加 ($k \in \mathbf{Z}$)
	$y=\cot x$	$x \neq k\pi$ $y \in (-\infty, +\infty)$	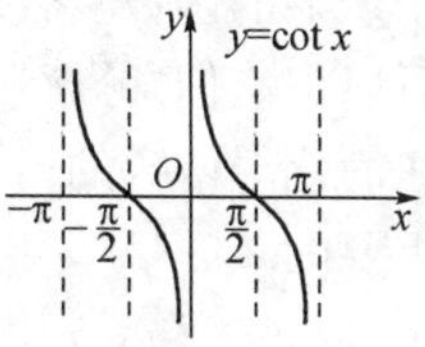	奇函数，周期 π，在 $(k\pi, k\pi+\pi)$ 内单调减少 ($k \in \mathbf{Z}$)
反三角函数	$y=\arcsin x$	$x \in [-1, 1]$ $y \in \left[-\frac{\pi}{2}, \frac{\pi}{2}\right]$	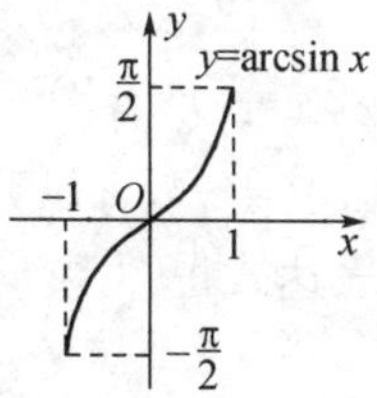	奇函数,单调增加,有界
	$y=\arccos x$	$x \in [-1, 1]$ $y \in [0, \pi]$	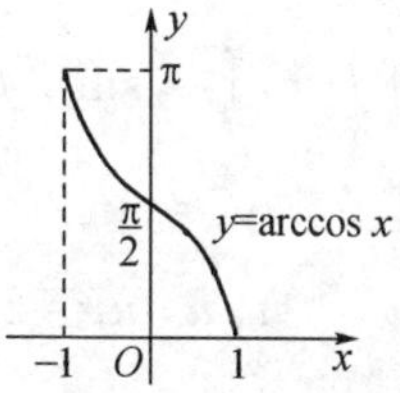	单调减少,有界
	$y=\arctan x$	$x \in (-\infty, +\infty)$ $y \in \left(-\frac{\pi}{2}, \frac{\pi}{2}\right)$	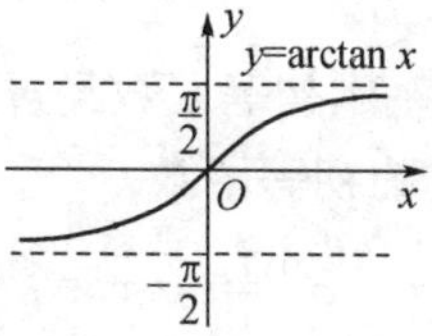	奇函数,单调增加,有界
	$y=\operatorname{arccot} x$	$x \in (-\infty, +\infty)$ $y \in (0, \pi)$	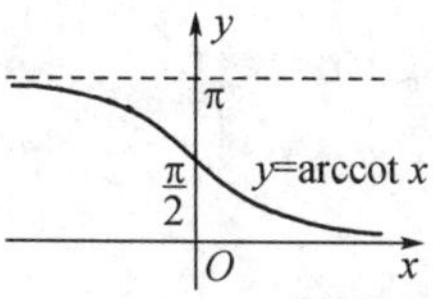	单调减少,有界

2. 复合函数

先看一个例子. 设 $y=u^2$，$u=\sin x$，则任意 $x \in \mathbf{R}$，有 $u=\sin x \in [-1, 1]$；又有 $y=u^2$，有 $y=\sin^2 x \in [0, 1]$，即通过中间媒介 u，y 是 x 的函数,称 $y=\sin^2 x$ 是 $y=u^2$，$u=\sin x$ 的复合函数. 必须注意,并不是任意两个函数都可以复合,如 $y=\arcsin t$，$t=x^2+2$

在实数范围内就不能复合.

定义 1-2 设函数 $y=f(u)$ 的定义域为 U，而 $u=\varphi(x)$ 的定义域为 X，$D=\{x\in X \mid \varphi(x)\in U\}\neq\phi$，则任意 $x\in D$，通过 $u=\varphi(x)$，变量 y 有确定的值 $f(u)$ 与之对应，得到一个以 x 为自变量，y 为因变量的函数. 该函数称为 $y=f(u)$ 和 $u=\varphi(x)$ 的**复合函数**，记作 $y=[f(\varphi(x))]$，D 是它的定义域，u 称为**中间变量**.

如自由落体运动的物体，其动能 $E=\dfrac{1}{2}mv^2$，速度 $v=gt$，所以它们的复合函数 $E=\dfrac{1}{2}mg^2t^2$.

复合函数还可以由两个以上的函数复合."复合"是由简单函数构造复杂函数的重要方法. 反之，许多复杂函数又可以把它们"分解"成简单函数的复合，这是复合的相反过程. 以后我们常用这种"分解"的方法简化对函数的讨论. 因此，能够熟练地分析复杂函数的构造并化成简单函数的复合是非常重要的.

【例 1.1.5】 函数 $f(x)=\begin{cases}1-x,\ x\geqslant 0;\\ 2-x,\ x<0,\end{cases}$ 求 $f[f(3)]$.

解 $f[f(3)]=f[1-3]=f(-2)=2-(-2)=4$.

【例 1.1.6】 设函数 $f(x)=x^3$，$\varphi(x)=\sin\sqrt{x}$，求 $f[\varphi(x)]$，$\varphi[f(x)]$.

解 由 $f(x)$，$\varphi(x)$ 的表达式得

$$f[\varphi(x)]=[\varphi(x)]^3=\sin^3\sqrt{x};$$

$$\varphi[f(x)]=\sin\sqrt{f(x)}=\sin(x^{\frac{3}{2}}).$$

【例 1.1.7】 分别指出函数 $y=\sin 2x$，$y=\mathrm{e}^{\sin(1+3x^2)}$ 是由哪些简单函数复合而成.

解 $y=\sin 2x$ 是由 $y=\sin u$，$u=2x$ 复合而成的；$y=\mathrm{e}^{\sin(1+3x^2)}$ 是由 $y=\mathrm{e}^u$，$u=\sin v$，$v=1+3x^2$ 复合而成的.

3. 初等函数

定义 1-3 由常数和基本初等函数经过有限次四则运算和有限次复合而成的，并且可用一个式子表示的函数，称为**初等函数**.

例如，$y=\dfrac{\sin x}{x^2+1}$，$y=|x|=\sqrt{x^2}$ 等都是初等函数；而符号函数

$$\operatorname{sgn} x=\begin{cases}1, & x>0\\ 0, & x=0\\ -1, & x<0\end{cases}$$

就不是初等函数.

此外，为了讨论函数在一点附近的某些性态，下面引入点的邻域的概念.

定义 1-4 设 a，$\delta\in\mathbf{R}$，$\delta>0$，数集 $\{x \mid |x-a|<\delta,\ x\in\mathbf{R}\}$，即实数轴上和 a 点的距离小于 δ 的点的全体(图 1-3)，称为点 a 的 δ **邻域**，记作 $U(a,\delta)$，点 a 与数 δ 分别称为这邻域的**中心**与**半径**. 有时用 $U(a)$ 表示点 a 的一个泛指的邻域. 数集 $\{x \mid 0<|x-a|<\delta,\ x\in\mathbf{R}\}$ (图 1-4)称为**点 a 的空心 δ 邻域**，记作 $\mathring{U}(a,\delta)$.

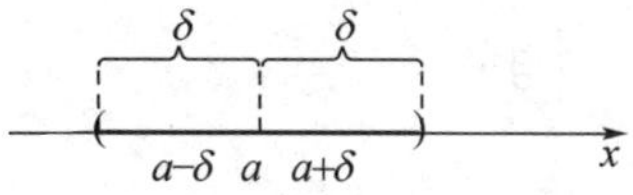

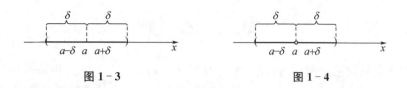

图 1-3

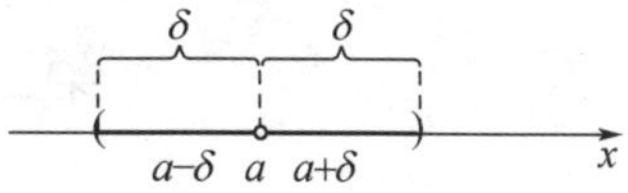

图 1-4

显然，$U(a,\delta)=(a-\delta,a+\delta)$，$\mathring{U}(a,\delta)=(a-\delta,a)\cup(a,a+\delta)$.

习题 1-1

1. 求下列函数的定义域：

(1) $y=\dfrac{\sqrt{9-x^2}}{\ln(x+2)}$；

(2) $y=\lg(5-x)+\arcsin\dfrac{x-1}{6}$；

(3) $y=\begin{cases}2x, & -1\leqslant x<0;\\ 1+x, & x>0;\end{cases}$

(4) $y=f(x-1)+f(x+1)$，已知 $f(u)$ 的定义域为 $(0,3)$.

2. 求下列函数的值：

(1) 设 $f(x)=\arcsin(\lg x)$，求 $f\left(\dfrac{1}{10}\right)$，$f(1)$，$f(10)$；

(2) 设 $f(x)=\begin{cases}2x+3, & x\leqslant 0;\\ 2^x, & x>0,\end{cases}$ 求 $f(-2)$，$f(0)$，$f[f(-1)]$；

(3) 设 $f(x)=2x-1$，求 $f(a^2)$，$f[f(a)]$，$[f(a)]^2$.

3. 下述函数 $f(x)$，$g(x)$ 是否相同？

(1) $f(x)=\lg(x^2)$，$g(x)=2\lg x$；

(2) $f(x)=|x|$，$g(x)=\begin{cases}x, & x\geqslant 0;\\ -x, & x<0.\end{cases}$

4. 确定下列函数的奇偶性：

(1) $y=\dfrac{\sin x}{x}$；　　(2) $y=\lg\dfrac{1-x}{1+x}$；

(3) $y=\log_2(x+\sqrt{x^2+1})$；　　(4) $y=\sin x+\cos x$.

5. 已知 $f(x)=x^3-x$，$\varphi(x)=\sin 2x$，求 $f[\varphi(x)]$，$\varphi[f(x)]$.

6. 指出下列各函数的复合过程：

(1) $y=\sqrt{3x+1}$；　　(2) $y=\mathrm{e}^{\sin 2x}$；

(3) $y=\sin\sqrt{\dfrac{x^2+1}{x^2-1}}$；　　(4) $y=\arctan(x^2+1)^2$.

7. 设火车从甲站启动，以 0.5 km/min^2 的匀加速度前进，经过 2 min 后开始匀速行驶，再经过 7 min 以后以 0.5 km/min^2 匀减速到达乙站停车，试将火车在这段时间内行驶的路程 s(km)表示为时间 t(min)的函数，并作出图形.

第二节　极　限

中学数学里已讨论过数列的极限，无穷数列 $x_1, x_2, \cdots, x_n, \cdots$，可以看作自变量为正整数 n 的函数 $f(n)$，其中 $f(n)=x_n$. 因此数列的极限是一类特殊函数的极限. 下面对数列的极限作简要的复习与补充，并进而讨论函数的极限.

一、数列极限

先看两个无穷数列：

(1) $\frac{1}{2}, \frac{1}{4}, \frac{1}{8}, \cdots, \frac{1}{2^n}, \cdots$；

(2) $\frac{1}{2}, \frac{2}{3}, \frac{3}{4}, \cdots, \frac{n}{n+1}, \cdots$.

我们分别将这两个数列中的前几项在数轴上表示出来(图 1－5).

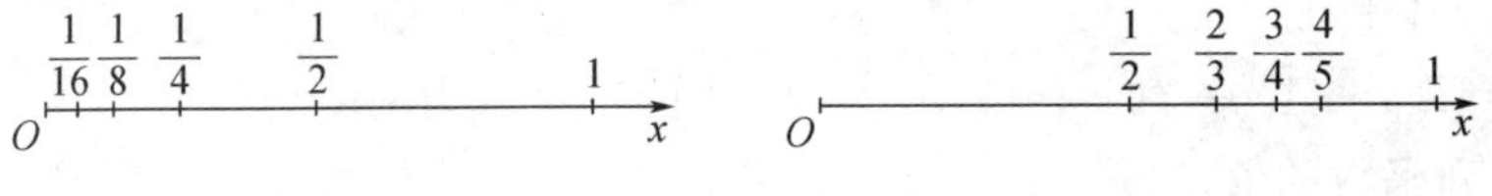

图 1－5

观察这两个数列，随着项数 n 增大时项的变化趋势，容易看出当 n 无限增大时，数列(1)中的项无限趋近于 0，数列(2)中的项无限趋近于 1. 我们用下述的数列极限定义，来描述数列的这种变化趋势.

定义 1－5　当数列$\{x_n\}$的项数 n 无限增大时，如果 x_n 无限趋近于一个确定的常数 A，那么就称这个数列存在**极限 A**，记作 $\lim\limits_{n\to\infty} x_n = A$，读作"当 n 趋向于无穷大时，$\{x_n\}$的极限等于 A". 符号"→"表示"**趋向于**"，"∞"表示"**无穷大**"，"$n\to\infty$" 表示"**n 无限增大**". $\lim\limits_{n\to\infty} x_n = A$ 有时也记作当 $n\to\infty$ 时，$x_n\to A$，或 $x_n\to A(n\to\infty)$.

若数列$\{x_n\}$存在极限，也称数列$\{x_n\}$**收敛**；若数列$\{x_n\}$没有极限，则称数列$\{x_n\}$**发散**.

注意　① 一个数列有无极限，应该分析随着项数的无限增大，数列中相应的项是否无限趋近于某个确定的常数，如果这样的数存在，那么该数就是所讨论数列的极限，否则数列的极限就不存在. 如数列(1)，随着 n 无限增大，显然对应的项无限趋近于 0，故得 $\lim\limits_{n\to\infty}\frac{1}{2^n}=0$；数列(2)，随着 n 无限增大，显然对应的项无限趋近于 1，故得 $\lim\limits_{n\to\infty}\frac{n}{n+1}=1$；又如数列 $1, -1, 1, -1, \cdots, (-1)^{n-1}, \cdots$，该数列各项时而为 1，时而为－1，它不可能无限趋近于某个确定的常数，因此该数列当 $n\to\infty$ 时，极限不存在. ② 一般地，任何一个常数数列的极限都是这个常数本身. 例如常数数列 3, 3, 3, …，其极限为 3.

定理 1－1　单调有界数列必有极限.

若单调增加数列$\{x_n\}$有上界 M，或单调减少数列$\{x_n\}$有下界 M，则 $\lim\limits_{n\to\infty} x_n = M$. 若数列$\{x_n\}$满足条件 $x_1\leqslant x_2\leqslant x_3\leqslant\cdots\leqslant x_n\leqslant x_{n+1}\leqslant\cdots$，则称数列$\{x_n\}$是**单调增加**的；若数列

$\{x_n\}$满足条件 $x_1 \geqslant x_2 \geqslant x_3 \geqslant \cdots \geqslant x_n \geqslant x_{n+1} \geqslant \cdots$，则称数列$\{x_n\}$是**单调减少**的. 单调增加和单调减少的数列统称为**单调数列**.

由函数有界性定义易得，数列$\{x_n\}$有界指数列$\{x_n\}$中的一切 x_n 都满足不等式 $|x_n| \leqslant M$. 对于定理这里不作证明，而举例说明应用. 例如，求 $\lim\limits_{n\to\infty}\sqrt{1+\frac{1}{n}}$，可设 $x_n = 1+\frac{1}{n}$，则数列$\{x_n\}$为单调减少，且 $x_n \geqslant 1$，则 $\lim\limits_{n\to\infty}\sqrt{1+\frac{1}{n}} = 1$.

二、函数极限

1. $x\to\infty$ 时函数的极限

在数列极限中，记号 $n\to\infty$ 是指数列的项数按照自然数的顺序无限增大，而函数的自变量 $x\to\infty$ 是指 x 的绝对值无限增大，它包含以下两种情况：

(1) x 取正值，无限增大，记作 $x\to+\infty$；

(2) x 取负值，它的绝对值无限增大(即 x 无限减小)，记作 $x\to-\infty$.

若 x 不指定正负，只是$|x|$无限增大，则写成 $x\to\infty$.

【例 1.2.1】 讨论反比例函数 $y=\frac{1}{x}$ 当 $x\to+\infty$ 和 $x\to-\infty$ 时的变化趋势.

解　作出函数 $y=\frac{1}{x}$ 的图像(图 1-6).

由图可以看出，当 $x\to+\infty$ 和 $x\to-\infty$ 时，$y=\frac{1}{x}\to 0$，因此当 $x\to\infty$ 时，$y=\frac{1}{x}\to 0$.

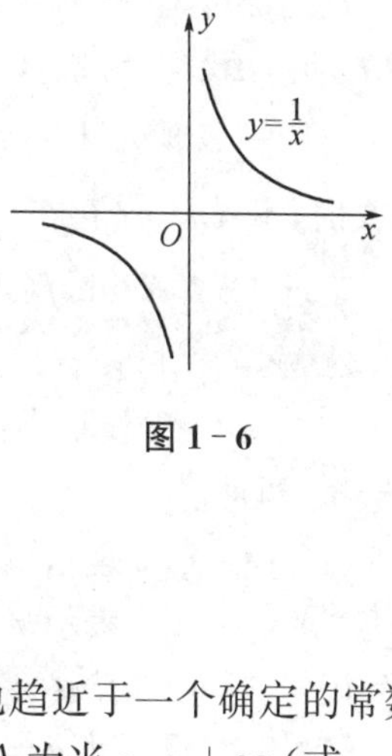

图 1-6

对于这种变化过程，给出下列定义：

定义 1-6　如果当$|x|$无限增大(即 $x\to\infty$)时，函数 $f(x)$ 无限地趋近于一个确定的常数 A，那么就称 $f(x)$ 当 $x\to\infty$ 时存在极限 A，称数 A 为当 $x\to\infty$ 时函数 $f(x)$ 的**极限**，记作

$$\lim_{x\to\infty} f(x) = A.$$

类似地，如果当 $x\to+\infty$ (或 $x\to-\infty$)时，函数 $f(x)$ 无限地趋近于一个确定的常数 A，那么就称 $f(x)$ 当 $x\to+\infty$ (或 $x\to-\infty$)时存在极限 A，称数 A 为当 $x\to+\infty$ (或 $x\to-\infty$)时函数 $f(x)$ 的极限，记作

$$\lim_{x\to+\infty} f(x) = A \quad (\text{或} \lim_{x\to-\infty} f(x) = A).$$

如，当 $x\to+\infty$ 时，$y=\arctan x\to\frac{\pi}{2}$，即 $\lim\limits_{x\to+\infty}\arctan x = \frac{\pi}{2}$；

当 $x\to-\infty$ 时，$y=\arctan x\to-\frac{\pi}{2}$，即 $\lim\limits_{x\to-\infty}\arctan x = -\frac{\pi}{2}$.

【例 1.2.2】 讨论 $\lim\limits_{x\to\infty}\frac{2x+1}{x}$.

解　由于 $\frac{2x+1}{x} = 2+\frac{1}{x}$，当 $x\to\infty$ 时，$\left(2+\frac{1}{x}\right)\to 2$，故得 $\lim\limits_{x\to\infty}\frac{2x+1}{x} = 2$.

【例 1.2.3】 讨论下列函数当 $x \to \infty$ 时的极限.

(1) $y = 1 + \frac{1}{x^2}$；　　(2) $y = 2^x$.

解 (1) 函数的图像如图 1-7 所示.

从图像可见，当 $x \to +\infty$ 时，$y = 1 + \frac{1}{x^2} \to 1$；当 $x \to -\infty$ 时，$y = 1 + \frac{1}{x^2} \to 1$.

因此，当 $|x|$ 无限增大时，函数 $y = 1 + \frac{1}{x^2}$ 无限接近于常数 1，即 $\lim\limits_{x \to \infty}\left(1 + \frac{1}{x^2}\right) = 1$.

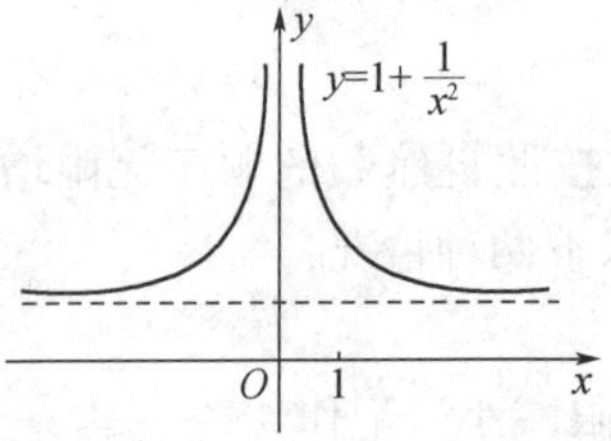

图 1-7

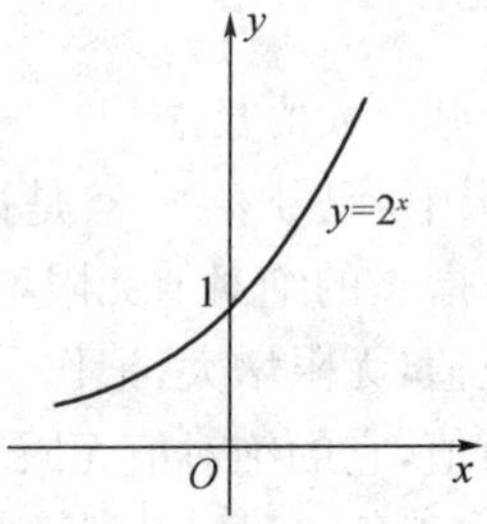

图 1-8

(2) 函数的图像如图 1-8 所示.

从图像可见，当 $x \to +\infty$ 时，$y = 2^x \to +\infty$；当 $x \to -\infty$ 时，$y = 2^x \to 0$. 因此，当 $|x|$ 无限增大时，函数 $y = 2^x$ 不可能无限地趋近某一个常数，即 $\lim\limits_{x \to \infty} 2^x$ 不存在.

由例 1.2.3 可见，一般地有以下结论：当且仅当 $\lim\limits_{x \to +\infty} f(x)$ 和 $\lim\limits_{x \to -\infty} f(x)$ 都存在并相等为 A 时，$\lim\limits_{x \to \infty} f(x)$ 存在且为 A，即得

定理 1-2 $\lim\limits_{x \to \infty} f(x) = A \Leftrightarrow \lim\limits_{x \to +\infty} f(x) = \lim\limits_{x \to -\infty} f(x) = A$.

2. $x \to x_0$ 时函数的极限

与 $x \to \infty$ 的情形类似，$x \to x_0$ 包含 x 从大于 x_0 和 x 从小于 x_0 的方向趋近于 x_0 两种情况：

微课：$x \to x_0$ 时函数的极限

(1) $x \to x_0^+$，表示 x 从大于 x_0 的方向趋近于 x_0；

(2) $x \to x_0^-$，表示 x 从小于 x_0 的方向趋近于 x_0.

记号 $x \to x_0$ 表示 x 无限趋近于 x_0，对从哪个方向趋近没有限制.

【例 1.2.4】 讨论当 $x \to 2$ 时，函数 $y = x + 1$ 的变化趋势.

解 作出函数 $y = x + 1$ 的图像(图 1-9). 由图看出，不论 x 从大于或小于 2 的方向趋近于 2，函数 $y = x + 1$ 的值总是随自变量 x 的变化从两个不同的方向愈来愈接近于 3，故当 $x \to 2$ 时，$y = x + 1 \to 3$.

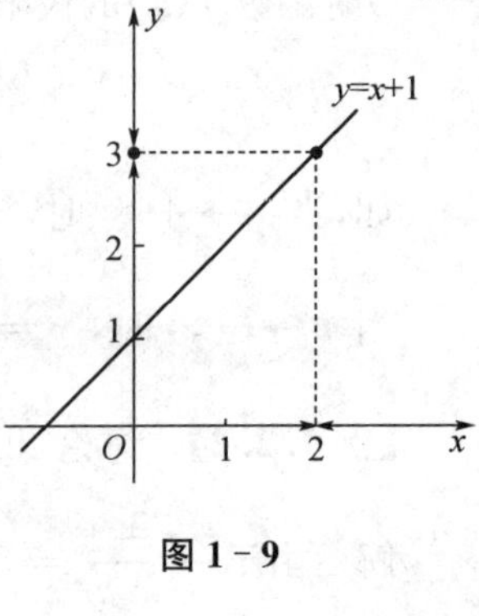

图 1-9

【例 1.2.5】 讨论当 $x \to 1$ 时，函数 $y = \frac{x^2 - 1}{x - 1}$ 的变化趋势.

解 作出函数的图像(图 1-10).

函数的定义域为 $(-\infty, 1) \cup (1, +\infty)$，在 $x = 1$ 处函数没有定义，但从图上看出，不论 x 从大于或小于 1 的方向趋近于 1，

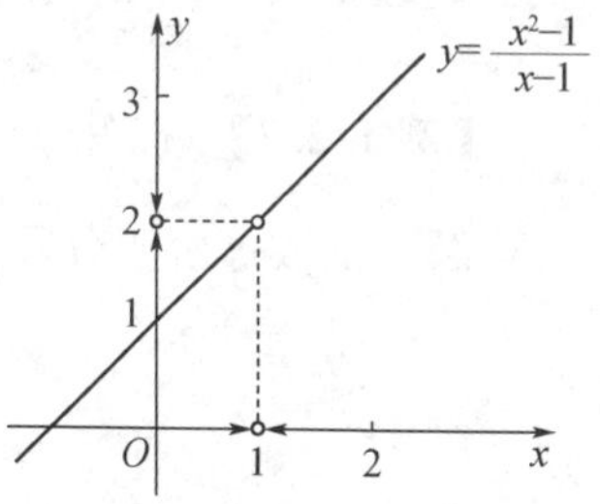

图 1-10

函数 $y=\frac{x^2-1}{x-1}$ 的值总是随自变量 x 的变化从两个不同的方向愈来愈接近于 2. 我们研究当 $x\to 1$ 时,函数 $y=\frac{x^2-1}{x-1}$ 的变化趋势时,并不计较函数在 $x=1$ 处是否有定义,而仅关心函数在 $x=1$ 的空心邻域 $(x\in \mathring{U}(1,\delta))$ 的函数值的变化趋势. 因此对于该例,仍说:当 $x\to 1$ 时, $y=\frac{x^2-1}{x-1}\to 2$.

对于上例这种变化趋势,给出如下定义:

定义 1-7　若当 $x\to x_0(x\neq x_0)$ 时,函数 $f(x)$ 无限趋近于一个确定的常数 A,则称当 $x\to x_0$ 时 $f(x)$ 存在极限 A,称数 A 为当 $x\to x_0$ 时函数 $f(x)$ 的极限,记作 $\lim\limits_{x\to x_0}f(x)=A$.

注意　极限 $\lim\limits_{x\to x_0}f(x)=A$ 表示的是自变量 x 与 x_0 无限接近 $(x\neq x_0)$ 时,相应的函数值 $f(x)$ 的一种变化趋势——无限趋近常数 A. 或者说,当 $|x-x_0|\to 0$ 时,有 $|f(x)-A|\to 0$. 因此讨论 $x\to x_0$ 时函数 $f(x)$ 的极限,取决于 x_0 邻近的 $x(x\neq x_0)$ 处的函数值 $f(x)$,而与 $x=x_0$ 时 $f(x)$ 是否有定义或如何定义无关.

由定义 1-7 可见,任意 $x_0\in\mathbf{R}$, $\lim\limits_{x\to x_0}c=c$($c$ 为常数), $\lim\limits_{x\to x_0}x=x_0$.

前面讨论了当 $x\to x_0$ 时 $f(x)$ 的极限,在那里 x 是以任意方式(大于或小于 x_0)趋近于 x_0 的. 但是,有时我们还需要知道 x 从单侧趋近于 x_0 时, $f(x)$ 的变化趋势. 我们规定:

定义 1-8　若 x 从大于 x_0 的方向趋近于 x_0(即 $x\to x_0^+$)时,函数 $f(x)$ 无限地趋近于一个确定的常数 A,则称 $f(x)$ 在 x_0 处存在右极限 A,称数 A 为当 $x\to x_0$ 时函数 $f(x)$ 的**右极限**,记作 $\lim\limits_{x\to x_0^+}f(x)=A$;

定义 1-9　若 x 从小于 x_0 的方向趋近于 x_0(即 $x\to x_0^-$)时,函数 $f(x)$ 无限地趋近于一个确定的常数 A,则称 $f(x)$ 在 x_0 处存在左极限 A,称数 A 为当 $x\to x_0$ 时函数 $f(x)$ 的**左极限**,记作 $\lim\limits_{x\to x_0^-}f(x)=A$.

【例 1.2.6】　已知函数 $f(x)=\begin{cases}x-1, & x<0;\\ x^3, & x\geqslant 0,\end{cases}$ 讨论当 $x\to 0$ 时的极限.

解　这是一个分段函数在段点处的极限问题.

作出它的图像 1-11,由图可见:

$$\lim_{x\to 0^-}f(x)=\lim_{x\to 0^-}(x-1)=-1,\ \lim_{x\to 0^+}f(x)=\lim_{x\to 0^+}x^3=0,$$

虽然当 $x\to 0$ 时的左、右极限都存在,但当 $x\to 0$ 时,函数 $f(x)$ 并不趋近于同一个确定的常数,因而当 $x\to 0$ 时 $f(x)$ 的极限不存在.

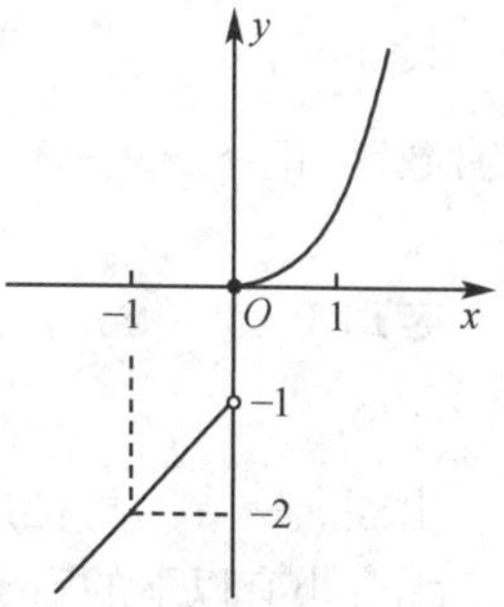

图 1-11

一般地,当且仅当 $\lim\limits_{x\to x_0^+}f(x)$ 和 $\lim\limits_{x\to x_0^-}f(x)$ 都存在并且相等为 A 时, $\lim\limits_{x\to x_0}f(x)$ 存在为 A.

定理 1-3 $\lim\limits_{x\to x_0} f(x)=A \Leftrightarrow \lim\limits_{x\to x_0^-} f(x)=\lim\limits_{x\to x_0^+} f(x)=A.$

【例 1.2.7】 已知 $f(x)=\dfrac{|x|}{x}$，$\lim\limits_{x\to 0} f(x)$ 是否存在？

解 函数等价于分段函数

$$f(x)=\begin{cases}-1, & x<0;\\ 1, & x>0.\end{cases}$$

所以

$$\lim_{x\to 0^-} f(x)=-1,\ \lim_{x\to 0^+} f(x)=1,$$

即

$$\lim_{x\to 0^-} f(x)\neq \lim_{x\to 0^+} f(x),$$

所以 $\lim\limits_{x\to 0} f(x)$ 不存在.

三、无穷小与无穷大

微课：无穷小

1. 无穷小

考察函数 $f(x)=x-1$，由极限定义可知，当 x 从 1 的左右两个方向无限趋近于 1 时，$f(x)$都无限逼近于 0. 对于这种变化趋势，给出以下定义：

定义 1-10 如果当 $x\to x_0$ 时，函数 $f(x)$的极限为 0，那么就称函数 $f(x)$为 $x\to x_0$ 的**无穷小量**(简称**无穷小**). 记作 $\lim\limits_{x\to x_0} f(x)=0$.

例如，因为 $\lim\limits_{x\to 1}(x-1)=0$，所以函数 $x-1$ 是当 $x\to 1$ 时的无穷小.

又如，因为 $\lim\limits_{x\to\infty}\dfrac{1}{x}=0$，所以函数$\dfrac{1}{x}$是当 $x\to\infty$ 时的无穷小；但 $\lim\limits_{x\to 1}\dfrac{1}{x}=1\neq 0$，所以函数$\dfrac{1}{x}$不是 $x\to 1$ 时的无穷小.

由定义 1-10 可见，数零是唯一的可以作为无穷小的常数. 一般来说，无穷小表示的是个函数并且都是相对于自变量的某个变化过程而言的.

下面讨论函数的极限与无穷小之间的关系：

设 $\lim\limits_{x\to x_0} f(x)=A$，即 $x\to x_0$ 时，函数值 $f(x)$无限逼近常数 A，也就是 $f(x)-A$ 无限逼近常数零. 记 $f(x)-A=\alpha(x)$，则当 $x\to x_0$ 时，$\alpha(x)$为无穷小且 $f(x)=\alpha(x)+A$. 由此有：

定理 1-4 $\lim\limits_{x\to x_0} f(x)=A$ 的充要条件是 $f(x)=\alpha(x)+A$，其中 $\alpha(x)$当 $x\to x_0$ 时为无穷小.

上述 $x\to x_0$，可推广到 $x\to x_0^+$，$x\to x_0^-$，$x\to\infty$，$x\to+\infty$，$x\to-\infty$ 的情形.

无穷小有以下的重要性质：

设 $f_1(x)$，$f_2(x)$，…，$f_n(x)$ 是 $x\to x_0$（或 $x\to\infty$ 等)时的有限个无穷小.

定理 1-5 $f(x)=\sum\limits_{i=1}^{n} a_i f_i(x)\,(a_i\in\mathbf{R})$ 是 $x\to x_0$（或 $x\to\infty$ 等)时的无穷小，即有限

个无穷小的代数组合仍是无穷小.

注意 无穷多个无穷小的和未必是无穷小.

定理 1-6 $f(x)=f_1(x)\cdot f_2(x)\cdots f_n(x)$ 是 $x\to x_0$（或 $x\to\infty$ 等）时的无穷小，即有限个无穷小的积仍是无穷小.

注意 两个无穷小的商未必是无穷小. 如 $x\to 0$ 时，x，$2x$ 都是无穷小，但 $\lim\limits_{x\to 0}\dfrac{2x}{x}=2$.

定理 1-7 设 $g(x)$ 当 $x\to x_0$（或 $x\to\infty$ 等）时是有界的，$f(x)$ 是无穷小，则 $g(x)\cdot f(x)$ 是 $x\to x_0$（或 $x\to\infty$ 等）时的无穷小，即有界函数与无穷小的积是无穷小.

推论 1-1 常数与无穷小的积是无穷小.

【例 1.2.8】 求 $\lim\limits_{x\to 0}x\sin\dfrac{1}{x}$.

解 因为 $\lim\limits_{x\to 0}x=0$，所以函数 x 是 $x\to 0$ 时的无穷小，而 $\left|\sin\dfrac{1}{x}\right|\leqslant 1$，所以 $\sin\dfrac{1}{x}$ 是有界函数，由定理 1-7，可知 $\lim\limits_{x\to 0}x\sin\dfrac{1}{x}=0$.

2. 无穷大

从函数 $y=\dfrac{1}{x}$ 的图像可以看出，当自变量 x 从左右两个方向趋近于 0 时，相应的函数值的绝对值 $\left|\dfrac{1}{x}\right|$ 无限增大，我们称当 $x\to 0$ 时 $\dfrac{1}{x}$ 为无穷大. 一般地，有以下定义：

定义 1-11 如果当 $x\to x_0$ 时，函数 $f(x)$ 的绝对值无限增大，那么称函数 $f(x)$ 为当 $x\to x_0$ 时的**无穷大量**（简称**无穷大**）.

如果函数 $f(x)$ 为当 $x\to x_0$ 时的无穷大，那么它的极限是不存在的. 但为了便于描述函数的这种变化趋势，我们也说“函数的极限是无穷大”，并记作 $\lim\limits_{x\to x_0}f(x)=\infty$.（该式中记号 ∞ 是一个记号而不是确定的数，仅表示“$f(x)$ 的绝对值无限增大”.）

定义 1-12 如果当 $x\to x_0$ 时，函数 $f(x)$（或 $-f(x)$）无限增大，则称函数 $f(x)$ 为当 $x\to x_0$ 时的**正（负）无穷大**，记作 $\lim\limits_{x\to x_0}f(x)=+\infty$（或 $-\infty$）.

例如，当 $x\to 1$ 时，$\left|\dfrac{1}{x-1}\right|$ 无限增大，所以 $\dfrac{1}{x-1}$ 是当 $x\to 1$ 时的无穷大，记作

$$\lim_{x\to 1}\frac{1}{x-1}=\infty.$$

上述 $x\to x_0$ 时的无穷大定义，可推广到 $x\to x_0^+$，$x\to x_0^-$，$x\to\infty$，$x\to+\infty$，$x\to-\infty$ 的情形.

例如，当 $x\to+\infty$ 时，2^x 总取正值且无限增大，所以 2^x 是当 $x\to+\infty$ 时的正无穷大，记作 $\lim\limits_{x\to+\infty}2^x=+\infty$.

由定义可见，无穷大是相对于自变量的某个变化过程而言的.

3. 无穷大与无穷小的关系

无穷大与无穷小之间有着密切关系，这种关系可以从下面的讨论中得到启示：

函数 $f(x)=\dfrac{1}{x-1}$ 是当 $x\to 1$ 时的无穷大，它的倒数 $x-1$ 则成为 $x\to 1$ 时的无穷小.

函数 $f(x)=\frac{1}{x^2}$ 是当 $x\to\infty$ 时的无穷小，它的倒数 x^2 则成为 $x\to\infty$ 时的无穷大. 由此可得下述定理.

定理 1-8 在同一变化过程中，无穷大的倒数是无穷小；反之，在变化过程中不为零的无穷小的倒数是无穷大.

利用无穷大与无穷小的关系可以来求一些函数的极限. 在下节内容中，我们将具体举例说明.

习题 1-2

1. 下列说法是否正确？

(1) 若函数 $f(x)$ 在点 x_0 处无定义，则 $f(x)$ 在 x_0 处极限不存在；

(2) 若 $\lim\limits_{x\to x_0^+} f(x)$ 与 $\lim\limits_{x\to x_0^-} f(x)$ 均存在，则极限 $\lim\limits_{x\to x_0} f(x)$ 必存在；

(3) 收敛数列是有界的；

(4) 两个无穷小的商一定是无穷小.

2. 作出图像来判断下列函数的极限：

(1) $\lim\limits_{x\to+\infty}\left(\frac{1}{3}\right)^x$；　　(2) $\lim\limits_{x\to 1}\ln x$；

(3) $\lim\limits_{x\to\pi}\cos x$；　　(4) $\lim\limits_{x\to -1}\frac{x^2-1}{x+1}$.

3. 设函数

$$g(x)=\begin{cases}\cos x, & x>0;\\ 1+x, & x<0.\end{cases}$$

(1) 求 $g(x)$ 在 $x=0$ 处的左右极限；

(2) $\lim\limits_{x\to 0} g(x)$ 是否存在？

4. 指出下列变量在相应的变化过程中是无穷大，还是无穷小？

(1) $x^2+10x\,(x\to 0)$；　　(2) $\ln x\,(x\to 0^+)$；

(3) $e^{-x}\,(x\to-\infty)$；　　(4) $\frac{x^2-4}{x+1}\,(x\to 2)$.

5. 利用无穷小的性质求下列极限.

(1) $\lim\limits_{x\to\infty}\frac{1+\cos x}{x}$；　　(2) $\lim\limits_{x\to\infty}\frac{\arctan x}{x}$.

第三节　极限的四则运算

前面我们分析了一些求极限的方法，如果要求一些结构较为复杂的函数极限，就要使用如下的和、差、积、商的极限运算法则.

定理 1-9 如果 $\lim\limits_{x\to x_0} f(x)=A$，$\lim\limits_{x\to x_0} g(x)=B$，那么

$$\lim_{x\to x_0}[f(x)\pm g(x)]=\lim_{x\to x_0} f(x)\pm\lim_{x\to x_0} g(x)=A\pm B.$$

定理 1－10 如果 $\lim\limits_{x\to x_0} f(x)=A$，$\lim\limits_{x\to x_0} g(x)=B$，那么

$$\lim_{x\to x_0}[f(x)\cdot g(x)]=\lim_{x\to x_0} f(x)\cdot\lim_{x\to x_0} g(x)=A\cdot B.$$

推论 1－2 如果 $\lim\limits_{x\to x_0} f(x)=A$，那么

$$\lim_{x\to x_0} C\cdot f(x)=C\cdot\lim_{x\to x_0} f(x)=C\cdot A\quad(C\text{为常数}).$$

推论 1－3 如果 $\lim\limits_{x\to x_0} f(x)=A$，那么

$$\lim_{x\to x_0}[f(x)]^n=[\lim_{x\to x_0} f(x)]^n=A^n\quad(n\in\mathbf{N}).$$

定理 1－11 如果 $\lim\limits_{x\to x_0} f(x)=A$，$\lim\limits_{x\to x_0} g(x)=B$，且 $B\neq 0$，那么

$$\lim_{x\to x_0}\frac{f(x)}{g(x)}=\frac{\lim\limits_{x\to x_0} f(x)}{\lim\limits_{x\to x_0} g(x)}=\frac{A}{B}\quad(B\neq 0).$$

注意 (1) 上述定理中的 x_0 可推广到 $+\infty$，$-\infty$ 等.

(2) 定理 1－9 和定理 1－10 可推广到有限个函数的情况.

(3) 所有定理表示自变量在同一变化过程中，函数 $f(x)$ 和 $g(x)$ 的和、差、积、商的极限，分别等于它们极限的和、差、积、商(在商情况下分母不为零).

(4) 定理说明极限运算"$\lim\limits_{x\to x_0}$"与四则运算(加、减、乘、除)可以交换次序(在商情况下分母不为零).

(5) 数列极限是一类特殊函数极限，故函数极限的四则运算法则同样适用于数列极限.

【例 1.3.1】 设 $P_n(x)=a_nx^n+a_{n-1}x^{n-1}+\cdots+a_1x+a_0$，任意 $x_0\in\mathbf{R}$，证明 $\lim\limits_{x\to x_0} P_n(x)=P_n(x_0)$.

证明
$$\begin{aligned}\lim_{x\to x_0} P_n(x)&=\lim_{x\to x_0}(a_nx^n+a_{n-1}x^{n-1}+\cdots+a_1x+a_0)\\&=a_n\lim_{x\to x_0} x^n+a_{n-1}\lim_{x\to x_0} x^{n-1}+\cdots+a_1\lim_{x\to x_0} x+\lim_{x\to x_0} a_0\\&=a_nx_0^n+a_{n-1}x_0^{n-1}+\cdots+a_1x_0+a_0\\&=P_n(x_0).\end{aligned}$$

【例 1.3.2】 求 $\lim\limits_{x\to 1}(x^3+5x+6)$.

解 $\lim\limits_{x\to 1}(x^3+5x+6)=1^3+5\cdot 1+6=12.$

【例 1.3.3】 求 $\lim\limits_{x\to 1}\dfrac{x^2-2x+5}{x^2+6}$.

解 由于当 $x\to 1$ 时，$(x^2+6)\to 7$，分母的极限不为 0，由定理 1－11 得

$$\lim_{x\to 1}\frac{x^2-2x+5}{x^2+6}=\frac{\lim\limits_{x\to 1}(x^2-2x+5)}{\lim\limits_{x\to 1}(x^2+6)}=\frac{1-2+5}{1+6}=\frac{4}{7}.$$

【例 1.3.4】 求 $\lim\limits_{x\to 1}\dfrac{x^2-7x+6}{x^2-1}$.

解 由于当 $x\to 1$ 时，$(x^2-1)\to 0$，$(x^2-7x+6)\to 0$，因此不能用商法则，该极限通常记为“$\dfrac{0}{0}$”. 由于这种极限可能存在，可能不存在，故也称为不定式，它可通过约去使分子、分母同时为零的因子来求解.

$$\lim_{x\to 1}\frac{x^2-7x+6}{x^2-1}=\lim_{x\to 1}\frac{(x-1)(x-6)}{(x-1)(x+1)}=\lim_{x\to 1}\frac{x-6}{x+1}=\frac{1-6}{1+1}=-\frac{5}{2}.$$

【例 1.3.5】 求 $\lim\limits_{x\to 4}\dfrac{x-4}{\sqrt{x+5}-3}$.

解 当 $x\to 4$ 时，$(\sqrt{x+5}-3)\to 0$，$(x-4)\to 0$，不能直接使用定理 1-11，但可采用分母有理化消去分母中趋向于零的因子.

$$\begin{aligned}\lim_{x\to 4}\frac{x-4}{\sqrt{x+5}-3}&=\lim_{x\to 4}\frac{(x-4)(\sqrt{x+5}+3)}{(\sqrt{x+5}-3)(\sqrt{x+5}+3)}\\&=\lim_{x\to 4}\frac{(x-4)(\sqrt{x+5}+3)}{(x-4)}\\&=\lim_{x\to 4}(\sqrt{x+5}+3)\\&=6.\end{aligned}$$

【例 1.3.6】 求 $\lim\limits_{x\to\infty}(x^2-3x+2)$.

解 因为 $$\lim_{x\to\infty}\frac{1}{x^2-3x+2}=\lim_{x\to\infty}\frac{\frac{1}{x^2}}{1-\frac{3}{x}+\frac{2}{x^2}}=0,$$

所以 $$\lim_{x\to\infty}(x^2-3x+2)=\infty.$$

【例 1.3.7】 求 $\lim\limits_{x\to 1}\dfrac{x+2}{x-1}$.

解 因为 $\lim\limits_{x\to 1}\dfrac{x-1}{x+2}=0$，即 $\dfrac{x-1}{x+2}$ 是当 $x\to 1$ 时的无穷小，由定理得 $\lim\limits_{x\to 1}\dfrac{x+2}{x-1}=\infty$.

【例 1.3.8】 求 $\lim\limits_{x\to\infty}\dfrac{x^2+2x+5}{3x^2-x+1}$.

解 当 $x\to\infty$ 时，$(x^2+2x+5)\to\infty$，$3x^2-x+1\to\infty$，即分子分母极限都不存在，因此不能直接用商法则，该极限同上例，也是不定式，通常记为“$\dfrac{\infty}{\infty}$”. 因为分子、分母关于 x 的最高次幂是 x^2，所以可用 x^2 同时去除分子、分母，然后取极限，得

$$\lim_{x\to\infty}\frac{x^2+2x+5}{3x^2-x+1}=\lim_{x\to\infty}\frac{1+\frac{2}{x}+\frac{5}{x^2}}{3-\frac{1}{x}+\frac{1}{x^2}}=\frac{1}{3}.$$

通过例题启示我们：在应用极限的四则运算法则求极限时，首先要判断是否满足法则中的条件，如果不满足，那么还先要根据具体情况作适当的恒等变换，使之符合条件，然后再使用极限的运算法则求出结果.

【例 1.3.9】 求 $\lim\limits_{x\to\infty}\dfrac{2x^3-x^2+5}{x^2+7}$.

解 因为
$$\lim_{x\to\infty}\frac{x^2+7}{2x^3-x^2+5}=\lim_{x\to\infty}\frac{\dfrac{1}{x}+\dfrac{7}{x^3}}{2-\dfrac{1}{x}+\dfrac{5}{x^3}}=0,$$

所以
$$\lim_{x\to\infty}\frac{2x^3-x^2+5}{x^2+7}=\infty.$$

【例 1.3.10】 求 $\lim\limits_{n\to\infty}\left(\dfrac{1}{n^2}+\dfrac{2}{n^2}+\cdots+\dfrac{n}{n^2}\right)$.

解 原式 $=\lim\limits_{n\to\infty}\dfrac{n(n+1)}{2n^2}$.

当 $n\to\infty$ 时，$n(n+1)\to\infty$，$2n^2\to\infty$，记为“$\dfrac{\infty}{\infty}$”. 由【例 1.3.8】同样可得
$$\lim_{n\to\infty}\left(\frac{1}{n^2}+\frac{2}{n^2}+\cdots+\frac{n}{n^2}\right)=\frac{1}{2}.$$

通过以上例题分析，可得自变量趋向于无穷大时有理分式函数求极限的法则：

(1) 若分式中分子和分母是同次的，则其极限等于分子和分母的最高次项的系数比；

(2) 若分式中分子的次数高于分母的次数，则其极限为无穷大；

(3) 若分式中分子的次数低于分母的次数，则其极限为零，即
$$\lim_{x\to\infty}\frac{a_0x^m+a_1x^{m-1}+\cdots+a_m}{b_0x^n+b_1x^{n-1}+\cdots+b_n}=\begin{cases}\dfrac{a_0}{b_0}, & m=n;\\ \infty, & m>n;\\ 0, & m<n.\end{cases}$$

习题 1－3

1. 计算下列极限：

(1) $\lim\limits_{x\to1}\dfrac{x^2-1}{x^2+1}$；　　(2) $\lim\limits_{x\to0}\dfrac{1-\sqrt{x+1}}{2x}$；

(3) $\lim\limits_{x\to2}\dfrac{x^2-4x+4}{x^2-4}$；　　(4) $\lim\limits_{h\to0}\dfrac{(x+h)^2-x^2}{h}$；

(5) $\lim\limits_{x\to\infty}\dfrac{1-x^2}{2x^2-1}$；　　(6) $\lim\limits_{x\to\infty}\dfrac{x^2+1}{x^4+1}$；

(7) $\lim\limits_{t\to\infty}\dfrac{t^2-1}{2t}$；　　(8) $\lim\limits_{x\to\infty}\dfrac{3x^3-2x^2+1}{(x+2)^3}$；

(9) $\lim\limits_{x\to\infty}\dfrac{x+\sin x}{2x}$；　　(10) $\lim\limits_{x\to1}\dfrac{1+3x}{1-x^2}$；

(11) $\lim\limits_{x\to\frac{\pi}{4}}\dfrac{\cos 2x}{\cos x-\sin x}$；　　(12) $\lim\limits_{n\to\infty}\left(1+\dfrac{1}{3}+\dfrac{1}{3^2}+\cdots+\dfrac{1}{3^n}\right)$；

(13) $\lim\limits_{n\to\infty}\left(\dfrac{2}{n^2}+\dfrac{4}{n^2}+\cdots+\dfrac{2n}{n^2}\right)$；　　(14) $\lim\limits_{x\to\infty}(2x^3-x+1)$；

(15) $\lim\limits_{x\to\infty}\dfrac{4x^3-2x+8}{3x^2+1}$；　　(16) $\lim\limits_{x\to\infty}\dfrac{(8x-3)^{20}(5x+2)^{30}}{(5x+1)^{50}}$.

2. 已知 $\lim\limits_{x\to\infty}\left(\dfrac{x^2}{x+1}-ax-b\right)=0$，求 a 和 b 的值.

第四节　两个重要极限

本节将学习两个重要极限，这两个极限对今后的极限计算及理论推导十分有用.

一、$\lim\limits_{x\to 0}\dfrac{\sin x}{x}=1$

微课：第一个重要极限

当 $x\to 0$ 时，分式的分子、分母的极限都为 0，不能用商的极限运算法则来计算. 我们来观察一下它的变化趋势：

表 1-2　$x\to 0$ 时，函数值的变化趋势

x(弧度)	0.50	0.10	0.05	0.04	0.03	0.02	…
$\dfrac{\sin x}{x}$	0.958 5	0.998 3	0.999 6	0.999 7	0.999 8	0.999 9	…

从表 1-2 可以看出，当 x 取正值趋近于 0 时，$\dfrac{\sin x}{x}\to 1$，即 $\lim\limits_{x\to 0^+}\dfrac{\sin x}{x}=1$.

当 x 取负值趋近于 0 时，$-x\to 0$，$-x>0$，$\sin(-x)>0$，于是

$$\lim_{x\to 0^-}\frac{\sin x}{x}=\lim_{-x\to 0^+}\frac{\sin(-x)}{-x}.$$

综合以上两种情况，我们可得

公式 1-1　$\lim\limits_{x\to 0}\dfrac{\sin x}{x}=1$.

极限公式 1-1 在形式上有以下特点：

(1) 它是"$\dfrac{0}{0}$"型；

(2) 公式 1-1 的形式可写成 $\lim\limits_{\varphi(x)\to 0}\dfrac{\sin\varphi(x)}{\varphi(x)}=1$（$\varphi(x)$代表同样的变量或同样的表达式）.

【例 1.4.1】 求 $\lim\limits_{x\to 0}\dfrac{\tan x}{x}$.

解　$\lim\limits_{x\to 0}\dfrac{\tan x}{x}=\lim\limits_{x\to 0}\dfrac{\frac{\sin x}{\cos x}}{x}=\lim\limits_{x\to 0}\dfrac{\sin x}{x}\cdot\lim\limits_{x\to 0}\dfrac{1}{\cos x}=1$.

【例 1.4.2】 求 $\lim\limits_{x\to 0}\dfrac{\sin 3x}{x}$.

解 $\lim\limits_{x\to 0}\dfrac{\sin 3x}{x}=\lim\limits_{x\to 0}\dfrac{3\sin 3x}{3x}\xlongequal{\text{令}t=3x}3\lim\limits_{t\to 0}\dfrac{\sin t}{t}=3$（$3x$ 相当于推广中的 $\varphi(x)$）.

【例 1.4.3】 求 $\lim\limits_{x\to 0}\dfrac{1-\cos x}{x^2}$.

解

$$\lim_{x\to 0}\frac{1-\cos x}{x^2}=\lim_{x\to 0}\frac{2\sin^2\frac{x}{2}}{x^2}=\lim_{x\to 0}\frac{\sin^2\frac{x}{2}}{2\left(\frac{x}{2}\right)^2}=\lim_{x\to 0}\frac{1}{2}\cdot\frac{\sin\frac{x}{2}}{\frac{x}{2}}\cdot\frac{\sin\frac{x}{2}}{\frac{x}{2}}=\frac{1}{2}.$$

【例 1.4.4】 求 $\lim\limits_{x\to 0}\dfrac{\arcsin x}{x}$.

解 令 $\arcsin x=t$，则 $x=\sin t$ 且 $x\to 0$ 时 $t\to 0$.

所以

$$\lim_{x\to 0}\frac{\arcsin x}{x}=\lim_{t\to 0}\frac{t}{\sin t}=1.$$

【例 1.4.5】 求 $\lim\limits_{x\to 0}\dfrac{\tan x-\sin x}{x^3}$.

解

$$\lim_{x\to 0}\frac{\tan x-\sin x}{x^3}=\lim_{x\to 0}\frac{\frac{\sin x}{\cos x}-\sin x}{x^3}=\lim_{x\to 0}\frac{\sin x\cdot\frac{1-\cos x}{\cos x}}{x^3}$$

$$=\lim_{x\to 0}\frac{\sin x}{x}\cdot\lim_{x\to 0}\frac{1}{\cos x}\cdot\lim_{x\to 0}\frac{1-\cos x}{x^2}=\frac{1}{2}.$$

微课：第二个重要极限

二、$\lim\limits_{x\to\infty}\left(1+\dfrac{1}{x}\right)^x=\mathrm{e}$

这个极限是一种新的类型. 我们可以列出下表以探求当 $x\to+\infty$ 时，函数 $\left(1+\dfrac{1}{x}\right)^x$ 的变化趋势(表中的函数值除对应于 $x=1$ 外，都是近似值)：

表 1-3 $x\to+\infty$ 时，函数值的变化趋势

x	1	2	10	1 000	10 000	100 000	1 000 000	…
$\left(1+\frac{1}{x}\right)^x$	2	2.25	2.594	2.717	2.718 1	2.718 2	2.718 28	…

可以看出，数列 $\left\{\left(1+\dfrac{1}{x}\right)^x\right\}$ 单调增加，但不论 x 如何大，$\left(1+\dfrac{1}{x}\right)^x$ 的值总不会超过 3. 实际上如果继续增大 x，即当 $x\to+\infty$ 时，可以证明 $\left(1+\dfrac{1}{x}\right)^x$ 是趋近于一个确定的数 2.718 281 828…，因此，极限 $\lim\limits_{x\to+\infty}\left(1+\dfrac{1}{x}\right)^x$ 存在，记作 e. 同样当 $x\to-\infty$ 时，函数 $\left(1+\dfrac{1}{x}\right)^x$ 有同样的变化趋势，所以有

公式 1-2 $\lim\limits_{x\to\infty}\left(1+\dfrac{1}{x}\right)^x=\mathrm{e}$.

第二个重要极限在形式上具有特点：如果在形式上分别对底和幂求极限，得到的是不确定的结果 1^{∞}，因此通常称为 1^{∞} 不定型.

这个重要极限也可以推广和变形：

(1) 令 $\frac{1}{x}=t$，则当 $x\to\infty$ 时 $t\to 0$，代入后得到变形式

$$\lim_{t\to 0}(1+t)^{\frac{1}{t}}=\mathrm{e}.$$

(2) 公式 1-2 的形式可以写成

$$\lim_{\varphi(x)\to\infty}\left(1+\frac{1}{\varphi(x)}\right)^{\varphi(x)}=\mathrm{e} \text{ 或 } \lim_{\Psi(x)\to 0}(1+\Psi(x))^{\frac{1}{\Psi(x)}}=\mathrm{e}.$$

上述的“$\varphi(x)$或 $\Psi(x)$”代表同一个变量或表达式.

【例 1.4.6】 求 $\lim\limits_{x\to\infty}\left(1-\frac{2}{x}\right)^{x}$.

解 令 $-\frac{2}{x}=t$，则 $x=-\frac{2}{t}$；当 $x\to\infty$ 时 $t\to 0$，于是

$$\lim_{x\to\infty}\left(1-\frac{2}{x}\right)^{x}=\lim_{t\to 0}(1+t)^{-\frac{2}{t}}=[\lim_{t\to 0}(1+t)^{\frac{1}{t}}]^{-2}=\mathrm{e}^{-2}.$$

【例 1.4.7】 求 $\lim\limits_{x\to\infty}\left(\frac{3-x}{2-x}\right)^{x}$.

解 令 $\frac{3-x}{2-x}=1+t$，则 $x=2-\frac{1}{t}$，当 $x\to\infty$ 时 $t\to 0$，于是

$$\begin{aligned}\lim_{x\to\infty}\left(\frac{3-x}{2-x}\right)^{x}&=\lim_{t\to 0}(1+t)^{2-\frac{1}{t}}=\lim_{t\to 0}[(1+t)^{-\frac{1}{t}}\cdot(1+t)^{2}]\\&=[\lim_{t\to 0}(1+t)^{\frac{1}{t}}]^{-1}\cdot[\lim_{t\to 0}(1+t)^{2}]=\mathrm{e}^{-1}.\end{aligned}$$

【例 1.4.8】 求 $\lim\limits_{x\to 0}(1+\tan x)^{\cot x}$.

解 令 $t=\tan x$，则当 $x\to 0$ 时 $t\to 0$，于是

$$\lim_{x\to 0}(1+\tan x)^{\cot x}=\lim_{t\to 0}(1+t)^{\frac{1}{t}}=\mathrm{e}.$$

习题 1-4

求下列极限：

(1) $\lim\limits_{x\to 0}\frac{\sin 5x}{\sin 2x}$；

(2) $\lim\limits_{x\to 0^{-}}\frac{x}{\sqrt{1-\cos x}}$；

(3) $\lim\limits_{t\to\infty}t\sin\frac{2}{t}$；

(4) $\lim\limits_{x\to 0}\frac{\arcsin 2x}{x}$；

(5) $\lim\limits_{x\to 0}\frac{\sqrt{2}-\sqrt{1+\cos x}}{\sin^{2}x}$；

(6) $\lim\limits_{x\to 1}\frac{\sin(x-1)}{x^{2}-1}$；

(7) $\lim\limits_{x\to 0^{+}}(1-x)^{\frac{1}{x}}$；

(8) $\lim\limits_{t\to\infty}\left(1+\frac{5}{t}\right)^{-t}$；

(9) $\lim\limits_{u\to 1}(1+u)^{\frac{1}{u}}$；　　(10) $\lim\limits_{x\to 0}(1+\sin x)^{\csc 2x}$；

(11) $\lim\limits_{x\to \frac{\pi}{2}}(\sin x)^{\frac{1}{\cos^2 x}}$；　　(12) $\lim\limits_{x\to 0}\left(\frac{2+x}{2-x}\right)^{\frac{1}{x}}$.

第五节　无穷小的比较

有限个无穷小的和、积都是无穷小，但两个无穷小的商要复杂得多.

如 $x\to 0$ 时，x^2，x，$\sin x$ 都是无穷小，但 $\lim\limits_{x\to 0}\frac{x^2}{x}=0$，$\lim\limits_{x\to 0}\frac{\sin x}{x}=1$，$\lim\limits_{x\to 0}\frac{x}{x^2}=\infty$.

两个无穷小商的极限的不同情形，反映了各无穷小逼近零时"快慢"的差异，下面通过无穷小的比较来衡量无穷小逼近零的快慢.

定义 1-13　设 α,β 是当自变量 $x\to a$（a 可以为 $x_0,\infty,\pm\infty$）时的两个无穷小，且 $\beta\neq 0$.

(1) 若 $\lim\limits_{x\to a}\frac{\alpha}{\beta}=0$，则称当 $x\to a$ 时 α 是 β 的**高阶无穷小**，或称 β 是 α 的**低阶无穷小**，记作 $\alpha=o(\beta)(x\to a)$；

(2) 若 $\lim\limits_{x\to a}\frac{\alpha}{\beta}=A(A\neq 0)$，则称当 $x\to a$ 时 α 是 β 的**同阶无穷小**；特别地，当 $A=1$ 时，称当 $x\to a$ 时 α 是 β 的**等价无穷小**，记作 $\alpha\sim\beta(x\to a)$.

例如，当 $x\to 0$ 时，x^2 是比 x 高阶的无穷小，即 $x^2=o(x)(x\to 0)$；再如因为 $\lim\limits_{x\to 0}\frac{\sin x}{x}=1$，$\sin x$ 与 x 是 $x\to 0$ 时的等价无穷小，即 $\sin x\sim x(x\to 0)$.

由定义及前面讨论，可以得到一批等价无穷小：

$$\sin x\sim x,\ \tan x\sim x,\ \arcsin x\sim x,\ \arctan x\sim x,\ 1-\cos x\sim\frac{1}{2}x^2,$$

$$\ln(1+x)\sim x,\ e^x-1\sim x,\ \sqrt[n]{1+x}-1\sim\frac{1}{n}x\,(x\to 0).$$

微课：等价无穷小的应用

关于等价无穷小，有下面定理：

定理 1-12　设 $\alpha,\beta,\alpha',\beta'$ 是 $x\to a$ 时的无穷小，且 $\alpha\sim\alpha'$，$\beta\sim\beta'$，则当极限 $\lim\limits_{x\to a}\frac{\alpha'}{\beta'}$ 存在时，极限 $\lim\limits_{x\to a}\frac{\alpha}{\beta}$ 也存在，且 $\lim\limits_{x\to a}\frac{\alpha}{\beta}=\lim\limits_{x\to a}\frac{\alpha'}{\beta'}$.

证明　$\lim\limits_{x\to a}\frac{\alpha}{\beta}=\lim\limits_{x\to a}\left(\frac{\alpha}{\alpha'}\cdot\frac{\alpha'}{\beta'}\cdot\frac{\beta'}{\beta}\right)=\lim\limits_{x\to a}\frac{\alpha}{\alpha'}\cdot\lim\limits_{x\to a}\frac{\alpha'}{\beta'}\cdot\lim\limits_{x\to a}\frac{\beta'}{\beta}=\lim\limits_{x\to a}\frac{\alpha'}{\beta'}$.

等价无穷小在"$\frac{0}{0}$"型的极限计算中有重要应用，由定理可见，在求"$\frac{0}{0}$"型的极限时，可将其分子、分母或它们的乘积因子换成形式简单的等价无穷小，从而简化极限的计算.

【例 1.5.1】　求 $\lim\limits_{x\to 0}\frac{\frac{1}{2}x^3}{\tan x^3}$.

解 因为当 $x\to 0$ 时，$\tan x^3\sim x^3$，所以

$$\lim_{x\to 0}\frac{\frac{1}{2}x^3}{\tan x^3}=\lim_{x\to 0}\frac{\frac{1}{2}x^3}{x^3}=\frac{1}{2}.$$

【例 1.5.2】 求 $\lim\limits_{x\to 0}\dfrac{\ln(1+x^2)(e^x-1)}{(1-\cos x)\sin 2x}$.

解 因为当 $x\to 0$ 时，$\ln(1+x^2)\sim x^2$，$e^x-1\sim x$，$1-\cos x\sim\dfrac{x^2}{2}$，$\sin 2x\sim 2x$，所以

$$\lim_{x\to 0}\frac{\ln(1+x^2)(e^x-1)}{(1-\cos x)\sin 2x}=\lim_{x\to 0}\frac{x^2\cdot x}{\frac{x^2}{2}\cdot 2x}=1.$$

【例 1.5.3】 用等价无穷小的代换，求 $\lim\limits_{x\to 0}\dfrac{\tan x-\sin x}{x^3}$.

解 因为 $\tan x-\sin x=\tan x(1-\cos x)$，而 $\tan x\sim x$，$(1-\cos x)\sim\dfrac{x^2}{2}$，当 $x\to 0$，所以

$$\lim_{x\to 0}\frac{\tan x-\sin x}{x^3}=\lim_{x\to 0}\frac{x\cdot\frac{x^2}{2}}{x^3}=\frac{1}{2}.$$

必须强调指出，在极限运算中，恰当地使用等价无穷小的代换，能简化计算，但在除法中使用时应特别注意，只能是对分子或分母的因子整体代换，不能对非因子的项代换. 如上例中，若以 $\tan x\sim x$，$\sin x\sim x$ 代入分子，将得到 $\lim\limits_{x\to 0}\dfrac{\tan x-\sin x}{x^3}=\lim\limits_{x\to 0}\dfrac{x-x}{x^3}=0$ 的错误结果.

习题 1-5

1. 填空题：

(1) 当 $x\to 0$ 时，ax^2 与 $\tan\dfrac{x^2}{4}$ 为等价无穷小，则 $a=$________；

(2) 当 $x\to 1$ 时，$1-\sqrt[3]{x}$，$1-\sqrt{x}$，$2(1-\sqrt{x})$ 中与 $1-x$ 等价无穷小的是________；

(3) 当 $x\to 0$ 时，$2x-x^2$ 与 x^2-x^3 相比，________是较高阶无穷小.

2. 求下列极限：

(1) $\lim\limits_{x\to 0}\dfrac{\tan nx}{\sin mx}$ （m，n 为常数，且 $m\neq 0$）；

(2) $\lim\limits_{x\to 0}\dfrac{\ln(1-3x)}{\sin 2x}$；

(3) $\lim\limits_{x\to 0}\dfrac{e^{2x}-1}{\sin 3x}$；

(4) $\lim\limits_{x\to 0}\dfrac{1-\cos x}{\sqrt{1+x^2}-1}$；

(5) $\lim\limits_{\Delta x\to 0}\dfrac{\ln(x+\Delta x)-\ln x}{\Delta x}$ （$x>0$）.

第六节 函数的连续性

在自然界中有许多现象，如气温的变化、植物的生长等等，当时刻 t 接近某个 t_0 时，则时刻 t 的温度、植物的长度等分别接近时刻 t_0 的温度、植物的长度等. 如果用函数 $y=f(x)$ 来表达，这类函数就有一种共性：自变量 x 趋近 x_0 时，相应的函数值 $f(x)$ 无限逼近 $f(x_0)$，即 $\lim\limits_{x\to x_0} f(x)=f(x_0)$. 这表明函数 $f(x)$ 在 x_0 有极限，且极限值就是 $f(x)$ 在 x_0 的函数值 $f(x_0)$. 因此，这类函数具有一些特殊的性质.

一、连续函数的概念

1. 函数在一点连续

定义 1-14 如果函数 $f(x)$ 在 x_0 的某一邻域内有定义，且 $\lim\limits_{x\to x_0} f(x)=f(x_0)$，就称函数 $f(x)$ 在 x_0 处**连续**，称 x_0 为函数 $f(x)$ 的**连续点**.

【例 1.6.1】 讨论函数 $f(x)=x^2+1$ 在 $x=2$ 处的连续性.

解 函数 $f(x)=x^2+1$ 在 $x=2$ 的某一邻域内有定义，且 $\lim\limits_{x\to 2} f(x)=\lim\limits_{x\to 2}(x^2+1)=5$，而 $f(2)=5$，所以 $\lim\limits_{x\to 2} f(x)=f(2)$，因此函数 $f(x)=x^2+1$ 在 $x=2$ 处连续.

注意 从定义 1-14 可以看出，函数 $f(x)$ 在 x_0 处连续必须同时满足以下三个条件：

(1) 函数 $f(x)$ 在 x_0 的某一邻域内有定义；

(2) 极限 $\lim\limits_{x\to x_0} f(x)$ 存在；

(3) 极限值等于函数值，即 $\lim\limits_{x\to x_0} f(x)=f(x_0)$.

为了应用的方便，还要介绍函数 $f(x)$ 在 x_0 处连续的等价形式，为此先引进变量增量的概念.

对于函数 $y=f(x)$，在其定义区间内，自变量 x 由 x_0 变到 x，我们称差值 $x-x_0$ 为自变量 x 在 x_0 处的改变量或增量，记成 Δx，即 $\Delta x=x-x_0$（注：Δx 是不可分割的整体记号）. 此时函数值相应地从 $f(x_0)$ 变化到 $f(x_0+\Delta x)$，称 $\Delta y=f(x_0+\Delta x)-f(x_0)$ 为函数 $y=f(x)$ 在 x_0 处的改变量或增量.

在定义 1-14 中，记 $\Delta x=x-x_0$，则 $x=x_0+\Delta x$，且 $\lim\limits_{x\to x_0} f(x)=f(x_0)$ 等价于 $\lim\limits_{\Delta x\to 0}[f(x_0+\Delta x)-f(x_0)]=0$，即 $\lim\limits_{\Delta x\to 0}\Delta y=0$，得到函数 $f(x)$ 在 x_0 连续的等价定义.

定义 1-15 设函数 $y=f(x)$ 在 x_0 的某一邻域内有定义，如果当自变量 x 在 x_0 处的增量 Δx 趋于零时，相应的函数增量 $\Delta y=f(x_0+\Delta x)-f(x_0)$ 也趋于零，即 $\lim\limits_{\Delta x\to 0}\Delta y=0$，则称函数 $f(x)$ 在 x_0 处**连续**，称 x_0 为函数 $f(x)$ 的**连续点**.

该定义反映了人们对连续的直观认识：当自变量的变化很微小时，函数值的变化也很微小.

相应于函数 $f(x)$ 在 x_0 处的左、右极限概念，有

定义 1-16 如果函数 $y=f(x)$ 在 x_0 及其左半邻域内有定义，且 $\lim\limits_{x\to x_0^-} f(x)=f(x_0)$，

则称函数 $y=f(x)$ 在 x_0 处**左连续**. 如果函数 $y=f(x)$ 在 x_0 及其右半邻域内有定义,且 $\lim\limits_{x\to x_0^+} f(x)=f(x_0)$, 则称函数 $y=f(x)$ 在 x_0 处**右连续**.

由定义 1-14 和定义 1-16 可得:

函数 $y=f(x)$ 在 x_0 处连续的充要条件是 $f(x)$在 x_0 处左连续且右连续.

【例 1.6.2】 讨论函数

$$f(x)=\begin{cases}1+\cos x, & x<\dfrac{\pi}{2};\\ \sin x, & x\geqslant\dfrac{\pi}{2}\end{cases}$$

在 $x=\dfrac{\pi}{2}$ 处的连续性.

解 由于 $f(x)$在 $x=\dfrac{\pi}{2}$ 处的左、右表达式不同,所以先讨论函数 $f(x)$在 $x=\dfrac{\pi}{2}$ 处的左、右连续性. 由于

$$\lim_{x\to\frac{\pi}{2}^-} f(x)=\lim_{x\to\frac{\pi}{2}^-}(1+\cos x)=1+\cos\frac{\pi}{2}=1=f\left(\frac{\pi}{2}\right),$$

$$\lim_{x\to\frac{\pi}{2}^+} f(x)=\lim_{x\to\frac{\pi}{2}^+}\sin x=\sin\frac{\pi}{2}=1=f\left(\frac{\pi}{2}\right),$$

所以 $f(x)$ 在 $x=\dfrac{\pi}{2}$ 处左、右连续,因此 $f(x)$ 在 $x=\dfrac{\pi}{2}$ 处连续.

2. 连续函数

定义 1-17 如果函数 $y=f(x)$ 在开区间(a, b) 内每一点都是连续的,则称函数 $y=f(x)$ 在开区间(a, b) 内连续,或者说 $y=f(x)$ 是(a, b) 内的连续函数. 如果函数 $y=f(x)$ 在闭区间$[a, b]$ 上有定义,在开区间(a, b) 内连续,且在区间的两个端点 $x=a$ 与 $x=b$ 处分别是右连续和左连续,即 $\lim\limits_{x\to a^+} f(x)=f(a)$, $\lim\limits_{x\to b^-} f(x)=f(b)$, 则称函数 $y=f(x)$ 在闭区间$[a, b]$上连续,或者说 $y=f(x)$ 是闭区间$[a, b]$上的**连续函数**.

函数 $f(x)$在它定义域内的每一点都连续,则称 $f(x)$为连续函数.

3. 连续函数的运算

根据函数在一点连续的定义及函数极限的运算法则,可以证明连续函数的和、差、积、商仍然是连续函数.

定理 1-13 如果函数 $f(x)$, $g(x)$ 在某一点 $x=x_0$ 处连续,则 $f(x)\pm g(x)$, $f(x)\cdot g(x)$, $\dfrac{f(x)}{g(x)}(g(x_0)\neq 0)$ 在点 $x=x_0$ 处都连续.

证明 因为 $f(x)$, $g(x)$ 在点 x_0 处连续,所以

$$\lim_{x\to x_0} f(x)=f(x_0),\ \lim_{x\to x_0} g(x)=g(x_0).$$

由极限的运算法则,得

$$\lim_{x\to x_0}[f(x)\pm g(x)]=\lim_{x\to x_0}f(x)\pm\lim_{x\to x_0}g(x)=f(x_0)\pm g(x_0),$$

因此，函数 $f(x)\pm g(x)$ 在点 x_0 处连续.

同样可以证明后两个结论.

注意 定理 1－13 可以推广到有限个函数的情形.

定理 1－14（复合函数的连续性） 设函数 $u=\varphi(x)$ 在点 x_0 处连续，$y=f(u)$ 在 u_0 处连续，$u_0=\varphi(x_0)$，则复合函数 $y=f[\varphi(x)]$ 在点 x_0 处连续，即 $\lim\limits_{x\to x_0}f[\varphi(x)]=f[\lim\limits_{x\to x_0}\varphi(x)]=f[\varphi(x_0)]$.

复合函数的连续性在极限计算中有着重要的用途，在计算 $\lim\limits_{x\to x_0}f[\varphi(x)]$ 时，只要满足定理 1－14 的条件，可通过变换 $u=\varphi(x)$，转化为求 $\lim\limits_{u\to u_0}f(u)$，从而简化计算.

定理 1－14 中条件“函数 $u=\varphi(x)$ 在点 x_0 处连续”可以放宽，这就得以下推论：

推论 1－4 设 $\lim\limits_{x\to a}\varphi(x)$ 存在为 u_0，函数 $y=f(u)$ 在 u_0 处连续，则

$$\lim_{x\to a}f[\varphi(x)]=f[\lim_{x\to a}\varphi(x)].$$

推论 1－4 表示极限符号“$\lim\limits_{x\to a}$”与连续的函数符号“f”可交换次序，即可以在函数内求极限. 这里的“a”可以是有限数 x_0，也可以是$\pm\infty$或∞.

【例 1.6.3】 求 $\lim\limits_{x\to 1}\sin\left(\pi x-\dfrac{\pi}{2}\right)$.

解 因为 $\lim\limits_{x\to 1}\left(\pi x-\dfrac{\pi}{2}\right)=\dfrac{\pi}{2}$，$y=\sin u$ 在 $u=\dfrac{\pi}{2}$ 处连续，由推论得

$$\lim_{x\to 1}\sin\left(\pi x-\frac{\pi}{2}\right)=\sin\left[\lim_{x\to 1}\left(\pi x-\frac{\pi}{2}\right)\right]=\sin\frac{\pi}{2}=1.$$

【例 1.6.4】 求 $\lim\limits_{x\to\infty}\cos\dfrac{(x^2-1)\pi}{x^2+1}$.

解 因为 $\lim\limits_{x\to\infty}\dfrac{(x^2-1)\pi}{x^2+1}=\lim\limits_{x\to\infty}\left[\dfrac{1-\left(\dfrac{1}{x}\right)^2}{1+\left(\dfrac{1}{x}\right)^2}\cdot\pi\right]=\pi$，$y=\cos u$ 在 $u=\pi$ 处连续，由推论得

$$\lim_{x\to\infty}\cos\frac{(x^2-1)\pi}{x^2+1}=\cos\left[\lim_{x\to\infty}\frac{(x^2-1)\pi}{x^2+1}\right]=\cos\pi=-1.$$

二、初等函数的连续性及函数的间断点

1. 初等函数的连续性

由前面讨论，五种基本初等函数以及常函数在其定义区间内是连续函数.

因为连续函数的和、差、积、商（在商情况下要除去分母为零的点）及复合仍为连续函数，所以，我们可以得到一个重要结论：初等函数在其定义区间内是连续的.

这个结论不仅给我们提供了判断一个函数是不是连续函数的根据，而且为我们提供了计算初等函数极限问题的一种方法. 这种方法是：如果函数 $f(x)$是初等函数，而且点 x_0 是

函数定义区间内的一点，那么求 $x \to x_0$ 时函数 $f(x)$ 的极限，只要求出 $f(x)$ 在 x_0 处的函数值 $f(x_0)$ 就可以了. 如【例 1.6.3】有以下更简便的方法：因为 1 是初等函数 $\sin\left(\pi x-\frac{\pi}{2}\right)$ 定义区间内的点，所以

$$\lim_{x\to 1}\sin\left(\pi x-\frac{\pi}{2}\right)=\sin\left(\pi\cdot 1-\frac{\pi}{2}\right)=\sin\frac{\pi}{2}=1.$$

【例 1.6.5】 求 $\lim\limits_{x\to 0}\dfrac{\sqrt{1+x^2}-1}{x^2}$.

解 由于 $x\to 0$ 时，此极限为"$\frac{0}{0}$"型，因此可通过有理化分子的办法约去分子、分母的公共零因式，得

$$\lim_{x\to 0}\frac{\sqrt{1+x^2}-1}{x^2}=\lim_{x\to 0}\frac{(1+x^2)-1}{x^2(\sqrt{1+x^2}+1)}=\lim_{x\to 0}\frac{1}{\sqrt{1+x^2}+1},$$

注意上式右端，$x=0$ 是初等函数 $\dfrac{1}{\sqrt{1+x^2}+1}$ 的定义区间内的点，所以

$$\lim_{x\to 0}\frac{\sqrt{1+x^2}-1}{x^2}=\lim_{x\to 0}\frac{1}{\sqrt{1+x^2}+1}=\frac{1}{\sqrt{1+0^2}+1}=\frac{1}{2}.$$

2. 函数的间断点

定义 1-18 如果函数 $y=f(x)$ 在点 x_0 处不连续，则称 $f(x)$ 在 x_0 处间断，并称 x_0 为 $f(x)$ 的**间断点**.

微课：间断点

由函数 $f(x)$ 在 x_0 处连续的定义可知，x_0 为函数 $f(x)$ 的间断点，至少属于下列三种情形之一：

(1) 函数 $f(x)$ 在 x_0 处无定义；

(2) 函数 $f(x)$ 在 x_0 处有定义，但极限 $\lim\limits_{x\to x_0}f(x)$ 不存在；

(3) 函数 $f(x)$ 在 x_0 处有定义，极限 $\lim\limits_{x\to x_0}f(x)$ 存在，但 $\lim\limits_{x\to x_0}f(x)\neq f(x_0)$.

例如，函数 $f(x)=\dfrac{1}{x}$ 在 $x=0$ 处无定义，所以 $x=0$ 是其间断点；函数 $f(x)=\begin{cases}x^2, & x\geqslant 0\\ x+1, & x<0\end{cases}$ 在 $x=0$ 处有定义 $f(0)=0$，但 $\lim\limits_{x\to 0^+}f(x)=0$，$\lim\limits_{x\to 0^-}f(x)=1$，故 $\lim\limits_{x\to 0}f(x)$ 不存在，所以 $x=0$ 是其间断点；函数 $f(x)=\begin{cases}\dfrac{x^2-1}{x-1}, & x\neq 1\\ 1, & x=1\end{cases}$ 在 $x=1$ 处有定义 $f(1)=1$，$\lim\limits_{x\to 1}f(x)=2$ 极限存在但不等于 $f(1)$，所以 $x=1$ 是其间断点.

根据函数在间断点附近的变化特性，可以定义两种间断点.

定义 1-19 设 x_0 是 $f(x)$ 的间断点，若 $f(x)$ 在 x_0 的左、右极限都存在，则称 x_0 为 $f(x)$ 的**第一类间断点**；左、右极限至少有一个不存在的称为**第二类间断点**.

在第一类间断点中，如果左、右极限存在但不相等，这种间断点又称为**跳跃间断点**；如果

左、右极限存在且相等(即极限存在),但函数在该点没有定义,或者虽然函数在该点有定义,但函数值不等于极限值,这种间断点又称为**可去间断点**.

如:函数 $y=\dfrac{1}{x}$ 在 $x=0$ 处间断. 因为 $\lim\limits_{x\to0^+}\dfrac{1}{x}=+\infty$, $\lim\limits_{x\to0^-}\dfrac{1}{x}=-\infty$, 所以 $x=0$ 是 $y=\dfrac{1}{x}$ 的第二类间断点.

【例 1.6.6】 讨论函数 $f(x)=\begin{cases}x-4, & -2\leqslant x<0\\ -x+1, & 0\leqslant x\leqslant 2\end{cases}$ 在 $x=1$ 与 $x=0$ 处的连续性.

讨论函数在指定点的连续性,是要说明该点是连续点还是间断点. 如有必要,可进一步指出间断点的类型.

因为 $\lim\limits_{x\to1}f(x)=\lim\limits_{x\to1}(-x+1)=0=f(1)$, 故 $x=1$ 是 $f(x)$的连续点.

在 $x=0$ 处, $x=0$ 是 $f(x)$的分段点,要讨论 $\lim\limits_{x\to0}f(x)$, 就要讨论左、右极限. 而

$$\lim_{x\to0^+}f(x)=\lim_{x\to0^+}(-x+1)=1,\ \lim_{x\to0^-}f(x)=\lim_{x\to0^-}(x-4)=-4.$$

因为左、右极限不相等,所以 $\lim\limits_{x\to0}f(x)$ 不存在,因此 $x=0$ 是 $f(x)$的间断点,且是第一类的跳跃间断点.

【例 1.6.7】 讨论函数 $f(x)=\dfrac{x^2-1}{x(x-1)}$ 的连续性,若有间断点,指出其类型.

解　$f(x)$是初等函数,在其定义区间内连续,因此我们只要找出 $f(x)$没有定义的一些点. 显然, $f(x)$在 $x=0$, $x=1$ 处没有定义,故 $f(x)$在区间 $(-\infty,0)\cup(0,1)\cup(1,+\infty)$ 内连续,在 $x=0$, $x=1$ 处间断.

在 $x=0$ 处,因为 $\lim\limits_{x\to0}f(x)=\lim\limits_{x\to0}\dfrac{x^2-1}{x(x-1)}=\infty$, 所以 $x=0$ 是 $f(x)$的第二类间断点;

在 $x=1$ 处,因为 $\lim\limits_{x\to1}f(x)=\lim\limits_{x\to1}\dfrac{x^2-1}{x(x-1)}=\lim\limits_{x\to1}\dfrac{x+1}{x}=2$, 所以 $x=1$ 是 $f(x)$的第一类(可去)间断点.

由以上讨论可知,研究函数 $f(x)$的连续性时,若 $f(x)$是初等函数,则由“初等函数在其定义区间内连续”的基本结论,只要找出 $f(x)$没有定义的点,这些点就是 $f(x)$的间断点. 若 $f(x)$是分段函数,则在段点处往往要从左、右极限入手讨论极限、函数值等,按连续的定义去判断;在非段点处,一般仍按该点所在那一段区间上函数的表达式,像初等函数那样进行讨论.

三、闭区间上连续函数的性质

闭区间上的连续函数有一些重要的性质,这些性质在直观上比较明显,因此我们只给出结论而不加以证明.

微课:闭区间上连续函数的性质

定理 1-15(最值定理)　闭区间上的连续函数必能取到**最大值**和**最小值**.

定理 1-15 从几何直观上看是明显的,闭区间上的连续函数的图像是包括两端点的一

条不间断的曲线(如图1－12),因此它必定有最高点 P 和最低点 Q,P、Q 的纵坐标分别是函数的最大值和最小值.

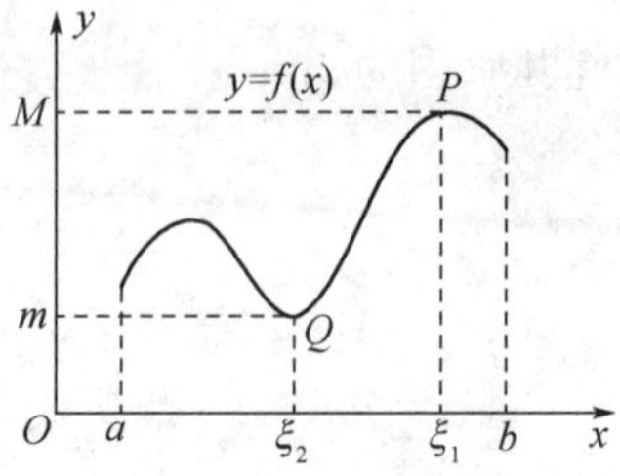

图 1－12

注意 如果函数仅在开区间(a, b)或半闭半开区间$[a, b)$,$(a, b]$内连续,或函数在闭区间上有间断点,那么函数在该区间就不一定有最大值或最小值.

如函数 $y=x$ 在开区间$(0, 1)$内连续,但它既无最大值也无最小值. 又如函数

$$f(x)=\begin{cases}1-x, & 0<x\leqslant 1;\\ 0, & x=0;\\ -1-x, & -1\leqslant x<0\end{cases}$$

在闭区间$[-1, 1]$上有定义,除 $x=0$ 外处处连续,但函数 $f(x)$既无最大值又无最小值.

由定理 1－15 可得介值定理.

定理 1－16 若 $f(x)$在闭区间$[a, b]$上连续,m 与 M 分别是 $f(x)$在闭区间$[a, b]$上的最小值与最大值,c 是介于 m 与 M 之间的任一实数: $m\leqslant c\leqslant M$, 则在$[a, b]$至少存在一点 ξ,使得 $f(\xi)=c$.

在几何上定理 1－16 表示:介于两条水平直线 $y=m$ 与 $y=M$ 之间的任一条直线 $y=c$, 与 $y=f(x)$ 的图像曲线至少有一个交点(如图 1－13).

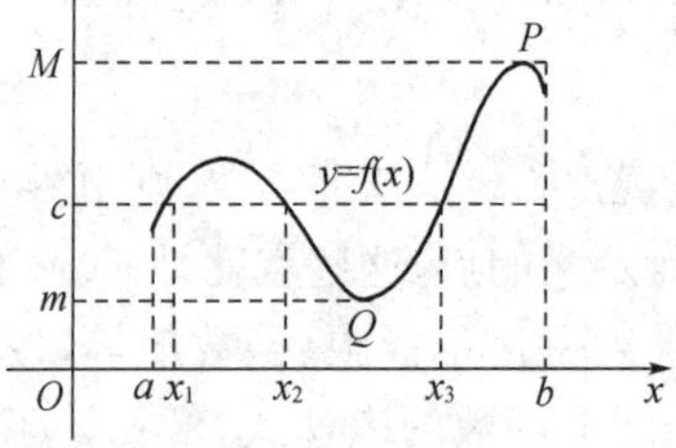

图 1－13

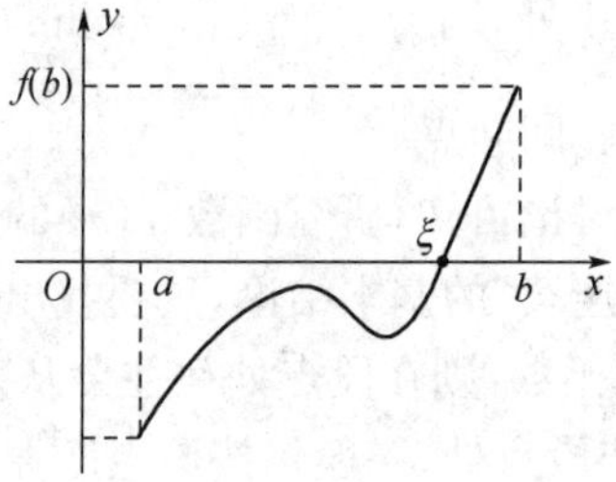

图 1－14

推论 1－5(根的存在定理) 若 $f(x)$在闭区间$[a, b]$上连续,且 $f(a)$与 $f(b)$异号,则在(a, b)内至少有一个根,即至少存在一点 ξ,使得 $f(\xi)=0$.

推论 1－5 的几何意义是:一条连续曲线,若其上的端点位于 x 轴的异侧,则曲线至少要穿过 x 轴一次(如图 1－14).

【例 1.6.8】 证明方程 $x^5-3x+1=0$ 在开区间$(0, 1)$内至少有一个实根.

证明 设辅助函数 $f(x)=x^5-3x+1$, 则函数 $f(x)$在闭区间$[0, 1]$上连续,又 $f(0)=1$, $f(1)=-1$. 由根的存在定理,在$(0, 1)$内至少有一点 ξ,使 $f(\xi)=0$, 即方程 x^5

$-3x+1=0$ 在开区间(0, 1)内至少有一个实根.

习题 1 - 6

1. 判断下列说法是否正确?

(1) 若 $f(x)$在 x_0 处连续,则 $\lim\limits_{x\to x_0} f(x)$ 存在;

(2) 若 $\lim\limits_{x\to x_0} f(x)=A$,则 $f(x)$在 x_0 处连续;

(3) 初等函数在其定义域内连续;

(4) 设 $y=f(x)$ 在$[a, b)$上连续,则 $y=f(x)$ 在$[a, b)$上可取到最大值和最小值.

2. 求下列极限:

(1) $\lim\limits_{x\to\frac{\pi}{6}} \ln(2\cos 2x)$;

(2) $\lim\limits_{x\to 0} \sqrt{x^2-2x+3}$;

(3) $\lim\limits_{x\to\frac{\pi}{4}} (\cos 2x)^3$;

(4) $\lim\limits_{x\to 4} \dfrac{2-\sqrt{x}}{3-\sqrt{2x+1}}$;

(5) $\lim\limits_{x\to\frac{\pi}{2}} \dfrac{\sin x}{x}$;

(6) $\lim\limits_{t\to -1} \dfrac{e^{-2t}-1}{t}$;

(7) $\lim\limits_{x\to 0} \dfrac{\sqrt{x+1}-1}{x}$;

(8) $\lim\limits_{x\to 1} \sin(\cos^2 x)$;

(9) $\lim\limits_{x\to 1} \dfrac{\sqrt{5x-4}-\sqrt{x}}{x}$;

(10) $\lim\limits_{x\to\infty} \cos\left[\ln\left(1+\dfrac{2x-1}{x^2}\right)\right]$.

3. 设函数 $f(x)=\begin{cases} e^x, & x<0; \\ x+a, & x\geqslant 0, \end{cases}$ 常数 a 为何值时,函数 $f(x)$在$(-\infty, +\infty)$内连续?

4. 求下列函数的连续区间和间断点,并指出间断点的类型:

(1) $f(x)=\begin{cases} x^2, & 0\leqslant x\leqslant 1; \\ 2-x, & 1<x\leqslant 2; \end{cases}$

(2) $f(x)=\begin{cases} x, & |x|\leqslant 1; \\ 1, & |x|>1; \end{cases}$

(3) $f(x)=\dfrac{\sqrt[3]{x}-1}{x-1}$;

(4) $f(x)=\dfrac{1-\cos x}{\sin x}$.

5. 证明方程 $x^4-4x+2=0$ 在区间(1, 2)内至少有一个实根.

6. 证明方程 $x^3+x-3=0$ 至少有一个正根.

7. 设函数 $f(x)$在闭区间$[a, b]$上连续, $a<x_1<x_2<b$, 则在$[x_1, x_2]$上必有 ξ,使 $f(\xi)=\dfrac{f(x_1)+f(x_2)}{2}$.

第七节 应用举例

【例 1.7.1】 设集合 $M=\{x \mid x^2-x-6>0\}$, $R=\{x \mid x-1\leqslant 0\}$, 则 $M\cap R=$ ( ).

A. $\{x \mid x>3\}$

B. $\{x \mid x<-2\}$

C. $\{x \mid -2<x\leqslant 1\}$

D. $\{x \mid x\leqslant 1\}$

解 $M=\{x \mid x<-2$ 或 $x>3\}$，$R=\{x \mid x \leqslant 1\}$，因此 $M \cap R=\{x \mid x<-2\}$，故选 B.

【例 1.7.2】 求函数 $y=\dfrac{x-1}{\ln x}+\sqrt{4-x^2}$ 的定义域.

解 由于对数函数 $\ln x$ 的定义域为 $x>0$，同时由分母不能为零知 $\ln x \neq 0$，即 $x \neq 1$. 由根式内要非负可知 $4-x^2 \geqslant 0$，从而得其定义域为 $(0,1) \cup (1,2]$.

【例 1.7.3】 下列各组函数中，表示相同函数的是(　　).

A. $y=1-x^2$ 与 $y=\sqrt{(1-x^2)^2}$

B. $y=1$ 与 $y=\cos^2 x+\sin^2 x$

C. $y=x-1$ 与 $y=\dfrac{x^2-1}{x+1}$

D. $y=\sqrt{x(x-1)}$ 与 $y=\sqrt{x}\sqrt{x-1}$

解 A 中的两个函数是不同的，因为两函数的对应关系不同，当 $|x|>1$ 时，两函数取得不同的值.

B 中的函数是相同的. 因为 $\cos^2 x+\sin^2 x=1$ 对一切实数 x 都成立.

C 中的两个函数是不同的. 因为 $y=\dfrac{x^2-1}{x+1}$ 的定义域为 $x \neq -1$，而 $y=x-1$ 的定义域为 $(-\infty,+\infty)$.

D 中的两个函数也是不同的，因为它们的定义域依次为 $(-\infty,0) \cup (1,+\infty)$ 和 $(1,+\infty)$.

故选 B.

【例 1.7.4】 设 $f(\cos x-1)=\cos^2 x$，求 $f(x)$.

解 在 $f(\cos x-1)=\cos^2 x$ 中，令 $t=\cos x-1$，得 $\cos x=t+1$，$f(t)=(t+1)^2$；又因为 $-1 \leqslant \cos x \leqslant 1$，所以 $-2 \leqslant \cos x-1 \leqslant 0$，即 $-2 \leqslant t \leqslant 0$，从而有

$$f(x)=(x+1)^2,\ x \in [-2,0].$$

【例 1.7.5】 设 $f(x)=\begin{cases}-x, & x<0; \\ x^2, & 0 \leqslant x<2; \\ x+2, & x>2,\end{cases}$ 求 $f(-2)$，$f(3)$，$f(1)$，$f(2)$.

解 $f(-2)=(-x)\Big|_{x=-2}=-(-2)=2$；

$f(3)=(x+2)\Big|_{x=3}=3+2=5$；

$f(1)=x^2\Big|_{x=1}=1$；

$f(2)$没有定义.

注意 求分段函数的函数值，要把自变量代到相应区间的表达式中.

【例 1.7.6】 下列函数能复合成一个函数的是(　　).

A. $y=\ln u$，$u=-x^2$　　　　B. $y=\sqrt{u}$，$u=-5$

C. $y=u^3$，$u=\sin x$　　　　D. $y=\mathrm{e}^{-u^2}$，$|u|<1$，$u=3$

解 在 A，B 中，均有 $u \leqslant 0$，不在 $y=f(u)$ 的定义域内，不能复合；在 D 中，$u=3$ 也

不满足 $y=f(u)$ 的定义域 $|u|<1$，也不能复合；只有 C 中 $u=\sin x$ 在 $y=u^3$ 的定义域内，可以复合成一个函数，故应选 C.

【例 1.7.7】 求函数 $y=e^{\sqrt{x^2+1}}$ 可以看成由哪些简单函数复合而成.

解 方法："$x\to\varphi(x)=v\to h(v)=u\to g(u)=y$".

所以函数 $y=e^{\sqrt{x^2+1}}$ 由 $y=e^u$，$u=\sqrt{v}$，$v=x^2+1$ 复合而成.

【例 1.7.8】 下列数列中，收敛的数列是(　　).

A. $\left\{\dfrac{(-1)^n+1}{2}\right\}$　　B. $\{n^2\}$

C. $\{(-1)^n\sin n\}$　　D. $\left\{(-1)^n\dfrac{1}{2n}\right\}$

解 A 中数列为 0, 1, 0, 1, …，其下标为奇数项的均为 0，而下标为偶数项的均为 1，即奇偶数项分别趋于不同的常数值，从而可知该数列没有极限，是发散的.

由于 $\lim\limits_{n\to\infty}n^2=\infty$，故 B 中数列发散.

由于正弦函数是一个周期为 2π 的周期函数，当 $n\to\infty$ 时，$(-1)^n\sin n$ 并不能无限趋近于一个确定的值，因而 C 中数列也发散.

由于 $\lim\limits_{n\to\infty}(-1)^n\dfrac{1}{2n}=0$，故 D 中数列收敛. 所以选 D.

【例 1.7.9】 设 $\lim\limits_{n\to\infty}\dfrac{n^3+4n^2+8}{an^3+3n-1}=\dfrac{1}{3}$，求常数 a 的值.

解 直接利用结论：

$$\lim_{x\to\infty}\frac{a_0x^m+a_1x^{m-1}+\cdots+a_m}{b_0x^n+b_1x^{n-1}+\cdots+b_n}=\begin{cases}\dfrac{a_0}{b_0}, & m=n;\\ \infty, & m>n;\\ 0, & m<n.\end{cases}$$

即当分子、分母最高次数相等时就等于最高次项系数比，所以 $\dfrac{1}{a}=\dfrac{1}{3}$，得 $a=3$.

【例 1.7.10】 当 $x\to0$ 时，$\dfrac{1}{2}\sin x\cos x$ 是 x 的(　　).

A. 同阶但不等价无穷小量　　B. 高阶无穷小量

C. 低阶无穷小量　　D. 等价的无穷小量

解 由于 $\lim\limits_{x\to0}\dfrac{\frac{1}{2}\sin x\cos x}{x}=\dfrac{1}{2}\lim\limits_{x\to0}\dfrac{\sin x}{x}\cdot\cos x=\dfrac{1}{2}$，所以由定义知 $\dfrac{1}{2}\sin x\cos x$ 是 x 的同阶无穷小量，所以应选 A.

【例 1.7.11】 下列变量在给定的变化过程中是无穷大量的是(　　).

A. $-\dfrac{x^2}{\sqrt{x^2+1}}\ (x\to+\infty)$　　B. $\dfrac{x^2-1}{3x}\ (x\to1)$

C. $\cos\dfrac{1}{x}\ (x\to\infty)$　　D. $e^{-\frac{1}{x}}\ (x\to0^+)$

解 由于

$$\lim_{x\to+\infty} -\frac{x^2}{\sqrt{x^2+1}} = -\lim_{x\to+\infty} \frac{1}{\sqrt{x^{-2}+x^{-4}}} = -\infty;$$

$$\lim_{x\to1} \frac{x^2-1}{3x} = \frac{1-1}{3} = 0;$$

$$\lim_{x\to\infty} \cos\frac{1}{x} = \cos 0 = 1;$$

$$\lim_{x\to0^+} \mathrm{e}^{-\frac{1}{x}} = \mathrm{e}^{-\infty} = 0.$$

所以应选 A.

【例 1.7.12】 求 $\lim\limits_{n\to\infty} n\sin\frac{\pi}{n}$.

解 利用重要极限 $\lim\limits_{x\to0}\frac{\sin x}{x}=1$, 所以

$$\lim_{n\to\infty} n\sin\frac{\pi}{n} = \lim_{n\to\infty}\frac{\sin\frac{\pi}{n}}{\frac{\pi}{n}}\cdot\pi = \pi\cdot\lim_{\frac{\pi}{n}\to0}\frac{\sin\frac{\pi}{n}}{\frac{\pi}{n}} = \pi.$$

【例 1.7.13】 求 $\lim\limits_{x\to+\infty}\left(1-\frac{1}{x}\right)^{\sqrt{x}}$.

解法 1

$$\begin{aligned}\lim_{x\to+\infty}\left(1-\frac{1}{x}\right)^{\sqrt{x}} &= \lim_{x\to+\infty}\left(1+\frac{1}{-x}\right)^{-x\cdot\frac{1}{-\sqrt{x}}}\\ &= \lim_{x\to+\infty}\left[\left(1+\frac{1}{-x}\right)^{-x}\right]^{-\frac{1}{\sqrt{x}}}\\ &= \mathrm{e}^0 = 1;\end{aligned}$$

解法 2

$$\begin{aligned}\lim_{x\to+\infty}\left(1-\frac{1}{x}\right)^{\sqrt{x}} &= \lim_{x\to+\infty}\left[\left(1-\frac{1}{\sqrt{x}}\right)\left(1+\frac{1}{\sqrt{x}}\right)\right]^{\sqrt{x}}\\ &= \lim_{x\to+\infty}\left(1-\frac{1}{\sqrt{x}}\right)^{\sqrt{x}}\left(1+\frac{1}{\sqrt{x}}\right)^{\sqrt{x}}\\ &= \lim_{x\to+\infty}\left[\left(1+\frac{1}{-\sqrt{x}}\right)^{-\sqrt{x}}\right]^{-1}\left(1+\frac{1}{\sqrt{x}}\right)^{\sqrt{x}}\\ &= \mathrm{e}^{-1}\cdot\mathrm{e} = 1;\end{aligned}$$

解法 3

$$\begin{aligned}\lim_{x\to+\infty}\left(1-\frac{1}{x}\right)^{\sqrt{x}} &= \mathrm{e}^{\lim\limits_{x\to+\infty}\sqrt{x}\ln\left(1-\frac{1}{x}\right)} = \mathrm{e}^{\lim\limits_{x\to+\infty}\sqrt{x}\left(-\frac{1}{x}\right)}\\ &= \mathrm{e}^{-\lim\limits_{x\to+\infty}\frac{1}{\sqrt{x}}} = \mathrm{e}^0 = 1.\end{aligned}$$

注意 计算极限的方法很多,选择简便的是关键.

【例 1.7.14】 要使函数 $f(x)=\frac{\sqrt{1+x}-\sqrt{1-x}}{x}$ 在 $x=0$ 处连续,则 $f(0)$为多少?

解

$$\lim_{x\to0} f(x) = \lim_{x\to0}\frac{\sqrt{1+x}-\sqrt{1-x}}{x}$$

$$= \lim_{x\to 0}\frac{(\sqrt{1+x}-\sqrt{1-x})(\sqrt{1+x}+\sqrt{1-x})}{x(\sqrt{1+x}+\sqrt{1-x})}$$

$$= \lim_{x\to 0}\frac{2}{\sqrt{1+x}+\sqrt{1-x}}$$

$$= \frac{2}{2} = 1.$$

要使 $f(x)$在 $x=0$ 处连续,必须使 $\lim\limits_{x\to 0} f(x) = f(0)$,所以 $f(0)=1$.

【例 1.7.15】 设

$$f(x)=\begin{cases}\dfrac{\ln(1+x)}{x}, & x>0;\\ k, & x=0;\\ 1+x\cdot\sin\dfrac{1}{x}, & x<0.\end{cases}$$

求 k,使 $f(x)$连续.

解 由于函数 $f(x)$在$(-\infty, 0)$和$(0, +\infty)$两区间内均由初等函数表示,而且在这两个区间内均有定义,因此在这两个区间内是连续的. 函数是否连续取决于它在 $x=0$ 处是否连续. 要让 $f(x)$在 $x=0$ 处连续,必须

$$\lim_{x\to 0^-} f(x) = \lim_{x\to 0^+} f(x) = f(0).$$

由于

$$\lim_{x\to 0^+} f(x) = \lim_{x\to 0^+}\frac{\ln(1+x)}{x} = \lim_{x\to 0^+}\ln(1+x)^{\frac{1}{x}} = \ln\left[\lim_{x\to 0^+}(1+x)^{\frac{1}{x}}\right] = \ln \mathrm{e} = 1;$$

又由

$$\lim_{x\to 0^-} f(x) = \lim_{x\to 0^-}\left(1+x\sin\frac{1}{x}\right) = 1,$$

可知 $\lim\limits_{x\to 0} f(x) = 1$,所以 $k = f(0) = \lim\limits_{x\to 0} f(x) = 1$.

【例 1.7.16】 证明方程 $x^4-x-1=0$ 在区间$(1, 2)$内必有一实根.

证明 令 $f(x)=x^4-x-1$,由于 $f(x)$是初等函数,它在区间$(-\infty, +\infty)$内连续,所以 $f(x)$在$[1, 2]$上连续.

另外 $f(1)=-1<0$, $f(2)=13>0$,故由根的存在定理知,存在 $\xi\in(1, 2)$,使 $f(\xi)=0$,即方程 $x^4-x-1=0$ 在区间$(1, 2)$内必有一实根.

复习题一

一、单项选择题(每小题 2 分,共 10 分)

1. 函数 $y=\sqrt{4-x^2}+\dfrac{1}{1-x^2}$ 的定义域为 ( )

A. $(-2,2)$ B. $[-2,2]$

C. $[-2,-1)\cup(-1,2]$ D. $[-2,-1)\cup(-1,1)\cup(1,2]$

2. 当 $x \to 0$ 时,无穷小 $x^2 - \sin x$ 是 x 的 ( )

A. 高阶无穷小 B. 低阶无穷小

C. 同阶无穷小 D. 等价无穷小

3. $\lim\limits_{x \to -1} (x+2)^{\frac{1}{x+1}} =$ ( )

A. 1 B. e C. $\dfrac{1}{e}$ D. ∞

4. 函数 $f(x) = \dfrac{x-2}{x^3 - x^2 - 2x}$ 的间断点是 ( )

A. $x=0, x=-1$ B. $x=0, x=2$

C. $x=0, x=-1, x=2$ D. $x=-1, x=2$

5. 设 $f(x) = \dfrac{|x-1|}{x-1}$,则 $\lim\limits_{x \to 1} f(x)$ 是 ( )

A. 1 B. -1 C. 不存在 D. 0

二、判断题(每小题 2 分,共 10 分)

6. 函数 $f(x)$ 在 x_0 处连续是 $\lim\limits_{x \to x_0} f(x)$ 存在的充分条件. ( )

7. 若 $\lim\limits_{x \to x_0^-} f(x) = \lim\limits_{x \to x_0^+} f(x) = A$,则 $f(x)$ 在 x_0 处连续. ( )

8. 极限 $\lim\limits_{x \to 1} \dfrac{1-x}{x} = 0$. ( )

9. 已知 a, b 为常数,若 $\lim\limits_{n \to \infty} \dfrac{an^2 + bn + 2}{2n-1} = 3$,则 $a=0, b=6$. ( )

10. 若函数 $f(x) = \begin{cases} x+2, & x \leqslant 0 \\ x^2 + a, & 0 < x < 1 \\ bx, & x \geqslant 1 \end{cases}$ 在 $(-\infty, +\infty)$ 内连续,则 $a=2; b=3$.

( )

三、填空题(每小题 2 分,共 10 分)

11. 极限 $\lim\limits_{x \to 0} (e^{2x} + x^2 - 1) =$ ________.

12. 极限 $\lim\limits_{x \to \infty} \left(1 - \dfrac{2}{x}\right)^{3x} =$ ________.

13. 设 $f(x) = \dfrac{x}{1+x}$,则 $f[f(x)] =$ ________.

14. 函数 $y = \ln \sin^2 x$ 的复合过程为________.

15. 设函数 $f(x) = \begin{cases} x^2 + 2x - 2, & x \leqslant 1 \\ x, & 1 < x < 2 \\ 2x - 2, & x \geqslant 2 \end{cases}$,则 $\lim\limits_{x \to 1} f(x) =$ ________.

四、计算题(每小题 10 分,共 60 分)

16. 求极限 $\lim\limits_{x \to 1} \left(\dfrac{3}{1-x^3} - \dfrac{1}{1-x} \right)$.

17. 求极限 $\lim\limits_{x \to 0} x \left(\sin \dfrac{1}{x^2} - \dfrac{1}{\sin 2x} \right)$.

18. 求极限 $\lim\limits_{x\to\infty}\left(\dfrac{x+2}{x-1}\right)^{x}$.

19. 求极限 $\lim\limits_{x\to 0^{+}}\dfrac{e^{-2x}-1}{\ln(1+\tan 2x)}$.

20. 设函数 $g(x)=\begin{cases}3x+2, & x\leqslant -1\\ \dfrac{\ln(2+x)}{x+1}+a, & -1<x<0\\ -2+x+b, & x\geqslant 0\end{cases}$ 在 $(-\infty,+\infty)$ 内连续,求 a,b 的值.

21. 证明函数 $f(x)=x^{3}+2x^{2}-4x-1$ 在 $(-\infty,+\infty)$ 上至少有三个零点.

五、综合题(共 10 分)

22. 分析讨论函数 $f(x)=\dfrac{x}{\sin x}$ 的间断点,并对间断点进行分类.

第二章　导数与微分

本章提要　导数与微分是微积分学的两个重要的基本概念.在经济、管理、物理、化学、生物等学科中,经常要研究各种函数的变化率,在数学上称之为导数.微分是与导数密切相关的另一重要概念,导数和微分以及它们的应用构成了微分学.本章首先介绍导数的定义、求导公式及求导方法,然后介绍微分概念和求微分的方法,最后是微分的简单应用.

第一节　导数的概念

一、两个实例

函数相对于自变量变化的快慢程度,通常叫作函数的变化率.导数是在研究变化率问题中产生的概念.因此,我们先讨论变化率问题,从而引出导数概念.

1. 变速直线运动的瞬时速度

设某点沿直线运动.在直线上引入原点和单位点(即表示实数 1 的点),使直线成为数轴.此外,再取定一个时刻作为测量时间的零点.设动点于时刻 t 在直线上的位置的坐标为 s(简称位置 s).这样,运动完全由某个函数 $s=f(t)$ 所确定.这函数对运动过程中所出现的 t 值有定义,称为位置函数.在最简单的情形,该动点所经过的路程与所花的时间成正比,就是说,无论取哪一段时间间隔,比值

$$\frac{\text{经过的路程}}{\text{所花的时间}} \tag{2-1}$$

总是相同的.这个比值就称为该动点的速度,并说该点做匀速运动.如果运动不是匀速的,那么在运动的不同时间间隔内,式(2-1)会有不同的值.这样,把式(2-1)笼统地称为该动点的速度就不合适了,而需要按不同时刻来考虑.那么,这种非匀速运动的动点在某一时刻(设为 t_0)的速度应如何理解而又如何求得呢?

首先取从时刻 t_0 到 t 这样一个时间间隔,在这段时间内,动点从位置 $s_0=f(t_0)$ 移动到 $s=f(t)$.这时式(2-1)算得的比值

$$\frac{s-s_0}{t-t_0}=\frac{f(t)-f(t_0)}{t-t_0}, \tag{2-2}$$

可认为是动点在上述时间间隔内的平均速度.如果时间间隔选得较短,式(2-2)在实践中也可用来说明动点在时刻 t_0 的速度.但对于动点在时刻 t_0 的速度的精确概念来说,这样做是不够的,而更确切地应当这样:令 $t\to t_0$,取式(2-2)的极限,如果这个极限存在,设为 v_0,即

$$v_0=\lim_{t\to t_0}\frac{f(t)-f(t_0)}{t-t_0},$$

这时就把这个极限值 v_0 称为动点在时刻 t_0 的(瞬时)速度.

特别地,自由落体运动中,物体在 t_0 的瞬时速度为

$$v_0=\lim_{t\to t_0}\frac{\frac{1}{2}gt^2-\frac{1}{2}gt_0^2}{t-t_0}=gt_0.$$

2. 切线问题

圆的切线可定义为“与曲线只有一个交点的直线”. 但是对于其他曲线,用“与曲线只有一个交点的直线”作为切线的定义就不一定合适. 例如,对于抛物线 $y=x^2$,在原点 O 处两个坐标轴都符合上述定义,但实际上只有 x 轴是该抛物线在点 O 处的切线. 下面给出切线的定义.

设有曲线 C 及 C 上的一点 M(图 2-1),在点 M 外另取 C 上一点 N,作割线 MN. 当点 N 沿曲线 C 趋于点 M 时,如果割线 MN 绕点 M 旋转而趋于极限位置 MT,直线 MT 就称为曲线 C 在点 M 处的切线. 这里极限位置的含义是:只要弦长 $|MN|$ 趋于零. $\angle NMT$ 也趋于零.

现在就曲线 C 为函数 $y=f(x)$ 的图形的情形来讨论切线问题.

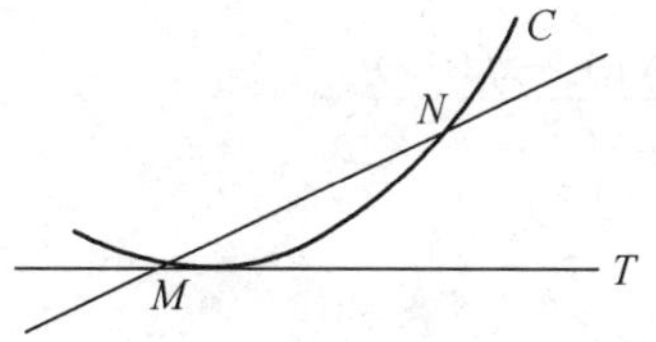

图 2-1

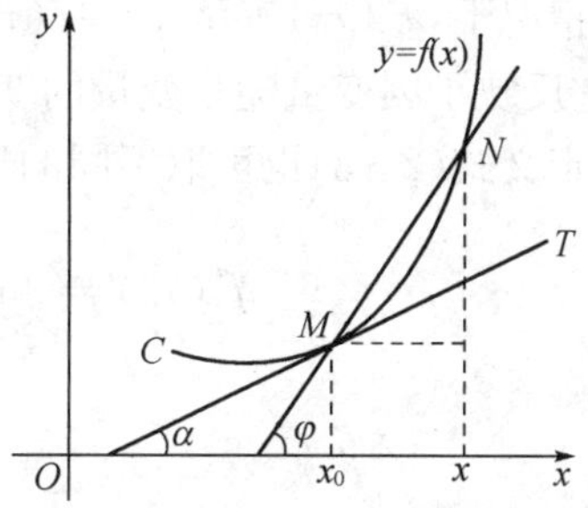

图 2-2

设 $M(x_0,y_0)$ 是曲线 C 上的一个点(图 2-2),则 $y_0=f(x_0)$. 根据上述定义要定出曲线 C 在点 M 处的切线,只要定出切线的斜率就行了. 为此,在点 M 外另取 C 上的一点 $N(x,y)$,于是割线 MN 的斜率为

$$\tan\varphi=\frac{y-y_0}{x-x_0}=\frac{f(x)-f(x_0)}{x-x_0},$$

其中 φ 为割线 MN 的倾角. 当点 N 沿曲线 C 趋于点 M 时,$x\to x_0$. 如果当 $x\to x_0$ 时,上式的极限存在,设为 k,即

$$k=\lim_{x\to x_0}\frac{f(x)-f(x_0)}{x-x_0}$$

存在,则此极限 k 是割线斜率的极限,也就是切线的斜率. 这里 $k=\tan\alpha$,其中 α 是切线 MT 的倾角. 于是,通过点 $M(x_0,f(x_0))$ 且以 k 为斜率的直线 MT 便是曲线 C 在点 M 处的切线. 事实上,由 $\angle NMT=\varphi-\alpha$ 以及 $x\to x_0$ 时 $\varphi\to\alpha$,可见 $x\to x_0$ 时(这时 $|MN|\to 0$),$\angle NMT\to 0$. 因此直线 MT 确为曲线 C 在点 M 处的切线.

以上两例的实际意义不同,但解决问题的思路相同,都是求函数在某一点的变化率,其

数学形式都归结为计算函数的改变量 Δy 与自变量的改变量 Δx 之比值 $\dfrac{\Delta y}{\Delta x}$ 的极限(当 $\Delta x \to 0$ 时),我们称这种特定形式的极限为函数 $y=f(x)$ 的导数.

微课:导数的定义

二、导数的概念

1. 函数在一点处可导的概念

定义 2-1 设函数 $y=f(x)$ 在点 x_0 的某个邻域内有定义,当自变量 x 在 x_0 处取得增量 Δx(点 $x_0+\Delta x$ 仍在该邻域内)时,相应地函数 y 取得增量 $\Delta y=f(x_0+\Delta x)-f(x_0)$;如果 Δy 与 Δx 之比当 $\Delta x \to 0$ 时的极限存在,则称函数 $y=f(x)$ 在点 x_0 处**可导**,并称这个极限为函数 $y=f(x)$ 在点 x_0 处的**导数**,记为 $y'\big|_{x=x_0}$,即

$$y'\big|_{x=x_0}=\lim_{\Delta x\to 0}\frac{\Delta y}{\Delta x}=\lim_{\Delta x\to 0}\frac{f(x_0+\Delta x)-f(x_0)}{\Delta x}, \tag{2-3}$$

也可记作 $f'(x_0)$,$\left.\dfrac{\mathrm{d}y}{\mathrm{d}x}\right|_{x=x_0}$ 或 $\left.\dfrac{\mathrm{d}f(x)}{\mathrm{d}x}\right|_{x=x_0}$.

函数 $y=f(x)$ 在点 x_0 处可导有时也说成 $y=f(x)$ 在点 x_0 具有导数或导数存在.

在抽象情况下,$f'(x_0)$表示 $y=f(x)$ 在 $x=x_0$ 点变化的“快慢”,函数的导数也叫函数的变化率,它反映了因变量随自变量的变化而变化的快慢程度.

导数的定义式(2-3)也可取不同的形式,常见的有

$$f'(x_0)=\lim_{\Delta x\to 0}\frac{f(x_0+\Delta x)-f(x_0)}{\Delta x} \tag{2-4}$$

和

$$f'(x_0)=\lim_{x\to x_0}\frac{f(x)-f(x_0)}{x-x_0}. \tag{2-5}$$

根据导数的定义,求函数 $y=f(x)$ 在点 x_0 处的导数的步骤如下:

第一步:求增量 $\Delta y=f(x_0+\Delta x)-f(x_0)$;

第二步:算比值 $\dfrac{\Delta y}{\Delta x}$;

第三步:取极限 $f'(x_0)=\lim\limits_{\Delta x\to 0}\dfrac{\Delta y}{\Delta x}$.

【例 2.1.1】 求函数 $f(x)=x^3$ 在 $x=1$ 处的导数.

解 $\Delta y=f(1+\Delta x)-f(1)=(1+\Delta x)^3-1^3=3\Delta x+3(\Delta x)^2+(\Delta x)^3$;

$$\frac{\Delta y}{\Delta x}=\frac{3\Delta x+3(\Delta x)^2+(\Delta x)^3}{\Delta x}=3+3\Delta x+(\Delta x)^2;$$

$$\lim_{\Delta x\to 0}\frac{\Delta y}{\Delta x}=\lim_{\Delta x\to 0}(3+3\Delta x+(\Delta x)^2)=3.$$

因此 $$f'(1)=3.$$

微课:单侧导数

2. 左导数与右导数

根据函数 $f(x)$在点 x_0 处的导数 $f'(x_0)$的定义,是一个极限,而极限存在的充分必要条

件是左、右极限都存在且相等，因此 $f'(x_0)$ 存在即 $f(x)$ 在点 x_0 处可导的充分必要条件是左、右极限

$$\lim_{\Delta x\to 0^-}\frac{f(x_0+\Delta x)-f(x_0)}{\Delta x} \quad 及 \quad \lim_{\Delta x\to 0^+}\frac{f(x_0+\Delta x)-f(x_0)}{\Delta x}$$

都存在且相等. 这两个极限分别称为函数 $f(x)$ 在点 x_0 处的左导数和右导数，记作 $f'_-(x_0)$ 及 $f'_+(x_0)$，即

$$f'_-(x_0)=\lim_{\Delta x\to 0^-}\frac{f(x_0+\Delta x)-f(x_0)}{\Delta x},\quad f'_+(x_0)=\lim_{\Delta x\to 0^+}\frac{f(x_0+\Delta x)-f(x_0)}{\Delta x}.$$

现在可以说，函数在点 x_0 处可导的充分必要条件是左导数 $f'_-(x_0)$ 和右导数 $f'_+(x_0)$ 都存在且相等.

如果函数 $f(x)$ 在开区间 (a,b) 内可导，且 $f'_+(a)$ 及 $f'_-(b)$ 都存在，就说 $f(x)$ 在闭区间 $[a,b]$ 上可导.

3. 导函数的概念

若 $y=f(x)$ 在开区间 (a,b) 内每一点均可导，则对任意 $x\in(a,b)$，都有唯一导数值 $f'(x)$ 与之对应，这构成了 (a,b) 内的一个函数，称为 $y=f(x)$ 的**导函数**，简称**导数**，记作 $f'(x)$ 或 y'，$\frac{\mathrm{d}y}{\mathrm{d}x}$，$\frac{\mathrm{d}f(x)}{\mathrm{d}x}$. 即

$$y'=\frac{\mathrm{d}y}{\mathrm{d}x}=f'(x)=\lim_{\Delta x\to 0}\frac{f(x+\Delta x)-f(x)}{\Delta x}.$$

注意 $f'(x_0)=f'(x)|_{x=x_0}$，而不是 $f'(x_0)=(f(x_0))'$.

【例 2.1.2】 求函数 $f(x)=C$（C 为常数）的导数.

解 $f'(x)=\lim\limits_{\Delta x\to 0}\frac{f(x+\Delta x)-f(x)}{\Delta x}=\lim\limits_{\Delta x\to 0}\frac{C-C}{\Delta x}=0$，即 $(C)'=0$.

这就是说，常数的导数等于零.

【例 2.1.3】 求函数 $f(x)=\sin x$ 的导数

解

$$\begin{aligned}f'(x)&=\lim_{\Delta x\to 0}\frac{f(x+\Delta x)-f(x)}{\Delta x}\\&=\lim_{\Delta x\to 0}\frac{\sin(x+\Delta x)-\sin x}{\Delta x}\\&=\lim_{\Delta x\to 0}\frac{1}{\Delta x}\cdot 2\cos\left(x+\frac{\Delta x}{2}\right)\sin\frac{\Delta x}{2}\\&=\lim_{\Delta x\to 0}\cos\left(x+\frac{\Delta x}{2}\right)\cdot\frac{\sin\frac{\Delta x}{2}}{\frac{\Delta x}{2}}\\&=\cos x,\end{aligned}$$

即

$$(\sin x)'=\cos x.$$

这就是说，正弦函数的导数是余弦函数.

用类似的方法，可求得 $(\cos x)'=-\sin x$，这就是说，余弦函数的导数是负的正弦函数.

三、导数的几何意义

在实例 2 中的结论：方程为 $y=f(x)$ 的曲线在点 $M(x_0,f(x_0))$ 处存在非垂直切线，与函数存在极限 $\lim\limits_{\Delta x\to 0}\dfrac{f(x_0+\Delta x)-f(x_0)}{\Delta x}$ 是等价的，且极限值就是曲线在 M 点处切线的斜率. 根据导数定义，这正好表示函数 $y=f(x)$ 在点 M 处可导，且极限就是导数值 $f'(x_0)$，由此可得：$f'(x_0)$ 是曲线 $y=f(x)$ 在 $(x_0,f(x_0))$ 点处的切线斜率；过 $(x_0,f(x_0))$ 垂直于该点切线的直线叫作曲线 $y=f(x)$ 在点 $(x_0,f(x_0))$ 处的**法线**，显然，点 $(x_0,f(x_0))$ 处的法线斜率为 $-\dfrac{1}{f'(x_0)}(f'(x_0)\neq 0)$.

【例 2.1.4】 求曲线 $y=\sqrt{x}$ 在点(4,2)的切线及法线方程.

解 曲线在任意点 $(x,\sqrt{x})$ 处的导数为

$$y'=(\sqrt{x})'=\frac{1}{2\sqrt{x}};$$

曲线在点(4,2)处的导数为

$$y'\Big|_{x=4}=\frac{1}{2\sqrt{x}}\Big|_{x=4}=\frac{1}{4}.$$

故曲线在(4,2)处的切线方程为

$$y-2=\frac{1}{4}(x-4);$$

法线方程为

$$y-2=-4(x-4).$$

四、可导与连续的关系

设函数 $y=f(x)$ 在点 x_0 处可导，即 $\lim\limits_{\Delta x\to 0}\dfrac{\Delta y}{\Delta x}=f'(x_0)$ 存在. 由具有极限的函数与无穷小的关系知道，$\dfrac{\Delta y}{\Delta x}=f'(x_0)+\alpha$，其中 α 当 $\Delta x\to 0$ 时为无穷小. 上式两边同乘以 Δx，得

$$\Delta y=f'(x_0)\Delta x+\alpha\Delta x.$$

由此可见，当 $\Delta x\to 0$ 时，$\Delta y\to 0$. 这就是说，函数 $y=f(x)$ 在点 x_0 处是连续的.

定理 2-1 如果函数 $y=f(x)$ 在点 x_0 处可导，则函数在该点必连续.

注意 一个函数在某点连续却不一定在该点处可导.

例如：函数 $y=|x|$ 在点 $x=0$ 连续，但不可导. 事实上

$$f'(0)=\lim_{\Delta x\to 0}\frac{|0+\Delta x|-|0|}{\Delta x},$$

而

$$\lim_{\Delta x \to 0^-} \frac{|0+\Delta x|-|0|}{\Delta x} = -1,$$

$$\lim_{\Delta x \to 0^+} \frac{|0+\Delta x|-|0|}{\Delta x} = 1,$$

故 $f'(0)$ 不存在.

【例 2.1.5】 讨论 $f(x)=\begin{cases} x, & x \leqslant 1; \\ 2-x, & x>1 \end{cases}$ 在点 $x=1$ 的连续性与可导性.

解 因为 $\lim\limits_{x \to 1^-} f(x) = \lim\limits_{x \to 1^-} x = 1$, $\lim\limits_{x \to 1^+} f(x) = \lim\limits_{x \to 1^+} (2-x) = 1$, 所以 $f(x)$ 在 $x=1$ 处连续. 又因为

$$f'_-(1) = \lim_{x \to 1^-} \frac{f(x)-f(1)}{x-1} = \lim_{x \to 1^-} \frac{x-1}{x-1} = 1,$$

$$f'_+(1) = \lim_{x \to 1^+} \frac{f(x)-f(1)}{x-1} = \lim_{x \to 1^+} \frac{2-x-1}{x-1} = -1.$$

所以 $f(x)$ 在 $x=1$ 处不可导.

习题 2-1

1. 根据导数的定义,求下列函数的导数:

(1) $y=x^3$; (2) $y=\dfrac{2}{x}$.

2. 已知一抛物线 $y=x^2$, 求:

(1) 该抛物线在 $x=1$ 和 $x=3$ 处的切线的斜率;

(2) 该抛物线上何点处的切线与 Ox 轴成 45°.

3. 求曲线 $y=x^3$ 和曲线 $y=x^2$ 的横坐标在何处它们的切线斜率相同.

4. 设 $f(x)=(x-a)\varphi(x)$, 其中 $\varphi(x)$ 在 $x=a$ 处连续, 求 $f'(a)$.

5. 求曲线 $y=\log_3 x$ 在 $x=3$ 处的切线和法线方程.

6. 讨论下列函数在指定点处的连续性和可导性:

(1) $f(x)=\begin{cases} x, & x<0; \\ \ln(1+x), & x \geqslant 0 \end{cases}$ 在 $x=0$ 处;

(2) $f(x)=\begin{cases} \sin(x-1), & x \neq 1; \\ 0, & x=1 \end{cases}$ 在 $x=1$ 处.

第二节 导数的基本公式和求导法则

根据导数的定义,虽然可以计算某些函数的导数,但是当函数表达式比较复杂时,直接用定义求导数是很困难的. 为此,需要推导出一些基本公式与运算法则,借助它们来简化求导数的计算.

一、导数的基本公式

基本初等函数的导数,原则上均可由导数的定义式推出,不妨先将其导数公式全部列出

如下：

(1) $(C)'=0$；(2) $(x^{\alpha})'=\alpha x^{\alpha-1}$；

(3) $(\sin x)'=\cos x$；(4) $(\cos x)'=-\sin x$；

(5) $(\tan x)'=\sec^2 x$；(6) $(\cot x)'=-\csc^2 x$；

(7) $(\sec x)'=\sec x\tan x$；(8) $(\csc x)'=-\csc x\cot x$；

(9) $(a^x)'=a^x\ln a$；(10) $(\mathrm{e}^x)'=\mathrm{e}^x$；

(11) $(\log_a x)'=\dfrac{1}{x\ln a}$；(12) $(\ln x)'=\dfrac{1}{x}$；

(13) $(\arcsin x)'=\dfrac{1}{\sqrt{1-x^2}}$；(14) $(\arccos x)'=-\dfrac{1}{\sqrt{1-x^2}}$；

(15) $(\arctan x)'=\dfrac{1}{1+x^2}$；(16) $(\text{arccot}\, x)'=-\dfrac{1}{1+x^2}$.

二、导数的四则运算法则

设函数 $u=u(x)$，$v=v(x)$ 都可导，则有

(1) 和差法则

$$[u(x)\pm v(x)]'=u'(x)\pm v'(x),$$

$$[u_1(x)\pm u_2(x)\pm\cdots\pm u_n(x)]'=u'_1(x)\pm u'_2(x)\pm\cdots\pm u'_n(x);$$

(2) 乘法法则

$$[u(x)\cdot v(x)]'=u'(x)v(x)+u(x)v'(x),$$

$$[Cu(x)]'=Cu'(x)\quad(C\text{ 是常数});$$

(3) 除法法则

$$\left[\frac{u(x)}{v(x)}\right]'=\frac{u'(x)v(x)-u(x)v'(x)}{v^2(x)}\quad(\text{其中}\ v(x)\neq 0).$$

这里仅证(2)：

$$\begin{aligned}f'(x)&=\lim_{\Delta x\to 0}\frac{f(x+\Delta x)-f(x)}{\Delta x}\\&=\lim_{\Delta x\to 0}\frac{u(x+\Delta x)v(x+\Delta x)-u(x)v(x)}{\Delta x}\\&=\lim_{\Delta x\to 0}\frac{1}{\Delta x}[u(x+\Delta x)v(x+\Delta x)-u(x)v(x+\Delta x)+u(x)v(x+\Delta x)-u(x)v(x)]\\&=\lim_{\Delta x\to 0}\left[\frac{u(x+\Delta x)-u(x)}{\Delta x}\cdot v(x+\Delta x)+u(x)\cdot\frac{v(x+\Delta x)-v(x)}{\Delta x}\right]\\&=\lim_{\Delta x\to 0}\frac{u(x+\Delta x)-u(x)}{\Delta x}\cdot\lim_{\Delta x\to 0}v(x+\Delta x)+u(x)\cdot\lim_{\Delta x\to 0}\frac{v(x+\Delta x)-v(x)}{\Delta x}\\&=u'(x)v(x)+u(x)v'(x).\end{aligned}$$

【例 2.2.1】 $y=x^3+4\cos x-\sin\dfrac{\pi}{2}$，求 $y'\left(\dfrac{\pi}{2}\right)$.

解 $y' = \left(x^3 + 4\cos x - \sin\dfrac{\pi}{2}\right)'$

$= (x^3)' + 4(\cos x)' - \left(\sin\dfrac{\pi}{2}\right)'$

$= 3x^2 - 4\sin x$,

所以 $y'\left(\dfrac{\pi}{2}\right) = (3x^2 - 4\sin x)\big|_{x=\frac{\pi}{2}} = \dfrac{3\pi^2}{4} - 4.$

【例 2.2.2】 $y = e^x(\sin x + \cos x)$，求 y'.

解 $y' = (e^x)'(\sin x + \cos x) + e^x(\sin x + \cos x)'$

$= e^x(\sin x + \cos x) + e^x(\cos x - \sin x)$

$= 2e^x\cos x.$

【例 2.2.3】 $y = \tan x$，求 y'.

解 $y' = (\tan x)' = \left(\dfrac{\sin x}{\cos x}\right)' = \dfrac{(\sin x)'\cos x - \sin x(\cos x)'}{\cos^2 x}$

$= \dfrac{\cos^2 x + \sin^2 x}{\cos^2 x} = \dfrac{1}{\cos^2 x} = \sec^2 x$,

即 $(\tan x)' = \sec^2 x.$

这就是正切函数的导数公式.

同理可以验证导数基本公式：

$(\cot x)' = -\csc^2 x$,

$(\sec x)' = \sec x\tan x$,

$(\csc x)' = -\csc x\cot x$.

习题 2－2

1. 求下列函数的导数：

(1) $y = \sin x \cdot \ln x$；

(2) $y = x^2\sin e$；

(3) $y = 2^x + \ln\pi$；

(4) $y = 2^x e^x \pi^x$；

(5) $y = \dfrac{cx^2}{a+b}$；

(6) $y = \dfrac{\ln x}{\sin x}$；

(7) $y = \dfrac{2\csc x}{1+x^2}$；

(8) $y = \dfrac{2\ln x + x^3}{3\ln x + x^2}$；

(9) $\rho = \dfrac{\varphi}{1-\cos\varphi}$；

(10) $y = \dfrac{1}{1+\sqrt{x}} - \dfrac{1}{1-\sqrt{x}}$.

2. 求下列函数在指定点处的导数值：

(1) $y = \sin x \cdot \cos x, x = \dfrac{\pi}{4}, x = \dfrac{\pi}{6}$；

(2) $f(x) = 2x^2 + 3\operatorname{arccot} x, x = 0, x = 1$.

3. 曲线 $y = x^{\frac{3}{2}}$ 上哪一点处的切线与直线 $y = 3x - 1$ 平行？

第三节 复合函数的导数

微课:复合函数的导数

到目前为止,我们只能求一些简单函数的导数,但在实际中遇到的函数较多的是复合函数,例如 $\sin\sqrt{x}$,e^{x^2},$\arccos\sqrt{\ln x}$ 等.

如何求它们的导数?有以下法则:

复合函数求导法则:

如果 $u=\varphi(x)$ 在点 x_0 可导,而 $y=f(u)$ 在点 $u_0=\varphi(x_0)$ 可导,则复合函数 $y=f[\varphi(x)]$ 在点 x_0 可导,且其导数为

$$\left.\frac{\mathrm{d}y}{\mathrm{d}x}\right|_{x=x_0}=f'(u_0)\cdot\varphi'(x_0).$$

证 由于 $y=f(u)$ 在点 u_0 可导,因此

$$\lim_{\Delta u\to 0}\frac{\Delta y}{\Delta u}=f'(u_0)$$

存在,于是根据极限与无穷小的关系有

$$\frac{\Delta y}{\Delta u}=f'(u_0)+\alpha,$$

其中 α 是 $\Delta u\to 0$ 时的无穷小. 上式中 $\Delta u\neq 0$,用 Δu 乘上式两边,得

$$\Delta y=f'(u_0)\Delta u+\alpha\cdot\Delta u.$$

当 $\Delta u=0$ 时,规定 $\alpha=0$,这时因 $\Delta y=f(u_0+\Delta u)-f(u_0)=0$,而 $\Delta y=f'(u_0)\Delta u+\alpha\cdot\Delta u$ 右端亦为零,故 $\Delta y=f'(u_0)\Delta u+\alpha\cdot\Delta u$ 对 $\Delta u=0$ 也成立. 用 $\Delta x\neq 0$ 除 $\Delta y=f'(u_0)\Delta u+\alpha\cdot\Delta u$ 两边,得

$$\frac{\Delta y}{\Delta x}=f'(u_0)\frac{\Delta u}{\Delta x}+\alpha\cdot\frac{\Delta u}{\Delta x},$$

于是

$$\lim_{\Delta x\to 0}\frac{\Delta y}{\Delta x}=\lim_{\Delta x\to 0}\left[f'(u_0)\frac{\Delta u}{\Delta x}+\alpha\cdot\frac{\Delta u}{\Delta x}\right].$$

根据函数在某点可导必在该点连续的性质知道,当 $\Delta x\to 0$ 时,$\Delta u\to 0$,从而可以推知

$$\lim_{\Delta x\to 0}\alpha=\lim_{\Delta u\to 0}\alpha=0.$$

又因 $u=\varphi(x)$ 在点 x_0 可导,有

$$\lim_{\Delta x\to 0}\frac{\Delta u}{\Delta x}=\varphi'(x_0),$$

故

$$\lim_{\Delta x\to 0}\frac{\Delta u}{\Delta x}=f'(u_0)\cdot\lim_{\Delta x\to 0}\frac{\Delta u}{\Delta x},$$

即

$$\left.\frac{\mathrm{d}y}{\mathrm{d}x}\right|_{x=x_0}=f'(u_0)\cdot\varphi'(x_0).$$

复合函数的求导法则可以推广到多个中间变量的情形. 我们以两个中间变量为例,设 $y=f(u),u=\varphi(v),v=\psi(x)$,则

$$\frac{\mathrm{d}y}{\mathrm{d}x}=\frac{\mathrm{d}y}{\mathrm{d}u}\cdot\frac{\mathrm{d}u}{\mathrm{d}x},\quad 而\frac{\mathrm{d}u}{\mathrm{d}x}=\frac{\mathrm{d}u}{\mathrm{d}v}\cdot\frac{\mathrm{d}v}{\mathrm{d}x},$$

故复合函数 $y=f\{\varphi[\psi(x)]\}$ 的导数为

$$\frac{\mathrm{d}y}{\mathrm{d}x}=\frac{\mathrm{d}y}{\mathrm{d}u}\cdot\frac{\mathrm{d}u}{\mathrm{d}v}\cdot\frac{\mathrm{d}v}{\mathrm{d}x}.$$

当然,这里假定上式右端所出现的导数在相应处都存在.

【例 2.3.1】 $y=\ln\sin x$,求 $\frac{\mathrm{d}y}{\mathrm{d}x}$.

解 $\frac{\mathrm{d}y}{\mathrm{d}x}=(\ln\sin x)'=\frac{1}{\sin x}(\sin x)'=\frac{\cos x}{\sin x}=\cot x.$

【例 2.3.2】 $y=\sqrt[3]{1-2x^2}$,求$\frac{\mathrm{d}y}{\mathrm{d}x}$.

解 $\frac{\mathrm{d}y}{\mathrm{d}x}=[(1-2x^2)^{\frac{1}{3}}]'=\frac{1}{3}(1-2x^2)^{-\frac{2}{3}}\cdot(1-2x^2)'=\frac{-4x}{3\sqrt[3]{(1-2x^2)^2}}.$

【例 2.3.3】 $y=\ln\cos(\mathrm{e}^x)$,求$\frac{\mathrm{d}y}{\mathrm{d}x}$.

解 所给函数可分解为 $y=\ln u,u=\cos v,v=\mathrm{e}^x$. 由于

$$\frac{\mathrm{d}y}{\mathrm{d}u}=\frac{1}{u},\frac{\mathrm{d}u}{\mathrm{d}v}=-\sin v,\frac{\mathrm{d}v}{\mathrm{d}x}=\mathrm{e}^x,$$

故

$$\frac{\mathrm{d}y}{\mathrm{d}x}=\frac{1}{u}\cdot(-\sin v)\cdot\mathrm{e}^x=-\frac{\sin(\mathrm{e}^x)}{\cos(\mathrm{e}^x)}\cdot\mathrm{e}^x=-\mathrm{e}^x\tan(\mathrm{e}^x).$$

不写出中间变量,此例可这样写:

$$\frac{\mathrm{d}y}{\mathrm{d}x}=[\ln\ \cos(\mathrm{e}^x)]'=\frac{1}{\cos(\mathrm{e}^x)}[\cos(\mathrm{e}^x)]'=\frac{-\sin(\mathrm{e}^x)}{\cos(\mathrm{e}^x)}(\mathrm{e}^x)'=-\mathrm{e}^x\tan(\mathrm{e}^x).$$

【例 2.3.4】 设 $y=\sqrt{f(\sin x^2)}$,且 $f(x)$为可导函数. 求 $\frac{\mathrm{d}y}{\mathrm{d}x}$.

解 所给函数可分解为 $y=\sqrt{u},u=f(v),v=\sin w,w=x^2$. 由于

$$\frac{\mathrm{d}y}{\mathrm{d}u}=\frac{1}{2\sqrt{u}},\frac{\mathrm{d}u}{\mathrm{d}v}=f'(v),\frac{\mathrm{d}v}{\mathrm{d}w}=\cos w,\frac{\mathrm{d}w}{\mathrm{d}x}=2x,$$

故

$$\frac{\mathrm{d}y}{\mathrm{d}x}=[\sqrt{f(\sin x^2)}]'=\frac{1}{2\sqrt{u}}\cdot f'(v)\cdot\cos w\cdot 2x$$

$$=\frac{1}{2\sqrt{f(\sin x^2)}}\cdot f'(\sin x^2)\cdot(\cos x^2)\cdot 2x.$$

复合函数求导关键在于搞清楚复合层次，熟悉以后就可以不写出中间变量了.

习题 2－3

1. 求下列函数的导数：

(1) $y=(\ln\ \ln\ \ln x)^2$；　　(2) $y=(\arctan\sqrt{x})^3$；

(3) $y=\ln(\sqrt{x^2+a^2}+x)$；　　(4) $y=\mathrm{e}^{\cos\sqrt{x}}$；

(5) $y=\ln\cos\dfrac{1}{x}$；　　(6) $y=\dfrac{\sin\sqrt{x}}{\cos\dfrac{1}{x}}$；

(7) $y=\dfrac{x}{\sqrt{x^2-1}}$；　　(8) $y=\sqrt{\tan 2^{\frac{1}{x}}}$.

2. 求下列函数在指定点处的导数值：

(1) $y=\cos 2x+x\tan 2x, x=\dfrac{\pi}{6}$；

(2) $y=\cot^2\sqrt{x^2+1}, x=0$.

3. 设 $f(x)$是可导函数，$f(x)>0$，求下列函数的导数：

(1) $y=\ln f(2x)$；　　(2) $y=[f(\mathrm{e}^x)]^2$.

第四节　隐函数的导数与对数求导法

在以前的学习中我们知道，隐函数是表示函数的一种重要形式，隐函数未必能显化，因此仅用前两节的求导方法不一定能求出它们的导数，所以本节讨论隐函数的导数.

一、隐函数的导数

微课：隐函数的导数

函数 $y=f(x)$ 表示两个变量 y 与 x 之间的对应关系，这种对应关系可以用各种不同方式表达. 前面我们遇到的函数，例如 $y=\sin x, y=\ln x+\sqrt{1-x^2}$ 等，这种函数表达方式的特点是：等号左端是因变量的符号，而右端是含有自变量的式子，当自变量取定义域内任一值时，由此式能确定对应的函数值. 用这种方式表达的函数叫作**显函数**. 有些函数的表达方式却不是这样，例如，方程 $x+y^3-1=0$ 表示一个函数，因为当变量 x 在$(-\infty,+\infty)$内取值时，变量 y 有确定的值与之对应. 例如，当 $x=0$ 时，$y=1$；当 $x=-1$ 时，$y=\sqrt[3]{2}$，等等. 这样的函数称为**隐函数**.

一般地，如果在方程 $F(x,y)=0$ 中，当 x 取某区间内的任一值时，相应地总有满足此方程的唯一的 y 值存在，那么就说方程 $F(x,y)=0$ 在该区间内确定了一个隐函数.

把一个隐函数化成显函数，叫作**隐函数的显化**，例如从方程 $x+y^3-1=0$ 解出 $y=$

$\sqrt[3]{1-x}$，就把隐函数化成了显函数.隐函数的显化有时是有困难的，甚至是不可能的.但在实际问题中，有时需要计算隐函数的导数，因此，我们希望有一种方法，不管隐函数能否显化，都能直接由方程算出它所确定的隐函数的导数来.下面通过具体例子来说明这种方法.

【例 2.4.1】 求由方程 $e^y+xy-e=0$ 所确定的隐函数 y 的导数 $\frac{dy}{dx}$.

解 我们把方程两边分别对 x 求导数，注意 y 是 x 的函数.方程左边对 x 求导得

$$\frac{d}{dx}(e^y+xy-e)=e^y\frac{dy}{dx}+y+x\frac{dy}{dx},$$

方程右边对 x 求导得

$$(0)'=0,$$

由于等式两边对 x 的导数相等，所以

$$e^y\frac{dy}{dx}+y+x\frac{dy}{dx}=0,$$

从而

$$\frac{dy}{dx}=-\frac{y}{x+e^y}\ (x+e^y\neq 0).$$

在这个结果中，分式中的 y 是由方程 $e^x+xy-e=0$ 所确定的隐函数.

隐函数求导方法小结：

(1) 方程两端同时对 x 求导数，注意把 y 当作复合函数求导的中间变量来看待，例如 $(\ln y)'_x=\frac{1}{y}y'$；

(2) 从求导后的方程中解出 y'来；

(3) 隐函数求导允许其结果中含有 y，但求一点的导数时不但要把 x 值代进去，还要把对应的 y 值代进去.

【例 2.4.2】 $xy+e^y=e$，确定了 y 是 x 的函数，求 $y'(0)$.

解
$$y+xy'+e^yy'=0,\ y'=-\frac{y}{x+e^y}.$$

因为 $x=0$ 时 $y=1$，故

$$y'(0)=-\frac{1}{e}.$$

【例 2.4.3】 证明：星形线 $x^{\frac{2}{3}}+y^{\frac{2}{3}}=a^{\frac{2}{3}}$ 上任一点的切线介于两坐标轴间的一段长为 a.

证明 方程两边对 x 求导：

$$\frac{2}{3}x^{-\frac{1}{3}}+\frac{2}{3}y^{-\frac{1}{3}}\cdot y'=0,$$

$$y' = -\sqrt[3]{\frac{y}{x}}.$$

设星形线上任一点(x_0, y_0),则过(x_0, y_0)点的切线为

$$y - y_0 = -\sqrt[3]{\frac{y_0}{x_0}}(x - x_0).$$

令 $y = 0$, 得

$$x = x_0 + \frac{\sqrt[3]{x_0} \cdot y_0}{\sqrt[3]{y_0}} = x_0^{\frac{1}{3}} \cdot (x_0^{\frac{2}{3}} + y_0^{\frac{2}{3}});$$

令 $x = 0$, 得

$$y = y_0^{\frac{1}{3}} \cdot (x_0^{\frac{2}{3}} + y_0^{\frac{2}{3}}).$$

所以切线介于两坐标轴间的一段长为

$$\sqrt{x_0^{\frac{2}{3}}(x_0^{\frac{2}{3}} + y_0^{\frac{2}{3}})^2 + y_0^{\frac{2}{3}}(x_0^{\frac{2}{3}} + y_0^{\frac{2}{3}})^2} = (x_0^{\frac{2}{3}} + y_0^{\frac{2}{3}})^{\frac{3}{2}} = (a^{\frac{2}{3}})^{\frac{3}{2}} = a.$$

二、对数求导法

对数求导法主要适用于幂指函数及多项因子连乘除的情况.

对于幂指函数 $y = u(x)^{v(x)}$ 是没有求导公式的,我们可以通过方程两端取对数化幂指函数为隐函数,从而求出导数 y'.

微课:对数求导法

【例 2.4.4】 求 $y = x^{\sin x}(x > 0)$ 的导数.

解 这个函数既不是幂函数也不是指数函数,通常称为幂指函数. 为了求此函数的导数,可以先在两边取对数,得

$$\ln y = \sin x \cdot \ln x.$$

上式两边对 x 求导,注意到 y 是 x 的函数,得

$$\frac{1}{y}y' = \cos x \cdot \ln x + \sin x \cdot \frac{1}{x},$$

于是

$$y' = y\left(\cos x \cdot \ln x + \frac{\sin x}{x}\right) = x^{\sin x}\left(\cos x \cdot \ln x + \frac{\sin x}{x}\right).$$

由于对数具有化积商为和差的性质,因此我们可以把多因子乘积开方的求导运算,通过取对数得到化简.

【例 2.4.5】 求 $y = \sqrt{\frac{(x-1)(x-2)}{(x-3)(x-4)}}$ 的导数.

解 先在两边取对数(假定 $x>4$),得

$$\ln y = \frac{1}{2}\left[\ln(x-1) + \ln(x-2) - \ln(x-3) - \ln(x-4)\right].$$

上式两边对 x 求导，注意到 y 是 x 的函数，得

$$\frac{1}{y}y'=\frac{1}{2}\left(\frac{1}{x-1}+\frac{1}{x-2}-\frac{1}{x-3}-\frac{1}{x-4}\right),$$

于是

$$y'=\frac{y}{2}\left(\frac{1}{x-1}+\frac{1}{x-2}-\frac{1}{x-3}-\frac{1}{x-4}\right).$$

所以

$$y'=\frac{\sqrt{\frac{(x-1)(x-2)}{(x-3)(x-4)}}}{2}\left(\frac{1}{x-1}+\frac{1}{x-2}-\frac{1}{x-3}-\frac{1}{x-4}\right).$$

【例 2.4.6】 求 $y=\sqrt{e^{\frac{1}{x}}\sqrt{x\sqrt{\sin x}}}$ 的导数.

解　$\ln y=\frac{1}{2}\cdot\frac{1}{x}\cdot\ln e+\frac{1}{4}\cdot\ln x+\frac{1}{8}\cdot\ln\sin x.$

方程两端对 x 求导：

$$\frac{1}{y}y'=\frac{1}{2}\cdot\left(-\frac{1}{x^2}\right)+\frac{1}{4x}+\frac{\cos x}{8\sin x},$$

$$y'=\sqrt{e^{\frac{1}{2}}\sqrt{x\sqrt{\sin x}}}\cdot\left(-\frac{1}{2x^2}+\frac{1}{4x}+\frac{1}{8}\cot x\right).$$

注意　关于幂指函数求导，除了取对数的方法也可以采取化指数的办法. 例如 $e^{x\ln e}$，这样就可把幂指函数求导转化为复合函数求导，例如求 $y=x^{e^x}+e^{x^e}$ 的导数时，化指数方法比取对数方法来得简单，且不容易出错.

习题 2 - 4

1. 求由下列方程确定的隐函数的导数或在指定点的导数：

(1) $\sqrt{x}+\sqrt{y}=\sqrt{a}\ (a>0)$；　　(2) $\ln\sqrt{x^2+y^2}=\arctan\frac{y}{x}$；

(3) $xy+\ln y=1, y'(0)$；　　(4) $2^x+2y=2^{x+y}, y'|_{(x=1,y=0)}$.

2. 求曲线 $4x^2-xy+y^2=6$ 在点$(1,-1)$处的切线方程.

3. 用对数求导法求下列函数的导数：

(1) $y=(\sin x)^x$；　　(2) $y=(3x-1)^{\frac{5}{3}}\sqrt{\frac{x-1}{x-2}}$；

(3) $y=\sqrt{x\sin x\sqrt{e^x}}$；　　(4) $y=(1+\cos x)^{\frac{1}{x}}$.

4. 求曲线 $y=x^{x^2}$ 在点$(1,1)$处的法线方程.

第五节　由参数方程所确定的函数的导数

微课：参数方程求导

平面解析几何中，我们学过曲线的参数方程. 它的一般形式为

$$\begin{cases} x=\varphi(t), \\ y=\psi(t). \end{cases} \quad (t\text{ 为参数},a\leqslant t\leqslant b)$$

如果画出曲线，那么在一定的范围内，可以通过图像上点的横纵坐标对应，能确定 y 为 x 的函数 $y=f(x)$，这种函数关系是通过参数 t 联系起来的. 称 $f(x)$是由参数方程所确定的函数，或称原方程组是 $f(x)$的参数式.

若由参数方程 $\begin{cases} x=\varphi(t), \\ y=\psi(t) \end{cases}$ 确定了 y 是 x 的函数，如果函数 $x=\varphi(t)$ 具有单调连续反函数 $t=\overline{\varphi}(x)$，且此反函数能与函数 $y=\psi(t)$ 复合成复合函数，那么由参数方程 $\begin{cases} x=\varphi(t), \\ y=\psi(t) \end{cases}$ 所确定的函数是可以看成由函数 $y=\psi(t)$、$t=\overline{\varphi}(x)$ 复合而成的函数 $y=\psi[\overline{\varphi}(x)]$. 现在，要计算这个复合函数的导数，为此再假定函数 $x=\varphi(t)$、$y=\psi(t)$ 都可导，而且 $\varphi'(t)\neq 0$. 于是根据复合函数的求导法则与反函数的导数公式，就有

$$\frac{\mathrm{d}y}{\mathrm{d}x}=\frac{\mathrm{d}y}{\mathrm{d}t}\cdot\frac{\mathrm{d}t}{\mathrm{d}x}=\frac{\mathrm{d}y}{\mathrm{d}t}\cdot\frac{1}{\frac{\mathrm{d}x}{\mathrm{d}t}}=\frac{\psi'(t)}{\varphi'(t)},$$

即

$$\frac{\mathrm{d}y}{\mathrm{d}x}=\frac{\psi'(t)}{\varphi'(t)}.$$

上式也可写成

$$\frac{\mathrm{d}y}{\mathrm{d}x}=\frac{\frac{\mathrm{d}y}{\mathrm{d}t}}{\frac{\mathrm{d}x}{\mathrm{d}t}}.$$

【例 2.5.1】 求 $\begin{cases} x=a\cos t, \\ y=b\sin t \end{cases}$ 在 $t=\frac{\pi}{4}$ 处的切线方程.

解
$$\frac{\mathrm{d}y}{\mathrm{d}x}=\frac{\frac{\mathrm{d}y}{\mathrm{d}t}}{\frac{\mathrm{d}x}{\mathrm{d}t}}=\frac{b\cos t}{-a\sin t}=-\frac{b}{a}\cot t,$$

所以

$$\left.\frac{\mathrm{d}y}{\mathrm{d}x}\right|_{t=\frac{\pi}{4}}=-\frac{b}{a}\cot t\Big|_{t=\frac{\pi}{4}}=-\frac{b}{a}.$$

$t=\frac{\pi}{4}$ 对应曲线上点为 $\left(\frac{\sqrt{2}}{2}a,\frac{\sqrt{2}}{2}b\right)$. 所求切线为

$$y-\frac{\sqrt{2}}{2}b=-\frac{b}{a}\left(x-\frac{\sqrt{2}}{2}a\right).$$

习题 2-5

1. 求下列参数式函数的导数或在指定点处的导数：

(1) $\begin{cases} x = t - \arctan t, \\ y = \ln(1+t^2), \end{cases}$ $\left.\dfrac{\mathrm{d}y}{\mathrm{d}x}\right|_{t=1}$；　　(2) $\begin{cases} x = 2t \\ y = 3t^2 - 2t + 1 \end{cases}$.

2. 已知曲线 $\begin{cases} x = t^2 + at + b, \\ y = ce^t - \mathrm{e} \end{cases}$ 在 $t = 1$ 时过原点，且曲线在原点处的切线平行于直线 $2x - y + 1 = 0$，求 a,b,c.

第六节　高阶导数

若函数 $y = f(x)$ 的导函数 $y' = f'(x)$ 是可导的，则可以对导函数 $F(x) = f'(x)$ 继续求导，对 $f(x)$而言则是多次求导了，这就是本节将要学习的高阶导数问题.

函数 $y = f(x)$ 的导数 $y' = f'(x)$ 仍然是 x 的函数. 我们把 $y' = f'(x)$ 的导数叫作函数 $y = f(x)$ 的**二阶导数**，记作 y''或 $\dfrac{\mathrm{d}^2 y}{\mathrm{d}x^2}$，即

$$y'' = (y')' \text{ 或 } \frac{\mathrm{d}^2 y}{\mathrm{d}x^2} = \frac{\mathrm{d}}{\mathrm{d}x}\left(\frac{\mathrm{d}y}{\mathrm{d}x}\right).$$

相应地，把 $y = f(x)$ 的导数 $f'(x)$ 叫作函数 $y = f(x)$ 的**一阶导数**.

类似地，二阶导数的导数，叫作**三阶导数**，三阶导数的导数叫作**四阶导数**，……，一般地，$(n-1)$阶导数的导数叫作 ***n* 阶导数**，分别记作

$$y''', y^{(4)}, \cdots, y^{(n)}.$$

或

$$\frac{\mathrm{d}^3 y}{\mathrm{d}x^3}, \frac{\mathrm{d}^4 y}{\mathrm{d}x^4}, \cdots, \frac{\mathrm{d}^n y}{\mathrm{d}x^n}.$$

函数 $y = f(x)$ 具有 n 阶导数，也常说成函数 $f(x)$为 n 阶可导. 如果函数 $f(x)$在 x 处具有 n 阶导数，那么 $f(x)$在 x 的某一邻域内必定具有一切低于 n 阶的导数. 二阶及二阶以上的导数统称**高阶导数**.

由此可见，求高阶导数就是多次接连地求导数. 所以，仍可应用前面学过的求导方法来计算高阶导数.

一般地，n 次多项式

$$P_n(x) = a_n x^n + a_{n-1}x^{n-1} + \cdots + a_1 x + a_0 \quad (a_n \neq 0),$$

$$P_n^{(n)}(x) = a_n n!,$$

$$P_n^{(n+1)}(x) = 0.$$

【例 2.6.1】 证明：函数 $y=\sqrt{2x-x^2}$ 满足关系 $y^3 \cdot y'' + 1 = 0$.

证明 $y' = \dfrac{2-2x}{2\sqrt{2x-x^2}} = \dfrac{1-x}{\sqrt{2x-x^2}}$，

$$y'' = \frac{(-1)\cdot\sqrt{2x-x^2} - (1-x)\dfrac{2-2x}{2\sqrt{2x-x^2}}}{2x-x^2} = -\frac{1}{(2x-x^2)^{\frac{3}{2}}},$$

所以

$$y^3 \cdot y'' + 1 = (2x - x^2)^{\frac{3}{2}} \cdot \left(-\frac{1}{(2x-x^2)^{\frac{3}{2}}}\right) + 1 = 0.$$

【例 2.6.2】 求指数函数 $y = e^x$ 的 n 阶导数.

解 $y' = e^x, y'' = e^x, y''' = e^x, y^{(4)} = e^x$.

一般地,可得 $y^{(n)} = e^x$, 即 $y^{(n)} = e^x$.

【例 2.6.3】 求正弦与余弦函数的 n 阶导数.

解 $y = \sin x$,

$$y' = \cos x = \sin\left(x + \frac{\pi}{2}\right),$$

$$y'' = \cos\left(x + \frac{\pi}{2}\right) = \sin\left(x + \frac{\pi}{2} + \frac{\pi}{2}\right) = \sin\left(x + 2 \cdot \frac{\pi}{2}\right),$$

$$y''' = \cos\left(x + 2 \cdot \frac{\pi}{2}\right) = \sin\left(x + 3 \cdot \frac{\pi}{2}\right)$$

$$y^{(4)} = \cos\left(x + 3 \cdot \frac{\pi}{2}\right) = \sin\left(x + 4 \cdot \frac{\pi}{2}\right).$$

一般地,可得

$$y^{(n)} = \sin\left(x + n \cdot \frac{\pi}{2}\right),$$

即

$$(\sin x)^{(n)} = \sin\left(x + n \cdot \frac{\pi}{2}\right).$$

用类似方法,可得

$$(\cos x)^{(n)} = \cos\left(x + n \cdot \frac{\pi}{2}\right).$$

【例 2.6.4】 求对数函数 $y = \ln(1+x)$ 的 n 阶导数.

解

$$y = \ln(1+x),$$

$$y' = \frac{1}{1+x},$$

$$y'' = -\frac{1}{(1+x)^2},$$

$$y''' = \frac{1 \cdot 2}{(1+x)^3},$$

$$y^{(4)} = -\frac{1 \cdot 2 \cdot 3}{(1+x)^4}.$$

一般地,可得

$$y^{(n)}=(-1)^{n-1}\frac{(n-1)!}{(1+x)^n},$$

即
$$[\ln(1+x)]^{(n)}=(-1)^{(n-1)}\frac{(n-1)!}{(1+x)^n}.$$

通常规定 $0!=1$，所以这个公式当 $n=1$ 时也成立.

【例 2.6.5】 求幂函数的 n 阶导数公式.

解 设 $y=x^\mu$（μ 是任意常数），那么

$$y'=\mu x^{\mu-1},$$

$$y''=\mu(\mu-1)x^{\mu-2},$$

$$y'''=\mu(\mu-1)(\mu-2)x^{\mu-3},$$

$$y^{(4)}=\mu(\mu-1)(\mu-2)(\mu-3)x^{\mu-4}.$$

一般地，可得

$$y^{(n)}=\mu(\mu-1)(\mu-2)\cdots(\mu-n+1)x^{\mu-n},$$

即

$$(x^\mu)^{(n)}=\mu(\mu-1)(\mu-2)\cdots(\mu-n+1)x^{\mu-n}.$$

当 $\mu=n$ 时，得到

$$(x^n)^{(n)}=n(n-1)(n-2)\cdots3\cdot2\cdot1=n!,$$

而

$$(x^n)^{(n+1)}=0.$$

如果函数 $u=u(x)$ 及 $v=v(x)$ 都在点 x 处具有 n 阶导数，那么显然 $u(x)+v(x)$ 及 $u(x)-v(x)$ 也在点 x 处具有 n 阶导数，且

$$(u\pm v)^{(n)}=u^{(n)}\pm v^{(n)}.$$

【例 2.6.6】 求方程 $y=\tan(x+y)$ 确定的函数 $y=y(x)(y\neq0)$ 的二阶导数.

解 方程两端分别对 x 求导，有

$$y'=[\sec^2(x+y)](1+y')=(1+y^2)(1+y'),$$

解得

$$y'=-\frac{1+y^2}{y^2}=-y^{-2}-1\quad(y\neq0).$$

上式两边再对 x 求导，有

$$y''=2y^{-3}y'.$$

将 $y'=[\sec^2(x+y)](1+y')=(1+y^2)(1+y')$ 代入得

$$y''=-\frac{2}{y^3}\left(1+\frac{1}{y^2}\right)\quad (y\neq 0).$$

【例 2.6.7】 求参数式函数 $\begin{cases}x=a(t-\sin t);\\ y=a(1-\cos t)\end{cases}$ $(t\neq 2n\pi, n\in \mathbf{Z})$ 的二阶导数 $\dfrac{\mathrm{d}^2 y}{\mathrm{d}x^2}$.

微课：参数方程的二阶导数

解 $y'_x=\dfrac{y'_t}{x'_t}=\dfrac{[a(1-\cos t)]'}{[a(t-\sin t)]'}=\dfrac{\sin t}{1-\cos t}=\cot\dfrac{t}{2}\quad (t\neq 2n\pi, n\in\mathbf{Z}).$

因为 $\dfrac{\mathrm{d}^2 y}{\mathrm{d}x^2}=\dfrac{\mathrm{d}}{\mathrm{d}x}\left(\dfrac{\mathrm{d}y}{\mathrm{d}x}\right)$，所以求二阶导数相当于求参数方程 $\begin{cases}x=a(t-\sin t),\\ y'_x=\cot\dfrac{t}{2}\end{cases}$ 确定的函数 $y'(x)$ 的导数.继续应用参数式函数的求导法则，得到

$$\frac{\mathrm{d}^2 y}{\mathrm{d}x^2}=\frac{(y'_x)'_t}{x'_t}=\frac{\left(\cot\dfrac{t}{2}\right)'}{[a(t-\sin t)]'}=-\frac{1}{a(1-\cos t)^2}\quad (t\neq 2n\pi, n\in\mathbf{Z}).$$

习题 2-6

1. 已知 $y=1-x^2-x$，求 y''，y'''.

2. 如果 $f(x)=(x+10)^5$，求 $f'''(x)$.

3. 求下列各函数的二阶导数：

(1) $y=\dfrac{x}{\sqrt{1-x^2}}$；　　(2) $y=f(\mathrm{e}^x)$，其中 $f(x)$ 存在二阶导数；

(3) $xy^3=y+x$；　　(4) $y^2+2\ln y=x^4$.

4. 求由下列方程确定的函数 $y=y(x)$ 的二阶导数：

(1) $\begin{cases}x=1-t^2,\\ y=t-t^3;\end{cases}$　　(2) $\begin{cases}x=a\cos t,\\ y=a\sin t.\end{cases}$

5. 设 $y^{(n-4)}=x^3\ln x$，求 $y^{(n)}$.

6. 验证函数 $y=\mathrm{e}^x\cos x$ 满足 $y^{(4)}+4y=0$.

第七节　函数的微分

导数是反映函数 $y=f(x)$ 的因变量 y 关于自变量 x 在某点 x_0 处的变化率，那么当自变量在 x_0 有了微小的改变 Δx 后，函数本身的变化 Δy 情况又如何？这就是本节要学习的微分.

一、微分的概念

计算函数增量 $\Delta y=f(x_0+\Delta x)-f(x_0)$ 是我们非常关心的.一般来说函数的增量的计算是比较复杂的，我们希望寻求计算函数增量的近似计算方法.

先分析一个具体问题，一块正方形金属薄片受温度变化的影响，其边长由 x_0 变到 x_0+

Δx（图 2－3），问此薄片的面积改变了多少？

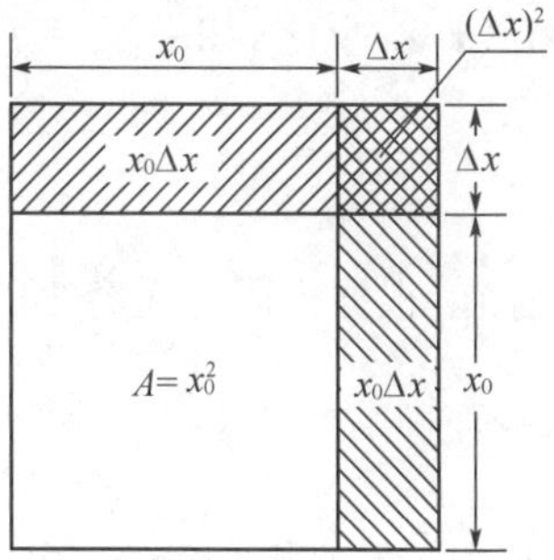

图 2－3

设此薄片的边长为 x，面积为 A，则 A 是 x 的函数 $A=x^2$. 薄片受温度变化的影响时面积的改变量，可以看成是当自变量 x 自 x_0 取得增量 Δx 时，函数 A 相应的增量 ΔA，即

$$\Delta A=(x_0+\Delta x)^2-x_0^2=2x_0\Delta x+(\Delta x)^2.$$

从上式可以看出，ΔA 分成两部分，第一部分 $2x_0\Delta x$ 是 ΔA 的线性函数，即图中带有斜线的两个矩形面积之和，而第二部分 $(\Delta x)^2$ 在图中是带有交叉斜线的小正方形的面积，当 $\Delta x\to 0$ 时，第二部分 $(\Delta x)^2$ 是比 Δx 高阶的无穷小，即 $(\Delta x)^2=o(\Delta x)$. 由此可见，如果边长改变很微小，即 $|\Delta x|$ 很小时，面积的改变量 ΔA 可近似地用第一部分来代替.

一般地，如果函数 $y=f(x)$ 满足一定条件，则函数的增量 Δy 可表示为

$$\Delta y=A\Delta x+o(\Delta x).$$

其中 A 是不依赖于 Δx 的常数，因此 $A\Delta x$ 是 Δx 的线性函数，且它与 Δy 之差

$$\Delta y-A\Delta x=o(\Delta x)$$

是比 Δx 高阶的无穷小. 所以，当 $A\neq 0$，且 $|\Delta x|$ 很小时，我们就可近似地用 $A\Delta x$ 来代替 Δy.

定义 2－2 设函数 $y=f(x)$ 在某区间内有定义，$x_0+\Delta x$ 及 x_0 在此区间内，如果函数的增量

$$\Delta y=f(x_0+\Delta x)-f(x_0)$$

可表示为

$$\Delta y=A\Delta x+o(\Delta x). \tag{2-1}$$

其中，A 是不依赖于 Δx 的常数，而 $o(\Delta x)$ 是比 Δx 高阶的无穷小，那么称函数 $y=f(x)$ 在点 x_0 是可微的，而 $A\Delta x$ 叫作函数 $y=f(x)$ 在点 x_0 相应于自变量增量 Δx 的**微分**，记作 $\mathrm{d}y$，即

$$\mathrm{d}y=A\Delta x.$$

下面讨论函数可微的条件：

设函数 $y=f(x)$ 在点 x_0 可微，则按定义有式(2－1)成立. 式(2－1)两边除以 Δx，得

$$\frac{\Delta y}{\Delta x}=A+\frac{o(\Delta x)}{\Delta x}.$$

于是，当 $\Delta x\to 0$ 时，由上式就得到

$$A=\lim_{\Delta x\to 0}\frac{\Delta y}{\Delta x}=f'(x_0).$$

因此，如果函数 $f(x)$ 在点 x_0 可微，则 $f(x)$ 在点 x_0 也一定可导（即 $f'(x_0)$ 存在），且 $A=$

$f'(x_0)$. 反之,如果 $y=f(x)$ 在点 x_0 可导,即

$$\lim_{\Delta x\to 0}\frac{\Delta y}{\Delta x}=f'(x_0)$$

存在,根据极限与无穷小的关系,上式可写成

$$\frac{\Delta y}{\Delta x}=f'(x_0)+\alpha.$$

其中 $\alpha\to 0$(当 $\Delta x\to 0$). 由此又有

$$\Delta y=f'(x_0)\Delta x+\alpha\Delta x.$$

因 $\alpha\Delta x=o(\Delta x)$,且不依赖于 Δx,故上式相当于式(2-1),所以 $f(x)$在点 x_0 也是可微的.

由此可见,函数 $f(x)$在点 x_0 可微的充分必要条件是函数 $f(x)$在点 x_0 可导,且当$f(x)$在点 x_0 可微时,其微分一定是

$$\mathrm{d}y=f'(x_0)\Delta x. \tag{2-2}$$

当 $f'(x_0)\neq 0$ 时,有

$$\lim_{\Delta x\to 0}\frac{\Delta y}{\mathrm{d}y}=\lim_{\Delta x\to 0}\frac{\Delta y}{f'(x_0)\Delta x}=\frac{1}{f'(x_0)}\lim_{\Delta x\to 0}\frac{\Delta y}{\Delta x}=1.$$

从而,当 $\Delta x\to 0$ 时,Δy 与 $\mathrm{d}y$ 是等价无穷小,这时有

$$\Delta y=\mathrm{d}y+o(\Delta x), \tag{2-3}$$

即 $\mathrm{d}y$ 是 Δy 的主部. 又由于 $\mathrm{d}y=f'(x_0)\Delta x$ 是 Δx 的线性函数,所以在 $f'(x_0)\neq 0$ 的条件下,我们说 $\mathrm{d}y$ 是 Δy 的线性主部(当 $\Delta x\to 0$). 这时由式(2-3)有

$$\lim_{\Delta x\to 0}\frac{\Delta y-\mathrm{d}y}{\mathrm{d}y}=0,$$

从而也有

$$\lim_{\Delta x\to 0}\left|\frac{\Delta y-\mathrm{d}y}{\mathrm{d}y}\right|=0.$$

式子 $\left|\frac{\Delta y-\mathrm{d}y}{\mathrm{d}y}\right|$ 表示以 $\mathrm{d}y$ 近似代替 Δy 时的相对误差,于是我们得到结论:

在 $f'(x_0)\neq 0$ 的条件下,以微分 $\mathrm{d}y=f'(x_0)\Delta x$ 近似代替增量 $\Delta y=f(x_0+\Delta x)-f(x_0)$ 时,相对误差当 $\Delta x\to 0$ 时趋于零. 因此,在 $|\Delta x|$ 很小时,有精确度较好的近似等式

$$\Delta y\approx \mathrm{d}y.$$

函数 $y=f(x)$ 在任意点 x 的微分,称为函数的微分,记作 $\mathrm{d}y$ 或 $\mathrm{d}f(x)$,即

$$\mathrm{d}y=f'(x)\Delta x.$$

注意 (1) 由微分的定义,我们可以把导数看成微分的商. 例如求 $\sin x$ 对$\sqrt{x}$的导数时就可以看成 $\sin x$ 微分与$\sqrt{x}$微分的商,即

$$\frac{\mathrm{d}\sin x}{\mathrm{d}\sqrt{x}}=\frac{\cos x\mathrm{d}x}{\frac{1}{2\sqrt{x}}\mathrm{d}x}=2\sqrt{x}\cos x.$$

(2) 函数在一点处的微分是函数增量的近似值，它与函数增量仅相差 Δx 的高阶无穷小. 因此要会应用下面两个公式：

$$\Delta y\approx \mathrm{d}y=f'(x_0)\Delta x,$$

$$f(x_0+\Delta x)\approx f(x_0)+f'(x_0)\Delta x$$

作近似计算.

二、微分的几何意义

为了对微分有比较直观的了解，我们来说明微分的几何意义.

在直角坐标系中，函数 $y=f(x)$ 的图形是一条曲线. 对于某一固定的 x_0 值，曲线上有一个确定点 $M(x_0,y_0)$. 当自变量 x 有微小增量 Δx 时，就得到曲线上另一点 $N(x_0+\Delta x, y_0+\Delta y)$. 从图 2－4 可知：

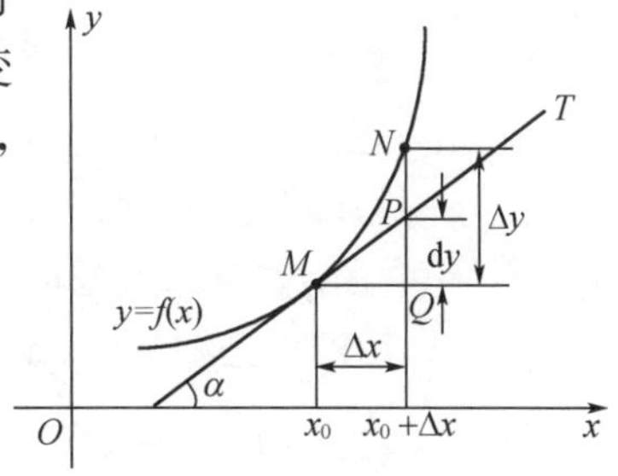

图 2－4

$$MQ=\Delta x, QN=\Delta y.$$

过 M 点作曲线的切线，它的倾角为 α，则

$$QP=MQ\cdot\tan\alpha=\Delta x\cdot f'(x_0),$$

即

$$\mathrm{d}y=QP.$$

由此可见，当 Δy 是曲线 $y=f(x)$ 上的 M 点的纵坐标的增量时，$\mathrm{d}y$ 就是曲线的切线上 M 点的纵坐标的相应增量. 当 $|\Delta x|$ 很小时，$|\Delta y-\mathrm{d}y|$ 比 $|\Delta x|$ 小得多. 因此在点 M 的邻近，我们可以用切线段来近似代替曲线段.

三、微分公式及微分的运算法则

由 $\mathrm{d}y=f'(x)\mathrm{d}x$，很容易得到微分的运算法则及微分公式表（当 u、v 都可导）：

$$\mathrm{d}(u\pm v)=\mathrm{d}u\pm\mathrm{d}v;\qquad \mathrm{d}(Cu)=C\mathrm{d}u;$$

$$\mathrm{d}(u\cdot v)=v\mathrm{d}u+u\mathrm{d}v;\qquad \mathrm{d}\left(\frac{u}{v}\right)=\frac{v\mathrm{d}u-u\mathrm{d}v}{v^2}.\ (v\neq 0)$$

微分公式表：

$$\mathrm{d}(C)=0;\qquad \mathrm{d}(x^{\mu})=\mu x^{\mu-1}\mathrm{d}x;$$

$$\mathrm{d}(\sin x)=\cos x\mathrm{d}x;\qquad \mathrm{d}(\cos x)=-\sin x\mathrm{d}x;$$

$$\mathrm{d}(\tan x)=\sec^2 x\mathrm{d}x;\qquad \mathrm{d}(\cot x)=-\csc^2 x\mathrm{d}x;$$

$$\mathrm{d}(\sec x)=\sec x\tan x\mathrm{d}x;\qquad \mathrm{d}(\csc x)=-\csc x\cot x\mathrm{d}x;$$

$$d(a^x)=a^x\ln a\,dx;\qquad d(e^x)=e^x dx;$$

$$d(\log_a x)=\frac{1}{x\ln a}dx;\qquad d(\ln x)=\frac{1}{x}dx;$$

$$d(\arcsin x)=\frac{1}{\sqrt{1-x^2}}dx;\qquad d(\arccos x)=-\frac{1}{\sqrt{1-x^2}}dx;$$

$$d(\arctan x)=\frac{1}{1+x^2}dx;\qquad d(\operatorname{arccot} x)=-\frac{1}{1+x^2}dx.$$

与复合函数的求导法则相应的复合函数的微分法则可推导如下：

设 $y=f(u)$ 及 $u=\varphi(x)$ 都可导，则复合函数 $y=f[\varphi(x)]$ 的微分为

$$dy=y'_x dx=f'(u)\varphi'(x)dx.$$

由于 $\varphi'(x)dx=du$，所以，复合函数 $y=f[\varphi(x)]$ 的微分公式也可以写成

$$dy=f'(u)du\quad 或\quad dy=y'_u du.$$

由此可见，无论 u 是自变量还是另一个变量的可微函数，微分形式 $dy=f'(u)du$ 保持不变. 这一性质称为**一阶微分形式的不变性**. 该性质表示，当变换自变量时(即设 u 为另一变量的任一可微函数时)，微分形式 $dy=f'(u)du$ 并不改变.

【例 2.7.1】 已知 $y=\ln(1+e^x)$，求 dy.

解 $dy=d\ln(1+e^x)=\frac{1}{1+e^x}\cdot d(1+e^x)=\frac{e^x}{1+e^x}dx.$

【例 2.7.2】 $f(u)$可导，$y=f(2^x)$，求 dy.

解 $dy=df(2^x)=f'(2^x)\cdot d(2^x)=f'(2^x)\cdot 2^x\cdot\ln 2\,dx.$

【例 2.7.3】 $x^y=y^x$，求 dy.

解 方程两边取对数：

$$y\cdot\ln x=x\cdot\ln y.$$

再两边微分，得

$$d(y\cdot\ln x)=d(x\cdot\ln y),$$

即

$$dy\cdot\ln x+y\cdot d(\ln x)=dx\cdot\ln y+x\cdot d(\ln y),$$

$$dy\cdot\ln x+y\cdot\frac{1}{x}\cdot dx=dx\cdot\ln y+x\cdot\frac{1}{y}\cdot dy.$$

整理得

$$dy=\frac{xy\cdot\ln y-y^2}{xy\cdot\ln x-x^2}\cdot dx.$$

习题 2-7

1. 设函数 $y=x^3$，计算在 $x=2$ 处，Δx 分别等于 -0.1，0.01 时的改变量 Δy 及微

分 dy.

2. 求下列函数的微分：

(1) $y=\ln\left(\sin\dfrac{x}{2}\right)$； (2) $y=e^{-x}\cos(3-x)$；

(3) $y=(1+x)^{\sec x}$； (4) $y^2+\ln y=x^4$.

3. 用微分求由方程 $x+y=\arctan(x-y)$ 确定的函数 $y=y(x)$ 的微分与导数.

4. 用微分求参数方程 $x=t-\arctan t, y=\ln(1+t^2)$ 确定的函数 $y=y(x)$ 的一阶导数和二阶导数.

复 习 题 二

一、单项选择题(每小题 2 分,共 10 分)

1. 设 $f'(x_0)=2$,则 $\lim\limits_{h\to 0}\dfrac{f(x_0-h)-f(x_0)}{2h}$ 等于 ( )

A. 1 B. 2 C. -1 D. -2

2. 设 $y=f\left(\dfrac{3x-2}{3x+2}\right)$,且 $f'(x)=\arcsin x^2$,则 $\left.\dfrac{dy}{dx}\right|_{x=0}$ 等于 ( )

A. π B. 2π C. $\dfrac{3}{2}\pi$ D. $\dfrac{\pi}{2}$

3. 两曲线 $y=x^2+ax+b$ 与 $2y=-1+xy^3$ 相切于点$(1,-1)$处,则 a,b 值分别为 ( )

A. $0,2$ B. $1,-3$ C. $-1,1$ D. $-1,-1$

4. 若 $f(x)$在 x_0 可导,则$|f(x)|$在 x_0 处 ( )

A. 必可导 B. 不连续

C. 一定不可导 D. 连续但不一定可导

5. 设 $y=x^x(x>0)$,则 dy 等于 ( )

A. $x^x(\ln x+1)dx$ B. $x\cdot x^{x-1}dx$

C. $x^x(\ln x+1)$ D. $x\cdot x^{x-1}$

二、判断题(每小题 2 分,共 10 分)

6. 设函数 $f(x)$在 $x=2$ 处可导,且 $f'(2)=1$, 则 $\lim\limits_{h\to 0}\dfrac{f(2+h)-f(2-h)}{h}=1$. ( )

7. 设函数 $f(x)$是奇函数,且处处可导,则 $f'(x)$ 是偶函数. ( )

8. 设 $f'(\cos^2 x)=\sin^2 x$, 且 $f(0)=0$, 则 $f(x)=x-\dfrac{1}{2}x^2$. ( )

9. 直线 l 与 x 轴平行,且与曲线 $y=x-e^x$ 相切于点 $(0,-1)$. ( )

10. 若 $f(x-1)=x^2-1$, 则 $f'(x)=2x+2$. ( )

三、填空题(每小题 2 分,共 10 分)

11. 设 $y=\sin(3^x)$, 则 $y'=$ ________.

12. 曲线 $y=\arctan x$ 在点 $x=1$ 处的切线的方程为________.

13. 设函数 $f(x)=(1+x^2)\arctan e^x$, 则 $f'(0)=$ ________.

14. 设函数 $f(x)$ 在 $x=2$ 处可导，且 $f'(2)=2$，则 $\lim\limits_{h\to 0}\dfrac{f(2+mh)-f(2-nh)}{h}=$ ________，其中 m,n 不为零.

15. 设函数 $y=f(x)$ 满足 $\arcsin y-\mathrm{e}^{x+y}=0$，则 $y'=$ ________.

四、计算题(每小题 10 分,共 60 分)

16. 设 $f(x)=(x-1)(x-2)^2(x-3)^3(x-4)^4$，求 $f'(1)$，$f'(3)$.

17. 设 $f(x)=\cos[\ln(1-x^2)]$，求 $f'(x)$.

18. 设函数 $y=f(x)$ 处处可导，$g(x)=\sqrt{1+\sin^2 f(x)}$，求 $g'(x)$.

19. 设曲线方程为 $\mathrm{e}^{xy}-2x-y=3$，试求曲线在纵坐标 $y=0$ 点处的切线方程.

20. 设 $\begin{cases}x=t^2+2t\\ y=t^3-3t\end{cases}$，求 $\dfrac{\mathrm{d}^2y}{\mathrm{d}x^2}$.

21. 设 $f(x)=\begin{cases}\dfrac{1-\sqrt{1-x}}{x}, & x<0\\ a+bx, & x\geqslant 0\end{cases}$ 处处可导，求 a,b.

五、综合题(共 10 分)

22. 证明：双曲线 $xy=a^2$ 上任意一点处的切线与两坐标轴构成的三角形的面积都等于 $2a^2$.

第三章　中值定理与导数的应用

本章提要　上一章讨论了导数与微分的概念及计算方法，并介绍了它们的一些简单应用. 本章中我们将应用导数来计算未定式的极限和研究函数及曲线的某些性态（单调性、极值、凹凸性和拐点），并利用这些知识解决一些实际问题. 为此，先要介绍微分学的几个中值定理，它们是导数应用的理论基础.

第一节　中值定理

一、罗尔(Rolle)定理

定理 3-1（罗尔定理）　设函数 $f(x)$满足下列三个条件：

(1) 在闭区间$[a,b]$上连续；

(2) 在开区间(a,b)内可导；

(3) $f(a)=f(b)$.

则在开区间(a,b)内至少存在一点 ξ，使 $f'(\xi)=0$.

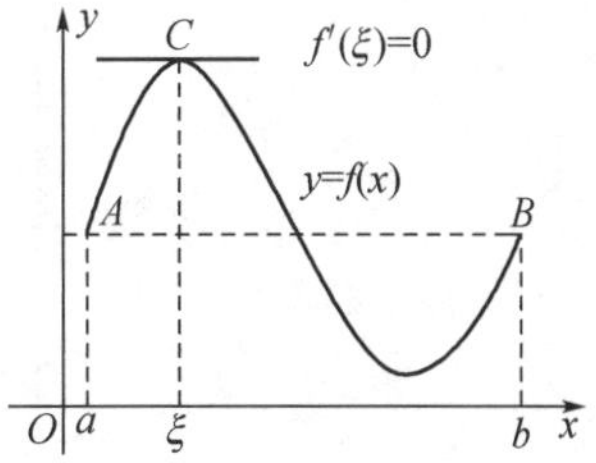

图 3-1

我们先来描述一下它的几何意义：

若曲线 $y=f(x)$ 除端点外处处有不垂直于 x 轴的切线，且端点的纵坐标相等，则曲线上至少有一点 C，使曲线在 C 处的切线平行于 x 轴.

必须指出，罗尔定理中的三个条件是使结论成立的充分条件而不是必要条件. 如函数 $y=x^2$ 在区间$[-1,2]$上不满足条件(3)，但有 $\xi=0\in(-1,2)$ 使 $f'(\xi)=0$. 不满足条件(1)或者(2)，甚至三个条件都不满足时，结论仍可能成立.

【例 3.1.1】　设 $f(x)=x^2-2x-3$，在$(-1,3)$内求一点 ξ，使得 $f'(\xi)=0$.

解　显然 $f(x)$在$[-1,3]$上连续，在$(-1,3)$内可导，又 $f(-1)=f(3)=0$，故 $f(x)$在$[-1,3]$上满足罗尔定理的条件. 令 $f'(x)=2x-2=0$，得 $x=1$，即 $\xi=1\in(-1,3)$，因此罗尔定理的结论成立.

讨论方程的根有重要和广泛的实际意义，利用罗尔定理可以帮助讨论某些方程的根的情形. 对可导函数 $y=f(x)$ 在区间(a,b)内，如果 $f(x)$有两个等值点（如零点），由罗尔定理，方程 $f'(x)=0$ 在(a,b)内至少有一个根在两个等值点之间；如果 $f(x)$有三个等值点，则方程 $f'(x)=0$ 在(a,b)内至少有两个根；以此类推.

【例 3.1.2】　不求函数 $f(x)=(x-1)(x-2)(x-3)$ 的导数，说明方程 $f'(x)=0$ 有几个实根.

解　函数 $f(x)$在 $\mathbf{R}$ 上可导，由于 $f(x)$有三个零点：$x_1=1, x_2=2, x_3=3$. 因此方程 $f'(x)=0$ 至少有两个实根；又 $f'(x)=0$ 是二次方程，至多有两个实根. 所以方程 $f'(x)=0$ 有且仅有两个实根分别落在区间$(1,2)$、$(2,3)$内.

二、拉格朗日(Lagrange)中值定理

罗尔定理中 $f(a)=f(b)$ 这个条件是相当特殊的，它使罗尔定理的应用受到限制. 如果把 $f(a)=f(b)$ 这个条件取消，但仍保留其余两个条件，并相应地改变结论，那么就得到微分学中十分重要的拉格朗日中值定理.

定理 3-2(拉格朗日中值定理) 若函数 $f(x)$ 在闭区间 $[a,b]$ 上连续，在开区间 (a,b) 内可导，则至少存在一点 $\xi\in(a,b)$，使得

$$f'(\xi)=\frac{f(b)-f(a)}{b-a}.$$

我们看一下定理的几何意义.

$\dfrac{f(b)-f(a)}{b-a}$ 是弦 AB 的斜率，$f'(\xi)$ 为曲线在 C 点处的切线斜率. 在曲线 $y=f(x)$ 上至少有一点 C，使曲线在 C 点处的切线平行于弦 AB.

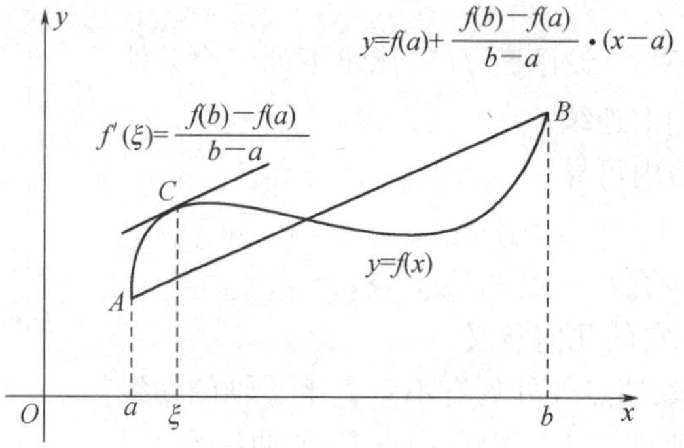

图 3-2

由于拉格朗日中值定理与罗尔定理十分相似，我们设法构造一个满足罗尔定理三个条件的辅助函数 $\Phi(x)$，利用它完成拉氏中值定理的证明. 很自然地，取弧 AB 与弦 AB 所代表的函数之差就行了.

拉格朗日中值定理是微分学中最基本的一个定理，有广泛的应用. 拉格朗日中值定理在微分学中占有重要地位，有时也叫作微分中值定理. 它精确地表达了函数在一个区间上的增量与函数在这区间内某点处的导数之间的关系.

【例 3.1.3】 验证 $f(x)=x^2$ 在区间 $[1,2]$ 上拉格朗日中值定理成立，并求 ξ.

解 显然 $f(x)=x^2$ 在 $[1,2]$ 上连续且在 $(1,2)$ 内可导，即 $f(x)$ 满足拉格朗日中值定理的条件.

$$f'(x)=2x,$$

令
$$\frac{f(2)-f(1)}{2-1}=f'(x),$$

即 $3=2x$，得 $x=1.5$，所以 $\xi=1.5$.

由拉格朗日定理可得到下面两个推论：

推论 3－1　函数 $f(x)$在区间 I 内的导数恒为零的充分必要条件是 $f(x)$在区间 I 内是一个常数.

证明　充分性是显然的,下面证明必要性.

在区间 I 内任取两点 x_1,x_2(不妨设 $x_1<x_2$),应用拉格朗日中值定理结论就得

$$f(x_2)-f(x_1)=f'(\xi)(x_2-x_1)\quad(x_1<\xi<x_2),$$

由于 $f'(x)=0$, 从而 $f'(\xi)=0$, 所以 $f(x_2)-f(x_1)=0$, 即

$$f(x_1)=f(x_2).$$

因为 x_1,x_2 是 I 内任意两点,所以上面的等式表明:$f(x)$在 I 内的函数值总是相等的,这就是说,$f(x)$在区间 I 内是一个常数.

推论 3－2　如果函数 $f(x)$与 $g(x)$在区间 I 内每一点的导数恒相等,则这两个函数在区间内至多相差一个常数.

证明　设 $F(x)=f(x)-g(x)$, 则由假设有

$$F'(x)=f'(x)-g'(x)=0,x\in I.$$

于是,由推论 3－1 可知,

$$F(x)=f(x)-g(x)=C,x\in I,$$

即结论成立,其中 C 为常数.

习题 3－1

1. 验证函数 $f(x)=x^3+4x^2-7x-10$ 在区间$[-1,2]$上罗尔定理成立.

2. 验证函数 $f(x)=\ln\sin x$ 在区间$\left[\frac{\pi}{6},\frac{5\pi}{6}\right]$上拉格朗日中值定理成立.

3. 已知函数 $f(x)=(x-1)(x-2)(x-3)(x-4)$, 不通过求导数,你能说出方程 $f'(x)=0$ 有几个实根,并指出它们所在的区间吗?(提示:应用罗尔定理.)

第二节　罗必达法则

对于两个函数 $f(x)$与 $g(x)$,当 $x\to x_0$(x_0 可为$\pm\infty$,∞等)时,这两个函数都趋于零或都趋于无穷大,则极限 $\lim\limits_{x\to x_0}\dfrac{f(x)}{g(x)}$ 可能存在,也可能不存在. 通常把这种极限叫作未定式,并分别简记为$\dfrac{0}{0}$型或$\dfrac{\infty}{\infty}$型.

例如 $\lim\limits_{x\to 0}\dfrac{\sin x}{x}$ 是两个无穷小量之比的极限,该极限存在且为 1,而 $\lim\limits_{x\to 0}\dfrac{\sin x}{x^3}$ 也是两个无穷小量之比的极限,但此极限不存在.

一、$\dfrac{0}{0}$型未定式

微课:罗必达法则$\dfrac{0}{0}$型

定理 3－3(罗必达(L'Hospital)法则)　设函数 $f(x)$和 $g(x)$满足:

(1) $\lim\limits_{x \to x_0} f(x) = 0$, $\lim\limits_{x \to x_0} g(x) = 0$;

(2) 在点 x_0 的某个邻域内(点 x_0 本身除外)可导,且 $g'(x) \neq 0$;

(3) $\lim\limits_{x \to x_0} \dfrac{f'(x)}{g'(x)} = A$,

则 $\lim\limits_{x \to x_0} \dfrac{f(x)}{g(x)} = \lim\limits_{x \to x_0} \dfrac{f'(x)}{g'(x)} = A$($A$ 可为 $\pm\infty$, ∞).

定理结论在几何上虽然不太严密,却还是比较直观的.在具体应用时,不必事先验证定理的所有条件,只要是$\dfrac{0}{0}$型未定式,便可以用罗必达法则求解.

【例 3.2.1】 求极限 $\lim\limits_{x \to 0} \dfrac{e^x - 1}{x}$.

解 这是$\dfrac{0}{0}$型未定式,由罗必达法则,得

$$\lim_{x \to 0} \frac{e^x - 1}{x} = \lim_{x \to 0} \frac{(e^x - 1)'}{x'} = \lim_{x \to 0} \frac{e^x}{1} = e^0 = 1.$$

【例 3.2.2】 求极限 $\lim\limits_{x \to 0} \dfrac{\cos x - 1}{x^2}$.

解 这是$\dfrac{0}{0}$型未定式,由罗必达法则,得

$$\lim_{x \to 0} \frac{\cos x - 1}{x^2} = \lim_{x \to 0} \frac{-\sin x}{2x} = \lim_{x \to 0} \frac{-\cos x}{2} = \frac{-\cos 0}{2} = -\frac{1}{2}$$

如果应用罗必达法则后的极限仍然是$\dfrac{0}{0}$型未定式,那么只要相关导数存在,可以继续应用罗必达法则,直至能求出极限.

【例 3.2.3】 求极限 $\lim\limits_{x \to 0} \dfrac{x - \sin x}{\sin^3 x}$.

解 这是$\dfrac{0}{0}$型未定式,由罗必达法则,得

$$\begin{aligned}\lim_{x \to 0} \frac{x - \sin x}{\sin^3 x} &= \lim_{x \to 0} \frac{1 - \cos x}{3\sin^2 x \cos x} \text{(是}\frac{0}{0}\text{ 型未定式,继续使用罗必达法则)} \\ &= \lim_{x \to 0} \frac{\sin x}{6\sin x \cos^2 x - 3\sin^3 x} \\ &= \lim_{x \to 0} \frac{1}{6\cos^2 x - 3\sin^2 x} \\ &= \frac{1}{6}.\end{aligned}$$

本题可将罗必达法则与等价无穷小代换结合使用,请读者尝试一下.

二、$\dfrac{\infty}{\infty}$型不定式

微课:罗必达法则$\dfrac{\infty}{\infty}$型

定理 3-4(罗必达(L'Hospital)法则) 设函数 $f(x)$ 和 $g(x)$ 满足:

(1) $\lim\limits_{x\to x_0}f(x)=\infty,\lim\limits_{x\to x_0}g(x)=\infty$;

(2) 在点 x_0 的某个邻域内(点 x_0 本身除外)可导,且 $g'(x)\neq 0$;

(3) $\lim\limits_{x\to x_0}\dfrac{f'(x)}{g'(x)}=A$,

则 $\lim\limits_{x\to x_0}\dfrac{f(x)}{g(x)}=\lim\limits_{x\to x_0}\dfrac{f'(x)}{g'(x)}=A\quad(A \text{ 可为} \pm\infty,\infty)$.

与$\dfrac{0}{0}$型一样,对使用定理后得到$\dfrac{\infty}{\infty}$或$\dfrac{0}{0}$型未定式,只要导数存在,定理可以连续使用.

【例 3.2.4】 求极限 $\lim\limits_{x\to\frac{\pi}{2}}\dfrac{\tan 3x}{\tan x}$.

解 这是$\dfrac{\infty}{\infty}$型未定式,使用罗必达法则,得

$$\lim_{x\to\frac{\pi}{2}}\frac{\tan 3x}{\tan x}=\lim_{x\to\frac{\pi}{2}}\frac{3\sec^2 3x}{\sec x}=\lim_{x\to\frac{\pi}{2}}\frac{3\cos^2 x}{\cos^2 3x}\text{(是}\frac{0}{0}\text{型未定式,继续使用罗必达法则)}$$
$$=\lim_{x\to\frac{\pi}{2}}\frac{6\cos x(-\sin x)}{2\cos 3x(-3\sin 3x)}=\lim_{x\to\frac{\pi}{2}}\frac{\sin 2x}{\sin 6x}\text{(仍是}\frac{0}{0}\text{型未定式,继续使用罗必达法则)}$$
$$=\lim_{x\to\frac{\pi}{2}}\frac{2\cos 2x}{6\cos 6x}=\frac{1}{3}.$$

【例 3.2.5】 求极限 $\lim\limits_{x\to+\infty}\dfrac{\ln x}{x^\alpha}(\alpha>0)$.

解 这是$\dfrac{\infty}{\infty}$型未定式,使用罗必达法则,得

$$\lim_{x\to+\infty}\frac{\ln x}{x^\alpha}=\lim_{x\to+\infty}\frac{\frac{1}{x}}{\alpha x^{\alpha-1}}=\lim_{x\to+\infty}\frac{1}{\alpha x^\alpha}=0.$$

三、其他类型的未定式

在未定式极限中,除了$\dfrac{0}{0}$型或$\dfrac{\infty}{\infty}$型未定式以外,还有 $0\cdot\infty$型、$\infty-\infty$型、0^0 型、1^∞型和 ∞^0 型等类型. 求解这些类型未定式极限的关键是,先设法将它们化为$\dfrac{0}{0}$型或$\dfrac{\infty}{\infty}$型未定式,然后再利用罗必达法则或其他方法求解. 下面通过例题来说明.

【例 3.2.6】 求极限 $\lim\limits_{x\to 0^+}x^\alpha\cdot\ln x(\alpha>0)$.

解 这是 $0\cdot\infty$型未定式,把 x^α 放到分母上成为$\dfrac{1}{x^\alpha}$,可将其化为$\dfrac{\infty}{\infty}$型未定式:

$$\lim_{x\to 0^+}x^\alpha\cdot\ln x=\lim_{x\to 0^+}\frac{\ln x}{\frac{1}{x^\alpha}}=\lim_{x\to 0^+}\frac{\frac{1}{x}}{-\alpha x^{-\alpha-1}}=\lim_{x\to 0^+}\frac{x^\alpha}{-\alpha}=0.$$

结论可推广到一般情形：

$$\lim_{x\to 0^+} x^{\alpha}\cdot(\ln x)^{\beta}=0\quad(\alpha,\beta\text{均为正实数}),$$

读者自行验证.

【例 3.2.7】 求极限 $\lim\limits_{x\to 0}\left(\dfrac{1}{\sin x}-\dfrac{1}{x}\right)$.

解 这是$\infty-\infty$型未定式，通过"通分"将其化为$\dfrac{0}{0}$型未定式.

$$\lim_{x\to 0}\left(\frac{1}{\sin x}-\frac{1}{x}\right)=\lim_{x\to 0}\frac{x-\sin x}{x\cdot\sin x}=\lim_{x\to 0}\frac{1-\cos x}{\sin x+x\cdot\cos x}$$
$$=\lim_{x\to 0}\frac{\sin x}{2\cos x-x\cdot\sin x}=\frac{0}{2-0}=0.$$

【例 3.2.8】 求极限 $\lim\limits_{x\to 0^+}x^x$.

解 这是 0^0 型未定式. 设 $y=x^x$，取对数得

$$\ln y=x\ln x.$$

当 $x\to 0^+$ 时，上式右端是 $0\cdot\infty$型未定式，应用【例 3.2.6】的方法有

$$\lim_{x\to 0^+}\ln y=\lim_{x\to 0^+}x\ln x=\lim_{x\to 0^+}\frac{\ln x}{\frac{1}{x}}=\lim_{x\to 0^+}\frac{\frac{1}{x}}{-\frac{1}{x^2}}=\lim_{x\to 0^+}(-x)=0.$$

因为 $y=e^{\ln y}$，而 $\lim\limits_{x\to 0^+}y=\lim\limits_{x\to 0^+}e^{\ln y}=e^{\lim\limits_{x\to 0^+}\ln y}$，所以 $\lim\limits_{x\to 0^+}x^x=\lim\limits_{x\to 0^+}y=e^0=1$.

【例 3.2.9】 求极限 $\lim\limits_{x\to 0}(\cos x+\sin x)^{\frac{1}{x}}$.

解 这是 1^∞ 型未定式. 设 $y=(\cos x+\sin x)^{\frac{1}{x}}$，取对数得

$$\ln y=\frac{1}{x}\ln(\cos x+\sin x).$$

当 $x\to 0$ 时，上式右端是$\dfrac{0}{0}$型未定式，使用罗必达法则，得

$$\lim_{x\to 0}\ln y=\lim_{x\to 0}\frac{\ln(\cos x+\sin x)}{x}=\lim_{x\to 0}\frac{\frac{-\sin x+\cos x}{\cos x+\sin x}}{1}=\frac{-0+1}{1+0}=1.$$

因为 $y=e^{\ln y}$，而 $\lim\limits_{x\to 0}y=\lim\limits_{x\to 0}e^{\ln y}=e^{\lim\limits_{x\to 0}\ln y}$，所以 $\lim\limits_{x\to 0}(\cos x+\sin x)^{\frac{1}{x}}=\lim\limits_{x\to 0}y=e^1=e$.

【例 3.2.10】 求极限 $\lim\limits_{x\to 0^+}\left(\dfrac{1}{x}\right)^{\tan x}$.

解 这是∞^0 型未定式. 设 $y=\left(\dfrac{1}{x}\right)^{\tan x}$，取对数得

$$\ln y = \tan x \ln\left(\frac{1}{x}\right) = -\tan x \ln x.$$

当 $x \to 0^+$ 时，上式右端是 $0 \cdot \infty$ 型未定式，应用【例 3.2.6】的方法有

$$\lim_{x\to 0^+} \ln y = -\lim_{x\to 0^+} \frac{\ln x}{\frac{1}{\tan x}} = -\lim_{x\to 0^+} \frac{\frac{1}{x}}{\frac{-\sec^2 x}{\tan^2 x}} = \lim_{x\to 0^+} \frac{\sin^2 x}{x} = \lim_{x\to 0^+} \frac{x^2}{x} = 0.$$

因为 $y = e^{\ln y}$，而 $\lim\limits_{x\to 0^+} y = \lim\limits_{x\to 0^+} e^{\ln y} = e^{\lim\limits_{x\to 0^+} \ln y}$，所以 $\lim\limits_{x\to 0^+} \left(\frac{1}{x}\right)^{\tan x} = \lim\limits_{x\to 0^+} y = e^0 = 1$.

习题 3－2

1. 求下列极限：

(1) $\lim\limits_{x\to\pi} \frac{\sin 3x}{\tan 5x}$；

(2) $\lim\limits_{x\to a} \frac{\sin x - \sin a}{x^2 - a^2} (a \neq 0)$；

(3) $\lim\limits_{x\to 0} \frac{e^x - 2^x}{x}$；

(4) $\lim\limits_{x\to 0^+} \frac{\ln \sin 3x}{\ln \sin x}$；

(5) $\lim\limits_{x\to 0} \frac{x - \sin x}{x^2 + x}$；

(6) $\lim\limits_{x\to 0} \frac{e^x + e^{-x} - 2}{x^2}$.

2. 求下列极限：

(1) $\lim\limits_{x\to +\infty} \frac{2^x}{\lg x}$；

(2) $\lim\limits_{x\to \frac{\pi}{2}} \frac{\tan x - 5}{\sec x + 4}$；

(3) $\lim\limits_{x\to +\infty} \frac{\ln(1+x)}{\ln(1+x^2)}$；

(4) $\lim\limits_{x\to 2^+} \frac{\cos x \ln(x-2)}{\ln(e^x - e^2)}$；

(5) $\lim\limits_{x\to -\infty} \frac{e^{1-x}}{x + x^2}$；

(6) $\lim\limits_{x\to 2} \frac{e^{x-2} - 1}{(x-2)^2}$.

3. 求下列极限：

(1) $\lim\limits_{x\to 1^-} \ln x \ln(1-x)$；

(2) $\lim\limits_{x\to 0} \left(\cot^2 x - \frac{1}{x^2}\right)$；

(3) $\lim\limits_{x\to \infty} \left(1 + \frac{a}{x}\right)^x$；

(4) $\lim\limits_{x\to 0^+} x^{\ln(1+x)}$.

第三节 函数的单调性及判别法

一个函数在某个区间内单调增减性的变化规律，是我们研究函数图形时首先要考虑的问题. 在高中数学学习中，我们已经给出了函数在某个区间内单调增减性的定义，现在介绍利用函数的导数判定函数单调增减性的方法.

如果函数 $y = f(x)$ 在 (a, b) 内单调增加（单调减少），那么它的图形是一条沿 x 轴正向上升（下降）的曲线. 这时（如图 3－3），曲线上各点处的切线斜率是非负的（非正的），即 $y' = f'(x) \geqslant 0 (\leqslant 0)$. 由此可见函数的单调性与导数的符号有着密切的联系.

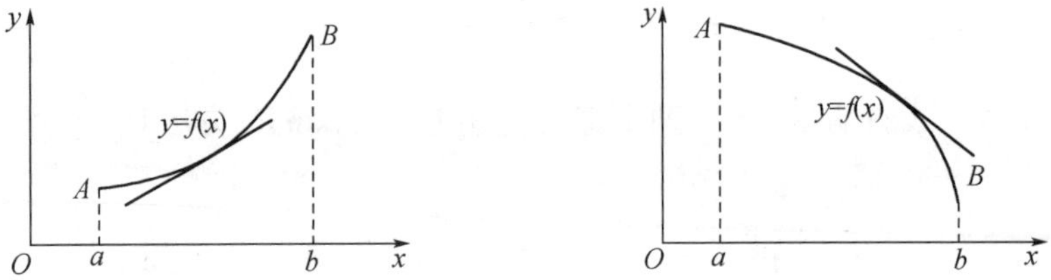

图 3-3

反过来,能否用导数的符号来判定函数的单调性呢?答案是肯定的,根据拉格朗日中值定理很容易直接推得如下结论:

定理 3-5 设函数 $y=f(x)$ 在闭区间$[a,b]$上连续,在开区间(a,b)内可导,

(1) 若在(a,b)内 $f'(x)>0$,则 $y=f(x)$ 在$[a,b]$上单调增加;

(2) 若在(a,b)内 $f'(x)<0$,则 $y=f(x)$ 在$[a,b]$上单调减少.

证明 任取 $x_1,x_2\in[a,b]$(不妨设 $x_1<x_2$),则

$$f(x_2)-f(x_1)=f'(\xi)\cdot(x_2-x_1)\quad(x_1<\xi<x_2).$$

(1) 若在(a,b)内 $f'(x)>0$,则 $f'(\xi)>0$,从而 $f(x_2)>f(x_1)$,

即函数 $y=f(x)$ 在$[a,b]$上单调增加;

(2) 若在(a,b)内 $f'(x)<0$,则 $f'(\xi)<0$,从而 $f(x_2)<f(x_1)$,

即函数 $y=f(x)$ 在$[a,b]$上单调减少.

把函数单调的区间称之为函数的单调区间.

【例 3.3.1】 讨论函数 $y=e^x-x-1$ 的单调性.

解 函数的定义域为$(-\infty,+\infty)$,且 $y'=e^x-1$,$y'|_{x=0}=0$.

当 $x\in(-\infty,0)$ 时,$y'<0$,故函数在$(-\infty,0]$内单调减少;

当 $x\in(0,+\infty)$ 时,$y'>0$,故函数在$[0,+\infty)$内单调增加.

【例 3.3.2】 讨论函数 $y=|x|$ 的单调性.

解 函数的定义域为$(-\infty,+\infty)$,当 $x=0$ 时,y'不存在.

当 $x\in(-\infty,0)$ 时,$y=-x$,$y'=-1<0$,故函数在$(-\infty,0]$内单调减少;

当 $x\in(0,+\infty)$ 时,$y=x$,$y'=1>0$,故函数在$[0,+\infty)$内单调增加.

因此,可以通过求函数的一阶导数为零或者不存在的点,将函数的定义域分划成若干个部分区间,再判定函数一阶导数在这些部分区间上的符号,继而可得到函数在这些部分区间上的单调性.

【例 3.3.3】 试确定函数 $y=2x+\dfrac{8}{x}$ 的单调区间.

解 当 $x=0$ 时,函数无定义,故函数在 $x=0$ 处不可导;

当 $x\neq0$ 时,$y'=2-\dfrac{8}{x^2}=\dfrac{2x^2-8}{x^2}=\dfrac{2(x+2)(x-2)}{x^2}$.

令 $y'=0$,得 $x=\pm2$.

于是点 $x=-2,0,2$ 将函数定义域($x\neq0$)分划成四个区间$(-\infty,-2)$、$(-2,0)$、$(0,2)$、$(2,+\infty)$,函数在这四个区间内的单调性如下:

在 $(-\infty,-2)$ 内，$y'>0$，函数 $y=2x+\frac{8}{x}$ 单调增加；

在 $(-2,0)$ 内，$y'<0$，函数 $y=2x+\frac{8}{x}$ 单调减少；

在 $(0,2)$ 内，$y'<0$，函数 $y=2x+\frac{8}{x}$ 单调减少；

在 $(2,+\infty)$ 内，$y'>0$，函数 $y=2x+\frac{8}{x}$ 单调增加.

一般地，如果 $f'(x)$ 在某区间上的有限个点处为零，而在其余各点处均为正（或负）时，那么 $f(x)$ 在该区间上仍是单调增加（或单调减少）的.

另外，利用函数的单调性还可以证明不等式.

【例 3.3.4】 证明当 $x>0$ 时，$x>\ln(1+x)$.

证明 作辅助函数 $f(x)=x-\ln(1+x)$，因为 $f'(x)=1-\frac{1}{1+x}=\frac{x}{1+x}$，当 $x>0$ 时，$f'(x)>0$，所以 $f(x)$ 在 $[0,+\infty)$ 上单调增加.

从而有

$$f(x)>f(0)=0-\ln(1+0)=0$$

即

$$x>\ln(1+x).$$

【例 3.3.5】 证明当 $x>4$ 时，$2^x>x^2$.

证明 作辅助函数 $f(x)=2^x-x^2$，$x\in[4,+\infty)$.

$$f'(x)=2^x\ln 2-2x,$$

$$f''(x)=2^x\cdot(\ln 2)^2-2=2\cdot[2^{x-3}\cdot(\ln 4)^2-1].$$

当 $x\in(4,+\infty)$ 时，

$$2^{x-3}>2,\quad (\ln 4)^2>1,$$

故 $f''(x)>0$，$f'(x)$ 在 $[4,+\infty)$ 上单调增加，从而有

$$f'(x)>f'(4),$$

而 $f'(4)=2^4\cdot\ln 2-2\cdot 4=16\cdot\ln 2-8=8\cdot(\ln 4-1)>0$，

于是 $f'(x)>0$，$f(x)$ 在 $[4,+\infty)$ 上也单调增加.

从而有

$$f(x)>f(4)=2^4-4^2=16-16=0,$$

即

$$2^x>x^2,x\in(4,+\infty).$$

习题 3 - 3

1. 求下列函数的单调区间：

(1) $y = x - e^x$；　　(2) $y = 2x^2 - \ln x$；

(3) $y = \sqrt{2x - x^2}$；　　(4) $y = x^3 - 3x^2 - 9x + 14$.

2. 利用单调性，证明下列不等式：

(1) 当 $x > 1$ 时，$2\sqrt{x} > 3 - \dfrac{1}{x}$；

(2) 当 $x > 0$ 时，$\ln(1+x) > \dfrac{\arctan x}{1+x}$；

(3) 当 $x \in (0, 2\pi)$ 时，$\cos x > 1 - \dfrac{x^2}{2}$（提示：先证明 $x > \sin x$）.

第四节　函数的极值、最值及求法

在生产和科学实验中，要求优质、高产、低消耗，反映在数学上就是最优化问题，其中最基本的是求函数的最大（小）值问题，因此讨论函数的最值有重要的应用价值. 函数的最值与极值有密切的关系，而且极值也是函数的重要性质之一. 这一节先用导数研究函数的极值，再利用极值讨论它的最值.

一、函数的极值

定义 3 - 1　设函数 $f(x)$ 在区间 (a,b) 内有定义，点 x_0 是 (a,b) 内的一点，若存在点 x_0 的一个邻域，对于该邻域内任何异于 x_0 的点 x，不等式

$$f(x) < f(x_0) \quad [f(x) > f(x_0)]$$

恒成立，则称 $f(x_0)$ 是函数 $f(x)$ 的一个**极大值（极小值）**；称点 x_0 是函数 $f(x)$ 的**极大值点（极小值点）**.

函数的极大值与极小值统称为函数的**极值**，使函数取得极值的点统称为**极值点**.

由定义可以看出函数的极值概念是一个局部概念. 如果 $f(x_0)$ 是函数 $f(x)$ 的一个极大值，那只是对 x_0 的一个局部范围来说 $f(x_0)$ 是 $f(x)$ 的一个最大值. 但对于整个函数的定义域来说，$f(x_0)$ 就不一定是最大值了.

对于极小值也是类似的.

从图 3 - 4 中可看出，在函数取得极值之处，曲线具有水平的切线. 换句话说：函数在取得极值的点处，其导数值为零.

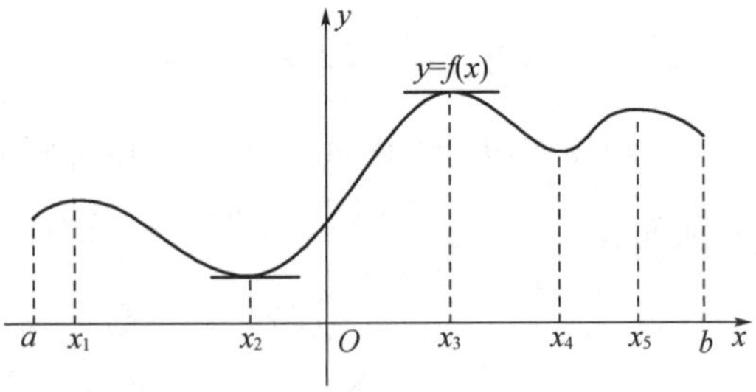

图 3 - 4

定理 3 - 6（极值的必要条件）　设函数 $f(x)$ 在点 x_0 处可导，且在 x_0 处取得极值，则 $f'(x_0) = 0$.

使导数为零的点（即方程 $f'(x) = 0$ 的

实根)称为函数 $f(x)$的驻点.

定理 3-7(极值的第一充分条件)　设函数 $f(x)$在点 x_0 的某个邻域内可导(导数 $f'(x_0)$也可以不存在),

微课:极值的第一充分条件

(1) 当 x 取 x_0 左侧的值时,$f'(x)$恒为正;当 x 取 x_0 右侧的值时,$f'(x)$恒为负,那么$f(x)$在 x_0 处取得极大值;

(2) 当 x 取 x_0 左侧的值时,$f'(x)$恒为负;当 x 取 x_0 右侧的值时,$f'(x)$恒为正,那么$f(x)$在 x_0 处取得极小值;

(3) 当 x 取 x_0 左右两侧的值时,$f'(x)$恒正或恒负,那么 $f(x)$在 x_0 处取不到极值.

【例 3.4.1】　求函数 $f(x)=x^3-3x^2-9x+5$ 的极值.

解　函数的定义域为$(-\infty,+\infty)$,且

$$f'(x)=3x^2-6x-9=3(x^2-2x-3)=3(x+1)(x-3),$$

令 $f'(x)=0$,可得到函数的驻点:$x_1=-1$ 和 $x_2=3$.

当 $x\in(-\infty,-1)$时,$f'(x)>0$;当 $x\in(-1,3)$时,$f'(x)<0$,
故 $x_1=-1$ 是函数的极大值点,且函数的极大值为

$$f(-1)=(-1)^3-3\cdot(-1)^2-9\cdot(-1)+5=10.$$

当 $x\in(3,+\infty)$时,$f'(x)>0$,
故 $x_2=3$ 是函数的极小值点,且函数的极小值为

$$f(3)=3^3-3\cdot3^2-9\cdot3+5=-22.$$

定理 3-8(极值的第二充分条件)　设函数 $f(x)$在点 x_0 处具有二阶导数,且 $f'(x_0)=0$,$f''(x_0)\neq0$,则

(1) 当 $f''(x_0)<0$ 时,函数 $f(x)$在 x_0 处取得极大值;

(2) 当 $f''(x_0)>0$ 时,函数 $f(x)$在 x_0 处取得极小值.

注意　对于二阶可导的函数 $f(x)$,依据它在驻点 x_0 的二阶导数 $f''(x_0)$的符号可判定函数值 $f(x_0)$为何种极值.如果 $f'(x_0)=f''(x_0)=0$,则第二充分条件失效(如 $y=x^4$).

【例 3.4.2】　求函数 $f(x)=(x^2-1)^3+1$ 的极值.

解　$$f'(x)=6x(x^2-1)^2=6x(x-1)^2(x+1)^2,$$

令 $f'(x)=0$,得驻点 $x_1=-1$,$x_2=0$ 和 $x_3=1$.

$$f''(x)=6(x^2-1)^2+6x\cdot2(x^2-1)\cdot2x=6(x^2-1)(5x^2-1),$$

$$f''(0)=6>0,$$

函数有极小值

$$f(0)=(0^2-1)^3+1=0.$$

而 $f''(-1)=f''(1)=0$,用第二充分条件无法进行判定,考察函数的一阶导数在$x=\pm1$的左右两侧邻近值的符号.

当 x 取-1 的左右侧邻近的值时,$f'(x)<0$;

当 x 取 1 的左右侧邻近的值时,$f'(x)>0$,

故函数在 $x=\pm1$ 处没有极值.

前面的讨论中,都假定了函数满足在所讨论的区间内是可导的这一条件.如果函数在某些点处的导数不存在,函数在这些点处有可能取得极值吗?换句话说,使函数不可导的点,是可能的极值点吗?

例如:如图 3-5 所示,函数 $y=|x|$ 在 $x=0$ 处不可导,但在 $x=0$ 处取得极小值.故点 $x=0$ 是函数的极小值点.

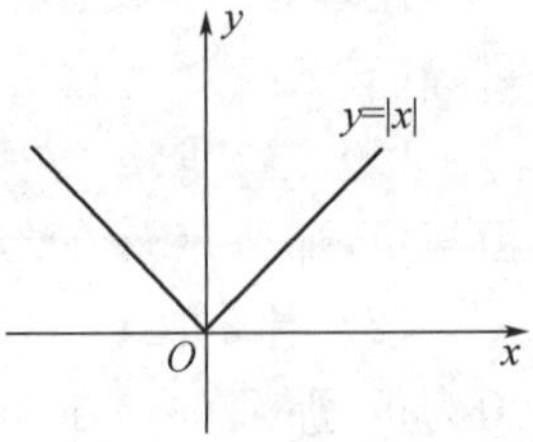

图 3-5

【例 3.4.3】 讨论函数 $y=1-(x-2)^{\frac{2}{3}}$ 的极值.

解 函数的定义域为 $(-\infty,+\infty)$,

当 $x\neq2$ 时,$y'=-\dfrac{2}{3\cdot\sqrt[3]{x-2}}$;当 $x=2$ 时,y' 不存在.

当 $x\in(-\infty,2)$ 时,$y'>0$,函数单调增加;

当 $x\in(2,+\infty)$ 时,$y'<0$,函数单调减少.

因此,当 $x=2$ 时,尽管 y' 不存在,由上面的单调性可知:$y=1$ 是函数的极大值,$x=2$ 是函数的极大值点.

这两例所反映的事实说明:函数的不可导点,也可能是函数的极值点,在讨论函数的极值时,应予以考虑.

二、函数的最值

微课:函数的最值

在工农业生产、经济管理和经济核算中,常常会遇到这样一类问题:在一定条件下,怎样使投入最少,产出最多,成本最低,利润最大,效率最高等问题,这类问题在数学上有时可归结为求某一函数(通常称为目标函数)的最大值和最小值问题.函数的最大值和最小值统称为函数的**最值**.一般地说,函数的最值与极值是两个不同的概念.极值是对一个点的某邻域而言的,是局部性概念,而最值是函数在其定义域内的整体性概念.另外,当函数定义在闭区间上时,最值可以在区间的端点处取得,而极值则只能在区间的内部取得.

假定函数 $f(x)$ 在闭区间 $[a,b]$ 上连续,在开区间 (a,b) 内除个别点外可导,且至多在有限个点处导数为零.按闭区间上连续函数的性质,可知 $f(x)$ 在 $[a,b]$ 上的最大值和最小值一定存在.因而,可用如下方法求 $f(x)$ 在 $[a,b]$ 上的最大值和最小值.

设 $f(x)$ 在 (a,b) 内的驻点及导数不存在的点为 $x_1,x_2,\cdots,x_n$,比较

$$f(a),f(x_1),f(x_2),\cdots,f(x_n),f(b)$$

的大小,其中最大者便是 $f(x)$ 在 $[a,b]$ 上的最大值,最小者便是 $f(x)$ 在 $[a,b]$ 上的最小值.

【例 3.4.4】 求函数 $f(x)=x^4-2x^2+5$ 在 $[-2,3]$ 上的最大值与最小值.

解 $f'(x)=4x^3-4x=4x(x-1)(x+1)$,

令 $f'(x)=0$,求得驻点为

$$x_1=-1,x_2=0,x_3=1.$$

由于

$$f(-2)=13,f(-1)=4,f(0)=5,f(1)=4,f(3)=68,$$

比较可得最大值为 $f(3)=68$，最小值为 $f(-1)=f(1)=4$.

数学和实际问题中遇到的函数，未必尽是闭区间上的连续函数. 此时要判断在考察范围内函数有没有最值，一般可按下述原则处理：若实际问题归结出的函数 $f(x)$ 在其考察范围 I 上是可导的，且已事先可判定最大值(或是最小值)必定在 I 的内部达到，而在 I 的内部又仅有 $f(x)$ 的唯一驻点 x_0，那么就可以断定 $f(x)$ 的最大值(或最小值)就在点 x_0 取得.

【例 3.4.5】 试求单位球的内接圆锥体体积最大者的高，并求此体积的最大值(图3-6).

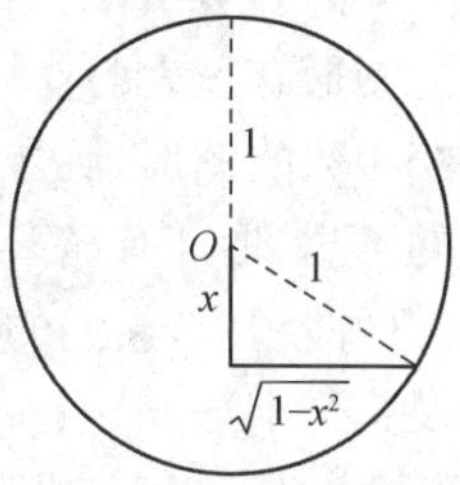

图 3-6

解 设球心到锥底面的垂线长为 x，则圆锥的高为 $1+x(0<x<1)$，圆锥面底面半径为 $\sqrt{1-x^2}$，圆锥体积为

$$V(x)=\frac{1}{3}\pi(\sqrt{1-x^2})^2(1+x)$$
$$=\frac{\pi}{3}(1-x^2)(1+x)\quad(0<x<1).$$

由 $V'=\frac{\pi}{3}(1+x)(1-3x)=0$，得驻点 $x_1=\frac{1}{3}$，$x_2=-1$(舍去).

在 $\left(0,\frac{1}{3}\right)$ 内，$V'>0$，函数单调增加；

在 $\left(\frac{1}{3},1\right)$ 内，$V'<0$，函数单调减少，

故 $x=\frac{1}{3}$ 是函数 $V(x)$ 的最大值点，$V\left(\frac{1}{3}\right)$ 是函数 $V(x)$ 的最大值.

于是最大的体积为 $V\left(\frac{1}{3}\right)=\frac{32}{81}\pi$，此时的高为 $\frac{4}{3}$.

习题 3-4

1. 求下列函数在其定义域内的极值：

(1) $y=x^3-3x^2+7$； (2) $y=x^2e^{-x}$；

(3) $y=x^{\frac{1}{3}}(1-x)^{\frac{2}{3}}$； (4) $y=\frac{2x}{\ln x}$.

2. 求下列函数在给定区间上的最大值、最小值：

(1) $y=\ln(1+x^2)$，$x\in[-1,2]$； (2) $y=2\tan x-\tan^2 x$，$x\in\left[0,\frac{\pi}{2}\right)$；

(3) $y=\sqrt[3]{(x^2-2x)^2}$，$x\in[0,3]$；

(4) $y=\frac{a^2}{x}+\frac{b^2}{1-x}(a>b>0)$，$x\in(0,1)$.

3. 制造容积为 $16\pi\ cm^3$ 的有盖圆柱形容器，问底半径与高各为多少时可使用料最省？

4. 将数 8 分成两个数的和，使它们的立方和最小.

5. 某商店每年销售某种商品 a 件，每次购进的手续费为 b 元，而每件的库存费为 c 元/年. 设该商品均匀销售，且上批销售完后，立即进下一批货(即平均库存量为批量 q 的一半). 问商店应分几批购进此种商品，能使所用的手续费及库存费的总和最小？

第五节　曲线的凹凸性与拐点

一、曲线的凹凸及其判别法

在前两节中，我们研究了函数的单调性与极值，这对于描绘函数的图形有很大的作用. 但是，仅仅知道这些，还不能比较准确地描绘函数的图形. 例如，图 3-7 中的两条曲线弧，虽然它们都是上升的，但图形却有显著的不同，ACB 是上凸的曲线弧，而 ADB 是上凹的曲线弧，它们的凹凸性不同，下面我们就来研究曲线的凹凸性及其判别法.

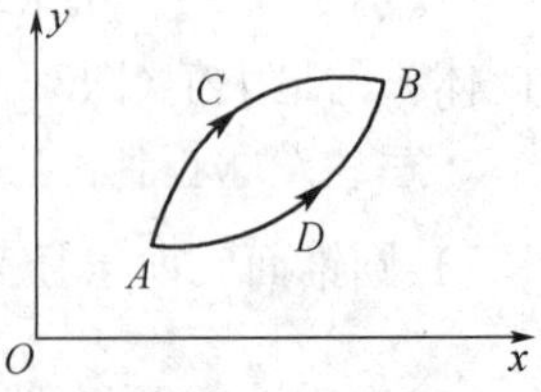

图 3-7

我们从几何上看到，在有的曲线弧上，如果任取两点，则连接这两点间的弦总位于这两点间的弧段的上方，而有的曲线弧则正好相反(图 3-7). 曲线的这种性质就是曲线的凹凸性. 因此曲线的凹凸性可以用连接曲线弧上任意两点的弦的中点与曲线弧上相应点(即与弦的中点具有相同横坐标的点)的位置关系来描述. 下面给出曲线凹凸性的定义.

定义 3-2　设函数 $f(x)$ 在 (a,b) 内连续，如果对 (a,b) 内任意 x_1、x_2 两点，有

$$f\left(\frac{x_1+x_2}{2}\right)<\frac{f(x_1)+f(x_2)}{2},$$

则称曲线 $y=f(x)$ 在 (a,b) 内的是**凹的**(**或凹弧**)，也称函数 $f(x)$ 是 (a,b) 内的**凹函数**.

如果恒有

$$f\left(\frac{x_1+x_2}{2}\right)>\frac{f(x_1)+f(x_2)}{2},$$

则称曲线 $y=f(x)$ 在 (a,b) 内是**凸的**(**或凸弧**)，也称函数 $f(x)$ 是 (a,b) 内的**凸函数**(图 3-8).

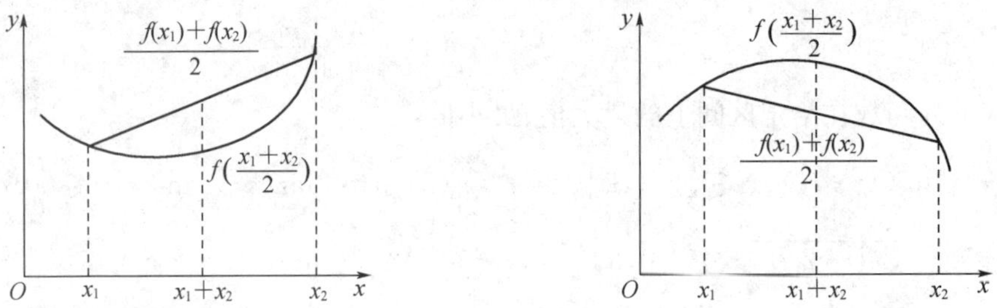

图 3-8

函数一阶导数的符号可判断函数的单调性，二阶导数的符号又能确定函数的何种属性呢？一个最简单的例子，给我们以启迪.

抛物线 $y=a\cdot x^2$ 的二阶导数为 $y''=2a$，若 $a>0$，即 $y''>0$，抛物线是开口向上的凹弧；若 $a<0$，即 $y''<0$，抛物线是开口向下的凸弧.

定理 3-9 设函数 $f(x)$在$[a,b]$上连续,在(a,b)内具有一阶和二阶导数,那么

(1) 若在(a,b)内, $f''(x)>0$,则 $f(x)$在(a,b)内的图形是凹的;

(2) 若在(a,b)内, $f''(x)<0$,则 $f(x)$在(a,b)内的图形是凸的.

微课:拐点

二、拐点及其求法

我们已经知道,函数 $f(x)$的单增区间与单减区间的分界点,必是函数一阶导数 $f'(x)$为零或不存在的点 x_0.

类似地,曲线 $y=f(x)$ 上的凹弧与凸弧的分界点必是曲线二阶导数 $f''(x)$为零或不存在的点 x_0.

定义 3-3 连续曲线上的凹弧与凸弧的分界点称为该曲线的**拐点**.

依拐点的定义,不难给出确定曲线拐点的方法:

设函数 $f(x)$在区间 I 上连续:

(1) 求出 $f''(x)$在 I 上为零或不存在的点;

(2) 这些点将区间 I 划分成若干个部分区间,然后考察 $f''(x)$在每个部分区间上的符号,确定曲线 $y=f(x)$ 的凹凸性;

(3) 若在两个相邻的部分区间上,曲线的凹凸性相反,则此分界点是拐点;若在两个相邻的部分区间上,曲线的凹凸性相同,则此分界点不是拐点.

【例 3.5.1】 求曲线 $y=3x^4-4x^3+1$ 的凹凸区间与拐点.

解 函数的定义区间为$(-\infty,+\infty)$,

$$y'=12x^3-12x^2,$$

$$y''=36\cdot x\cdot\left(x-\frac{2}{3}\right),$$

令 $y''=0$,得

$$x_1=0 \text{ 和 } x_2=\frac{2}{3}.$$

将定义区间分为三个区间:$(-\infty,0)$,$\left(0,\frac{2}{3}\right)$,$\left(\frac{2}{3},+\infty\right)$,

在$(-\infty,0)$内,$y''>0$,故$(-\infty,0)$是曲线的凹区间;

在$\left(0,\frac{2}{3}\right)$内,$y''<0$,故$\left(0,\frac{2}{3}\right)$是曲线的凸区间;

在$\left(\frac{2}{3},+\infty\right)$内,$y''>0$,故$\left(\frac{2}{3},+\infty\right)$是曲线的凹区间.

当 $x_1=0$ 时,$y_1=1$,点$(0,1)$是曲线的一个拐点;

当 $x_2=\frac{2}{3}$时,$y_2=\frac{11}{27}$,点$\left(\frac{2}{3},\frac{11}{27}\right)$也是曲线的一个拐点.

【例 3.5.2】 讨论曲线 $y=x^4$ 的凹凸性与拐点.

解 $y=x^4$ 在$(-\infty,+\infty)$内连续,

$$y'=4x^3,$$

$$y'' = 12x^2,$$

令 $y''=0$，得 $x=0$.

在 $(-\infty,0)$ 与 $(0,+\infty)$ 内，$y''>0$，故曲线是凹的.

而 $x=0$ 时，$y=0$，点 $(0,0)$ 不是曲线的拐点. 曲线 $y=x^4$ 在整个 $(-\infty,+\infty)$ 区间均为凹曲线.

三、曲线的渐近线

在平面上，当曲线伸向无穷远处时，一般很难把它画准确. 但如果曲线伸向无穷远处，且能渐渐靠近一条直线，那么就可以既快又好地画出趋于无穷远处这条曲线的走向趋势. 例如双曲线 $\frac{x^2}{a^2}-\frac{y^2}{b^2}=1$，当 $x\to\infty$ 时，就渐渐地靠近如下两条直线：$y=\frac{b}{a}x$，$y=-\frac{b}{a}x$（图 3-9）. 对于一般的曲线，可能找到这样的直线，但也不是所有曲线都存在这样的直线.

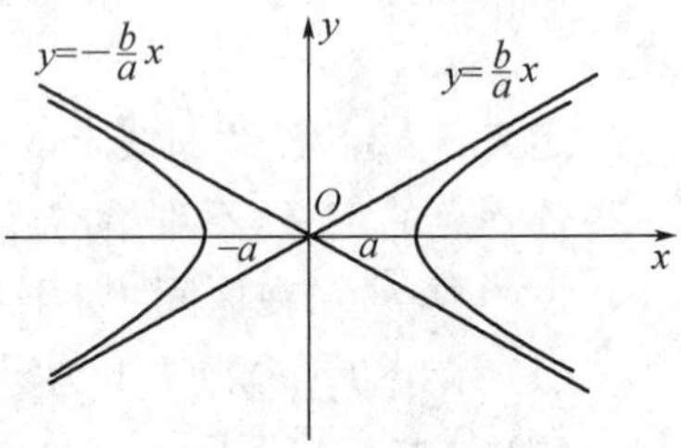

图 3-9

定义 3-4 如果曲线 C 上的动点 P 沿曲线无限地远离坐标原点时，它与某一固定直线 L 的距离趋于零，则称该直线 L 为曲线 C 的**渐近线**.

渐近线分水平渐近线、垂直（铅直）渐近线和斜渐近线三种. 下面主要讨论水平渐近线和垂直渐近线.

1. 水平渐近线

若曲线 $y=f(x)$ 的定义域是无限区间，且有 $\lim\limits_{x\to+\infty}f(x)=c$（或 $\lim\limits_{x\to-\infty}f(x)=c$），则直线 $y=c$ 是曲线 $y=f(x)$ 的水平渐近线.

【例 3.5.3】 求曲线 $y=\arctan x$ 的水平渐近线.

解 由于 $\lim\limits_{x\to+\infty}\arctan x=\frac{\pi}{2}$，$\lim\limits_{x\to-\infty}\arctan x=-\frac{\pi}{2}$，所以 $y=\frac{\pi}{2}$，$y=-\frac{\pi}{2}$ 都是 $y=\arctan x$ 的水平渐近线.

2. 垂直渐近线

若曲线 $y=f(x)$ 在点 x_0 处间断，且 $\lim\limits_{x\to x_0^+}f(x)=\infty$ 或 $\lim\limits_{x\to x_0^-}f(x)=\infty$，则直线 $x=x_0$ 是曲线 $y=f(x)$ 的垂直渐近线.

【例 3.5.4】 求曲线 $y=\ln x$ 的垂直渐近线.

解 由于 $\lim\limits_{x\to0^+}\ln x=-\infty$，所以直线 $x=0$ 是曲线 $y=\ln x$ 的垂直渐近线.

【例 3.5.5】 求曲线 $y=\frac{x^2}{2x-1}$ 的渐近线.

解 由于 $\lim\limits_{x\to\infty}\frac{x^2}{2x-1}=\infty$，$\lim\limits_{x\to\frac{1}{2}}\frac{x^2}{2x-1}=\infty$，所以该曲线没有水平渐近线，有一条垂直渐近线 $x=\frac{1}{2}$.

习题 3-5

1. 求下列曲线的凹凸区间和拐点：

(1) $y = x^3 - 6x^2 + 12x + 4$；　　(2) $y = x^2 \ln x$；

(3) $y = \dfrac{x^3}{x^2 + 12}$；　　(4) $y = \dfrac{1}{x+3}$.

2. a,b 为何值时，点$(1,-2)$为曲线 $y = ax^3 + bx^2$ 的拐点？

3. 求下列曲线的渐近线：

(1) $y = \left(\dfrac{1+x}{1-x}\right)^4$；　　(2) $y = \dfrac{2x-1}{(x-1)^2}$.

第六节　函数图形的描绘

借助于一阶导数的符号，可以确定函数图形在哪个区间内上升，在哪个区间内下降，在什么地方有极值点；借助于二阶导数的符号，可以确定函数图形在哪个区间内为凹，在哪个区间内为凸，在什么地方有拐点. 另外，我们还学会了寻找曲线的渐近线的方法. 有了这些准备之后，我们就可以比较准确地画出函数的大致图形.

描绘函数图形的一般步骤如下：

(1) 求出函数 $y = f(x)$ 的定义域，确定其对称性与周期性；

(2) 求出函数的一阶导数 $f'(x)$和二阶导数 $f''(x)$，并求出使 $f'(x) = 0$ 与 $f''(x) = 0$ 的点，以及 $f'(x)$与 $f''(x)$不存在的点；

(3) 以(2)中所得各点为分点，将函数 $f(x)$的定义域分为若干个部分区间，并列表讨论 $f'(x)$与 $f''(x)$在各部分区间内的符号，从而确定出曲线 $y=f(x)$的升降和凹凸、极值点和拐点；

(4) 确定曲线水平和垂直渐近线；

(5) 算出各分点所对应的函数值，定出图形上相应的点. 为了把图形描得更准确些，有时还需要再补充一些点(如曲线与两坐标轴的交点等)，然后结合(3)～(4)中得到的结果，用光滑曲线连接这些点，即可得到函数 $y = f(x)$ 的图形.

【例 3.6.1】　描绘函数 $f(x) = x^3 - x^2 - x + 1$ 的图形.

解　(1) 函数的定义域为$(-\infty,+\infty)$，无周期性亦无对称性；

(2) $f'(x) = 3x^2 - 2x - 1 = (3x+1)(x-1)$，

$f''(x) = 6x - 2 = 2(3x-1)$，

令 $f'(x) = 0$，得 $x_1 = -\dfrac{1}{3}$，$x_2 = 1$；令 $f''(x) = 0$，得 $x_3 = \dfrac{1}{3}$；

(3) 用分点 $x_1 = -\dfrac{1}{3}$，$x_3 = \dfrac{1}{3}$和 $x_2 = 1$ 将定义域分成部分区间，并列表讨论如下：

表 3-1

x	$\left(-\infty,-\frac{1}{3}\right)$	$-\frac{1}{3}$	$\left(-\frac{1}{3},\frac{1}{3}\right)$	$\frac{1}{3}$	$\left(\frac{1}{3},1\right)$	1	$(1,+\infty)$
$f'(x)$	+	0	−	−	−	0	+
$f''(x)$	−	−	−	0	+	+	+
$f(x)$的图形	↗	极大	↘	拐点	↘	极小	↗

(4) 曲线没有渐近线；

(5) 算出 $x_1=-\frac{1}{3}, x_3=\frac{1}{3}$ 和 $x_2=1$ 处的函数值 $f\left(-\frac{1}{3}\right)=\frac{32}{27}, f\left(\frac{1}{3}\right)=\frac{16}{27}, f(1)=0$. 适当补充一些点，例如，计算出 $f(-1)=0$，$f(0)=1, f\left(\frac{3}{2}\right)=\frac{5}{8}$.

然后，结合(1)～(4)中得到的结果就可以画出 $f(x)=x^3-x^2-x+1$ 的图形(图 3-10).

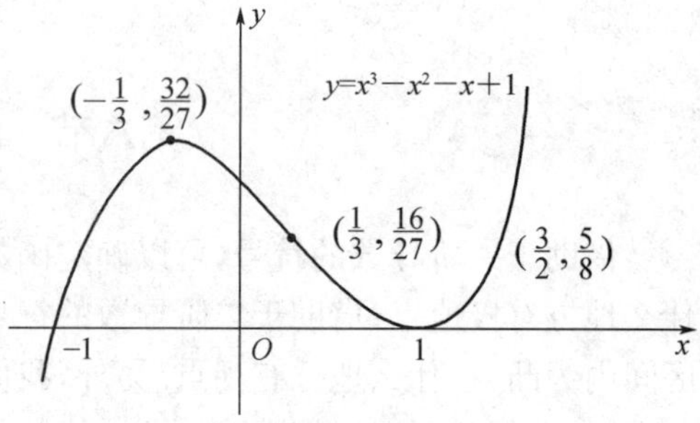

图 3-10

【例 3.6.2】 描绘函数 $y=\frac{x^2}{2x-1}$ 的图形.

解 (1) 函数的定义域为 $\left(-\infty,\frac{1}{2}\right)\cup\left(\frac{1}{2},+\infty\right)$，无对称性及周期性；

(2) 当 $x\neq\frac{1}{2}$ 时，$y'=\frac{2x(x-1)}{(2x-1)^2}$，令 $y'=0$，得 $x_1=0, x_2=1$；$y''=\frac{2}{(2x-1)^3}\neq 0$，且 $x=\frac{1}{2}$ 时，y''不存在；

(3) 以 $x_1=0, x_2=\frac{1}{2}$ 和 $x_3=1$ 为分点，将定义域分成部分区间，并列表讨论如下：

表 3-2

x	$(-\infty,0)$	0	$\left(0,\frac{1}{2}\right)$	$\frac{1}{2}$	$\left(\frac{1}{2},1\right)$	1	$(1,+\infty)$
y'	+	0	−	不存在	−	0	+
y''	−	−	−	不存在	+	+	+
$y=f(x)$的图形	↗	极大	↘	无定义	↘	极小	↗

(4) 由【例 3.5.5】可知，该曲线有垂直渐近线 $x=\frac{1}{2}$；

(5) 算出 $f(0)=0, f(1)=1$，结合以上结论画出函数 $y=\frac{x^2}{2x-1}$ 的图形(图 3-11).

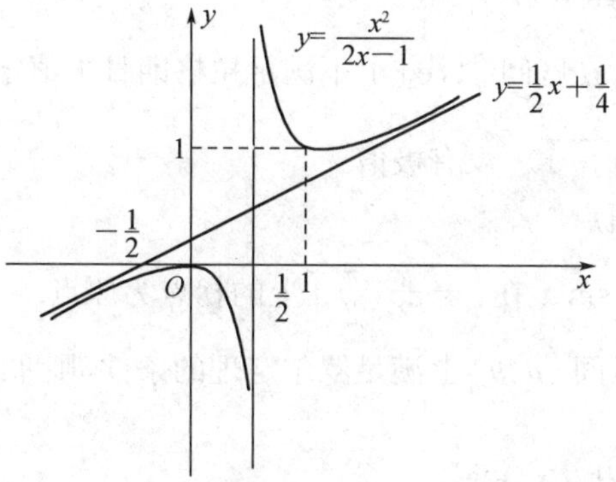

图 3-11

习题 3-6

描绘下列函数的图形：

(1) $y=\dfrac{1}{x}+4x^2$；　　(2) $y=\dfrac{8a^3}{x^2+a^2}$　$(a>0)$.

复 习 题 三

一、单项选择题(每小题 2 分,共 10 分)

1. 下面结论正确的是　　(　　)

A. x_0 是 $f(x)$的驻点,则一定是 $f(x)$的极值点

B. x_0 是 $f(x)$的极值点,则一定是 $f(x)$的驻点

C. $f'(x_0)=0, f''(x_0)$ 存在且 $f''(x_0)\neq 0$ 的点一定是 $f(x)$的极值点

D. 极大值一定大于极小值

2. 下列函数在给定区间上满足罗尔定理条件的是　　(　　)

A. $f(x)=\dfrac{3}{2x^2+1}, x\in[-1,1]$　　B. $f(x)=xe^x, x\in[0,1]$

C. $f(x)=\begin{cases}x+2, & x<5\\ 1, & x\geqslant 5\end{cases}, x\in[0,5]$　　D. $f(x)=|x|, x\in[-1,1]$

3. 曲线 $f(x)=x\sin\dfrac{1}{x}$　　(　　)

A. 有水平渐近线和垂直渐近线　　B. 无渐近线

C. 仅有垂直渐近线　　D. 仅有水平渐近线

4. 点 $(0,0)$ 是曲线 $y=x^3$ 的　　(　　)

A. 最高点　　B. 最低点

C. 拐点　　D. 以上都不对

5. 罗尔定理中的条件是结论成立的　　(　　)

A. 必要非充分条件　　B. 充分非必要条件

C. 充分必要条件　　D. 既非充分也非必要条件

二、判断题(每小题 2 分,共 10 分)

6. 函数 $f(x)=\dfrac{1}{\ln x}$ 在区间 $[1,\mathrm{e}]$ 上不满足拉格朗日中值定理的条件. (　　)

7. 函数 $f(x)=\sqrt[3]{(x+1)^2}$ 没有极值. (　　)

8. 最值点一定是极值点. (　　)

9. 函数 $f(x)=x-\sin x$ 在 $\left[-\dfrac{\pi}{2},\dfrac{\pi}{2}\right]$ 上的拐点为原点. (　　)

10. 若函数 $f(x)$ 在区间 $[a,b]$ 上满足罗尔定理的条件,则曲线 $y=f(x)$ 在 (a,b) 内至少有一条水平切线. (　　)

三、填空题(每小题 2 分,共 10 分)

11. 拉格朗日中值定理中,$f(x)$ 满足________时,即为罗尔定理.

12. 函数 $f(x)=x^3-x$ 在 $[1,4]$ 上满足拉格朗日中值定理的点 $\xi=$________.

13. 函数 $f(x)=\ln(1+x^2)-x$ 在区间________上为单调减函数.

14. 函数 $f(x)=x^3-3x^2+3x-10$ 在 $[0,2]$ 上的最大值为________,最小值为________.

15. 曲线 $f(x)=\dfrac{x^2}{(x-1)^2}$ 的水平渐近线为________,垂直渐近线为________.

四、计算题(每小题 10 分,共 60 分)

16. 求极限 $\lim\limits_{x\to 0^+}\left(\dfrac{1}{x}-\dfrac{1}{\ln(1+x)}\right)$.

17. 求极限 $\lim\limits_{x\to 0^+}x^{\tan x}$.

18. 研究函数 $y=x-3(x-1)^{\frac{1}{3}}$ 的单调性并求极值.

19. 确定曲线 $y=\dfrac{x}{x^2-1}$ 的凹凸性并求拐点.

20. 试确定 a,b,c 的值,使 $y=x^3+ax^2+bx+c$ 在点 $(1,-1)$ 处为拐点,且在 $x=0$ 处有极值,并求此函数的极小值.

21. 设 $f(x)$ 在 $[1,\mathrm{e}]$ 上连续,在 $(1,\mathrm{e})$ 内可导,且 $f(1)=0$,$f(\mathrm{e})=1$,试证方程 $f'(x)=\dfrac{1}{x}$ 在 $(1,\mathrm{e})$ 内至少有一个实根.

五、综合题(共 10 分)

22. 作函数 $y=\sqrt{\dfrac{x-1}{x+1}}$ 的图像.

第四章　不定积分

本章提要　本章主要介绍了原函数的概念、不定积分的概念、不定积分的性质和基本积分公式;另外还介绍了如何利用不定积分的性质、基本积分公式求不定积分.重点介绍两种类型的换元积分法和分部积分法,简单介绍积分表的使用方法.

求已知函数的导数或微分是微分学可以解决的问题,但是在科学技术和生产实践中,常常会遇到与此相反的问题:已知某个函数的导数或微分,求这个函数.例如,已知作变速运动的物体的速度 $v=v(t)=s'(t)$,求物体的运动方程 $s=s(t)$;再如,已知某条曲线上任一点处的切线斜率 $k=f'(x)$,求这条曲线方程 $y=f(x)$ 等等.这一类与求导运算相反的问题,就是一元函数的积分学问题.

第一节　不定积分的概念与性质

微课:原函数

一、原函数

问题 4-1　设曲线经过点(1,2),且其上任一点处的切线斜率都等于该点横坐标的两倍,求此曲线方程.

解　根据导数的几何意义,得

$$y'=2x.$$

由微分学知识容易求得

$$y=x^2+C\quad(C\text{ 为任意常数}).$$

因为曲线过点(1,2),故

$$C=1,$$

所以此曲线方程为

$$y=x^2+1.$$

问题 4-2　已知真空中的自由落体的瞬时速度 $v(t)=gt$,其中常量 g 是重力加速度,又知 $t=2$ 时路程 $s=2g$,求自由落体的运动方程 $s=s(t)$.

解　根据导数的物理意义,得

$$s'(t)=v(t)=gt.$$

由微分学知识容易求得

$$s(t)=\frac{1}{2}gt^2+C\quad(C\text{ 为任意常数}).$$

因为当 $t=2$ 时，$s=2g$，故

$$C=0,$$

所以自由落体的运动方程

$$s(t)=\frac{1}{2}gt^2.$$

以上讨论的两个问题，虽然研究的对象不同，但如果撇开它们的实际意义，就其本质而言，两者有共同之处：已知某个函数的导数 $F'(x)=f(x)$，求这个函数 $F(x)$.

定义 4-1 设 $f(x)$是定义在某一区间 I 内的已知函数，若存在函数 $F(x)$，对任意的 $x\in I$，都有 $F'(x)=f(x)$ 或 $\mathrm{d}F(x)=f(x)\mathrm{d}x$，则称 $F(x)$为 $f(x)$在区间 I 内的一个**原函数**.

例如，$(\sin x)'=\cos x$，所以称 $\sin x$ 是 $\cos x$ 的一个原函数；而 $(\sin x+C)'=\cos x$ (C 为任意常数)，因此 $\sin x+C$ 也是 $\cos x$ 的原函数.

如果 $f(x)$在区间 I 内有原函数 $F(x)$，则对任一点 $x\in I$，都有 $F'(x)=f(x)$，那么对任何常数 C，显然也有

$$[F(x)+C]'=f(x).$$

即对任何常数 C，$F(x)+C$ 也是 $f(x)$的原函数. 这说明 $f(x)$如果有一个原函数，那么 $f(x)$就有无限个原函数.

如果 $F(x)$为 $f(x)$在区间 I 内的一个原函数，那么 $f(x)$的其他原函数与 $F(x)$有什么关系呢?

设 $G(x)$是 $f(x)$的另一个原函数，即对任一点 $x\in I$，有 $G'(x)=f(x)$，于是

$$[G(x)-F(x)]'=G'(x)-F'(x)=f(x)-f(x)=0.$$

所以

$$G(x)-F(x)=C \quad (C\text{ 为任意常数}).$$

这表明同一函数的两个原函数之间仅相差一个常数. 因此，当 C 为任意常数时，表达式

$$F(x)+C$$

就可以表示 $f(x)$的任意一个原函数.

所有的初等函数在其定义域内必有原函数.

二、不定积分

1. 不定积分的定义

定义 4-2 如果 $F(x)$是 $f(x)$的一个原函数，则 $f(x)$的全体原函数称为 $f(x)$的**不定积分**，记作 $\int f(x)\mathrm{d}x$. 即

$$\int f(x)\mathrm{d}x=F(x)+C \quad (C\text{ 为任意常数}).$$

其中 $f(x)$称为**被积函数**，$f(x)\mathrm{d}x$ 称为**积分表达式**，x 称为**积分变量**，记号 $\int$ 称为**积分号**，C 为**积分常数**. 所以求 $f(x)$的不定积分，就是求它的所有原函数.

【例 4.1.1】 由导数的基本公式，写出下列函数的不定积分：

(1) $\int \cos x\mathrm{d}x$；　　(2) $\int x^2\mathrm{d}x$.

解 (1) 因为 $(\sin x)' = \cos x$，所以 $\sin x$ 是 $\cos x$ 的一个原函数. 因此

$$\int \cos x\mathrm{d}x = \sin x + C.$$

(2) 因为 $\left(\frac{x^3}{3}\right)' = x^2$，所以$\frac{x^3}{3}$是 x^2 的一个原函数. 因此

$$\int x^2\mathrm{d}x = \frac{x^3}{3} + C.$$

【例 4.1.2】 根据不定积分定义验证：$\int \cos^2 x\mathrm{d}x = \frac{x}{2} + \frac{1}{4}\sin 2x + C.$

解 因为 $\left(\frac{x}{2} + \frac{1}{4}\sin 2x\right)' = \frac{1}{2} + \frac{1}{4}\cos 2x \times 2 = \frac{1}{2}(1 + \cos 2x) = \cos^2 x$，所以

$$\int \cos^2 x\mathrm{d}x = \frac{x}{2} + \frac{1}{4}\sin 2x + C.$$

由不定积分的定义可以知道

$$\left(\int f(x)\mathrm{d}x\right)' = f(x) \quad 或 \quad \mathrm{d}\int f(x)\mathrm{d}x = f(x)\mathrm{d}x,$$

或有

$$\int F'(x)\mathrm{d}x = F(x) + C \quad 或 \quad \int \mathrm{d}F(x) = F(x) + C.$$

2. 不定积分的几何意义

在直角坐标系中，$f(x)$的任意一个原函数 $F(x)$的图形是一条曲线 $y = F(x)$，这条曲线上任意点$(x, f(x))$处的切线斜率$F'(x)$恰为函数值 $f(x)$，称这条曲线为 $f(x)$的一条积分曲线. $f(x)$的不定积分 $F(x) + C$ 则是一个曲线族，称为 $f(x)$的**积分曲线族**(图 4-1). 积分曲线族中任意两条曲线，对应于相同的横坐标，它们对应的纵坐标的差是一个常数；过积分曲线族中每一条曲线上横坐标相同的点所作的切线互相平行.

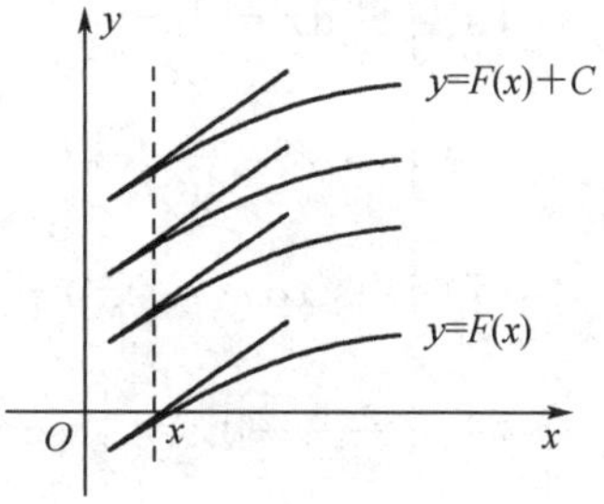

图 4-1

【例 4.1.3】 设曲线经过点$\left(\frac{1}{2}, 1\right)$，且其上任一点的切线斜率等于这点横坐标平方的倒数，求此曲线的方程.

解 设所求曲线方程为 $y = f(x)$，由题意，得

$$y' = \frac{1}{x^2},$$

即 $f(x)$是$\frac{1}{x^2}$的一个原函数.

因为

$$\left(-\frac{1}{x}\right)' = \frac{1}{x^2},$$

所以

$$\int \frac{1}{x^2}\mathrm{d}x = -\frac{1}{x} + C,$$

即曲线方程为

$$y = -\frac{1}{x} + C.$$

因为曲线经过点$\left(\frac{1}{2},1\right)$,故

$$1 = -2 + C,\quad C = 3.$$

所求曲线方程为

$$y = -\frac{1}{x} + 3.$$

三、不定积分的基本公式

既然积分运算是微分运算的逆运算,那么由导数公式可以得到相应的不定积分基本公式:

(1) $\int k\mathrm{d}x = kx + C$ （k 是常数）;

(2) $\int x^{\alpha}\mathrm{d}x = \frac{x^{\alpha+1}}{\alpha+1} + C$ （$\alpha \neq -1$）;

(3) $\int \frac{1}{x}\mathrm{d}x = \ln|x| + C$;

(4) $\int \mathrm{e}^x\mathrm{d}x = \mathrm{e}^x + C$;

(5) $\int a^x\mathrm{d}x = \frac{a^x}{\ln a} + C$ （$a > 0$ 且 $a \neq 1$）;

(6) $\int \sin x\mathrm{d}x = -\cos x + C$;

(7) $\int \cos x\mathrm{d}x = \sin x + C$;

(8) $\int \frac{1}{\cos^2 x}\mathrm{d}x = \int \sec^2 x\mathrm{d}x = \tan x + C$;

(9) $\int \frac{1}{\sin^2 x}\mathrm{d}x = \int \csc^2 x\mathrm{d}x = -\cot x + C$;

(10) $\int \sec x\tan x\mathrm{d}x = \sec x + C$;

(11) $\int \csc x\cot x\mathrm{d}x = -\csc x + C$;

(12) $\int \frac{1}{1+x^2}\mathrm{d}x = \arctan x + C$;

(13) $\int \frac{1}{\sqrt{1-x^2}}\mathrm{d}x = \arcsin x + C$.

以上基本积分公式是求不定积分的基础,必须熟记.下面举几个应用幂函数的积分公式(2)的例子.

【例 4.1.4】 求$\int \frac{1}{x\sqrt{x}}\mathrm{d}x$.

解 $\int \frac{1}{x\sqrt{x}}\mathrm{d}x = \int x^{-\frac{3}{2}}\mathrm{d}x = \frac{x^{-\frac{3}{2}+1}}{-\frac{3}{2}+1} + C = -2x^{-\frac{1}{2}} + C = -\frac{2}{\sqrt{x}} + C.$

【例 4.1.5】 求$\int x^2 \cdot \sqrt[3]{x}\mathrm{d}x$.

解 $\int x^2 \cdot \sqrt[3]{x}\mathrm{d}x = \int x^{\frac{7}{3}}\mathrm{d}x = \frac{x^{\frac{7}{3}+1}}{\frac{7}{3}+1} + C = \frac{3}{10}x^{\frac{10}{3}} + C = \frac{3}{10}x^3 \cdot \sqrt[3]{x} + C.$

四、不定积分的性质

根据不定积分的定义,可以推得它有如下两个性质:

性质 4-1 两个函数代数和的不定积分等于每个函数不定积分的代数和,即

$$\int [f(x) \pm g(x)]\mathrm{d}x = \int f(x)\mathrm{d}x \pm \int g(x)\mathrm{d}x.$$

证明 因为

$$\left[\int f(x)\mathrm{d}x \pm \int g(x)\mathrm{d}x\right]' = \left[\int f(x)\mathrm{d}x\right]' \pm \left[\int g(x)\mathrm{d}x\right]' = f(x) \pm g(x),$$

由原函数定义,所以

$$\int [f(x) \pm g(x)]\mathrm{d}x = \int f(x)\mathrm{d}x \pm \int g(x)\mathrm{d}x.$$

性质 4-1 对于有限个函数的代数和都成立.

性质 4-2 被积函数中不为零的常数因子可以提到积分号外面来,即

$$\int kf(x)\mathrm{d}x = k\int f(x)\mathrm{d}x \quad (k\text{ 是非零常数}).$$

利用基本积分公式以及不定积分的性质,再对被积函数作恒等变形,可以求出一些简单函数的不定积分.这种求不定积分的方法叫作**直接积分法**.

【例 4.1.6】 求$\int (3\mathrm{e}^x - 2\sin x)\mathrm{d}x$.

解 $\int (3\mathrm{e}^x - 2\sin x)\mathrm{d}x = 3\int \mathrm{e}^x\mathrm{d}x - 2\int \sin x\mathrm{d}x = 3\mathrm{e}^x + 2\cos x + C.$

【例 4.1.7】 求$\int 2^x \cdot \mathrm{e}^x\mathrm{d}x$.

解 $\int 2^x \cdot \mathrm{e}^x\mathrm{d}x = \int (2\mathrm{e})^x\mathrm{d}x = \frac{(2\mathrm{e})^x}{\ln 2\mathrm{e}} + C = \frac{(2\mathrm{e})^x}{1+\ln 2} + C.$

【例 4.1.8】 求$\int \frac{x^2}{1+x^2}\mathrm{d}x$.

解 $\int \frac{x^2}{1+x^2}\mathrm{d}x = \int \frac{(x^2+1)-1}{1+x^2}\mathrm{d}x = \int \left(1 - \frac{1}{1+x^2}\right)\mathrm{d}x$

$$=\int dx-\int \frac{1}{1+x^2}dx=x-\arctan x+C.$$

【例 4.1.9】 求$\int \frac{x^4}{1+x^2}dx$.

解 $\int \frac{x^4}{1+x^2}dx=\int \frac{(x^4-1)+1}{1+x^2}dx=\int\left(x^2-1+\frac{1}{1+x^2}\right)dx$

$$=\int x^2dx-\int dx+\int \frac{1}{1+x^2}dx=\frac{x^3}{3}-x+\arctan x+C.$$

【例 4.1.10】 求$\int \tan^2 x dx$.

解 $\int \tan^2 x dx=\int(\sec^2 x-1)dx=\int \sec^2 x dx-\int dx=\tan x-x+C.$

【例 4.1.11】 求$\int \frac{1}{\sin^2\frac{x}{2}\cos^2\frac{x}{2}}dx$.

解 $\int \frac{1}{\sin^2\frac{x}{2}\cos^2\frac{x}{2}}dx=\int \frac{4}{\sin^2 x}dx=4\int \csc^2 x dx=-4\cot x+C.$

对于一些基本积分公式中没有的积分,可以采用适当变形(代数或三角的恒等变形),化为公式中所列类型的积分之后,再逐项求积分.

【例 4.1.12】 已知物体以速度 $v=2t^2+1$(米 / 秒) 做直线运动,当 $t=1$ 秒时,物体经过的路程为 3 米,求物体的运动规律.

解 设所求的运动规律为 $s=s(t)$,则

$$s'(t)=v=2t^2+1,$$

所以

$$s(t)=\int(2t^2+1)dt=\frac{2}{3}t^3+t+C.$$

根据题设条件:$t=1$ 时,$s=3$. 代入上式,得

$$C=\frac{4}{3},$$

即所求物体的运动规律是

$$s(t)=\frac{2}{3}t^3+t+\frac{4}{3}.$$

习题 4-1

1. 求下列不定积分:

(1) $\int \frac{1}{x^2}dx$;

(2) $\int x\sqrt{x\sqrt{x}}\,dx$;

(3) $\int(3x^2-2x+2)dx$;

(4) $\int(2x-1)^2dx$;

(5) $\int(\sqrt{x}-1)(\sqrt{x^3}+1)\mathrm{d}x$；

(6) $\int\frac{(1-x)^2}{\sqrt{x}}\mathrm{d}x$；

(7) $\int\frac{1}{\sqrt{at}}\mathrm{d}t$；

(8) $\int\frac{u^2+u\sqrt{u}+3}{\sqrt{u}}\mathrm{d}u$；

(9) $\int\frac{2x^4+2x^2+1}{1+x^2}\mathrm{d}x$；

(10) $\int\frac{(x+1)^2}{x(x^2+1)}\mathrm{d}x$；

(11) $\int 3^x\mathrm{e}^x\mathrm{d}x$；

(12) $\int\frac{x-4}{\sqrt{x}+2}\mathrm{d}x$；

(13) $\int\frac{1+\cos^2 x}{1+\cos 2x}\mathrm{d}x$；

(14) $\int\left(\frac{2}{1+x^2}-\frac{3}{\sqrt{1-x^2}}\right)\mathrm{d}x$；

(15) $\int\sec x(\sec x-\tan x)\mathrm{d}x$；

(16) $\int\frac{1}{1-\cos 2x}\mathrm{d}x$；

(17) $\int\frac{\sin 2x}{\sin x}\mathrm{d}x$；

(18) $\int\frac{\cos 2x}{\sin^2 x}\mathrm{d}x$；

(19) $\int\cot^2 x\mathrm{d}x$；

(20) $\int\frac{\cos 2x}{\cos x-\sin x}\mathrm{d}x$.

2. 已知某函数的导数是 $x-3$，又知当 $x=2$ 时，函数的值等于 9，求此函数.

3. 已知某曲线经过点 $(1,-5)$，并知曲线上每一点的切线斜率为 $1-x$，求此曲线的方程.

4. 证明函数 $y=\arctan x+4$ 与 $y=\arcsin\frac{x}{\sqrt{1+x^2}}$ 都是 $\frac{1}{1+x^2}$ 的原函数.

5. 已知 $\int f(x)\mathrm{d}x=x\ln x+x+C$，求 $f(x)$.

6. 一物体由静止开始运动，经 t 秒后的速度是 $3t^2$(m/s)，问：

(1) 在 3 秒后物体离开出发点的距离是多少？

(2) 物体走完 360 m 需要多少时间？

第二节 换元积分法

利用直接积分法所能计算的不定积分是非常有限的，因此有必要进一步研究不定积分的方法. 本节把复合函数的微分法反过来用于求不定积分，利用中间变量的代换，得到复合函数的积分法，称为**换元积分法**，简称**换元法**. 换元法通常分为两类：**第一类换元积分法**和**第二类换元积分法**.

一、第一类换元积分法

微课：第一类换元积分法

【例 4.2.1】 求 $\int\cos 2x\mathrm{d}x$.

解 在基本积分公式里虽有 $\int\cos x\mathrm{d}x=\sin x+C$，但在这里不能直接应用，这是因为被积函数 $\cos 2x$ 是一个复合函数. 为了套用这个积分公式，先把原积分作如下变形，然后进行计算.

$$\int \cos 2x\mathrm{d}x = \frac{1}{2}\int \cos 2x \cdot 2\mathrm{d}x \xlongequal{令 2x=u} \frac{1}{2}\int \cos u\,\mathrm{d}u$$

$$= \frac{1}{2}\sin u + C \xlongequal{回代 u=2x} \frac{1}{2}\sin 2x + C.$$

容易验证： $\left(\frac{1}{2}\sin 2x + C\right)' = \cos 2x$,

所以 $\frac{1}{2}\sin 2x + C$ 是 $\cos 2x$ 的原函数,结果正确.

一般地,有如下定理:

定理 4-1 设 $f(u)$ 具有原函数 $F(u)$, $u=\varphi(x)$ 可导,则有换元公式

$$\int f[\varphi(x)]\varphi'(x)\mathrm{d}x = F[\varphi(x)] + C.$$

【例 4.2.2】 求 $\int (3x-1)^{10}\mathrm{d}x$.

解 因为 $\mathrm{d}x = \frac{1}{3}\mathrm{d}(3x-1)$, 所以

$$\int (3x-1)^{10}\mathrm{d}x = \frac{1}{3}\int (3x-1)^{10}\mathrm{d}(3x-1)$$

$$\xlongequal{令 3x-1=u} \frac{1}{3}\int u^{10}\mathrm{d}u = \frac{1}{33}u^{11} + C$$

$$\xlongequal{回代 u=3x-1} \frac{1}{33}(3x-1)^{11} + C.$$

【例 4.2.3】 求 $\int \frac{\ln x}{x}\mathrm{d}x$.

解 因为 $\frac{1}{x}\mathrm{d}x = \mathrm{d}(\ln x)$, 所以

$$\int \frac{\ln x}{x}\mathrm{d}x = \int \ln x\,\mathrm{d}(\ln x) \xlongequal{令 \ln x=u} \int u\mathrm{d}u = \frac{1}{2}u^2 + C$$

$$\xlongequal{回代 u=\ln x} \frac{1}{2}(\ln x)^2 + C.$$

【例 4.2.4】 求 $\int 2x\mathrm{e}^{x^2}\mathrm{d}x$.

解 因为 $2x\mathrm{d}x = \mathrm{d}(x^2)$, 所以

$$\int 2x\mathrm{e}^{x^2}\mathrm{d}x = \int \mathrm{e}^{x^2}\mathrm{d}(x^2) \xlongequal{令 x^2=u} \int \mathrm{e}^u\mathrm{d}u = \mathrm{e}^u + C$$

$$\xlongequal{回代 u=x^2} \mathrm{e}^{x^2} + C.$$

【例 4.2.5】 求 $\int \frac{x}{\sqrt{4-x^2}}\mathrm{d}x$.

解 因为 $x\mathrm{d}x = \frac{1}{2}\mathrm{d}(x^2) = -\frac{1}{2}\mathrm{d}(4-x^2)$, 所以

$$\int \frac{x}{\sqrt{4-x^2}}\mathrm{d}x = -\frac{1}{2}\int \frac{1}{\sqrt{4-x^2}}\mathrm{d}(4-x^2)$$

$$\xlongequal{\text{令 } 4-x^2=u} -\frac{1}{2}\int \frac{1}{\sqrt{u}}\mathrm{d}u = -\sqrt{u}+C$$

$$\xlongequal{\text{回代 } u=4-x^2} -\sqrt{4-x^2}+C.$$

由上面例题可以看出，用第一类换元积分法计算不定积分时，关键是把被积表达式凑成两部分，使其中一部分为 $\mathrm{d}\varphi(x)$，另一部分为 $\varphi(x)$ 的函数 $f[\varphi(x)]$. 因此，通常又把第一类换元积分法叫作**凑微分法**.

在凑微分时，常用到下列的微分式子，熟悉它们将有助于不定积分的求解.

$\mathrm{d}x = \frac{1}{a}\mathrm{d}(ax+b)$； $x\mathrm{d}x = \frac{1}{2}\mathrm{d}(x^2)$；

$\frac{1}{x}\mathrm{d}x = \mathrm{d}(\ln|x|)$； $\frac{1}{\sqrt{x}}\mathrm{d}x = 2\mathrm{d}(\sqrt{x})$；

$\frac{1}{x^2}\mathrm{d}x = -\mathrm{d}\left(\frac{1}{x}\right)$； $\frac{1}{1+x^2}\mathrm{d}x = \mathrm{d}(\arctan x)$；

$\frac{1}{\sqrt{1-x^2}}\mathrm{d}x = \mathrm{d}(\arcsin x)$； $\mathrm{e}^x\mathrm{d}x = \mathrm{d}(\mathrm{e}^x)$；

$\sin x\mathrm{d}x = -\mathrm{d}(\cos x)$； $\cos x\mathrm{d}x = \mathrm{d}(\sin x)$；

$\sec^2 x\mathrm{d}x = \mathrm{d}(\tan x)$； $\csc^2 x\mathrm{d}x = -\mathrm{d}(\cot x)$；

$\sec x\tan x\mathrm{d}x = \mathrm{d}(\sec x)$； $\csc x\cot x\mathrm{d}x = -\mathrm{d}(\csc x)$.

显然，微分式子绝非只有这些，大量的是要根据具体问题具体分析，在熟记基本积分公式和一些常用微分式子的基础上，通过大量的练习来积累经验，才能逐步掌握这一重要的积分方法.

在应用凑微分法比较熟练以后，可以省掉变量的代换过程，从而简化积分计算的步骤.

【例 4.2.6】 求 $\int \tan x\mathrm{d}x$.

解 $\int \tan x\mathrm{d}x = \int \frac{\sin x}{\cos x}\mathrm{d}x = -\int \frac{1}{\cos x}\mathrm{d}(\cos x) = -\ln|\cos x| + C.$

类似地可得 $\int \cot x\mathrm{d}x = \ln|\sin x| + C.$

【例 4.2.7】 求 $\int \frac{1}{a^2+x^2}\mathrm{d}x$.

解 $\int \frac{1}{a^2+x^2}\mathrm{d}x = \frac{1}{a^2}\int \frac{1}{1+\left(\frac{x}{a}\right)^2}\mathrm{d}x = \frac{1}{a}\int \frac{1}{1+\left(\frac{x}{a}\right)^2}\mathrm{d}\left(\frac{x}{a}\right)$

$$= \frac{1}{a}\arctan\frac{x}{a} + C.$$

类似地可得

$$\int \frac{1}{\sqrt{a^2-x^2}}\mathrm{d}x = \arcsin\frac{x}{a} + C \quad (a>0).$$

【例 4.2.8】 求$\int \frac{1}{x^2-a^2}\mathrm{d}x$.

解 因为
$$\frac{1}{x^2-a^2}=\frac{1}{2a}\left(\frac{1}{x-a}-\frac{1}{x+a}\right),$$

故
$$\begin{aligned}\int \frac{1}{x^2-a^2}\mathrm{d}x &= \frac{1}{2a}\int\left(\frac{1}{x-a}-\frac{1}{x+a}\right)\mathrm{d}x=\frac{1}{2a}\left(\int\frac{1}{x-a}\mathrm{d}x-\int\frac{1}{x+a}\mathrm{d}x\right)\\ &= \frac{1}{2a}\left[\int\frac{1}{x-a}\mathrm{d}(x-a)-\int\frac{1}{x+a}\mathrm{d}(x+a)\right]\\ &= \frac{1}{2a}(\ln|x-a|-\ln|x+a|)+C\\ &= \frac{1}{2a}\ln\left|\frac{x-a}{x+a}\right|+C.\end{aligned}$$

【例 4.2.9】 求$\int \frac{\mathrm{e}^{\sqrt{x}}}{\sqrt{x}}\mathrm{d}x$.

解 $\int \frac{\mathrm{e}^{\sqrt{x}}}{\sqrt{x}}\mathrm{d}x=2\int \mathrm{e}^{\sqrt{x}}\mathrm{d}(\sqrt{x})=2\mathrm{e}^{\sqrt{x}}+C$.

下面再举一些积分的例子,它们的被积函数中含有三角函数,在计算这种积分的过程中,往往要用到一些三角公式.

【例 4.2.10】 求$\int \sin^2 x\cos x\mathrm{d}x$.

解 $\int \sin^2 x\cos x\mathrm{d}x=\int\sin^2 x\mathrm{d}(\sin x)=\frac{1}{3}\sin^3 x+C$.

【例 4.2.11】 求$\int \sin^2 x\mathrm{d}x$.

解
$$\begin{aligned}\int \sin^2 x\mathrm{d}x &= \frac{1}{2}\int(1-\cos 2x)\mathrm{d}x=\frac{1}{2}\left(x-\frac{1}{2}\sin 2x\right)+C\\ &= \frac{1}{2}x-\frac{1}{4}\sin 2x+C.\end{aligned}$$

类似地可得
$$\int\cos^2 x\mathrm{d}x=\frac{x}{2}+\frac{1}{4}\sin 2x+C.$$

【例 4.2.12】 求$\int \sin^3 x\mathrm{d}x$.

解
$$\begin{aligned}\int \sin^3 x\mathrm{d}x &= \int\sin^2 x\sin x\mathrm{d}x=-\int(1-\cos^2 x)\mathrm{d}(\cos x)\\ &= -\cos x+\frac{1}{3}\cos^3 x+C.\end{aligned}$$

【例 4.2.13】 求$\int \csc x\mathrm{d}x$.

解
$$\int\csc x\mathrm{d}x=\int\frac{1}{\sin x}\mathrm{d}x=\int\frac{\sin^2\frac{x}{2}+\cos^2\frac{x}{2}}{2\sin\frac{x}{2}\cos\frac{x}{2}}\mathrm{d}x$$

$$=\int\left(\tan\frac{x}{2}+\cot\frac{x}{2}\right)\mathrm{d}\left(\frac{x}{2}\right)=-\ln\left|\cos\frac{x}{2}\right|+\ln\left|\sin\frac{x}{2}\right|+C$$
$$=\ln\left|\tan\frac{x}{2}\right|+C.$$

由三角公式

$$\tan\frac{x}{2}=\frac{1-\cos x}{\sin x}=\csc x-\cot x,$$

从而

$$\int\csc x\mathrm{d}x=\ln|\csc x-\cot x|+C.$$

类似地可得

$$\int\sec x\mathrm{d}x=\ln|\sec x+\tan x|+C.$$

【例 4.2.14】 求 $\int\tan^3 x\mathrm{d}x$.

解 $\int\tan^3 x\mathrm{d}x=\int\tan^2 x\tan x\mathrm{d}x=\int(\sec^2 x-1)\tan x\mathrm{d}x$

$$=\int\tan x\mathrm{d}(\tan x)-\int\tan x\mathrm{d}x=\frac{1}{2}\tan^2 x+\ln|\cos x|+C.$$

【例 4.2.15】 求 $\int\tan^5 x\sec^3 x\mathrm{d}x$.

解 $\int\tan^5 x\sec^3 x\mathrm{d}x=\int\tan^4 x\sec^2 x\tan x\sec x\mathrm{d}x$

$$=\int(\sec^2 x-1)^2\sec^2 x\mathrm{d}(\sec x)$$
$$=\int(\sec^6 x-2\sec^4 x+\sec^2 x)\mathrm{d}(\sec x)$$
$$=\frac{1}{7}\sec^7 x-\frac{2}{5}\sec^5 x+\frac{1}{3}\sec^3 x+C.$$

注意 同一积分,可以有不同的解法,其结果在形式上可能不同,但实际上它们最多只是积分常数上的区别.

【例 4.2.16】 求 $\int\sin x\cos x\mathrm{d}x$.

解法 1 $\int\sin x\cos x\mathrm{d}x=\int\sin x\mathrm{d}(\sin x)=\frac{1}{2}\sin^2 x+C_1$.

解法 2 $\int\sin x\cos x\mathrm{d}x=-\int\cos x\mathrm{d}(\cos x)=-\frac{1}{2}\cos^2 x+C_2$.

解法 3 $\int\sin x\cos x\mathrm{d}x=\frac{1}{2}\int\sin 2x\mathrm{d}x=\frac{1}{4}\int\sin 2x\mathrm{d}(2x)=-\frac{1}{4}\cos 2x+C_3$.

显然,利用三角公式不难验证上例三解的结果彼此只相差一个常数,但很多的积分要把结果化为相同的形式有时会有一定的困难.事实上,要检查积分是否正确,只要对所得结果求导,如果这个导数与被积函数相同,那么结果就是正确的.

二、第二类换元积分法

微课:第二类换元积分法

第一类换元法的实质是从被积函数中分出一个因子与 $\mathrm{d}x$ 凑成微分 $\mathrm{d}\varphi(x)$，剩余的部分看成是 $\varphi(x)$ 的函数时能容易地积分. 但在实际中，还要用到相反的情况，即令 $x=\varphi(t)$ ——**第二类换元积分法**.

定理 4-2 设 $x=\varphi(t)$ 是单调可导的函数，且 $\varphi'(t)\neq 0$，若

$$\int f[\varphi(t)]\varphi'(t)\mathrm{d}t=G(t)+C,$$

则

$$\int f(x)\mathrm{d}x=G[\varphi^{-1}(x)]+C.$$

其中 $\varphi^{-1}(x)$ 为 $x=\varphi(t)$ 的**反函数**.

与第一类换元积分法相比，第二类换元积分法的关键是选取适当的 $\varphi(t)$，使作变换 $x=\varphi(t)$ 后的积分容易得到结果. 通常的做法是试探代换掉被积函数中比较难处理的项.

【例 4.2.17】 求 $\int \frac{1}{1+\sqrt{x}}\mathrm{d}x$.

解 令 $x=t^2(t>0)$，$\mathrm{d}x=2t\mathrm{d}t$，$t=\sqrt{x}$，

$$\begin{aligned}\int \frac{1}{1+\sqrt{x}}\mathrm{d}x&=\int \frac{2t}{1+t}\mathrm{d}t=2\int \frac{t+1-1}{1+t}\mathrm{d}t\\&=2\left[\int \mathrm{d}t-\int \frac{1}{1+t}\mathrm{d}(1+t)\right]=2t-2\ln|1+t|+C\\&=2\sqrt{x}-2\ln(1+\sqrt{x})+C.\end{aligned}$$

当取 $t<0$ 时，可得到同样的结果.

【例 4.2.18】 求 $\int \sqrt{a^2-x^2}\mathrm{d}x \quad (a>0)$.

解 令 $x=a\sin t \quad \left(-\frac{\pi}{2}<t<\frac{\pi}{2}\right)$，则 $\mathrm{d}x=a\cos t\mathrm{d}t$，

$$\sqrt{a^2-x^2}=\sqrt{a^2-a^2\sin^2 t}=\sqrt{a^2\cos^2 t}=a\cos t.$$

代入被积表达式，得

$$\begin{aligned}\int \sqrt{a^2-x^2}\mathrm{d}x&=\int a^2\cos^2 t\mathrm{d}t=a^2\int \frac{1+\cos 2t}{2}\mathrm{d}t\\&=a^2\left[\int \frac{1}{2}\mathrm{d}t+\frac{1}{4}\int \cos 2t\mathrm{d}(2t)\right]=\frac{a^2}{2}t+\frac{a^2}{4}\sin 2t+C.\end{aligned}$$

由于 $x=a\sin t$，所以 $\sin t=\frac{x}{a}$，$\cos t=\frac{1}{a}\sqrt{a^2-x^2}$，$t=\arcsin\frac{x}{a}$，

所以原积分为

$$\int \sqrt{a^2-x^2}\mathrm{d}x=\frac{a^2}{2}\arcsin\frac{x}{a}+\frac{1}{2}x\cdot\sqrt{a^2-x^2}+C.$$

【例 4.2.19】 求$\int \frac{1}{\sqrt{x^2-a^2}}dx \quad (a>0)$.

解 令$x=a\sec t \quad \left(0<t<\frac{\pi}{2}\right)$，则$dx=a\sec t\tan t dt$，

$$\sqrt{x^2-a^2}=\sqrt{a^2\sec^2 t-a^2}=a\tan t.$$

代入被积表达式，得

$$\int \frac{1}{\sqrt{x^2-a^2}}dx=\int \frac{a\sec t\tan t}{a\tan t}dt=\int \sec t dt=\ln|\sec t+\tan t|+C_1.$$

由于$x=a\sec t$，即$\sec t=\frac{x}{a}$，$\tan t=\sqrt{\sec^2 t-1}=\frac{\sqrt{x^2-a^2}}{a}$，
所以原积分为

$$\int \frac{1}{\sqrt{x^2-a^2}}dx=\ln\left|\frac{x}{a}+\frac{\sqrt{x^2-a^2}}{a}\right|+C_1$$
$$=\ln|x+\sqrt{x^2-a^2}|+C.$$

其中 $C=C_1-\ln a.$

【例 4.2.20】 求$\int \frac{1}{\sqrt{x^2+a^2}}dx$.

解 令$x=a\tan t \quad \left(0<t<\frac{\pi}{2}\right)$，则$dx=a\sec^2 t dt$，

$$\sqrt{x^2+a^2}=\sqrt{a^2\tan^2 t+a^2}=a\sec t.$$

代入被积表达式，得

$$\int \frac{1}{\sqrt{x^2+a^2}}dx=\int \frac{a\sec^2 t}{a\sec t}dt=\int \sec t dt=\ln|\sec t+\tan t|+C_1.$$

由于$x=a\tan t$，即$\tan t=\frac{x}{a}$，$\sec t=\sqrt{\tan^2 t+1}=\frac{\sqrt{x^2+a^2}}{a}$，
所以原积分为

$$\int \frac{1}{\sqrt{x^2+a^2}}dx=\ln\left|\frac{x}{a}+\frac{\sqrt{x^2+a^2}}{a}\right|+C_1$$
$$=\ln|x+\sqrt{x^2+a^2}|+C,$$

其中

$$C=C_1-\ln a.$$

从上面的几个例子可以看出，当被积函数含有根式$\sqrt{a^2-x^2}$或$\sqrt{x^2\pm a^2}$时，可将被积表达式作如下变换：

(1) 含有$\sqrt{a^2-x^2}$时，令$x=a\sin t$；　(2) 含有$\sqrt{x^2+a^2}$时，令$x=a\tan t$；

(3) 含有$\sqrt{x^2-a^2}$时，令 $x = a\sec t$.

但具体解题时要分析被积函数的具体情况，选取尽可能简捷的代换，不要拘泥于上述结论. 例如$\int \frac{1}{\sqrt{a^2-x^2}}dx$，用第一类换元积分法比较简便，但$\int \sqrt{a^2-x^2}\,dx$却要用三角代换.

在本节的例题中，有几个积分是以后经常会遇到的，所以常用的积分公式除了基本积分公式中的几个外，再添加下面几个：

(14) $\int \tan x dx = -\ln|\cos x| + C$；

(15) $\int \cot x dx = \ln|\sin x| + C$；

(16) $\int \sec x dx = \ln|\sec x + \tan x| + C$；

(17) $\int \csc x dx = \ln|\csc x - \cot x| + C$；

(18) $\int \frac{1}{a^2+x^2}dx = \frac{1}{a}\arctan\frac{x}{a} + C$；

(19) $\int \frac{1}{x^2-a^2}dx = \frac{1}{2a}\ln\left|\frac{x-a}{x+a}\right| + C$；

(20) $\int \frac{1}{\sqrt{a^2-x^2}}dx = \arcsin\frac{x}{a} + C \quad (a>0)$；

(21) $\int \frac{1}{\sqrt{x^2-a^2}}dx = \ln|x+\sqrt{x^2-a^2}| + C$；

(22) $\int \frac{1}{\sqrt{x^2+a^2}}dx = \ln|x+\sqrt{x^2+a^2}| + C$.

【例 4.2.21】 求$\int \frac{1}{x^2+4x+8}dx$.

解 $\int \frac{1}{x^2+4x+8}dx = \int \frac{1}{(x+2)^2+2^2}d(x+2)$.

根据公式(18)，可得

$$\int \frac{1}{x^2+4x+8}dx = \frac{1}{2}\arctan\left(\frac{x+2}{2}\right) + C.$$

【例 4.2.22】 求$\int \frac{1}{\sqrt{1+2x-x^2}}dx$.

解 $\int \frac{1}{\sqrt{1+2x-x^2}}dx = \int \frac{1}{\sqrt{(\sqrt{2})^2-(x-1)^2}}d(x-1)$.

根据公式(20)，可得

$$\int \frac{1}{\sqrt{1+2x-x^2}}dx = \arcsin\frac{x-1}{\sqrt{2}} + C.$$

习题 4-2

1. 在下列各式右端的括号内填入适当的常数，使等式成立[例如：$dx = \frac{1}{3}d(3x)$]：

(1) $dx = (\quad)d(4-2x)$；

(2) $xdx = (\quad)d(x^2)$；

(3) $xdx = (\quad)d(1-4x^2)$；

(4) $\sin\frac{2}{3}xdx = (\quad)d\left(\cos\frac{2}{3}x\right)$；

(5) $\sec^2 3xdx = (\quad)d(\tan 3x)$；

(6) $e^{3x+1}dx = (\quad)d(e^{3x+1}+2)$；

(7) $\frac{1}{1+4x^2}\mathrm{d}x=(\quad)\mathrm{d}(\arctan 2x)$； (8) $\frac{1}{\sqrt{2x}}\mathrm{d}x=(\quad)\mathrm{d}(\sqrt{x})$；

(9) $\frac{1}{1-2x}\mathrm{d}x=(\quad)\mathrm{d}(\ln|1-2x|)$； (10) $\frac{x}{1+x^4}\mathrm{d}x=(\quad)\mathrm{d}(\arctan x^2)$；

(11) $\frac{1}{\sqrt{1-9x^2}}\mathrm{d}x=(\quad)\mathrm{d}(-\arcsin 3x)$；(12) $\mathrm{e}^{-2x}\mathrm{d}x=(\quad)\mathrm{d}(\mathrm{e}^{-2x})$.

2. 求下列不定积分：

(1) $\int(3x+4)^4\mathrm{d}x$； (2) $\int\frac{1}{\cos^2 3x}\mathrm{d}x$；

(3) $\int x\cos(2x^2-5)\mathrm{d}x$； (4) $\int\cos 2x\,\mathrm{e}^{\sin 2x}\mathrm{d}x$；

(5) $\int\frac{1}{\sqrt[5]{4-3x}}\mathrm{d}x$； (6) $\int\frac{1}{x\sqrt{1-\ln^2 x}}\mathrm{d}x$；

(7) $\int\frac{1}{\sqrt{3+2x-x^2}}\mathrm{d}x$； (8) $\int\frac{\cos\sqrt{x}}{\sqrt{x}}\mathrm{d}x$；

(9) $\int\frac{1}{x^2-2x-8}\mathrm{d}x$； (10) $\int\frac{x-1}{x^2-2x-8}\mathrm{d}x$；

(11) $\int\frac{2x-1}{\sqrt{1-x^2}}\mathrm{d}x$； (12) $\int\frac{1}{5+4x+4x^2}\mathrm{d}x$；

(13) $\int\frac{1}{1+16x^2}\mathrm{d}x$； (14) $\int\cos^4 x\mathrm{d}x$；

(15) $\int\tan^4 x\mathrm{d}x$； (16) $\int\sin^2 x\cos^5 x\mathrm{d}x$；

(17) $\int\tan x\sec^2 x\mathrm{d}x$； (18) $\int\frac{\arctan\sqrt{x}}{\sqrt{x}(1+x)}\mathrm{d}x$；

(19) $\int\frac{\sin x\cos x}{1+\sin^4 x}\mathrm{d}x$； (20) $\int\frac{\sin^4 x}{\cos^2 x}\mathrm{d}x$；

(21) $\int\frac{1}{1+\sqrt{2x-1}}\mathrm{d}x$； (22) $\int\frac{1}{\sqrt{x}+\sqrt[3]{x}}\mathrm{d}x$；

(23) $\int x\sqrt{x+1}\mathrm{d}x$； (24) $\int\frac{1}{x\sqrt{x^2-1}}\mathrm{d}x$；

(25) $\int x^3\sqrt{4-x^2}\mathrm{d}x$； (26) $\int\frac{1}{\sqrt{1+\mathrm{e}^x}}\mathrm{d}x$.

第三节 分部积分法

微课：分部积分法

利用换元积分法可以解决许多不定积分，但对于形如 $\int x\mathrm{e}^x\mathrm{d}x$，$\int\mathrm{e}^x\sin x\mathrm{d}x$ 等两种不同类型函数乘积的积分，换元积分法已无法解决. 本节将利用两个函数乘积的求导法则，推导出解决这类积分行之有效的方法——**分部积分法**.

设函数 $u=u(x)$ 和 $v=v(x)$ 具有连续导数，由两个函数乘积的导数公式，有

$$(uv)' = u'v + uv',$$

移项,得

$$uv' = (uv)' - u'v.$$

对等式两边求不定积分,得

$$\int uv'\mathrm{d}x = uv - \int u'v\mathrm{d}x. \tag{4-1}$$

式(4-1)称为分部积分公式. 利用分部积分公式求不定积分的方法,叫作**分部积分法**.

式(4-1)是将不定积分 $\int uv'\mathrm{d}x$ 转化为不定积分 $\int u'v\mathrm{d}x$, 显然前者不易计算,而后者则易于求解,起到了化难为易的作用.

根据 $v'\mathrm{d}x = \mathrm{d}v, u'\mathrm{d}x = \mathrm{d}u$, 则分部积分公式也可变形为

$$\int u\mathrm{d}v = uv - \int v\mathrm{d}u. \tag{4-2}$$

此公式应用起来更为简便.

【例 4.3.1】 求 $\int x\cos x\mathrm{d}x$.

解 设 $u = x, \mathrm{d}v = \cos x\mathrm{d}x = \mathrm{d}(\sin x)$, 则 $\mathrm{d}u = \mathrm{d}x, v = \sin x$, 代入分部积分公式(4-2),得

$$\begin{aligned}\int x\cos x\mathrm{d}x &= x\sin x - \int \sin x\mathrm{d}x \\ &= x\sin x + \cos x + C.\end{aligned}$$

但若设 $u = \cos x, \mathrm{d}v = x\mathrm{d}x = \mathrm{d}\left(\frac{x^2}{2}\right)$, 则

$$\mathrm{d}u = -\sin x\mathrm{d}x, v = \frac{x^2}{2},$$

于是

$$\int x\cos x\mathrm{d}x = \frac{x^2}{2}\cos x + \int \frac{x^2}{2}\sin x\mathrm{d}x.$$

上式右端的积分中幂函数的指数升高了,增加了积分的难度.

由此可见,运用分部积分公式进行积分计算的关键在于将被积表达式适当地分成 u 和 $\mathrm{d}v$ 两部分. 那么,u 和 $\mathrm{d}v$ 的选择原则是:

(1) v 要容易求得;

(2) $\int v\mathrm{d}u$ 比 $\int u\mathrm{d}v$ 容易积出.

【例 4.3.2】 求 $\int xe^x\mathrm{d}x$.

解 令 $u = x, \mathrm{d}v = e^x\mathrm{d}x = \mathrm{d}(e^x)$, 则 $\mathrm{d}u = \mathrm{d}x, v = e^x$, 于是

$$\int xe^x dx = xe^x - \int e^x dx = (x-1)e^x + C.$$

【例 4.3.3】 求 $\int x^2 e^x dx$.

解 令 $u = x^2, dv = e^x dx$，则 $du = 2x dx, v = e^x$，于是

$$\int x^2 e^x dx = x^2 e^x - 2\int xe^x dx.$$

很显然，$\int xe^x dx$ 比 $\int x^2 e^x dx$ 容易积出，因为被积函数中 x 的幂次降低了一次. 由【例 4.3.2】可知，对 $\int xe^x dx$ 再使用一次分部积分就可以了，所以

$$\begin{aligned}\int x^2 e^x dx &= x^2 e^x - 2(x-1)e^x + C \\ &= (x^2 - 2x + 2)e^x + C.\end{aligned}$$

在求不定积分的问题中，有时需要多次重复运用分部积分公式，熟练之后，可以省略分部积分的代换步骤，使运算更为简洁.

【例 4.3.4】 求 $\int x^3 \ln x dx$.

解
$$\begin{aligned}\int x^3 \ln x dx &= \int \ln x d\left(\frac{x^4}{4}\right) = \frac{x^4}{4}\ln x - \int \frac{x^4}{4} d(\ln x) \\ &= \frac{x^4}{4}\ln x - \frac{1}{4}\int x^3 dx = \frac{x^4}{4}\ln x - \frac{1}{16}x^4 + C.\end{aligned}$$

【例 4.3.5】 求 $\int x \arctan x dx$.

解
$$\begin{aligned}\int x \arctan x dx &= \int \arctan x d\left(\frac{x^2}{2}\right) = \frac{x^2}{2}\arctan x - \int \frac{x^2}{2} d(\arctan x) \\ &= \frac{x^2}{2}\arctan x - \frac{1}{2}\int \frac{x^2}{1+x^2} dx = \frac{x^2}{2}\arctan x - \frac{1}{2}\int \left(1 - \frac{1}{1+x^2}\right) dx \\ &= \frac{x^2}{2}\arctan x - \frac{1}{2}(x - \arctan x) + C \\ &= \frac{1}{2}(x^2+1)\arctan x - \frac{1}{2}x + C.\end{aligned}$$

【例 4.3.6】 求 $\int \ln^2 x dx$.

解
$$\begin{aligned}\int \ln^2 x dx &= x\ln^2 x - \int x d(\ln^2 x) = x\ln^2 x - 2\int \ln x dx \\ &= x\ln^2 x - 2\left[x\ln x - \int x d(\ln x)\right] \\ &= x\ln^2 x - 2x\ln x + 2x + C.\end{aligned}$$

总结以上例子可以知道，如果①被积函数是幂函数和正(余)弦函数或幂函数和指数函数的乘积，可以考虑用分部积分法，且应设幂函数为 u；②被积函数是幂函数和对数函数或幂函数和反三角函数的乘积，可以考虑用分部积分法，且应设对数函数或反三角函数为 u.

根据常用分部积分的五类初等函数微积分的特点，选取时应按照“对数，反三角函数，幂函数，三角函数，指数函数”的优先顺序. 如果面临的积分中出现上述五类函数中的两个，则次序在前的为 u，次序在后的为 v'. 按如此顺序操作，一般可达到事半功倍的效果.

【例 4.3.7】 计算 $I=\int e^{-x}\sin 2x\mathrm{d}x$.

解 $$\begin{aligned}I&=\int\sin 2x\mathrm{d}(-e^{-x})=-e^{-x}\sin 2x+2\int e^{-x}\cos 2x\mathrm{d}x\\&=-e^{-x}\sin 2x-2\int\cos 2x\mathrm{d}(e^{-x})\\&=-e^{-x}\sin 2x-2e^{-x}\cos 2x-4\int e^{-x}\sin 2x\mathrm{d}x.\end{aligned}$$

移项合并，得

$$\int e^{-x}\sin 2x\mathrm{d}x=\frac{1}{5}(-e^{-x}\sin 2x-2e^{-x}\cos 2x)+C.$$

对于 $\int e^{ax}\sin bx\,\mathrm{d}x$ 或 $\int e^{ax}\cos bx\,\mathrm{d}x$，采用上述分部积分方法可得出如下结果：

$$\int e^{ax}\sin bx\,\mathrm{d}x=\frac{e^{ax}}{a^2+b^2}(a\sin bx-b\cos bx)+C,$$

$$\int e^{ax}\cos bx\,\mathrm{d}x=\frac{e^{ax}}{a^2+b^2}(a\cos bx+b\sin bx)+C.$$

指数或三角函数求导或积分后均不改变各自的类型，此时 u 可任意选择，两种不同的选择难易相当. 但实际操作时不难发现，一般要多次运用分部积分公式，通过移项合并得出所求的不定积分. 切记多次分部积分中 u 的选择必须是一致的，否则在做完两次积分后就会出现恒等式.

在求积分的过程中，往往需要将分部积分法与换元积分法结合起来使用.

【例 4.3.8】 求 $\int e^{\sqrt{x}}\mathrm{d}x$.

解 令 $x=t^2(t>0)$，$t=\sqrt{x}$，$\mathrm{d}x=2t\mathrm{d}t$，则

$$\begin{aligned}\int e^{\sqrt{x}}\mathrm{d}x&=2\int te^t\mathrm{d}=2\int t\mathrm{d}(e^t)\\&=2te^t-2\int e^t\mathrm{d}t=2(t-1)e^t+C\\&=2(\sqrt{x}-1)e^{\sqrt{x}}+C.\end{aligned}$$

【例 4.3.9】 设 $f(x)$ 的一个原函数为 xe^{-x}，求 $\int xf'(x)\mathrm{d}x$.

解 由题意知，$f(x)=(xe^{-x})'$，$\int f(x)\mathrm{d}x=xe^{-x}+C$，所以

$$\begin{aligned}\int xf'(x)\mathrm{d}x&=\int x\mathrm{d}f(x)=xf(x)-\int f(x)\mathrm{d}x\\&=x(xe^{-x})'-xe^{-x}+C\end{aligned}$$

$$=-x^2e^{-x}+C.$$

通过以上讨论可以看出,不定积分的运算与导数的计算相比更加复杂、灵活. 为便于实际应用,将常用的不定积分公式按被积函数的类型汇集成表,称这种表叫**积分表**. 求不定积分时,可根据被积函数的类型直接或适当变形后,查表得出积分结果.

本书附录中有一个简单的积分表,以供查阅.

下面举几个例子说明积分表的使用方法.

【例 4.3.10】 查表求$\int \frac{1}{1+x+x^2}dx$.

解 被积函数中含有 $a+bx+cx^2(c>0)$,查到积分表(八),因为 $b^2<4ac$,故选公式(72),即

$$\int \frac{1}{a+bx+cx^2}dx=\frac{2}{\sqrt{4ac-b^2}}\arctan\frac{2cx+b}{\sqrt{4ac-b^2}}+C.$$

将 $a=1,b=1,c=1$ 代入,得

$$\int \frac{1}{1+x+x^2}dx=\frac{2}{\sqrt{3}}\arctan\frac{2x+1}{\sqrt{3}}+C.$$

【例 4.3.11】 查表求$\int \frac{1}{4-3\cos x}dx$.

解 被积函数中含有 $a+b\cos x$,查到积分表(十一),因为 $a^2>b^2$,故选公式(105),即

$$\int \frac{1}{a+b\cos x}dx=\frac{2}{\sqrt{a^2-b^2}}\arctan\left(\sqrt{\frac{a-b}{a+b}}\tan\frac{x}{2}\right)+C.$$

将 $a=4,b=3$ 代入,得

$$\begin{aligned}\int \frac{1}{4-3\cos x}dx&=\frac{2}{\sqrt{4^2-3^2}}\arctan\left(\sqrt{\frac{4-3}{4+3}}\tan\frac{x}{2}\right)+C\\&=\frac{2}{\sqrt{7}}\arctan\left(\frac{1}{\sqrt{7}}\tan\frac{x}{2}\right)+C.\end{aligned}$$

【例 4.3.12】 查表求$\int \frac{dx}{2x^2-9}dx$.

解 这个积分在积分表中不能直接查到,但与积分表(三)公式(21)

$$\int \frac{1}{x^2-a^2}dx=\frac{1}{2a}\ln\left|\frac{x-a}{x+a}\right|+C$$

类似,因此将所求积分变形:

$$\begin{aligned}\int \frac{dx}{2x^2-9}dx&=\frac{1}{2}\int \frac{1}{x^2-\left(\frac{3}{\sqrt{2}}\right)^2}dx\\&=\frac{1}{2}\frac{1}{2\cdot\frac{3}{\sqrt{2}}}\ln\left|\frac{x-\frac{3}{\sqrt{2}}}{x+\frac{3}{\sqrt{2}}}\right|+C\end{aligned}$$

$$=\frac{\sqrt{2}}{12}\ln\left|\frac{\sqrt{2}x-3}{\sqrt{2}x+3}\right|+C.$$

【例 4.3.13】 查表求 $\int\frac{1}{x\sqrt{4x^2+9}}\mathrm{d}x$.

解 这个积分在积分表中不能直接查到，但与积分表(五)公式(38)

$$\int\frac{1}{x\sqrt{x^2+a^2}}\mathrm{d}x=\frac{1}{a}\ln\frac{|x|}{a+\sqrt{x^2+a^2}}+C$$

类似，因此将所求积分变形：

$$\int\frac{1}{x\sqrt{4x^2+9}}\mathrm{d}x=\frac{1}{2}\int\frac{1}{x\sqrt{x^2+\left(\frac{3}{2}\right)^2}}\mathrm{d}x$$

$$\xlongequal{\text{将 } a=\frac{3}{2} \text{ 代入，得}}\frac{1}{3}\ln\frac{|2x|}{3+\sqrt{4x^2+9}}+C.$$

一般来说，查积分表可以节省时间，但是只有掌握基本积分方法才能灵活使用积分表. 正如上面所举的例子一样，有些不定积分不能直接查表，需要通过一次或多次变形后才能化为积分表中的标准形式，这就要熟练地掌握换元积分法和分部积分法. 对一些比较简单的积分，依靠积分表来计算反而更麻烦. 因此，求积分时究竟是直接运算，还是查表或两者结合，应视具体情况而定.

虽然我们已掌握了不少积分方法，而且可以证明初等函数在其定义域内一定存在原函数，但仍有大量初等函数的原函数不能以有限方式表达出来，例如 $\int\frac{\sin x}{x}\mathrm{d}x$, $\int\frac{\mathrm{d}x}{\ln x}$, $\int\frac{\mathrm{d}x}{\sqrt{1+x^4}}$ 等等.

习题 4-3

1. 用分部积分法求下列不定积分：

(1) $\int x\sin x\mathrm{d}x$；

(2) $\int\ln x\mathrm{d}x$；

(3) $\int\arccos x\mathrm{d}x$；

(4) $\int x\sec^2 x\mathrm{d}x$；

(5) $\int x\mathrm{e}^{2x}\mathrm{d}x$；

(6) $\int(x^2+1)\ln x\mathrm{d}x$；

(7) $\int\mathrm{e}^x\sin 2x\mathrm{d}x$；

(8) $\int\arctan x\mathrm{d}x$；

(9) $\int x\ln(x-1)\mathrm{d}x$；

(10) $\int x\sin^2 x\mathrm{d}x$；

(11) $\int\ln(x+\sqrt{1+x^2})\mathrm{d}x$；

(12) $\int x\sin x\cos x\mathrm{d}x$；

(13) $\int\sin\sqrt{x}\mathrm{d}x$；

(14) $\int\cos\ln x\mathrm{d}x$；

(15) $\int x^3 e^{x^2} dx$；

(16) $\int \sec^3 x dx$.

2. 查表求下列不定积分：

(1) $\int \frac{1}{x(3x+2)} dx$；

(2) $\int \frac{1}{x^2+2x+5} dx$；

(3) $\int \sqrt{3x^2-2} dx$；

(4) $\int \sqrt{\frac{1-x}{1+x}} dx$；

(5) $\int x^2 \ln^2 x dx$；

(6) $\int \frac{x^4}{25+4x^2} dx$；

(7) $\int e^{-x} \sin 3x dx$；

(8) $\int \frac{1}{9-4x^2} dx$；

(9) $\int \sin 2x \cos 4x dx$；

(10) $\int \frac{1}{5-4\cos x} dx$.

复习题四

一、单项选择题(每小题 2 分,共 10 分)

1. 设 $f(x)$为连续函数,则 $\frac{d}{dx}\int f(x) dx =$ ( )

A. $f(x)+C$　B. $f'(x)+C$　C. $f(x)$　D. $f'(x)$

2. 已知 $f(x)$的导数是 $\sin x$, 则原函数 $f(x)$可以为 ( )

A. $1+\sin x$　B. $1-\sin x$　C. $1+\cos x$　D. $1-\cos x$

3. 若 $f(x)$是 $\cos x$ 的一个原函数,则 $\int x f'(x) dx =$ ( )

A. $x\sin x-\cos x+C$　B. $x\sin x+\cos x+C$

C. $x\cos x-\sin x+C$　D. $x\cos x+\sin x+C$

4. $\int \frac{1}{\sqrt{x}(1+x)} dx =$ ( )

A. $2\arctan \sqrt{x}+C$　B. $\arctan x+C$

C. $\frac{1}{2}\arctan \sqrt{x}+C$　D. $2\text{arccot}\sqrt{x}+C$

5. 已知 $\int f(x) dx = x^2+C$, 则 $\int x f(1-x^2) dx =$ ( )

A. $2(1-x^2)^2+C$　B. $-2(1-x^2)^2+C$

C. $\frac{1}{2}(1-x^2)^2+C$　D. $-\frac{1}{2}(1-x^2)^2+C$

二、判断题(每小题 2 分,共 10 分)

6. $\int \ln \frac{x}{2} dx = x\ln \frac{x}{2}-x+C$. ( )

7. 若 $\int e^x f(e^x) dx = e^{2x}+C$, 则 $f(x)=2x$. ( )

8. 已知 $f'(x)=g'(x)$, 则 $f(x)=g(x)$. ( )

9. 若 $f'(x)\neq g'(x)$, 则 $f(x)$与 $g(x)$ 不可能是同一函数的原函数. ( )

10. 若 $\int f(x)\mathrm{d}x = \tan x - x + C$，则 $f(x) = \tan^2 x$. (　　)

三、填空题(每小题 2 分，共 10 分)

11. 已知 $f(x)$的一个原函数为 $x\sin x$，则 $\int xf'(x)\mathrm{d}x =$ ________.

12. $\frac{\mathrm{d}}{\mathrm{d}x}\int \mathrm{e}^{-\sqrt{x}}\mathrm{d}x =$ ________.

13. $\int \sin^2 x\mathrm{d}x =$ ________.

14. $\int \frac{1}{x^2+4x+4}\mathrm{d}x =$ ________.

15. $\int x\sqrt{x^2+1}\mathrm{d}x =$ ________.

四、计算题(每小题 10 分，共 60 分)

16. 计算不定积分 $\int \frac{x}{9+x^4}\mathrm{d}x$.

17. 计算不定积分 $\int \frac{x+2}{x^2+2x+5}\mathrm{d}x$.

18. 计算不定积分 $\int \frac{x-2}{x^2-2x-3}\mathrm{d}x$.

19. 计算不定积分 $\int \frac{1}{1-\sin x}\mathrm{d}x$.

20. 计算不定积分 $\int \frac{x}{\sqrt{x+1}}\mathrm{d}x$.

21. 计算不定积分 $\int \arctan\sqrt{x}\mathrm{d}x$.

五、综合题(共 10 分)

22. 已知 $f(x)$的一个原函数是 $x\ln 2x$，且 $f(x)$具有连续的二阶导数，求 $\int xf''(x)\mathrm{d}x$.

第五章　定　积　分

本章提要　本章先从曲边梯形的面积和变速运动物体的路程这两个实例，引入定积分的概念，然后讨论定积分的性质；介绍了积分上限函数及其导数和微积分学基本公式（牛顿-莱布尼兹公式）、定积分的换元积分法与分部积分法；还介绍了无穷区间上的广义积分；最后由定积分的几何意义引申出定积分在求平面图形的面积和旋转体的体积上的几何应用.

第一节　定积分的概念及性质

在自然科学、生产实践和经济学科的某些问题的讨论过程中，经常会遇到"和式极限"的问题，这种问题的解决是应用定积分来实现的.本章将从实际问题出发，介绍定积分的概念、性质和运算，为应用定积分解决实际问题打下理论基础.

一、两个实例

1. 曲边梯形的面积

设 $y=f(x)$ 在区间$[a,b]$上非负、连续，由直线 $x=a$、$x=b$、$y=0$ 及曲线 $y=f(x)$ 所围成的图形称为**曲边梯形**，其中曲线弧称为**曲边**（图 5-1）.

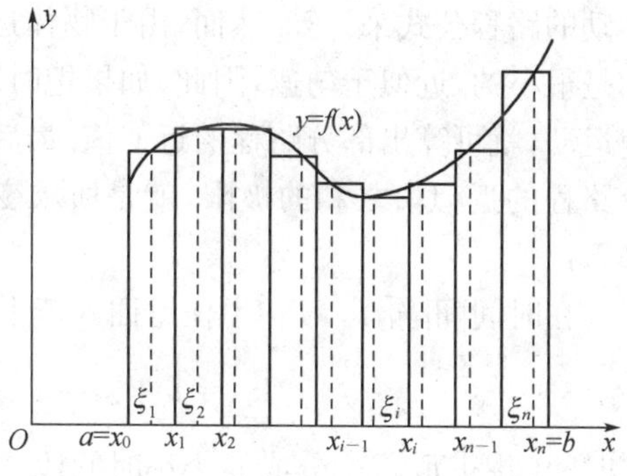

图 5-1

在平面几何学习中已经知道，矩形的面积=底×高，此时高是一直不变的.而曲边梯形与之相比，它在底边上各点处的高 $f(x)$（假设 $f(x)\geqslant 0$）在区间$[a,b]$上是连续变化的，所以它的面积不能直接用上述公式来定义和计算.然而，由于曲边梯形的高 $f(x)$ 在很小一段区间上的变化都是很小的，近似于不变.因此，如果把区间$[a,b]$划分成若干小区间，在每个小区间上用某一点处的高来近似代替同一个小区间上窄曲边梯形的变高，那么，每个窄曲边梯形就可近似地看成对应的窄矩形，以所有这些窄矩形面积之和作为曲边梯形面积的近似值.若把区间无限细分下去，即让每个小区间的长度都趋于零，这时所有窄矩形面积之和的极限就可以定义为曲边梯形的面积.这就是计算曲边梯形面积的方法，具体做法如下：

在区间$[a,b]$中任意插入若干分点

$$a=x_0<x_1<x_2<\cdots<x_{n-1}<x_n=b,$$

将区间$[a,b]$分成 n 个小区间

$$[x_0,x_1],[x_1,x_2],\cdots,[x_{n-1},x_n],$$

各区间的长度依次记为

$$\Delta x_1=x_1-x_0,\Delta x_2=x_2-x_1,\cdots,\Delta x_i=x_i-x_{i-1},\cdots,\Delta x_n=x_n-x_{n-1}.$$

经过每一个分点作平行于 y 轴的直线段，把曲边梯形分成 n 个窄曲边梯形. 在每个小区间$[x_{i-1},x_i]$上任取一点 ξ_i，以 Δx_i 为底、$f(\xi_i)$（设 $f(x)\geqslant 0$）为高的窄矩形近似代替第 i 个窄曲边梯形 $(i=1,2,\cdots,n)$，把这样得到的 n 个窄矩形面积之和作为所求曲边梯形面积 A 的近似值，即

$$A\approx f(\xi_1)\Delta x_1+f(\xi_2)\Delta x_2+\cdots+f(\xi_n)\Delta x_n=\sum_{i=1}^{n}f(\xi_i)\Delta x_i.$$

设 $\lambda=\max\{\Delta x_1,\Delta x_2,\cdots,\Delta x_n\}$. 根据极限思想，为了保证每个小区间的长度都趋于零，则只要 $\lambda\to 0$. 当 $\lambda\to 0$，即 $n\to\infty$时，取上述和式的极限，便得到了曲边梯形的面积

$$A=\lim_{\lambda\to 0}\sum_{i=1}^{n}f(\xi_i)\Delta x_i.$$

2. 变速直线运动的路程

设某物体做直线运动，已知速度 $v=v(t)$ 是时间$[T_1,T_2]$上的连续函数，且 $v(t)\geqslant 0$，计算这段时间内物体所走过的路程 s.

在初中物理中就已学过，匀速直线运动的物体的路程＝速度×时间，它的速度是一直不变的. 而变速运动的物体其速度是随时间变化的变量，因此它的路程 s 不能直接按匀速直线运动的路程公式来计算. 然而，由于物体运动的速度函数 $v=v(t)$ 在很小一段时间上的变化却是很小的，近似于匀速，因此，如果把时间间隔分小，在每一小段时间上以匀速运动代替变速运动，就可算出部分路程的近似值. 最后通过对时间间隔的无限细分的极限过程，所有部分路程的近似值之和的极限，就是所求变速直线运动的物体路程的近似值. 具体计算步骤如下：

在时间间隔$[T_1,T_2]$中任意插入若干分点

$$T_1=t_0<t_1<t_2<\cdots<t_{n-1}<t_n=T_2,$$

将时间间隔$[T_1,T_2]$分成 n 个小时间段

$$[t_0,t_1],[t_1,t_2],\cdots,[t_{n-1},t_n],$$

各时间小段的长度依次记为

$$\Delta t_1=t_1-t_0,\Delta t_2=t_2-t_1,\cdots,\Delta t_n=t_n-t_{n-1},$$

相应地在每段时间内物体经过的路程依次记为

$$\Delta s_1,\Delta s_2,\cdots,\Delta s_n.$$

在时间间隔$[t_{i-1},t_i]$上任取一点 $\tau_i(t_{i-1}\leqslant\tau_i\leqslant t_i)$，以 τ_i 时的速度 $v(\tau_i)$ 来代替$[t_{i-1},t_i]$上各个时刻的速度，得到部分路程 Δs_i 的近似值，即

$$\Delta s_i=v(\tau_i)\Delta t_i\qquad(i=1,2,\cdots,n)$$

于是这 n 段部分路程的近似值之和就是所求变速直线运动路程 s 的近似值,即

$$s \approx v(\tau_1)\Delta t_1 + v(\tau_2)\Delta t_2 + \cdots + v(\tau_n)\Delta t_n = \sum_{i=1}^{n} v(\tau_i)\Delta t_i.$$

记 $\lambda = \max\{\Delta t_1, \Delta t_2, \cdots, \Delta t_n\}$,当 $\lambda \to 0$ 时,取上述和式的极限,便得到了变速直线运动物体的路程

$$s = \lim_{\lambda \to 0}\sum_{i=1}^{n} v(\tau_i)\Delta t_i.$$

从上述两例可以看出:所要计算的量一个是几何量,一个是物理量,实际意义虽然不同,但处理它们的思想方法都是以“不变代变”,基本步骤都是四步:分割、近似代替、求和、取极限,所求的问题最终都转化为求形如 $A = \lim\limits_{\lambda \to 0}\sum\limits_{i=1}^{n} f(\xi_i)\Delta x_i$ 的极限问题. 抛开这些问题的具体意义,抓住它们在数量关系上共同的本质与特性加以概括,抽象出定积分的概念.

二、定积分的概念

微课:定积分的定义

定义 5-1 设函数 $f(x)$ 在 $[a,b]$ 上有界,在 $[a,b]$ 中任意插入若干个分点

$$a = x_0 < x_1 < x_2 < \cdots < x_{n-1} < x_n = b,$$

把区间 $[a,b]$ 分成 n 个小区间

$$[x_0, x_1], [x_1, x_2], \cdots, [x_{n-1}, x_n],$$

各个小区间的长度依次记为

$$\Delta x_1 = x_1 - x_0, \Delta x_2 = x_2 - x_1, \cdots, \Delta x_n = x_n - x_{n-1}.$$

在每个小区间 $[x_{i-1}, x_i]$ 上任取一点 $\xi_i (x_{i-1} \leqslant \xi_i \leqslant x_i)$,作函数值 $f(\xi_i)$ 与小区间长度 Δx_i 的乘积 $f(\xi_i)\Delta x_i (i = 1, 2, \cdots, n)$,作和式

$$S = \sum_{i=1}^{n} f(\xi_i)\Delta x_i.$$

记 $\lambda = \max\{\Delta x_1, \Delta x_2, \cdots, \Delta x_n\}$,如果不论对区间 $[a,b]$ 采取怎样的分法,也不论在小区间 $[x_{i-1}, x_i]$ 上点 ξ_i 采取怎样的取法,只要当 $\lambda \to 0$,和 S 总趋于一个确定的常数 I,则称常数 I 为函数 $f(x)$ 在区间 $[a,b]$ 上的**定积分**,记作 $\int_a^b f(x)\mathrm{d}x$,即

$$\int_a^b f(x)\mathrm{d}x = I = \lim_{\lambda \to 0}\sum_{i=1}^{n} f(\xi_i)\Delta x_i.$$

其中 $f(x)$ 叫作**被积函数**,$f(x)\mathrm{d}x$ 叫作**被积表达式**,x 叫作**积分变量**,a 叫作**积分下限**,b 叫作**积分上限**,$[a,b]$ 叫作**积分区间**.

理解定积分的概念,需注意以下几点:

(1) 若极限 $\lim\limits_{\lambda \to 0}\sum\limits_{i=1}^{n} f(\xi_i)\Delta x_i$ 存在,则称函数 $f(x)$ 在区间 $[a,b]$ 上**可积**. 那么,对于一个

函数 $f(x)$ 在区间 $[a,b]$ 上满足怎样的条件，$f(x)$ 在 $[a,b]$ 上就一定可积呢？

定理 5-1 设 $f(x)$ 在区间 $[a,b]$ 上连续，则 $f(x)$ 在 $[a,b]$ 上可积.

定理 5-2 设 $f(x)$ 在区间 $[a,b]$ 上有界，且只有有限个间断点，则 $f(x)$ 在 $[a,b]$ 上可积.

(2) 若 $f(x)$ 在 $[a,b]$ 上可积，则无论区间 $[a,b]$ 采取怎样的分法，ξ_i 采取怎样的取法，$\lim\limits_{\lambda\to 0}\sum\limits_{i=1}^{n}f(\xi_i)\Delta x_i$ 总是相同的. 所以若用定义求 $\int_a^b f(x)\mathrm{d}x$，则可对区间 $[a,b]$ 采取特殊分法（例如等分）以及 ξ_i 的特殊取法（例如取对应区间上的左端点或右端点）.

(3) $\int_a^b f(x)\mathrm{d}x$ 是一个确定的数值，即极限 $\lim\limits_{\lambda\to 0}\sum\limits_{i=1}^{n}f(\xi_i)\Delta x_i$，所以此数值仅与被积函数 $f(x)$ 和积分区间 $[a,b]$ 有关. 若既不改变被积函数，也不改变积分区间，而只是把积分变量 x 改成其他字母，这时和的极限值是不会改变的，即定积分的值不变. 用式子表示为

$$\int_a^b f(x)\mathrm{d}x=\int_a^b f(t)\mathrm{d}t=\int_a^b f(u)\mathrm{d}u.$$

所以说，定积分的值只与被积函数和积分区间有关，而与积分变量的记法无关.

由定积分的概念，上述两个实例可以这样表示：由曲线 $y=f(x)$、直线 $x=a$、$x=b$ 及 $y=0$ 所围成的曲边梯形的面积 $A=\int_a^b f(x)\mathrm{d}x$（其中 $f(x)\geqslant 0$）；以速度 $v(t)$ 作变速直线运动的物体，从时刻 T_1 到 T_2 所经过的路程为 $s=\int_{T_1}^{T_2}v(t)\mathrm{d}t$.

三、定积分的几何意义

根据定积分的定义，由曲线 $y=f(x)$、直线 $x=a$、$x=b$、$y=0$ 所围成的曲边梯形的面积可分下面三种：

(1) 在 $[a,b]$ 上 $f(x)\geqslant 0$ 时（图 5-1），$A=\int_a^b f(x)\mathrm{d}x$；

(2) 在 $[a,b]$ 上 $f(x)\leqslant 0$ 时（图 5-2），$A=-\int_a^b f(x)\mathrm{d}x$；

(3) 在 $[a,b]$ 上 $f(x)$ 既取到正值，又取到负值（图 5-3），

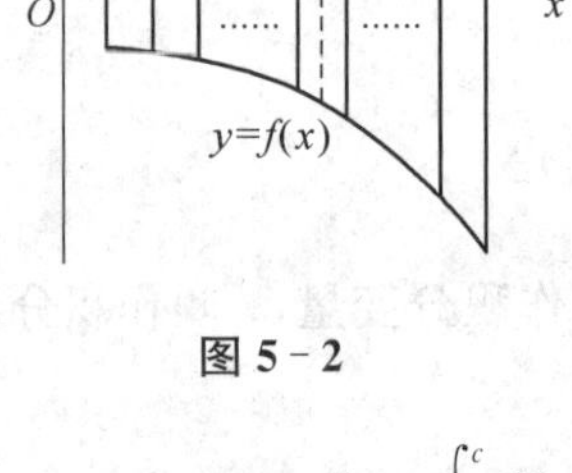

图 5-2

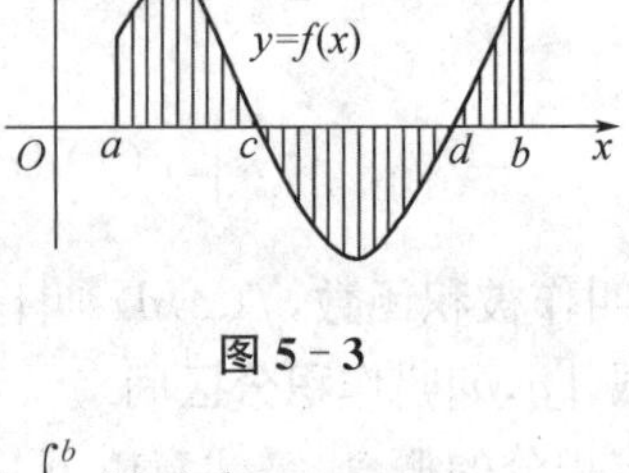

图 5-3

$$A=\int_a^c f(x)\mathrm{d}x-\int_c^d f(x)\mathrm{d}x+\int_d^b f(x)\mathrm{d}x.$$

根据定积分的几何意义，一些定积分可直接由几何图形的面积求得：

$\int_a^b \mathrm{d}x = b-a =$ 高为 1，底边长为 $b-a$ 的矩形面积；

$\int_0^a x\mathrm{d}x = \frac{1}{2}a^2 =$ 高为 a，底边长为 a 的直角三角形的面积；

$\int_0^r \sqrt{r^2-x^2}\mathrm{d}x = \frac{1}{4}\pi r^2 =$ 圆心在原点，半径为 r 的圆在第一象限内的面积；

$\int_0^{2\pi} \sin x\mathrm{d}x = 0$（正负相消）.

四、定积分的性质

为计算和应用方便起见，对定积分作如下规定：

(1) $\int_a^a f(x)\mathrm{d}x = 0$；

(2) $\int_a^b f(x)\mathrm{d}x = -\int_b^a f(x)\mathrm{d}x$.

下面讨论定积分的性质，假设函数在所讨论的区间上都是可积的.

性质 5-1 被积函数的常数因子可提到积分号的外面，即

$$\int_a^b kf(x)\mathrm{d}x = k\int_a^b f(x)\mathrm{d}x \qquad (k \text{ 为常数}).$$

性质 5-2 两个函数代数和的定积分等于它们定积分的代数和，即

$$\int_a^b [f(x)\pm g(x)]\mathrm{d}x = \int_a^b f(x)\mathrm{d}x \pm \int_a^b g(x)\mathrm{d}x.$$

此性质对于有限个函数的代数和的情况也成立.

性质 5-3 如果将积分区间分成两部分，则在整个区间上的定积分等于这两部分区间上的定积分之和，即设 $a<c<b$，即

$$\int_a^b f(x)\mathrm{d}x = \int_a^c f(x)\mathrm{d}x + \int_c^b f(x)\mathrm{d}x.$$

此性质表明定积分对积分区间具有可加性.

根据定积分性质补充规定(2)可以证明，无论 a、b、c 的大小怎样，总有等式

$$\int_a^b f(x)\mathrm{d}x = \int_a^c f(x)\mathrm{d}x + \int_c^b f(x)\mathrm{d}x.$$

性质 5-4 若在区间 $[a,b]$ 上 $f(x)=1$，则有 $\int_a^b \mathrm{d}x = b-a$.

性质 5-5 如果在 $[a,b]$ 上 $f(x)\geqslant 0$，则有 $\int_a^b f(x)\mathrm{d}x \geqslant 0$.

推论 5-1 如果在 $[a,b]$ 上 $f(x)\leqslant g(x)$，则有 $\int_a^b f(x)\mathrm{d}x \leqslant \int_a^b g(x)\mathrm{d}x$.

【例 5.1.1】 比较定积分的大小：

(1) $\int_0^1 x\mathrm{d}x$ 与 $\int_0^1 x^2\mathrm{d}x$；　(2) $\int_0^1 \mathrm{e}^{-x}\mathrm{d}x$ 与 $\int_0^1 \mathrm{e}^{-x^2}\mathrm{d}x$；　(3) $\int_0^1 \ln(1+x)\mathrm{d}x$ 与 $\int_0^1 x\mathrm{d}x$.

解 (1) 当 $0\leqslant x\leqslant 1$ 时,$x\geqslant x^2$,所以$\int_0^1 x\mathrm{d}x\geqslant\int_0^1 x^2\mathrm{d}x$;

(2) 当 $0\leqslant x\leqslant 1$ 时,$-x\leqslant -x^2$,$\mathrm{e}^{-x}\leqslant \mathrm{e}^{-x^2}$,所以

$$\int_0^1 \mathrm{e}^{-x}\mathrm{d}x\leqslant\int_0^1 \mathrm{e}^{-x^2}\mathrm{d}x;$$

(3) 当 $0\leqslant x\leqslant 1$ 时,$\ln(1+x)$ 与 x 的大小可利用"导数的应用"进行判断.

设 $f(x)=x-\ln(1+x)$,则 $f'(x)=1-\frac{1}{1+x}=\frac{x}{1+x}\geqslant 0$,所以函数 $f(x)$ 在区间 $[0,1]$ 上单调递增. 当 $x\geqslant 0$ 时,$f(x)\geqslant f(0)=0$,即 $x\geqslant\ln(1+x)$,所以

$$\int_0^1 \ln(1+x)\mathrm{d}x\leqslant\int_0^1 x\mathrm{d}x.$$

推论 5-2

$$\left|\int_a^b f(x)\mathrm{d}x\right|\leqslant\int_a^b |f(x)|\mathrm{d}x.$$

性质 5-6(估值定理) 设 M 及 m 分别是函数 $f(x)$在区间$[a,b]$上的最大值与最小值,则

$$m(b-a)\leqslant\int_a^b f(x)\mathrm{d}x\leqslant M(b-a).$$

【例 5.1.2】 用估值定理证明:$2\mathrm{e}^{-\frac{1}{4}}\leqslant\int_0^2 \mathrm{e}^{x^2-x}\mathrm{d}x\leqslant 2\mathrm{e}^2$.

解 令 $f(x)=x^2-x$,则函数 $f(x)$在区间$[0,2]$上的最大值为 2,最小值为$-\frac{1}{4}$,所以

$$\mathrm{e}^{-\frac{1}{4}}\leqslant \mathrm{e}^{x^2-x}\leqslant \mathrm{e}^2,$$

根据估值定理,得

$$2\mathrm{e}^{-\frac{1}{4}}\leqslant\int_0^2 \mathrm{e}^{x^2-x}\mathrm{d}x\leqslant 2\mathrm{e}^2.$$

性质 5-7(积分中值定理) 若函数 $f(x)$在区间$[a,b]$上连续,则在积分区间$[a,b]$上至少存在一点 ξ,使得

$$\int_a^b f(x)\mathrm{d}x=f(\xi)(b-a).$$

积分中值定理可通过几何意义解释:若 $f(x)$在区间$[a,b]$上连续且非负,则在$[a,b]$上至少存在一点 ξ,使得以区间$[a,b]$为底边,以曲线 $y=f(x)$为曲边的曲边梯形的面积等于同一底边而高为 $f(\xi)$的矩形的面积(图 5-4).

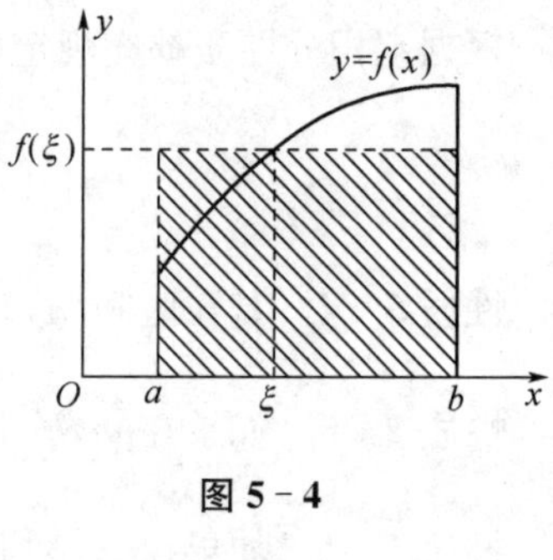

图 5-4

习题 5-1

1. 利用定积分的概念,求由 $y=x^2$,直线 $x=0$、$x=1$ 及 $y=0$ 所围成的曲边梯形的面

积.

2. 用定积分的几何意义求下列各定积分的值：

(1) $\int_1^4 3\mathrm{d}x$；　　(2) $\int_2^4 (2x+1)\mathrm{d}x$；

(3) $\int_0^3 \sqrt{9-x^2}\mathrm{d}x$；　　(4) $\int_{-\pi}^{\pi} \cos x\mathrm{d}x$.

3. 已知 $\int_0^2 x^2\mathrm{d}x = \frac{8}{3}$，$\int_{-1}^0 x^2\mathrm{d}x = \frac{1}{3}$，计算下列定积分：

(1) $\int_{-1}^2 x^2\mathrm{d}x$；　　(2) $\int_{-1}^2 (x^2+4)\mathrm{d}x$.

4. 比较下列定积分的大小：

(1) $\int_0^1 \frac{x}{1+x^2}\mathrm{d}x$ 与 $\int_0^1 \frac{x^2}{1+x^2}\mathrm{d}x$；　　(2) $\int_1^2 \ln^2 x\mathrm{d}x$ 与 $\int_1^2 \ln^3 x\mathrm{d}x$；

(3) $\int_0^1 \mathrm{e}^x\mathrm{d}x$ 与 $\int_0^1 (1+x)\mathrm{d}x$；　　(4) $\int_0^1 x\mathrm{d}x$ 与 $\int_0^1 \sin x\mathrm{d}x$；

(5) $\int_1^3 \frac{x^2}{\sqrt{1+x}}\mathrm{d}x$ 与 $\int_1^3 \frac{x^3}{\sqrt{1+x}}\mathrm{d}x$；　　(6) $\int_0^1 x\mathrm{d}x$ 与 $\int_0^1 \arctan x\mathrm{d}x$.

5. 估计下列定积分的值：

(1) $\int_1^4 (x^2+1)\mathrm{d}x$；　　(2) $\int_{\frac{\sqrt{3}}{3}}^{3} \arctan x\mathrm{d}x$；

(3) $\int_0^1 \mathrm{e}^{x^2}\mathrm{d}x$；　　(4) $\int_1^2 \frac{x}{1+x^2}\mathrm{d}x$.

第二节　微积分学基本公式

根据定积分的概念进行定积分的计算是相当麻烦的，有时甚至无法计算. 在生产实际中，也不方便通过“和式的极限”求曲边梯形的面积或变速直线运动物体的路程. 本节将介绍定积分计算的一个有力工具：牛顿-莱布尼兹公式.

从本章第一节的学习中知道：物体在时间间隔$[T_1, T_2]$上经过的路程可以用速度函数 $v(t)$在$[T_1, T_2]$上的定积分 $s=\int_{T_1}^{T_2} v(t)\mathrm{d}t$ 表示；另一方面，从物理学的角度这段路程又可以通过位置函数 $s(t)$在区间$[T_1, T_2]$上的增量 $s(T_2)-s(T_1)$来表示. 即

$$\int_{T_1}^{T_2} v(t)\mathrm{d}t = s(T_2) - s(T_1) \tag{5-1}$$

由导数的物理意义知道：$s'(t)=v(t)$，即位置函数 $s(t)$是速度函数 $v(t)$的一个原函数. 式(5-1)表示定积分 $\int_{T_1}^{T_2} v(t)\mathrm{d}t$ 的值等于被积函数 $v(t)$的原函数 $s(t)$在积分上、下限 T_2、T_1 处的函数增量 $s(T_2)-s(T_1)$. 这个从特殊问题中得出的关系式在一定条件下具有普遍性.

一、积分上限函数及其导数

设函数 $f(x)$在区间$[a,b]$上连续，并且设 x 为$[a,b]$上任意一点. 考察 $f(x)$在区间

$[a,x]$上的定积分$\int_a^x f(x)\mathrm{d}x$. 因为$f(x)$在区间$[a,x]$上仍然连续,因此这个定积分存在. 又因为定积分与积分变量的记法无关,所以

$$\int_a^x f(x)\mathrm{d}x=\int_a^x f(t)\mathrm{d}t \qquad (a\leqslant x\leqslant b).$$

若上限x在$[a,b]$上任意变动,则对每一个确定的x值,都有唯一确定的定积分值$\int_a^x f(t)\mathrm{d}t$与之对应,所以在$[a,b]$上定义了一个函数,记作

$$\Phi(x)=\int_a^x f(t)\mathrm{d}t \qquad (a\leqslant x\leqslant b).$$

称这个函数为**积分上限函数(或变上限函数)**.

需要注意:积分上限函数$\Phi(x)$是上限x的函数,与积分变量是t还是u无关. 且有

$$\Phi(a)=0,$$

$$\Phi(b)=\int_a^b f(x)\mathrm{d}x.$$

定理 5-3 如果函数$f(x)$在区间$[a,b]$上连续,则积分上限函数$\Phi(x)=\int_a^x f(t)\mathrm{d}t$在$[a,b]$上可导,且

$$\Phi'(x)=\frac{\mathrm{d}}{\mathrm{d}x}\int_a^x f(t)\mathrm{d}t=f(x) \qquad (a\leqslant x\leqslant b). \tag{5-2}$$

此定理说明当被积函数连续时,积分上限函数就是被积函数的一个原函数,因此也就证明了下面的这个定理:

定理 5-4(原函数存在定理) 如果函数$f(x)$在区间$[a,b]$上连续,则此函数在$[a,b]$上的原函数一定存在,且其中的一个原函数为$\Phi(x)=\int_a^x f(t)\mathrm{d}t$.

这个定理的重要意义是:一方面肯定了连续函数的原函数是存在的,另一方面初步揭示了积分学中定积分与原函数之间的关系. 由此,可以通过原函数来计算定积分.

【例 5.2.1】 求$\frac{\mathrm{d}}{\mathrm{d}x}\int_0^x \sqrt{1+t^2}\mathrm{d}t$.

解 由公式(5-2)得

$$\frac{\mathrm{d}}{\mathrm{d}x}\int_0^x \sqrt{1+t^2}\mathrm{d}t=\sqrt{1+x^2}.$$

【例 5.2.2】 求$\frac{\mathrm{d}}{\mathrm{d}x}\int_x^1 \mathrm{e}^t\sin t\mathrm{d}t$.

解 此时下限是变量,可根据上一节定积分性质补充规定(2)交换积分上下限再求导.

$$\frac{\mathrm{d}}{\mathrm{d}x}\int_x^1 \mathrm{e}^t\sin t\mathrm{d}t=\frac{\mathrm{d}}{\mathrm{d}x}\left[-\int_1^x \mathrm{e}^t\sin t\mathrm{d}t\right]=-\mathrm{e}^x\sin x.$$

根据复合函数的求导法则,可以推导出公式(5-2)的推广应用公式

$$\frac{\mathrm{d}}{\mathrm{d}x}\int_{a}^{\varphi(x)} f(t)\mathrm{d}t = f[\varphi(x)]\cdot\varphi'(x) \tag{5-3}$$

【例 5.2.3】 求 $\frac{\mathrm{d}}{\mathrm{d}x}\int_{0}^{2x}\frac{t\sin t}{1+t^2}\mathrm{d}t$.

解 由公式(5-3)得

$$\frac{\mathrm{d}}{\mathrm{d}x}\int_{0}^{2x}\frac{t\sin t}{1+t^2}\mathrm{d}t = \frac{2x\sin 2x}{1+(2x)^2}\cdot(2x)' = \frac{4x\sin 2x}{1+4x^2}.$$

【例 5.2.4】 求 $\frac{\mathrm{d}}{\mathrm{d}x}\int_{x}^{x^2}\cos t\mathrm{d}t$.

解 根据积分区间的可加性和导数的四则运算法则,得

$$\begin{aligned}\frac{\mathrm{d}}{\mathrm{d}x}\int_{x}^{x^2}\cos t\mathrm{d}t &= \frac{\mathrm{d}}{\mathrm{d}x}\int_{0}^{x^2}\cos t\mathrm{d}t - \frac{\mathrm{d}}{\mathrm{d}x}\int_{0}^{x}\cos t\mathrm{d}t \\ &= \cos x^2\cdot(x^2)' - \cos x \\ &= 2x\cos x^2 - \cos x.\end{aligned}$$

【例 5.2.5】 求 $\lim\limits_{x\to 0}\frac{x-\int_{0}^{x}\cos t\mathrm{d}t}{x^3}$.

解 这是一个$\frac{0}{0}$型的极限运算,由罗必达法则及等价无穷小,得

$$\lim_{x\to 0}\frac{x-\int_{0}^{x}\cos t\mathrm{d}t}{x^3} = \lim_{x\to 0}\frac{1-\cos x}{3x^2} = \lim_{x\to 0}\frac{\frac{1}{2}x^2}{3x^2} = \frac{1}{6}.$$

二、微积分学基本公式(牛顿-莱布尼兹公式)

下面给出的是用原函数计算定积分的公式.

定理 5-5(牛顿-莱布尼兹公式) 如果函数 $F(x)$是连续函数 $f(x)$在区间$[a,b]$上的一个原函数,则

$$\int_{a}^{b} f(x)\mathrm{d}x = F(x)\Big|_{a}^{b} = F(b) - F(a).$$

这个公式表明:计算定积分时,只要先用不定积分求出被积函数的一个原函数,再将上、下限分别代入求其差即可.

【例 5.2.6】 求 $\int_{0}^{2}x^2\mathrm{d}x$.

解 因为$\int x^2\mathrm{d}x = \frac{1}{3}x^3 + C$,即$\frac{1}{3}x^3$ 是 x^2 的一个原函数,所以

$$\int_{0}^{2}x^2\mathrm{d}x = \frac{1}{3}x^3\Big|_{0}^{2} = \frac{1}{3}(2^3-0) = \frac{8}{3}.$$

【例 5.2.7】 求$\int_0^{\frac{1}{2}}\frac{1}{\sqrt{1-x^2}}\mathrm{d}x$.

解 因为$\int\frac{1}{\sqrt{1-x^2}}\mathrm{d}x=\arcsin x+C$，即 $\arcsin x$ 是$\frac{1}{\sqrt{1-x^2}}$的一个原函数. 所以

$$\int_0^{\frac{1}{2}}\frac{1}{\sqrt{1-x^2}}\mathrm{d}x=\arcsin x\Big|_0^{\frac{1}{2}}=\arcsin\frac{1}{2}-\arcsin 0=\frac{\pi}{6}.$$

【例 5.2.8】 求$\int_{-2}^{-1}\frac{1}{x}\mathrm{d}x$.

解 当 $x<0$ 时，$\frac{1}{x}$的原函数是 $\ln|x|+C$，现在积分区间为$[-2,-1]$，所以

$$\int_{-2}^{-1}\frac{1}{x}\mathrm{d}x=\ln|x|\Big|_{-2}^{-1}=\ln 1-\ln 2=-\ln 2.$$

当被积函数在积分区间上是分段函数时，此时必须先用积分区间的可加性，将所求积分按分界点分成几个定积分之和，再用微积分学基本公式进行计算.

【例 5.2.9】 求下列定积分：

(1) $\int_{-1}^{1}|x|\,\mathrm{d}x$；

(2) 已知 $f(x)=\begin{cases}x, & 0<x\leqslant 2;\\ x^2, & x\leqslant 0,\end{cases}$ 求$\int_{-1}^{2}f(x)\mathrm{d}x$.

解 (1) 因为 $|x|=\begin{cases}x, & x\geqslant 0;\\ -x, & x<0,\end{cases}$ 根据积分区间的可加性，所以

$$\begin{aligned}\int_{-1}^{1}|x|\,\mathrm{d}x&=\int_{-1}^{0}|x|\,\mathrm{d}x+\int_{0}^{1}|x|\,\mathrm{d}x\\&=\int_{-1}^{0}(-x)\mathrm{d}x+\int_0^1 x\mathrm{d}x=-\frac{1}{2}x^2\Big|_{-1}^{0}+\frac{1}{2}x^2\Big|_0^1\\&=1.\end{aligned}$$

(2) $$\begin{aligned}\int_{-1}^{2}f(x)\mathrm{d}x&=\int_{-1}^{0}f(x)\mathrm{d}x+\int_0^2 f(x)\mathrm{d}x\\&=\int_{-1}^{0}x^2\mathrm{d}x+\int_0^2 x\mathrm{d}x=\frac{1}{3}x^3\Big|_{-1}^{0}+\frac{1}{2}x^2\Big|_0^2\\&=\frac{7}{3}.\end{aligned}$$

【例 5.2.10】 求曲线 $y=\sin x$ 和 x 轴在区间$[0,\pi]$上所围成平面图形的面积(图 5-5).

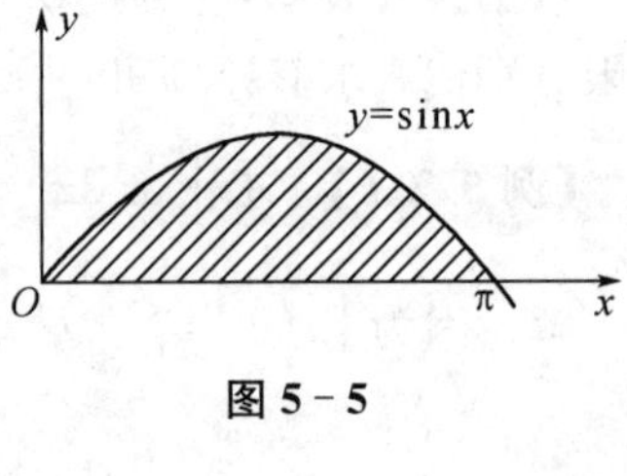

图 5-5

解 由定积分的几何意义，这个平面图形的面积

$$A=\int_0^{\pi}\sin x\mathrm{d}x=-\cos x\Big|_0^{\pi}$$

$$=-\cos\pi+\cos 0=2.$$

【例 5.2.11】 已知汽车以每小时 36 km 速度行驶，到某处需要减速停车．设汽车以等加速度 $a=-5\ \mathrm{m/s^2}$ 刹车．问从开始刹车到停车，汽车走了多少距离？

解 首先要算出汽车从开始刹车到停车经过的时间．当 $t=0$ 时，汽车速度

$$v_0=36\ \mathrm{km/h}=\frac{36\times 1\,000}{3\,600}\ \mathrm{m/s}=10\ \mathrm{m/s}.$$

刹车后汽车减速行驶，其速度为

$$v(t)=v_0+at=10-5t.$$

当汽车停住时，速度 $v(t)=0$，所以 $v(t)=10-5t=0$，解得 $t=2(\mathrm{s})$.

在这段时间内，汽车所走过的距离为

$$s=\int_0^2 v(t)\mathrm{d}t=\int_0^2(10-5t)\mathrm{d}t=\int_0^2 10\mathrm{d}t-5\int_0^2 t\mathrm{d}t=20-\frac{5}{2}t^2\Big|_0^2=10(\mathrm{m})$$

即在刹车后，汽车需走过 10 m 才能停住．

习题 5－2

1. 试求函数 $y=\int_0^x\cos t\mathrm{d}t$ 在 $x=0$ 及 $x=\frac{\pi}{4}$ 时的导数值．

2. 求由 $\int_0^y \mathrm{e}^t\mathrm{d}t+\int_0^x\cos t\mathrm{d}t=0$ 所决定的隐函数 y 对 x 的导数 $\frac{\mathrm{d}y}{\mathrm{d}x}$.

3. 求由参数方程 $\begin{cases}x=\int_0^t\sin u\mathrm{d}u,\\ y=\int_0^t\cos u\mathrm{d}u\end{cases}$ 所确定的函数 y 对 x 的导数 $\frac{\mathrm{d}y}{\mathrm{d}x}$.

4. 计算下列导数：

(1) $\frac{\mathrm{d}}{\mathrm{d}x}\int_0^x\sqrt{1+t^3}\mathrm{d}t$；　　(2) $\frac{\mathrm{d}}{\mathrm{d}x}\int_1^{\cos x}\frac{1}{1+t^2}\mathrm{d}t$；

(3) $\frac{\mathrm{d}}{\mathrm{d}x}\int_{2x}^1\mathrm{e}^t(1-t)\mathrm{d}t$；　　(4) $\frac{\mathrm{d}}{\mathrm{d}x}\int_{x^2}^{x^3}\frac{1}{\sqrt{1+t^4}}\mathrm{d}t$.

5. 求下列极限：

(1) $\lim\limits_{x\to 0}\frac{\int_0^x\cos t^2\mathrm{d}t}{x}$；　　(2) $\lim\limits_{x\to 0}\frac{\int_{\cos x}^1\mathrm{e}^{-t^2}\mathrm{d}t}{x^2}$.

6. 计算下列定积分：

(1) $\int_1^8\sqrt{x}\mathrm{d}x$；　　(2) $\int_1^2\left(x^2+\frac{1}{x^4}\right)\mathrm{d}x$；

(3) $\int_0^{\frac{\pi}{4}}\sec^2 x\mathrm{d}x$；　　(4) $\int_{-1}^0\frac{3x^4+3x^2+1}{x^2+1}\mathrm{d}x$；

(5) $\int_0^{\sqrt{3}}\frac{1}{1+x^2}\mathrm{d}x$；　　(6) $\int_0^{\frac{\pi}{4}}\tan^2 x\mathrm{d}x$.

7. 计算下列定积分：

(1) $\int_0^2 |x-1|\,\mathrm{d}x$；　　(2) $\int_0^{2\pi}\sqrt{1-\cos^2 x}\,\mathrm{d}x$；

(3) 已知 $f(x)=\begin{cases} x+1, & x\leqslant 1; \\ \frac{1}{2}x^2, & x>1, \end{cases}$ 求 $\int_0^2 f(x)\,\mathrm{d}x$.

8. 质点做直线运动，其速度 $v(t)=2t+4(\mathrm{m/s})$，求在前 20 s 内质点所经过的路程.

第三节　定积分的换元积分法与分部积分法

将不定积分的换元积分法和分部积分法与牛顿-莱布尼兹公式结合起来，就可以得到定积分的换元积分法和分部积分法.

一、定积分的换元积分法

定理 5-6　设函数 $f(x)$满足：① 在区间$[a,b]$上连续；② $\varphi'(x)\neq 0, x\in(a,b)$；③ $\varphi(a)=\alpha,\varphi(b)=\beta$，则

$$\int_a^b f[\varphi(x)]\varphi'(x)\,\mathrm{d}x \xlongequal{\text{令 } u=\varphi(x)\text{，则 } \mathrm{d}u=\varphi'(x)\mathrm{d}x} \int_\alpha^\beta f(u)\,\mathrm{d}u.$$

【例 5.3.1】　求 $\int_0^1 (2x-1)^2\,\mathrm{d}x$.

解法 1　先用凑微分法求出被积函数的原函数：

$$\int (2x-1)^2\,\mathrm{d}x=\frac{1}{2}\int (2x-1)^2\,\mathrm{d}(2x-1)=\frac{1}{6}(2x-1)^3+C,$$

所以

$$\int_0^1 (2x-1)^2\,\mathrm{d}x=\frac{1}{6}(2x-1)^3\Big|_0^1=\frac{1}{6}+\frac{1}{6}=\frac{1}{3}.$$

解法 2　令 $u=2x-1$，则 $\mathrm{d}u=2\mathrm{d}x$. 当 $x=0$ 时，$u=-1$；当 $x=1$ 时，$u=1$. 由定理 5-6，得

$$\int_0^1 (2x-1)^2\,\mathrm{d}x=\frac{1}{2}\int_{-1}^1 u^2\,\mathrm{d}u=\frac{1}{6}u^3\Big|_{-1}^1=\frac{1}{3}.$$

解法 3　可将凑微分法直接应用到定积分运算中去，得

$$\int_0^1 (2x-1)^2\,\mathrm{d}x=\frac{1}{2}\int_0^1 (2x-1)^2\,\mathrm{d}(2x-1)=\frac{1}{2}\cdot\frac{1}{3}(2x-1)^3\Big|_0^1=\frac{1}{3}.$$

在熟练掌握了不定积分的凑微分法基础上，进行定积分的第一种换元积分法运算时，不必再进行换元，可省去一些不必要的麻烦和产生错误的机会. 需要提醒的是，如果进行换元，一定要同时换积分的上、下限值，且不必再回代.

【例 5.3.2】　计算下列定积分：

(1) $\int_0^1 x\mathrm{e}^{-x^2}\,\mathrm{d}x$；　　(2) $\int_0^{\frac{\pi}{2}} \sin^2 x\cos x\mathrm{d}x$；

(3) $\int_0^1 \frac{x^2}{1+x^6}\mathrm{d}x$；　　(4) $\int_1^{\mathrm{e}^2} \frac{1}{x\sqrt{1+\ln x}}\mathrm{d}x$.

解 (1) $\int_0^1 x\mathrm{e}^{-x^2}\,\mathrm{d}x = -\frac{1}{2}\int_0^1 \mathrm{e}^{-x^2}\,\mathrm{d}(-x^2) = -\frac{1}{2}\mathrm{e}^{-x^2}\Big|_0^1$

$$= -\frac{1}{2}(\mathrm{e}^{-1}-\mathrm{e}^0) = \frac{\mathrm{e}-1}{2\mathrm{e}}.$$

(2) $\int_0^{\frac{\pi}{2}} \sin^2 x\cos x\mathrm{d}x = \int_0^{\frac{\pi}{2}} \sin^2 x\mathrm{d}(\sin x) = \frac{1}{3}\sin^3 x\Big|_0^{\frac{\pi}{2}}$

$$= \frac{1}{3}\sin^3 \frac{\pi}{2} = \frac{1}{3}.$$

(3) $\int_0^1 \frac{x^2}{1+x^6}\mathrm{d}x = \frac{1}{3}\int_0^1 \frac{1}{1+(x^3)^2}\mathrm{d}(x^3) = \frac{1}{3}\arctan x^3\Big|_0^1$

$$= \frac{1}{3}(\arctan 1-\arctan 0) = \frac{\pi}{12}.$$

(4) $\int_1^{\mathrm{e}^2} \frac{1}{x\sqrt{1+\ln x}}\mathrm{d}x = \int_1^{\mathrm{e}^2}(1+\ln x)^{-\frac{1}{2}}\mathrm{d}(1+\ln x) = \frac{(1+\ln x)^{-\frac{1}{2}+1}}{-\frac{1}{2}+1}\Bigg|_1^{\mathrm{e}^2}$

$$= 2(\sqrt{1+\ln \mathrm{e}^2}-\sqrt{1+\ln 1}) = 2(\sqrt{3}-1).$$

定理 5-7 设函数 $f(x)$在区间$[a,b]$上连续，函数 $x=\varphi(t)$ 满足条件：① $\varphi(\alpha)=a,\varphi(\beta)=b$；② $\varphi(t)$ 在$[\alpha,\beta]$(或$[\beta,\alpha]$)上具有连续导数，且其值域不超过$[a,b]$，则有

$$\int_a^b f(x)\mathrm{d}x = \int_\alpha^\beta f[\varphi(t)]\varphi'(t)\mathrm{d}t.$$

微课：定积分的第二类换元积分法

【例 5.3.3】 计算下列定积分：

(1) $\int_1^4 \frac{1}{1+\sqrt{x}}\mathrm{d}x$；　　(2) $\int_0^2 \sqrt{4-x^2}\mathrm{d}x$.

解 (1) 令 $t=\sqrt{x}$，则 $x=t^2$，$\mathrm{d}x=2t\mathrm{d}t$. 当 $x=1$ 时，$t=1$；$x=4$ 时，$t=2$. 所以

$$\int_1^4 \frac{1}{1+\sqrt{x}}\mathrm{d}x = 2\int_1^2 \frac{t}{1+t}\mathrm{d}t = 2\int_1^2\left(1-\frac{1}{1+t}\right)\mathrm{d}t$$

$$= 2[t-\ln(1+t)]\Big|_1^2 = 2\left(1-\ln\frac{3}{2}\right).$$

(2) 令 $x=2\sin t\left(-\frac{\pi}{2}\leqslant t\leqslant\frac{\pi}{2}\right)$，则 $\mathrm{d}x=2\cos t\mathrm{d}t$. 当 $x=0$ 时，$t=0$；$x=2$ 时，$t=\frac{\pi}{2}$. 所以

$$\int_0^2 \sqrt{4-x^2}\mathrm{d}x = \int_0^{\frac{\pi}{2}} \sqrt{4-4\sin^2 t}\cdot 2\cos t\mathrm{d}t = 4\int_0^{\frac{\pi}{2}}\cos^2 t\mathrm{d}t$$

$$= 2\int_0^{\frac{\pi}{2}} (1 + \cos 2t)\mathrm{d}t = 2\left(t + \frac{1}{2}\sin 2t\right)\Big|_0^{\frac{\pi}{2}} = \pi.$$

利用定积分的几何意义可直接得：

$$\int_0^2 \sqrt{4 - x^2}\mathrm{d}x = \frac{1}{4}\pi(2)^2 = \pi.$$

【例 5.3.4】 设 $f(x)$在区间$[-a,a]$上连续，证明：

(1) 当 $f(x)$为奇函数时，$\int_{-a}^{a} f(x)\mathrm{d}x = 0$；

(2) 当 $f(x)$为偶函数时，$\int_{-a}^{a} f(x)\mathrm{d}x = 2\int_0^a f(x)\mathrm{d}x$.

证明 $\int_{-a}^{a} f(x)\mathrm{d}x = \int_{-a}^{0} f(x)\mathrm{d}x + \int_0^a f(x)\mathrm{d}x$.

对定积分$\int_{-a}^{0} f(x)\mathrm{d}x$ 换元：令 $x = -t$，则 $\mathrm{d}x = -\mathrm{d}t$. 当 $x = -a$ 时，$t = a$；$x = 0$ 时，$t = 0$. 所以

$$\int_{-a}^{0} f(x)\mathrm{d}x = -\int_a^0 f(-t)\mathrm{d}t = \int_0^a f(-t)\mathrm{d}t$$

所以

$$\int_{-a}^{a} f(x)\mathrm{d}x = \int_{-a}^{0} f(x)\mathrm{d}x + \int_0^a f(x)\mathrm{d}x = \int_0^a f(-t)\mathrm{d}t + \int_0^a f(x)\mathrm{d}x$$
$$= \int_0^a [f(-x) + f(x)]\mathrm{d}x.$$

(1) 当 $f(x)$为奇函数时，$f(-x) = -f(x)$，则$\int_{-a}^{a} f(x)\mathrm{d}x = 0$；

(2) 当 $f(x)$ 为偶函数时，$f(-x) = f(x)$，则$\int_{-a}^{a} f(x)\mathrm{d}x = 2\int_0^a f(x)\mathrm{d}x$.

【例 5.3.5】 计算下列定积分：

(1) $\int_{-1}^{1} \frac{x^2 \sin^3 x}{1 + x^4}\mathrm{d}x$；　　(2) $\int_{-1}^{1} \frac{(\arctan x)^2}{1 + x^2}\mathrm{d}x$.

解 (1) 因为 $\frac{x^2 \sin^3 x}{1+x^4}$是$[-1,1]$上的奇函数，所以$\int_{-1}^{1} \frac{x^2 \sin^3 x}{1 + x^4}\mathrm{d}x = 0$；

(2) 因为 $\frac{(\arctan x)^2}{1 + x^2}$ 是$[-1,1]$ 上的偶函数，所以

$$\int_{-1}^{1} \frac{(\arctan x)^2}{1 + x^2}\mathrm{d}x = 2\int_0^1 \frac{(\arctan x)^2}{1 + x^2}\mathrm{d}x = 2\int_0^1 (\arctan x)^2 \mathrm{d}(\arctan x)$$
$$= \frac{2}{3}(\arctan x)^3 \Big|_0^1 = \frac{2}{3} \times \left(\frac{\pi}{4}\right)^3 = \frac{\pi^3}{96}.$$

微课：定积分的分部积分法

二、定积分的分部积分法

设函数 $u(x)$、$v(x)$在区间$[a,b]$上具有连续导数 $u'(x)$、$v'(x)$，则有

$$\int_a^b u\mathrm{d}v = uv\Big|_a^b - \int_a^b v\mathrm{d}u.$$

这就是定积分的**分部积分公式**.

【例 5.3.6】 计算$\int_0^{\pi} x\cos x\mathrm{d}x$.

解 $\int_0^{\pi} x\cos x\mathrm{d}x = \int_0^{\pi} x\mathrm{d}(\sin x) = x\sin x\Big|_0^{\pi} - \int_0^{\pi}\sin x\mathrm{d}x$

$$= \pi\sin\pi + \cos x\Big|_0^{\pi} = -2.$$

【例 5.3.7】 计算$\int_0^{\frac{1}{2}} \arcsin x\mathrm{d}x$.

解 $\int_0^{\frac{1}{2}} \arcsin x\mathrm{d}x = x\arcsin x\Big|_0^{\frac{1}{2}} - \int_0^{\frac{1}{2}} \frac{x}{\sqrt{1-x^2}}\mathrm{d}x$

$$= \frac{1}{2}\cdot\frac{\pi}{6} + \frac{1}{2}\int_0^{\frac{1}{2}}(1-x^2)^{-\frac{1}{2}}\mathrm{d}(1-x^2) = \frac{\pi}{12} + \sqrt{1-x^2}\Big|_0^{\frac{1}{2}}$$

$$= \frac{\pi}{12} + \frac{\sqrt{3}}{2} - 1.$$

此例除应用了定积分的分部积分公式以外，还结合使用了定积分的换元积分法. 因此，在进行定积分运算时，应灵活使用多种方法共同解决.

【例 5.3.8】 计算$\int_0^4 \mathrm{e}^{\sqrt{x}}\mathrm{d}x$.

解 令$u=\sqrt{x}$，则$x=u^2$，$\mathrm{d}x=2u\mathrm{d}u$；当$x=0$时，$u=0$；$x=4$时，$u=2$. 所以

$$\int_0^4 \mathrm{e}^{\sqrt{x}}\mathrm{d}x = 2\int_0^2 u\mathrm{e}^u\mathrm{d}u = 2\int_0^2 u\mathrm{d}(\mathrm{e}^u) = 2u\mathrm{e}^u\Big|_0^2 - 2\int_0^2 \mathrm{e}^u\mathrm{d}u$$

$$= 4\mathrm{e}^2 - 2\mathrm{e}^u\Big|_0^2 = 4\mathrm{e}^2 - 2(\mathrm{e}^2-1)$$

$$= 2(\mathrm{e}^2+1).$$

【例 5.3.9】 计算$\int_{-\pi}^{\pi}(2x^4+x)\sin x\mathrm{d}x$.

解 因为$2x^4\sin x$是$[-\pi,\pi]$上的奇函数，而$x\sin x$是$[-\pi,\pi]$上的偶函数，所以

$$\int_{-\pi}^{\pi}(2x^4+x)\sin x\mathrm{d}x = \int_{-\pi}^{\pi}2x^4\sin x\mathrm{d}x + \int_{-\pi}^{\pi}x\sin x\mathrm{d}x$$

$$= 0 + 2\int_0^{\pi}x\sin x\mathrm{d}x = 2\int_0^{\pi}x\mathrm{d}(-\cos x)$$

$$= -2x\cos x\Big|_0^{\pi} + 2\int_0^{\pi}\cos x\mathrm{d}x = 2\pi + 2\sin x\Big|_0^{\pi}$$

$$= 2\pi.$$

习题 5－3

1. 计算下列定积分：

(1) $\int_0^1 (x+1)^2 \mathrm{d}x$；

(2) $\int_1^{\mathrm{e}} \frac{\ln^4 x}{x}\mathrm{d}x$；

(3) $\int_1^4 \frac{\mathrm{e}^{\sqrt{x}}}{\sqrt{x}}\mathrm{d}x$；

(4) $\int_{-1}^0 \frac{1}{x^2-4}\mathrm{d}x$；

(5) $\int_{-\frac{\pi}{2}}^{\frac{\pi}{2}} 4\cos^4\theta \mathrm{d}\theta$；

(6) $\int_0^{\pi} \cos^2 x\sin x\mathrm{d}x$；

(7) $\int_0^1 \sqrt{1-x^2}\mathrm{d}x$；

(8) $\int_0^3 \frac{1}{x^2+9}\mathrm{d}x$；

(9) $\int_0^{\pi} \sqrt{1+\cos 2x}\mathrm{d}x$.

2. 计算下列定积分：

(1) $\int_0^3 \frac{1}{\sqrt{1+x}+1}\mathrm{d}x$；

(2) $\int_0^3 x\sqrt{x+1}\mathrm{d}x$；

(3) $\int_{-1}^1 \frac{x}{\sqrt{5-4x}}\mathrm{d}x$；

(4) $\int_0^1 \sqrt{x^2+1}\mathrm{d}x$；

(5) $\int_1^{\mathrm{e}} x\ln x\mathrm{d}x$；

(6) $\int_0^1 x\arctan x\mathrm{d}x$；

(7) $\int_0^1 \mathrm{e}^{2x}\sin x\mathrm{d}x$；

(8) $\int_0^{\pi} x^2\sin x\mathrm{d}x$；

(9) $\int_1^{\mathrm{e}} \sin(\ln x)\mathrm{d}x$.

3. 利用函数的奇偶性求下列定积分：

(1) $\int_{-2}^2 |x|\mathrm{d}x$；

(2) $\int_{-5}^5 \frac{x^5\sin^4 x}{x^4+2x^2+1}\mathrm{d}x$；

(3) $\int_{-\frac{1}{2}}^{\frac{1}{2}} \frac{2+\sin^3 x}{\sqrt{1-x^2}}\mathrm{d}x$；

(4) $\int_{-1}^1 \frac{x^2\sin^3 x+3}{1+x^2}\mathrm{d}x$.

4. 已知 $f(x)$的一个原函数为 $x\ln x$，求$\int_1^{\mathrm{e}} xf'(x)\mathrm{d}x$.

5. 设 $f(x)$在区间$[a,b]$上连续，证明：$\int_a^b f(x)\mathrm{d}x=\int_a^b f(a+b-x)\mathrm{d}x$.

6. 证明：$\int_x^1 \frac{\mathrm{d}x}{1+x^2}=\int_1^{\frac{1}{x}} \frac{\mathrm{d}x}{1+x^2}\quad (x>0)$.

第四节　广义积分

前面所讨论的定积分中，要求积分区间是有限的，且被积函数在该区间上是有界的. 但在实际问题中，常常会遇到积分区间是无限的、被积函数是无界的情形. 对定积分的定义作如下两种推广，从而得到了广义积分的概念.

一、无穷区间上的广义积分

微课：无穷区间上的广义积分

定义 5－2 设 $f(x)$在区间$[a,+\infty)$上连续，取 $b>a$. 如果极限

$$\lim_{b\to+\infty}\int_a^b f(x)\mathrm{d}x$$

存在，则称此极限为函数 $f(x)$在无穷区间$[a,+\infty)$上的**广义积分**，记作$\int_a^{+\infty} f(x)\mathrm{d}x$，即

$$\int_a^{+\infty} f(x)\mathrm{d}x=\lim_{b\to+\infty}\int_a^b f(x)\mathrm{d}x.$$

这时也称广义积分$\int_a^{+\infty} f(x)\mathrm{d}x$ 收敛；如果上述极限不存在，则称广义积分$\int_a^{+\infty} f(x)\mathrm{d}x$ 发散，这时记号$\int_a^{+\infty} f(x)\mathrm{d}x$ 就没有任何意义了.

类似地可以定义：

$$\int_{-\infty}^b f(x)\mathrm{d}x=\lim_{a\to-\infty}\int_a^b f(x)\mathrm{d}x,$$

$$\begin{aligned}\int_{-\infty}^{+\infty} f(x)\mathrm{d}x&=\int_{-\infty}^0 f(x)\mathrm{d}x+\int_0^{+\infty} f(x)\mathrm{d}x\\&=\lim_{a\to-\infty}\int_a^0 f(x)\mathrm{d}x+\lim_{b\to+\infty}\int_0^b f(x)\mathrm{d}x.\end{aligned}$$

【例 5.4.1】 计算广义积分$\int_{-\infty}^{+\infty}\frac{1}{1+x^2}\mathrm{d}x$.

解

$$\begin{aligned}\int_{-\infty}^{+\infty}\frac{1}{1+x^2}\mathrm{d}x&=\int_{-\infty}^0\frac{1}{1+x^2}\mathrm{d}x+\int_0^{+\infty}\frac{1}{1+x^2}\mathrm{d}x\\&=\lim_{a\to-\infty}\int_a^0\frac{\mathrm{d}x}{1+x^2}+\lim_{b\to+\infty}\int_0^b\frac{\mathrm{d}x}{1+x^2}\\&=\lim_{a\to-\infty}\arctan x\Big|_a^0+\lim_{b\to+\infty}\arctan x\Big|_0^b\\&=-\lim_{a\to-\infty}\arctan a+\lim_{b\to+\infty}\arctan b\\&=-\left(-\frac{\pi}{2}\right)+\frac{\pi}{2}\\&=\pi.\end{aligned}$$

此题的几何意义为：当 $a\to-\infty$，$b\to+\infty$时，图 5－6 的阴影部分向左、右两方无限延伸，阴影部分相应无限扩大，但其面积是有限值 π，即位于曲线 $y=\frac{1}{1+x^2}$ 下方、x 轴上方的平面图形面积为 π，用广义积分表示为

$$\int_{-\infty}^{+\infty}\frac{1}{1+x^2}\mathrm{d}x.$$

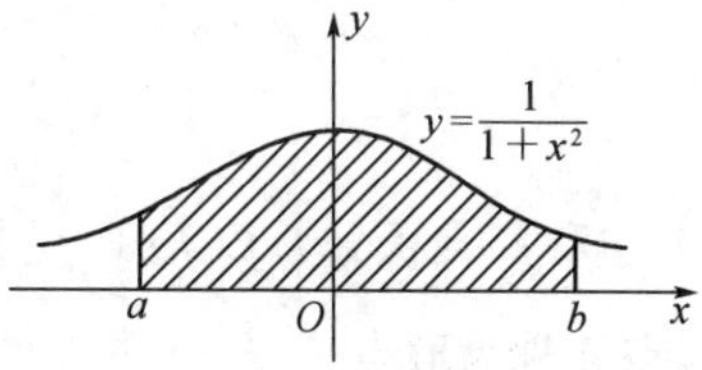

图 5－6

有时为方便起见，若 $F(x)$是 $f(x)$的一个原函数，记

$$\int_{a}^{+\infty} f(x)\mathrm{d}x = F(x)\Big|_{a}^{+\infty} = F(+\infty) - F(a);$$

$$\int_{-\infty}^{b} f(x)\mathrm{d}x = F(x)\Big|_{-\infty}^{b} = F(b) - F(-\infty);$$

$$\int_{-\infty}^{+\infty} f(x)\mathrm{d}x = F(x)\Big|_{-\infty}^{+\infty} = F(+\infty) - F(-\infty).$$

【例 5.4.2】 计算广义积分$\int_{0}^{+\infty} x\mathrm{e}^{-x^2}\mathrm{d}x$.

解

$$\int_{0}^{+\infty} x\mathrm{e}^{-x^2}\mathrm{d}x = \lim_{b\to+\infty}\int_{0}^{b} x\mathrm{e}^{-x^2}\mathrm{d}x = -\frac{1}{2}\lim_{b\to+\infty}\int_{0}^{b}\mathrm{e}^{-x^2}\mathrm{d}(-x^2)$$

$$= -\frac{1}{2}\mathrm{e}^{-x^2}\Big|_{0}^{+\infty} = \frac{1}{2}.$$

或$\int_{0}^{+\infty} x\mathrm{e}^{-x^2}\mathrm{d}x = -\frac{1}{2}\mathrm{e}^{-x^2}\Big|_{0}^{+\infty} = -\frac{1}{2}(0-1) = \frac{1}{2}.$

【例 5.4.3】 证明广义积分$\int_{a}^{+\infty}\frac{\mathrm{d}x}{x^p}$ $(a>0)$,当 $p>1$ 时收敛,当 $p\leqslant 1$ 时发散.

证明 当 $p=1$ 时,

$$\int_{a}^{+\infty}\frac{\mathrm{d}x}{x^p} = \int_{a}^{+\infty}\frac{\mathrm{d}x}{x} = \ln x\Big|_{a}^{+\infty} = +\infty;$$

当 $p\neq 1$ 时,

$$\int_{a}^{+\infty}\frac{\mathrm{d}x}{x^p} = \frac{x^{1-p}}{1-p}\Big|_{a}^{+\infty} = \begin{cases} +\infty, & p<1; \\ \dfrac{a^{1-p}}{p-1}, & p>1. \end{cases}$$

所以,当 $p>1$ 时,广义积分$\int_{a}^{+\infty}\frac{\mathrm{d}x}{x^p}$收敛;当 $p\leqslant 1$ 时,广义积分$\int_{a}^{+\infty}\frac{\mathrm{d}x}{x^p}$发散.

二、无界函数的广义积分(瑕积分)

定义 5-3 设 $f(x)$在区间$(a,b]$上连续,且 $\lim\limits_{x\to a^+} f(x) = +\infty$,取 $\varepsilon>0$,如果极限

$$\lim_{\varepsilon\to 0^+}\int_{a+\varepsilon}^{b} f(x)\mathrm{d}x$$

存在,则称此极限为函数 $f(x)$ 在$(a,b]$ 内的**广义积分**(也叫作**瑕积分**),记作$\int_{a}^{b} f(x)\mathrm{d}x$. 即

$$\int_{a}^{b} f(x)\mathrm{d}x = \lim_{\varepsilon\to 0^+}\int_{a+\varepsilon}^{b} f(x)\mathrm{d}x.$$

这时也称广义积分$\int_{a}^{b} f(x)\mathrm{d}x$是收敛的;如果上述极限不存在,称广义积分$\int_{a}^{b} f(x)\mathrm{d}x$是发散的,点 a 称为**瑕点**.

类似地可以定义函数 $f(x)$在$[a,b)$右端点处或在$[a,b]$内某一点处无界的广义积分:

$$\int_{a}^{b} f(x)\mathrm{d}x = \lim_{\varepsilon\to 0^+}\int_{a}^{b-\varepsilon} f(x)\mathrm{d}x.$$

$$\int_a^b f(x)\mathrm{d}x = \lim_{\varepsilon_1\to 0^+}\int_a^{c-\varepsilon_1} f(x)\mathrm{d}x + \lim_{\varepsilon_2\to 0^+}\int_{c+\varepsilon_2}^b f(x)\mathrm{d}x.$$ 其中 c 为瑕点，$c\in(a,b)$.

【例 5.4.4】 计算广义积分 $\int_0^1 \frac{1}{\sqrt{1-x^2}}\mathrm{d}x$.

解 $x=1$ 是瑕点，则

$$\int_0^1 \frac{1}{\sqrt{1-x^2}}\mathrm{d}x = \lim_{\varepsilon\to 0^+}\int_0^{1-\varepsilon} \frac{1}{\sqrt{1-x^2}}\mathrm{d}x = \lim_{\varepsilon\to 0^+}\arcsin x\Big|_0^{1-\varepsilon} = \frac{\pi}{2}.$$

有时为方便起见，把 $\lim\limits_{\varepsilon\to 0^+}F(x)\Big|_{a+\varepsilon}^b$ 记作 $F(x)\Big|_{a+\varepsilon}^b$.

【例 5.4.5】 讨论广义积分 $\int_{-1}^1 \frac{1}{x^2}\mathrm{d}x$ 的敛散性.

解 被积函数 $f(x)=\frac{1}{x^2}$ 在积分区间 $[-1,1]$ 上除 $x=0$ 外都连续，且 $\lim\limits_{x\to 0}\frac{1}{x^2}=+\infty$，所以 $x=0$ 是瑕点.

$$\int_{-1}^1 \frac{1}{x^2}\mathrm{d}x = \int_{-1}^0 \frac{1}{x^2}\mathrm{d}x + \int_0^1 \frac{1}{x^2}\mathrm{d}x,$$

$$\begin{aligned}\int_{-1}^0 \frac{1}{x^2}\mathrm{d}x &= \lim_{\varepsilon\to 0^+}\int_{-1}^{-\varepsilon} \frac{1}{x^2}\mathrm{d}x = -\lim_{\varepsilon\to 0^+}\frac{1}{x}\Big|_{-1}^{-\varepsilon}\\ &= \lim_{\varepsilon\to 0^+}\left(\frac{1}{\varepsilon}-1\right) = +\infty(\text{发散}),\end{aligned}$$

同理可得 $\int_0^1 \frac{1}{x^2}\mathrm{d}x$ 也是发散的，所以，广义积分 $\int_{-1}^1 \frac{1}{x^2}\mathrm{d}x$ 是发散的.

通过此例说明，在进行无界函数广义积分的计算时，除关注两端点的有界性之外，也不能忽略区间中任何一点的有界性，否则将会得出错误的结论：

$$\int_{-1}^1 \frac{1}{x^2}\mathrm{d}x = -\frac{1}{x}\Big|_{-1}^1 = -2.$$

这就是忽视了无界点 $x=0$ 后得到的错误结果.

习题 5-4

1. 计算下列广义积分：

(1) $\int_1^{+\infty} \frac{1}{x^3}\mathrm{d}x$；

(2) $\int_{-\infty}^0 \frac{x}{1+x^2}\mathrm{d}x$；

(3) $\int_0^{+\infty} \mathrm{e}^{-x}\mathrm{d}x$；

(4) $\int_{-\infty}^{+\infty} \frac{1}{9+x^2}\mathrm{d}x$；

(5) $\int_0^1 \frac{1}{\sqrt[5]{x}}\mathrm{d}x$；

(6) $\int_{-1}^1 \frac{1}{x^4}\mathrm{d}x$；

(7) $\int_1^2 \frac{x}{\sqrt{x-1}}\mathrm{d}x$；

(8) $\int_0^2 \frac{1}{(1-x)^2}\mathrm{d}x$.

2. 讨论广义积分 $\int_0^1 \frac{1}{x^p}\mathrm{d}x$ 的敛散性.

3. 当 k 为何值时,广义积分 $\int_2^{+\infty} \frac{1}{x(\ln\ x)^k}\mathrm{d}x$ 收敛?当 k 为何值时,此广义积分发散?

第五节　定积分在几何中的应用

本章第一节中讨论了曲边梯形的面积、变速直线运动的路程等实际问题,它们都是求一些几何量或物理量(设为 A),且这些量具有共同的特征:① 都是区间$[a,b]$上的非均匀连续分布的量,A 在$[x,x+\Delta x]$上的部分量 ΔA 可以近似地表示为 $\Delta A\approx f(x)\mathrm{d}x$;② 都具有对区间的可加性,即分布在$[a,b]$上的总量等于分布在各子区间上的局部量之和. 一般地,凡用定积分来描述的量都应具备这些特征.

在计算这些量时,其积分表达式都是通过"分割、近似代替、求和、取极限"四个步骤来建立的,这是建立所求量的积分表达式的基本方法. 对于某一个变量 A,如果选择好了积分变量 x 和积分区间$[a,b]$,求出 A 的微元 $\mathrm{d}A\approx f(x)\mathrm{d}x$,便可求得 $A=\int_a^b f(x)\mathrm{d}x$,称这种方法叫作**微元法**.

微课:平面图形的面积

一、平面图形的面积

平面图形的面积可归结为曲边梯形面积,而利用定积分的几何意义,曲边梯形面积的计算就是定积分的计算.

设平面图形是由曲线 $y=f(x)$、$y=g(x)$ 和直线 $x=a$、$x=b(a<b)$ 所围成,在区间 $[a,b]$ 内 $f(x)\geqslant g(x)$,如图 5-7 所示,那么该平面图形的面积为

$$A=\int_a^b[f(x)-g(x)]\mathrm{d}x. \tag{5-4}$$

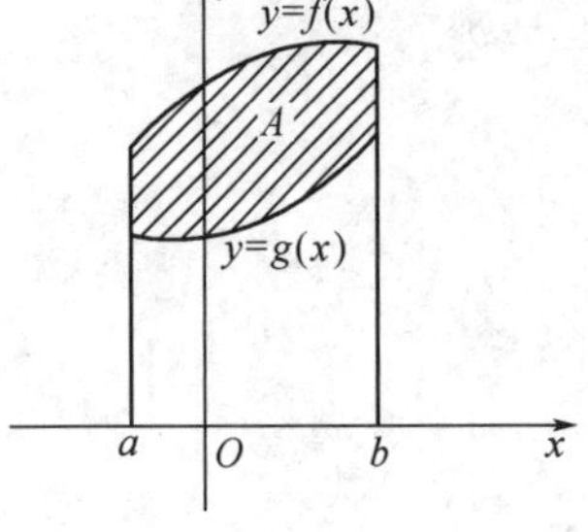

图 5-7

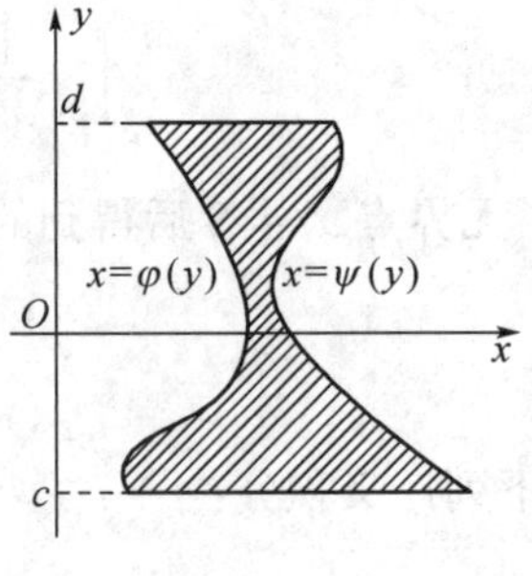

图 5-8

同理,如果平面图形是由曲线 $x=\psi(y)$,$x=\varphi(y)$ 和直线 $y=c$、$y=d(c<d)$ 所围成,在$[c,d]$ 内 $\psi(y)\geqslant\varphi(y)$,如图 5-8 所示,那么该平面图形的面积为

$$A=\int_c^d[\psi(y)-\varphi(y)]\mathrm{d}y. \tag{5-5}$$

一般来说,求平面图形的面积的步骤为:

(1) 选择适当的积分变量和确定积分区间;

(2) 求出面积微元;

(3) 计算定积分.

【例 5.5.1】 求两条抛物线 $y=x^2, x=y^2$ 围成的图形的面积.

解 如图 5-9 所示,解方程组 $\begin{cases} y=x^2, \\ x=y^2 \end{cases}$ 得交点(0,0)和(1,1).

取 x 为积分变量,积分区间为[0,1],面积微元 $\mathrm{d}A=(\sqrt{x}-x^2)\mathrm{d}x$,应用式(5-4),得

$$A=\int_0^1(\sqrt{x}-x^2)\mathrm{d}x=\left(\frac{2}{3}x^{\frac{3}{2}}-\frac{1}{3}x^3\right)\Bigg|_0^1=\frac{1}{3}.$$

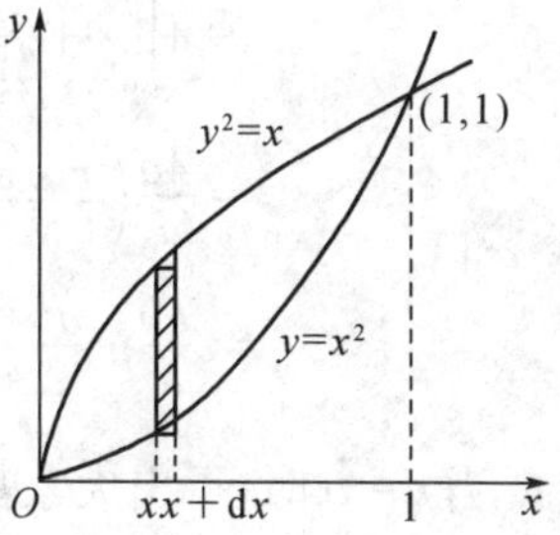

图 5-9

【例 5.5.2】 求抛物线 $y^2=2x$ 与直线 $2x+y-2=0$ 所围平面图形的面积.

解法 1 选 y 作为积分变量,解方程组 $\begin{cases} y^2=2x, \\ 2x+y-2=0 \end{cases}$ 得交点坐标$\left(\frac{1}{2},1\right)$,(2,-2).

积分区间为[-2,1],由图 5-10 得面积微元 $\mathrm{d}A=\left[\left(1-\frac{1}{2}y\right)-\frac{1}{2}y^2\right]\mathrm{d}y$,应用式(5-5),得

$$A=\int_{-2}^1\left[\left(1-\frac{1}{2}y\right)-\frac{1}{2}y^2\right]\mathrm{d}y=\left(y-\frac{y^2}{4}-\frac{y^3}{6}\right)\Bigg|_{-2}^1$$

$$=\frac{9}{4}.$$

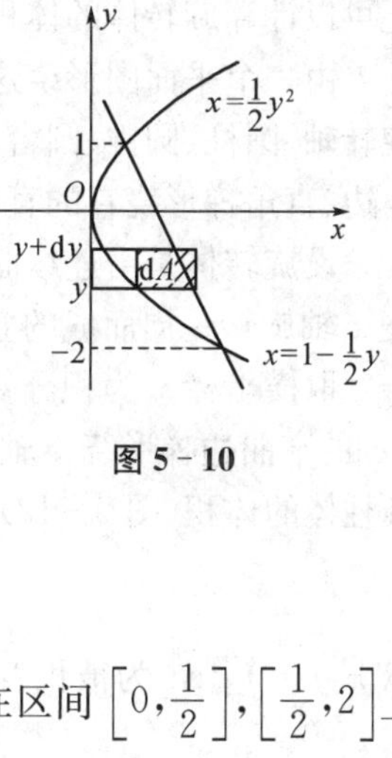

图 5-10

解法 2 若选 x 作为积分变量,积分区间为[0,2],面积微元在区间 $\left[0,\frac{1}{2}\right]$,$\left[\frac{1}{2},2\right]$上的表达式不同

$$\mathrm{d}A_1=[\sqrt{2x}-(-\sqrt{2x})]\mathrm{d}x=2\sqrt{2x}\mathrm{d}x$$

$$\mathrm{d}A_2=(2-2x+\sqrt{2x})\mathrm{d}x.$$

应用公式(5-4),得

$$A=2\int_0^{\frac{1}{2}}\sqrt{2x}\mathrm{d}x+\int_{\frac{1}{2}}^2(2-2x+\sqrt{2x})\mathrm{d}x=\frac{9}{4}.$$

显然,这种解法比较繁琐.因此,选取适当的积分变量,可使问题简化.一般积分变量的选取要视图形的具体情况而定,同时,还要注意利用图形的对称性,以简化计算.

【例 5.5.3】 求椭圆 $\frac{x^2}{a^2}+\frac{y^2}{b^2}=1$ 的面积.

解 椭圆在第一象限的表达式为

$$y = \frac{b}{a}\sqrt{a^2 - x^2}.$$

根据椭圆的对称性，椭圆的面积 A 是它在第一象限的面积 A_1 的 4 倍(图 5 - 11). 应用公式(5 - 4)，得

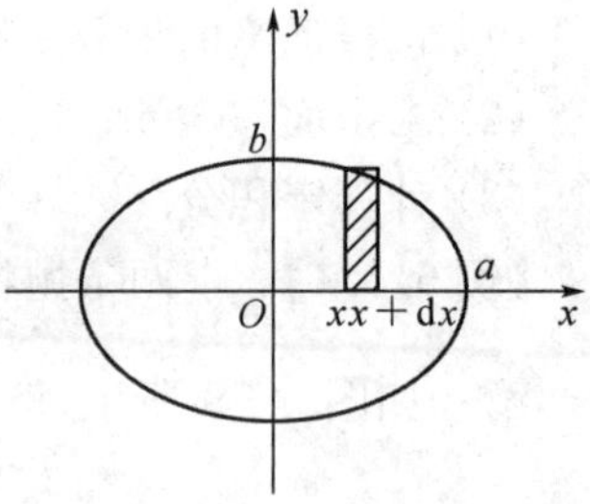

图 5 - 11

$$\begin{aligned} A &= 4\int_0^a y\mathrm{d}x = 4\,\frac{b}{a}\int_0^a \sqrt{a^2 - x^2}\,\mathrm{d}x \\ &= \frac{4b}{a}\left(\frac{x\sqrt{a^2 - x^2}}{2} + \frac{a^2}{2}\arcsin\frac{x}{a}\bigg|_0^a\right) \\ &= \frac{4b}{a}\cdot\frac{a^2}{2}\cdot\frac{\pi}{2} = \pi ab. \end{aligned}$$

当 $a = b$ 时，得出大家都熟悉的圆面积公式 $A = \pi a^2$.

二、旋转体的体积

微课：旋转体的体积

用定积分求平面图形的面积，只是定积分在几何上的一个应用. 利用定积分还可以计算旋转体的体积.

由一个平面图形绕这平面内一条直线旋转一周而成的立体称为**旋转体**，这条直线称为**旋转轴**. 圆柱、圆锥、圆台、球体可以分别看成是由矩形绕它的一条边、直角三角形绕它的直角边、直角梯形绕它的直角腰、半圆绕它的直径旋转一周而成的立体，所以它们都是旋转体.

设旋转体是由连续曲线 $y = f(x)$，直线 $x = a$、$x = b(a < b)$ 及 x 轴所围成的曲边梯形绕 x 轴旋转一周而成的立体. 现在我们来求旋转体的体积.

取横坐标 x 为积分变量，它的变化区间为$[a,b]$，相应于$[a,b]$上的任一小区间$[x, x + \mathrm{d}x]$的窄曲边梯形绕 x 轴旋转一周而成的薄片的体积近似于以 $f(x)$为底半径、$\mathrm{d}x$ 为高的扁圆柱体的体积(图 5 - 12)，即体积元素

$$\mathrm{d}V = \pi[f(x)]^2\mathrm{d}x.$$

以 $\pi[f(x)]^2\mathrm{d}x$ 为被积表达式，在$[a,b]$上作定积分，便得所求旋转体的体积：

$$V = \int_a^b \pi[f(x)]^2\mathrm{d}x. \tag{5-6}$$

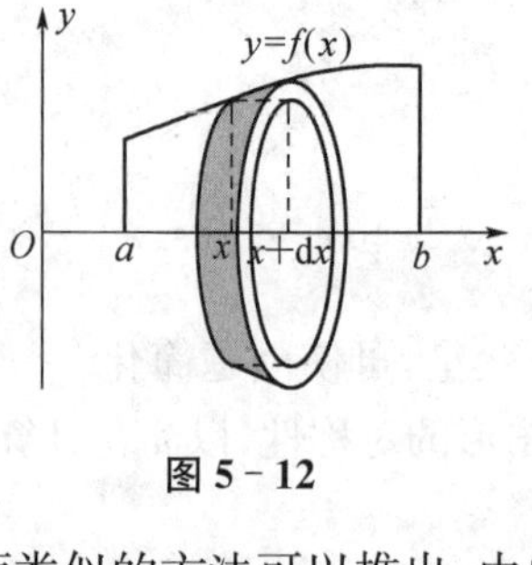

图 5 - 12

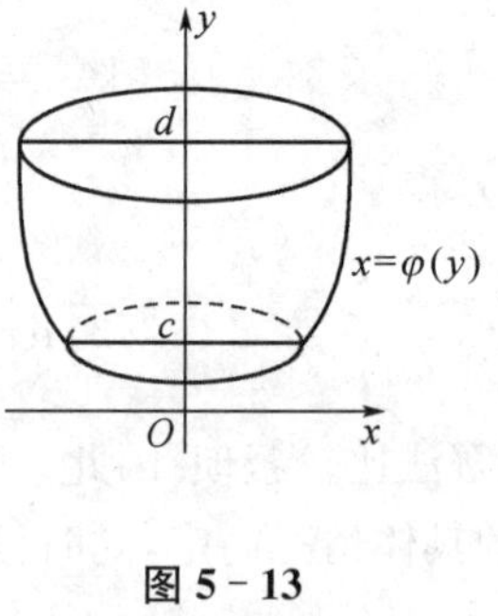

图 5 - 13

用与上面类似的方法可以推出：由曲线 $x = \varphi(y)$，直线 $y = c$、$y = d(c < d)$ 与 y 轴所围成的曲边梯形，绕 y 轴旋转一周而成的旋转体(图 5 - 13)的体积为

$$V=\int_c^d \pi[\varphi(y)]^2 dy. \qquad (5-7)$$

【例 5.5.4】 求正弦曲线 $y=\sin x, 0\leqslant x\leqslant \pi$,绕 x 轴旋转一周所得的立体的体积.

解 将 $a=0, b=\pi, f(x)=\sin x$ 代入公式(5-6),得

$$V=\pi\int_0^{\pi}\sin^2 x dx=\frac{\pi}{2}\int_0^{\pi}(1-\cos 2x)dx=\frac{\pi^2}{2}.$$

【例 5.5.5】 求由 $y=x^2$、$x=y^2$ 围成图形绕 x 轴旋转一周所形成的旋转体的体积.

解 如图 5-9 所示,解方程组 $\begin{cases}y=x^2,\\x=y^2\end{cases}$ 得交点(0,0)和(1,1).

取 x 为积分变量,积分区间为[0,1],则

$$dV=\pi(y_2^2-y_1^2)dx,$$

所以

$$V=\pi\int_0^1[(\sqrt{x})^2-(x^2)^2]dx=\pi\left(\frac{x^2}{2}-\frac{x^5}{5}\right)\Big|_0^1=\frac{3}{10}\pi.$$

【例 5.5.6】 计算椭圆 $\frac{x^2}{a^2}+\frac{y^2}{b^2}=1$ 绕 y 轴旋转一周而成的椭球体的体积.

解 如图 5-14 所示,由式(5-7),得

$$\begin{aligned}V&=\pi\int_{-b}^{b}\left(\frac{a}{b}\sqrt{b^2-y^2}\right)^2 dy\\&=\frac{2\pi a^2}{b^2}\int_0^b(b^2-y^2)dy=\frac{2\pi a^2}{b^2}\left(b^2y-\frac{y^3}{3}\right)\Big|_0^b\\&=\frac{4}{3}\pi a^2 b.\end{aligned}$$

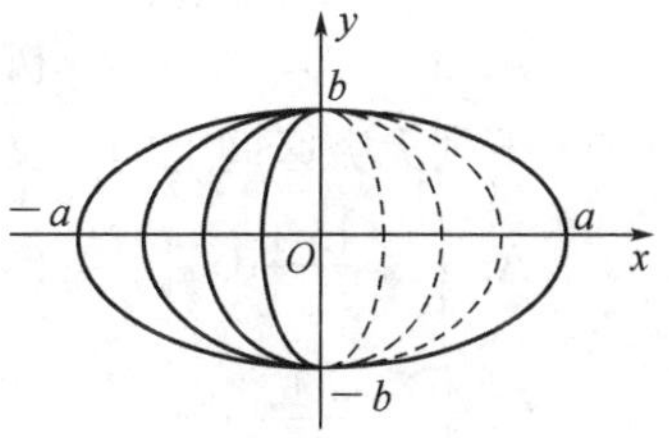

图 5-14

习题 5-5

1. 求由下列各曲线所围成的平面图形的面积:

(1) $y=x^2+3, x=0, x=1$, x 轴;　　(2) $y=e^x$, $y=1, y=e$, y 轴;

(3) $y=x^2, y=2-x^2$;　　(4) $y^2=2x, y=x-4$;

(5) $y=\frac{1}{x}, y=x, x=2$, x 轴;　　(6) $xy=3, x+y=4$.

2. 求下列旋转体的体积:

(1) $y=x^2(0\leqslant x\leqslant 2)$ 与 $x=2$ 所围平面图形分别绕 x 轴、y 轴旋转一周;

(2) $2x-y+4=0$, $x=0$ 及 $y=0$ 所围平面图形绕 x 轴旋转一周;

(3) $y=x^2$ 与 $y^2=x$ 所围平面图形绕 y 轴旋转一周;

(4) $xy=3$ 与 $x+y=4$ 所围平面图形分别绕 x 轴、y 轴旋转一周.

3. 证明半径为 r 的球的体积为 $V=\frac{4}{3}\pi r^3$.

4. 从原点作抛物线 $y=x^2-2x+4$ 的两条切线,由这两条切线与抛物线所围成的平面

图形记为 D. 求：

(1) D 的面积；

(2) 平面图形 D 绕 x 轴旋转一周所得的立体的体积.

复 习 题 五

一、单项选择题(每小题 2 分,共 10 分)

1. “函数 $f(x)$在区间 $[a,b]$ 上连续”是“函数 $f(x)$在 $[a,b]$ 上可积”的 (　　)

A. 充分条件　　B. 必要条件

C. 充分必要条件　　D. 非充分非必要条件

2. 设 $I=\int_0^1 \frac{x^4}{\sqrt{1+x}}\mathrm{d}x$, 则 I 的范围是 (　　)

A. $0\leqslant I\leqslant \frac{\sqrt{2}}{2}$　　B. $1\leqslant I<+\infty$　　C. $-\infty<I\leqslant 0$　　D. $\frac{\sqrt{2}}{2}\leqslant I\leqslant 1$

3. 定积分 $\int_0^1 \mathrm{e}^{2x}\mathrm{d}x$ 的值等于 (　　)

A. e^2　　B. $\frac{1}{2}\mathrm{e}^2$　　C. $\frac{1}{2}(\mathrm{e}^2-1)$　　D. $\frac{1}{2}\mathrm{e}^{2x}$

4. 定积分 $\int_0^{2\pi}\sin x\mathrm{d}x$ 的值等于 (　　)

A. 4　　B. 2　　C. 1　　D. 0

5. 下列无穷区间上的广义积分收敛的是 (　　)

A. $\int_{\mathrm{e}}^{+\infty}\frac{\ln x}{x}\mathrm{d}x$　　B. $\int_{\mathrm{e}}^{+\infty}\frac{1}{x(\ln x)^2}\mathrm{d}x$

C. $\int_{\mathrm{e}}^{+\infty}\frac{1}{x\ln x}\mathrm{d}x$　　D. $\int_{\mathrm{e}}^{+\infty}\frac{1}{x\sqrt{\ln x}}\mathrm{d}x$

二、判断题(每小题 2 分,共 10 分)

6. $\frac{\mathrm{d}}{\mathrm{d}x}\int_0^1 \arcsin x\mathrm{d}x=0$. (　　)

7. $\int_0^1 \mathrm{e}^x\mathrm{d}x\geqslant\int_0^1 \mathrm{e}^{x^2}\mathrm{d}x$. (　　)

8. 曲线 $y=\ln x$ 与直线 $y=1$ 及 x 轴、y 轴所围成的平面图形的面积 $S=\mathrm{e}-1$. (　　)

9. 已知 $F(x)=\int_0^{x^2}\frac{t}{\sqrt{4-t^2}}\mathrm{d}t$, 则 $F'(1)=0$. (　　)

10. 定积分 $\int_1^{\mathrm{e}}\frac{1}{x(x+1)}\mathrm{d}x=1+\ln 2$. (　　)

三、填空题(每小题 2 分,共 10 分)

11. 定积分 $\int_0^{\sqrt{2}}\sqrt{2-x^2}\mathrm{d}x=$ ________.

12. 定积分 $\int_0^{\frac{\pi}{2}}\cos^2 x\mathrm{d}x=$ ________.

13. 函数 $F(x)=\int_0^x (t-1)\mathrm{d}t$ 的极小值等于________.

14. 定积分 $\int_1^{\mathrm{e}} \ln x \mathrm{d}x=$________.

15. 已知 $\int_{-\infty}^0 \frac{k}{1+x^2}\mathrm{d}x=\frac{1}{2}$，则常数 $k=$________.

四、计算题(每小题 10 分，共 60 分)

16. 求极限 $\lim\limits_{x\to 0}\frac{x-\int_0^x \mathrm{e}^{t^2}\mathrm{d}t}{x^2\sin x}$.

17. 计算定积分 $\int_1^3 |x-2|\mathrm{d}x$.

18. 计算定积分 $\int_0^3 \frac{x}{\sqrt{1+x}}\mathrm{d}x$.

19. 计算定积分 $\int_{\frac{\sqrt{2}}{2}}^1 \frac{\sqrt{1-x^2}}{x^2}\mathrm{d}x$.

20. 计算定积分 $\int_{-\frac{\pi}{2}}^{\frac{\pi}{2}} (x+\cos^4 x)\sin x\mathrm{d}x$.

21. 已知 $x\mathrm{e}^x$ 为 $f(x)$ 的一个原函数，求 $\int_0^1 xf'(x)\mathrm{d}x$.

五、综合题(共 10 分)

22. 平面图形 D 是由曲线 $xy=1$ 与直线 $y=x$、$x=2$ 及 x 轴所围成的. 试求：

(1) 平面图形 D 的面积 S；

(2) 平面图形 D 绕 x 轴旋转一周所形成的旋转体的体积 V_x.

第六章　常微分方程

本章提要　在初等数学中，我们已学习过一些代数方程，方程中仅仅出现自变量和未知函数.本章将要学习的方程与之前的方程有所不同，它们除了自变量和未知函数外，还包含未知函数的导数或微分.这里主要介绍该方程的基本概念和几种常见的形式及其解法.

第一节　微分方程的基本概念

先列举几个简单的实际例子说明怎样从实际问题转变为微分方程的问题.

【例 6.1.1】　自由落体：设一个质量为 m 的物体，在高 h 处只受重力作用从静止状态自由下落，求其运动方程.

解　取垂直地面向上的方向为正方向，设物体在时刻 t 的位置在 s.
由牛顿第二定律 $F = ma$ 得：

$$m\frac{\mathrm{d}^2 s}{\mathrm{d}t^2} = -mg \tag{6-1}$$

即

$$\frac{\mathrm{d}^2 s}{\mathrm{d}t^2} = -g, \tag{6-2}$$

对式子两边积分得

$$\frac{\mathrm{d}s}{\mathrm{d}t} = -\int g\mathrm{d}t = -gt + C_1, \tag{6-3}$$

再积分一次得

$$s = \int(-gt + C_1)\mathrm{d}t = -\frac{1}{2}gt^2 + C_1 t + C_2, \tag{6-4}$$

其中 C_1, C_2 均为任意常数.
根据题意，s 还应满足以下条件：

$$s\big|_{t=0} = h,\quad \left.\frac{\mathrm{d}s}{\mathrm{d}t}\right|_{t=0} = 0. \tag{6-5}$$

将上述条件代入式(6－3)和式(6－4)，得 $C_1 = 0, C_2 = h$. 于是所求的运动方程为

$$s = -\frac{1}{2}gt^2 + h. \tag{6-6}$$

【例 6.1.2】　镭的衰变：镭这种放射性元素在衰变的过程中，因不断地放出各种射线而

逐渐减少其质量，根据大量的实验知道衰变速度与剩余物质的质量成正比，问这种元素的质量 m 与时间 t 之间的函数关系是怎样的？

解 由题意可知：

$$\frac{\mathrm{d}m}{\mathrm{d}t}=-km, \tag{6-7}$$

这里 $\frac{\mathrm{d}m}{\mathrm{d}t}$ 表示衰变速度，即 m 关于 t 的变化率. $k>0$ 是比例系数，与该物质是何种放射性元素有关. 负号表示当 $m>0$ 时 $\frac{\mathrm{d}m}{\mathrm{d}t}<0$，即当时间增加时放射物的质量是减少的.

将方程式(6-7)变为

$$\frac{1}{m}\mathrm{d}m=-k\mathrm{d}t, \tag{6-8}$$

上式两边求不定积分得

$$\int\frac{1}{m}\mathrm{d}m=\int(-k)\mathrm{d}t, \tag{6-9}$$

求出不定积分后得

$$\ln|m|=-kt+C, \tag{6-10}$$

其中 C 是任意常数.

显然，方程式(6-10)并不能完全确定质量 m 与时间 t 之间的关系. 现在再加一个条件：当 $t=0$ 时，$m=M$，即

$$m\big|_{t=0}=M, \tag{6-11}$$

代入方程式(6-10)得

$$C=\ln M, \tag{6-12}$$

从而

$$\ln m=-kt+\ln M, \tag{6-13}$$

即

$$m=M\mathrm{e}^{-kt}. \tag{6-14}$$

上面两个不同的例子有着共同的特征：自变量只有一个，由题意所得方程都含有导数，都带有附加条件. 解决的方法也很类似：先建立方程，然后通过解方程得出满足附加条件的函数. 而解方程的过程都用到了求不定积分.

总结这一类问题的特点，给出如下的定义：

定义 6-1 含有未知的一元函数的导数(或微分)的方程式称为**常微分方程**，简称**微分方程**.

【例 6.1.1】的方程式(6-2)、【例 6.1.2】的方程式(6-7)都是常微分方程.

微分方程中未知函数的导数(或微分)的最高阶数，称为**微分方程的阶**.

【例 6.1.1】的方程式(6-2)是二阶微分方程,【例 6.1.2】的方程式(6-7)是一阶微分方程.

若某个函数代入微分方程后,能够使得该方程成为恒等式,则称该函数满足微分方程,凡是满足微分方程的函数都称为**微分方程的解**.

【例 6.1.1】中函数式(6-4)和式(6-6)都是方程式(6-2)的解,【例 6.1.2】中函数式(6-10)和式(6-14)都是方程式(6-7)的解.

如果微分方程的解中含有相互独立的任意常数,且任意常数的个数与微分方程的阶数相同,这样的解叫作**微分方程的通解**.如果微分方程的解中不含有任意常数,则称它为**微分方程的特解**.

【例 6.1.1】中的函数式(6-4)、【例 6.1.2】中的函数式(6-10)都是通解,【例 6.1.1】中的函数式(6-6)、【例 6.1.2】中的函数式(6-14)都是特解.

在几何上,通解的图像是一簇曲线,称为**积分曲线簇**.

在得到微分方程的通解之后往往需要借助其他一些条件才能将通解中的任意常数确定下来,得到该方程的特解,这些条件称为**初始条件**.

【例 6.1.1】中的条件式(6-5)、【例 6.1.2】中的条件式(6-11)就是初始条件.

求微分方程满足初始条件的特解问题,称为**微分方程的初值问题**.

【例 6.1.3】 验证函数 $y=C_1\sin 2x+C_2\cos 2x$ (C_1,C_2 是任意常数)是方程 $y''+4y=0$ 的通解,并求满足初始条件 $y\left(\frac{\pi}{8}\right)=0, y'\left(\frac{\pi}{8}\right)=\sqrt{2}$ 的特解.

解 $y'=2C_1\cos 2x-2C_2\sin 2x$, $y''=-4C_1\sin 2x-4C_2\cos 2x$.
将 y, y'' 代入微分方程得

$$y''+4y=(-4C_1\sin 2x-4C_2\cos 2x)+4(C_1\sin 2x+C_2\cos 2x)=0$$

所以,函数 $y=C_1\sin 2x+C_2\cos 2x$ 是所给微分方程的解.又因为 $\frac{\cos 2x}{\sin 2x}\neq$ 常数,所以解中含有两个独立的任意常数 C_1,C_2,而微分方程是二阶的,即任意常数的个数与方程的阶数相同,因此它是该方程的通解.

将初始条件 $y\left(\frac{\pi}{8}\right)=0, y'\left(\frac{\pi}{8}\right)=\sqrt{2}$ 分别代入 y 及 y' 中,得

$$\begin{cases}\frac{\sqrt{2}}{2}C_1+\frac{\sqrt{2}}{2}C_2=0\\ \sqrt{2}C_1-\sqrt{2}C_2=\sqrt{2}\end{cases}$$

解得 $C_1=\frac{1}{2}, C_2=-\frac{1}{2}$. 于是所求特解为 $y=\frac{1}{2}\sin 2x-\frac{1}{2}\cos 2x$.

习题 6-1

1. 判断下列方程是不是常微分方程,如果是请指出它是几阶的:

(1) $\frac{dy}{dx}=y^2+x^3$;　　(2) $y^3\frac{d^2y}{dx^2}+2x\frac{dy}{dx}+1=0$;

(3) $\left(\frac{\mathrm{d}y}{\mathrm{d}x}\right)^2+2\frac{\mathrm{d}y}{\mathrm{d}x}=4$； (4) $xy^2+2y+x^2y=0$；

(5) $(3x-4y)\mathrm{d}x+(2x+y)\mathrm{d}y=0$； (6) $(x-2)^2+y^2=9$.

2. 检验所给出的函数是否为相应微分方程的解，如果是请指出它是通解还是特解：

(1) $y''+y=0$，$y=3\sin x-4\cos x$；

(2) $\frac{\mathrm{d}y}{\mathrm{d}x}=p(x)\cdot y$，$y=Ce^{\int p(x)\mathrm{d}x}$；

(3) $y''-2y'+y=2e^x$，$y=x^2e^x$.

3. 求出满足初始条件的特解：

(1) $y^2=x^2+C, y|_{x=0}=5$；

(2) $y=(C_1+C_2x)e^{2x}, y(0)=0, y'(0)=1$.

第二节 一阶微分方程

一阶微分方程中包含未知函数的一阶导数或微分，它的一般形式为

$$F(x,y,y')=0. \tag{6-15}$$

本节我们介绍三种常见的一阶微分方程及其解法.

微课：变量可分离的一阶微分方程

一、变量可分离的一阶微分方程

定义 6-2 如果 $F'(x,y,y')=0$ 可转化为

$$g(y)\mathrm{d}y=f(x)\mathrm{d}x, \tag{6-16}$$

则称其为**变量可分离的微分方程**. 形如

$$M(x)N(y)\mathrm{d}x=P(x)Q(y)\mathrm{d}y(N(y)P(x)\neq 0), \tag{6-17}$$

很容易把它化为**变量可分离的方程**.

变量可分离的一阶微分方程的解法如下：

对原方程分离变量，转化为变量分离的微分方程，即式(6-16)的形式. 如果函数 $f(x)$ 和 $g(y)$ 都连续，那么方程两边同时求不定积分，即

$$\int g(y)\mathrm{d}y=\int f(x)\mathrm{d}x. \tag{6-18}$$

若令 $G(y)$、$F(x)$ 分别为 $g(y)$、$f(x)$ 的一个原函数，则从式(6-18)可得

$$G(y)=F(x)+C. \tag{6-19}$$

上式称为**微分方程的通积分**. 如果能求出 $G(y)$ 的反函数 G^{-1}，则从式(6-19)可以得到方程的通解 $y=G^{-1}[F(x)+C]$. 利用初始条件确定了通积分中的任意常数后所得的等式则称为**特积分**.

在微分方程的求解中，当得到一个方程的通积分或特积分后，通常就认为求解过程已完成. 一般而言，并不刻意去求通解或特解. 所以，以后我们也不严格区分通解、通积分或特解、

特积分.

【例 6.2.1】 求解微分方程 $\frac{dy}{dx}=y\ln x$.

解 变量分离得

$$\frac{dy}{y}=\ln x dx \quad (y\neq 0),$$

两边积分得 $\int\frac{dy}{y}=\int\ln x dx$，即

$$\ln|y|=x\ln x-x+C_1,$$

这里 C_1 是任意常数.从上式可以解出 y 得到通解为

$$y=Ce^{x\ln x-x}.$$

这里 C 是非零的任意常数.此外，$y=0$ 也是方程的解，它可以被包含在通解中(取 $C=0$).因此，原方程的通解是

$$y=Ce^{x\ln x-x}(C\text{ 是任意常数}).$$

【例 6.2.2】 求微分方程 $(x^2-1)y'+2xy^2=0$ 满足条件 $y|_{x=0}=1$ 的特解.

解 变量分离得

$$-\frac{1}{y^2}dy=\frac{2x}{x^2-1}dx,$$

两边积分得

$$\int\left(-\frac{1}{y^2}\right)dy=\int\frac{2x}{x^2-1}dx,$$

$$\frac{1}{y}=\ln|x^2-1|+C,$$

所以方程的通解为 $y=\frac{1}{\ln|x^2-1|+C}$.

将 $y|_{x=0}=1$ 代入通解表达式得 $C=1$. 因此所求的特解为

$$y=\frac{1}{\ln|x^2-1|+1}.$$

二、齐次方程

定义 6-3 如果从 $F'(x,y,y')=0$ 中能够化为

$$\frac{dy}{dx}=\varphi\left(\frac{y}{x}\right) \tag{6-20}$$

的形式，那么就称这个方程为**齐次方程**.

例如

$$(2xy+y^2)\mathrm{d}x+x^2\mathrm{d}y=0$$

是齐次方程. 因为它可化为

$$\frac{\mathrm{d}y}{\mathrm{d}x}=-2\left(\frac{y}{x}\right)-\left(\frac{y}{x}\right)^2.$$

对于齐次方程式(6-20)只要做一个变量代换就能够转化为变量可分离的方程. 具体解法如下：

① 将原方程化为式(6-20)的形式.

② 作变量代换，令 $u=\frac{y}{x}$，则有

$$y=ux,\frac{\mathrm{d}y}{\mathrm{d}x}=u+x\frac{\mathrm{d}u}{\mathrm{d}x},$$

代入式(6-20)可得

$$u+x\frac{\mathrm{d}u}{\mathrm{d}x}=\varphi(u),$$

分离变量得

$$\frac{\mathrm{d}u}{\varphi(u)-u}=\frac{\mathrm{d}x}{x}.$$

③ 两端积分得

$$\int\frac{\mathrm{d}u}{\varphi(u)-u}=\int\frac{\mathrm{d}x}{x}.$$

④ 求出积分后，再以 $u=\frac{y}{x}$ 回代，即得原方程的通解.

【例 6.2.3】 解方程 $xy'=y\ln y-y\ln x$.

解 原方程可化为

$$\frac{\mathrm{d}y}{\mathrm{d}x}=\frac{y}{x}\ln\frac{y}{x}$$

令 $u=\frac{y}{x}$，则 $y=ux,\frac{\mathrm{d}y}{\mathrm{d}x}=u+x\frac{\mathrm{d}u}{\mathrm{d}x}$，代入上式得

$$u+x\frac{\mathrm{d}u}{\mathrm{d}x}=u\ln u,$$

变量分离得

$$\frac{\mathrm{d}u}{u(\ln u-1)}=\frac{\mathrm{d}x}{x},$$

两端积分得

$$\int\frac{\mathrm{d}u}{u(\ln u-1)}=\int\frac{\mathrm{d}x}{x},$$

即

$$\int \frac{1}{\ln u-1}\mathrm{d}(\ln u-1)=\ln|x|+\ln C,$$

得

$$\ln|\ln u-1|=\ln|x|+\ln C,$$

$$\ln u-1=Cx,$$

将 $u=\frac{y}{x}$ 回代得原方程的解为 $\ln\frac{y}{x}-1=Cx$.

三、一阶线性微分方程

微课：一阶线性微分方程

定义 6-4 如果一阶微分方程可化为

$$\frac{\mathrm{d}y}{\mathrm{d}x}=p(x)y+q(x) \tag{6-21}$$

的形式(其中 $p(x)$ 和 $q(x)$ 是已知的连续函数)，则称此方程为**一阶线性微分方程**. 当 $q(x)\neq 0$ 时，称此方程式为**一阶非齐次线性微分方程**；反之，当 $q(x)=0$ 时，即

$$\frac{\mathrm{d}y}{\mathrm{d}x}=p(x)y \tag{6-22}$$

称它为**一阶齐次线性微分方程**.

先考虑一阶线性齐次方程式(6-22)的解法. 显然它是一个变量可分离的方程，变量分离得

$$\frac{\mathrm{d}y}{y}=p(x)\mathrm{d}x,$$

两端积分得

$$\ln|y|=\int p(x)\mathrm{d}x+\ln|C|,$$

其中 $\int p(x)\mathrm{d}x$ 表示 $p(x)$ 的一个原函数. 所以，一阶齐次线性微分方程的通解为

$$y=C\mathrm{e}^{\int p(x)\mathrm{d}x}, \tag{6-23}$$

其中 C 为任意常数.(这里 $y=0$ 也是原方程的解，所以 $C=0$ 也是可以的.)

其次，考虑线性非齐次方程式(6-21)的解法，我们采用**常数变易法**. 把齐次方程通解中的任意常数 C 改为函数 $C(x)$，即令

$$y=C(x)\mathrm{e}^{\int p(x)\mathrm{d}x}, \tag{6-24}$$

将它代入方程式(6-21)得

$$[C(x)\mathrm{e}^{\int p(x)\mathrm{d}x}]'=p(x)\cdot C(x)\mathrm{e}^{\int p(x)\mathrm{d}x}+q(x)$$

即

$$C'(x)\mathrm{e}^{\int p(x)\mathrm{d}x}+C(x)\mathrm{e}^{\int p(x)\mathrm{d}x}p(x)=p(x)\cdot C(x)\mathrm{e}^{\int p(x)\mathrm{d}x}+q(x),$$

化简后得

$$C'(x)=q(x)\mathrm{e}^{-\int p(x)\mathrm{d}x},$$

积分后得

$$C(x)=\int q(x)\mathrm{e}^{-\int p(x)\mathrm{d}x}\mathrm{d}x+C, \tag{6-25}$$

代入式(6-24)得一阶非齐次线性微分方程式(6-21)的通解为

$$y=\mathrm{e}^{\int p(x)\mathrm{d}x}\left[\int q(x)\mathrm{e}^{-\int p(x)\mathrm{d}x}\mathrm{d}x+C\right]\quad(C\text{ 为任意常数}) \tag{6-26}$$

或

$$y=C\mathrm{e}^{\int p(x)\mathrm{d}x}+\mathrm{e}^{\int p(x)\mathrm{d}x}\cdot\int q(x)\mathrm{e}^{-\int p(x)\mathrm{d}x}\mathrm{d}x.$$

上式右端由两项构成,它们分别是对应的齐次线性方程式(6-22)的通解和非齐次线性方程式(6-21)的一个特解(在式(6-21)的通解式(6-26)中取 $C=0$ 就可得到这个特解).由此可知,一阶非齐次线性微分方程的通解等于对应的齐次方程的通解与非齐次方程的一个特解之和.

【例 6.2.4】 求解方程 $xy'+y=x^2+3x+2$.

解 原方程改写为

$$y'=-\frac{1}{x}\cdot y+\left(x+3+\frac{2}{x}\right)$$

这是一个非齐次线性微分方程,即

$$p(x)=-\frac{1}{x},\ q(x)=x+3+\frac{2}{x}.$$

解法 1(常数变易法) 先求出对应的齐次方程 $y'=-\frac{1}{x}\cdot y$ 的通解.即

$$\frac{\mathrm{d}y}{y}=-\frac{\mathrm{d}x}{x},$$

$$\ln|y|=-\ln|x|+\ln|C|,$$

所以齐次方程的通解为 $y=\frac{C}{x}$.

下面求原方程的通解.

设 $y=\frac{C(x)}{x}$,代入微分方程得

$$C'(x)\cdot\frac{1}{x}+C(x)\cdot\left(-\frac{1}{x^2}\right)=-\frac{1}{x}\cdot\frac{C(x)}{x}+\left(x+3+\frac{2}{x}\right),$$

$$C'(x)=x^2+3x+2,$$

$$C(x)=\frac{x^3}{3}+\frac{3x^2}{2}+2x+C,$$

所以,原方程的通解为 $y=\frac{1}{x}\cdot\left(\frac{x^3}{3}+\frac{3x^2}{2}+2x+C\right)$.

解法 2(公式法)　由公式(6-26)得原方程的通解为

$$\begin{aligned}y&=\mathrm{e}^{\int\left(-\frac{1}{x}\right)\mathrm{d}x}\left[\int\left(x+3+\frac{2}{x}\right)\mathrm{e}^{-\int\left(-\frac{1}{x}\right)\mathrm{d}x}\mathrm{d}x+C\right]\\&=\mathrm{e}^{-\ln x}\left[\int\left(x+3+\frac{2}{x}\right)\mathrm{e}^{\ln x}\mathrm{d}x+C\right]\\&=\frac{1}{x}\left[\int(x^2+3x+2)\mathrm{d}x+C\right]\\&=\frac{1}{x}\left(\frac{x^3}{3}+\frac{3x^2}{2}+2x+C\right),\end{aligned}$$

即

$$y=\frac{1}{x}\cdot\left(\frac{x^3}{3}+\frac{3x^2}{2}+2x+C\right).$$

【例 6.2.5】　求微分方程 $\frac{\mathrm{d}y}{\mathrm{d}x}+\frac{y}{x}=\frac{\sin x}{x}$ 满足条件 $y\mid_{x=\pi}=1$ 的特解.

解　原方程可化为

$$\frac{\mathrm{d}y}{\mathrm{d}x}=-\frac{1}{x}\cdot y+\frac{\sin x}{x},$$

这是一阶线性非齐次微分方程,即

$$p(x)=-\frac{1}{x},\ q(x)=\frac{\sin x}{x}.$$

由公式(6-26)得

$$\begin{aligned}y&=\mathrm{e}^{\int\left(-\frac{1}{x}\right)\mathrm{d}x}\left[\int\frac{\sin x}{x}\cdot\mathrm{e}^{-\int\left(-\frac{1}{x}\right)\mathrm{d}x}\mathrm{d}x+C\right]\\&=\mathrm{e}^{-\ln x}\left[\int\frac{\sin x}{x}\mathrm{e}^{\ln x}\mathrm{d}x+C\right]\\&=\frac{1}{x}\left[\int\sin x\mathrm{d}x+C\right]\\&=\frac{1}{x}(-\cos x+C),\end{aligned}$$

所以原方程的通解为 $y=\frac{1}{x}(-\cos x+C)$.

将条件 $y|_{x=\pi}=1$ 代入通解，得

$$1=\frac{1}{\pi}(-\cos\pi+C),\ C=\pi-1,$$

故所求特解为 $y=\dfrac{-\cos x+\pi-1}{x}$.

有时方程不是关于未知函数 y,y' 的一阶线性方程，如果把 x 看成关于自变量 y 的函数 $x=x(y)$，方程就成为关于 $x(y),x'(y)$ 的一阶线性方程

$$\frac{\mathrm{d}x}{\mathrm{d}y}=p(y)x+q(y).$$

这时仍然可以用上述方法求解.

【例 6.2.6】 求解微分方程 $y\ln y\mathrm{d}x+(x-\ln y)\mathrm{d}y=0$.

解 原方程可化为

$$\frac{\mathrm{d}y}{\mathrm{d}x}=\frac{-y\ln y}{x-\ln y},$$

这并不是关于 y,y' 的一阶线性方程. 但是

$$\frac{\mathrm{d}x}{\mathrm{d}y}=-\frac{1}{y\ln y}\cdot x+\frac{1}{y}$$

是关于 $x(y),x'(y)$ 的一阶线性方程，即

$$p(y)=-\frac{1}{y\ln y},\ q(y)=\frac{1}{y}.$$

代入与式(6-26)相应的通解公式即

$$\begin{aligned}x&=\mathrm{e}^{\int p(y)\mathrm{d}y}\left[\int q(y)\mathrm{e}^{-\int p(y)\mathrm{d}y}\mathrm{d}y+C\right]\\&=\mathrm{e}^{\int\left(-\frac{1}{y\ln y}\mathrm{d}y\right)}\left[\int\frac{1}{y}\mathrm{e}^{-\int\left(-\frac{1}{y\ln y}\right)\mathrm{d}y}\mathrm{d}y+C\right]\\&=\mathrm{e}^{-\ln(\ln y)}\left[\int\frac{1}{y}\mathrm{e}^{\ln(\ln y)}\mathrm{d}y+C\right]=\frac{1}{\ln y}\left[\int\frac{\ln y}{y}\mathrm{d}y+C\right]\\&=\frac{1}{\ln y}\left[\frac{(\ln y)^2}{2}+C\right],\end{aligned}$$

所以，原方程的通解为 $x=\dfrac{1}{\ln y}\left[\dfrac{(\ln y)^2}{2}+C\right]$.

【例 6.2.7】 质量为 5 kg 的物体以初速度 100 m/s 垂直上抛. 设物体在受重力作用的同时，还受与速度成正比的空气阻力作用，比例系数为 1.0. 求物体的上升高度和上升速度的变化规律.

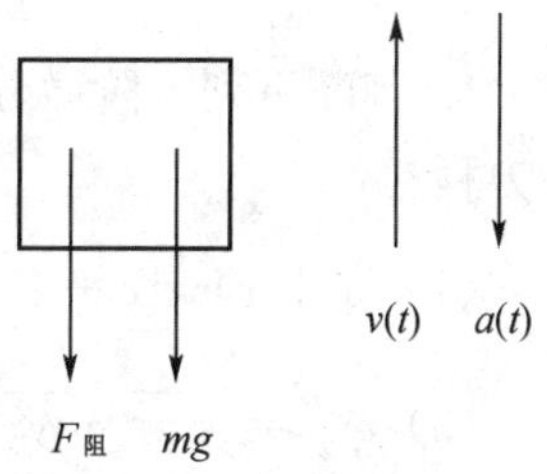

解 设垂直地面向上的方向为正方向，上升高度为 $h(t)$，

则上升速度 $v(t)$、加速度 $a(t)$ 为

$$v(t)=h'(t),\ a(t)=-h''(t).$$

物体在上升过程中的受力情况：

重力 $F_1=-mg=-5g$，

空气阻力 $F_2=-1.0v(t)=-v(t)=-h'(t)$.

根据牛顿第二定律 $F=ma$ 得

$$-5h''(t)=-5g-h'(t). \tag{6-27}$$

根据题意知 $h(t)$ 还满足如下条件：

$$h(0)=0,\ h'(0)=100. \tag{6-28}$$

式(6-27)等价于

$$[5h'(t)-h(t)]'=5g,$$

所以

$$5h'(t)-h(t)=5gt+C_1.$$

将初始条件式(6-28)代入得 $C_1=500$，所以

$$5h'(t)-h(t)=5gt+500,$$

即
$$h'(t)=\frac{1}{5}h(t)+(gt+100). \tag{6-29}$$

式(6-29)是关于 $h(t)$,$h'(t)$ 的一阶线性非齐次微分方程,用公式法得

$$\begin{aligned}h(t)&=e^{\int\frac{1}{5}dt}\left[\int(gt+100)e^{-\int\frac{1}{5}dt}dt+C\right]=e^{\frac{t}{5}}\left[\int(gt+100)e^{-\frac{t}{5}}dt+C\right]\\&=e^{\frac{t}{5}}\left[e^{-\frac{t}{5}}(-5gt-25g-500)+C\right]\\&=-5g(t+5)-500+Ce^{\frac{t}{5}}.\end{aligned}$$

将初始条件 $h(0)=0$ 代入得 $C=25g+500$，所以

$$h(t)=-5g(t+5)-500+(25g+500)e^{\frac{t}{5}},$$

$$v(t)=-5g+(5g+100)e^{\frac{t}{5}}.$$

习题 6-2

1. 判断下列一阶微分方程中,哪些是可变量分离的方程？哪些是齐次方程？哪些是线性方程？

(1) $(1+x)y\mathrm{d}x+(1-y)x\mathrm{d}y=0$； (2) $\frac{\mathrm{d}y}{\mathrm{d}x}=x^2-\frac{y}{x}$；

(3) $xy'=\sqrt{x^2-y^2}+y$； (4) $(x^2-1)y'+2xy^2=0$；

(5) $xy'-y=(x+y)\ln\frac{x+y}{x}$;　　(6) $\frac{ds}{dt}=-s\cos t+\frac{1}{2}\sin 2t$.

2. 求解下列微分方程：

(1) $e^{x+y}dx=dy$;　　(2) $x^2dx-y(1+x^3)dy=0$;

(3) $y^2+x^2\frac{dy}{dx}=xy\frac{dy}{dx}$;　　(4) $(x^2+y^2)dx-xydy=0$;

(5) $\frac{dy}{dx}-\frac{2y}{x+1}-(x+1)^{\frac{5}{2}}=0$;　　(6) $y'+y-e^{-x}=0$.

3. 求解下列初值问题：

(1) $\frac{dy}{dx}=y(y-1)$，$y(0)=2$;

(2) $2xydy+(y^2-3x^2)dx=0$，$y(1)=\sqrt{2}$;

(3) $\frac{dy}{dx}-y\tan x=\sec x$，$y(0)=0$.

第三节　可降阶的高阶微分方程

二阶以及二阶以上的微分方程称为**高阶微分方程**. 对于有些高阶微分方程，可以通过代换将它化为较低阶的方程来求解. 下面介绍两种常见的高阶微分方程的求解方法.

一、$y^{(n)}=f(x)$型

微分方程

$$y^{(n)}=f(x) \tag{6-30}$$

的右端仅含有自变量 x. 对于这种类型的降阶方法是：通过逐次积分，就能逐次降阶，直到解出 y 为止. 即方程式(6-30)两边积分得

$$y^{(n-1)}=\int f(x)dx+C_1,$$

同理可得

$$y^{(n-2)}=\int\left[\int f(x)dx+C_1\right]dx+C_2,$$

依此法继续进行，接连积分 n 次，便得方程式(6-30)的含有 n 个任意常数的通解.

【例 6.3.1】 求解微分方程 $y'''=x+\sin x$.

解　方程两端积分得

$$y''=\int(x+\sin x)dx=\frac{1}{2}x^2-\cos x+C_1,$$

两端再积分得

$$y'=\int\left(\frac{1}{2}x^2-\cos x+C_1\right)dx=\frac{1}{6}x^3-\sin x+C_1x+C_2,$$

第三次积分得

$$y=\int\left(\frac{1}{6}x^3-\sin x+C_1x+C_2\right)\mathrm{d}x=\frac{1}{24}x^4+\cos x+\frac{C_1}{2}x^2+C_2x+C_3,$$

故原方程的通解为

$$y=\frac{1}{24}x^4+\cos x+\frac{C_1}{2}x^2+C_2x+C_3.$$

二、$y''=f(x,y')$型

方程

$$y''=f(x,y') \tag{6-31}$$

的右端不显含未知函数 y. 如果设 $p=y'$，那么

$$y''=\frac{\mathrm{d}p}{\mathrm{d}x},$$

方程变为

$$\frac{\mathrm{d}p}{\mathrm{d}x}=f(x,p),$$

这是一个以 p 作为未知函数，自变量仍为 x 的一阶微分方程. 设其解为

$$p=\varphi(x,C_1),$$

那么

$$\frac{\mathrm{d}y}{\mathrm{d}x}=\varphi(x,C_1),$$

对它进行积分，便得到方程式(6-31)的通解

$$y=\int\varphi(x,C_1)\mathrm{d}x+C_2.$$

【例 6.3.2】 求解微分方程 $y''+y'-x=0$.

解 令 $p=y'$，那么 $y''=\frac{\mathrm{d}p}{\mathrm{d}x}$，原方程变为

$$\frac{\mathrm{d}p}{\mathrm{d}x}=-p+x.$$

利用非齐次线性方程的通解公式得

$$\begin{aligned}p&=\mathrm{e}^{\int(-1)\mathrm{d}x}\left[\int x\mathrm{e}^{-\int(-1)\mathrm{d}x}\mathrm{d}x+C_1\right]\\&=\mathrm{e}^{-x}\left[\int x\mathrm{e}^{x}\mathrm{d}x+C_1\right]=\mathrm{e}^{-x}[(x-1)\mathrm{e}^{x}+C_1]\\&=x-1+C_1\mathrm{e}^{-x}\end{aligned}$$

即

$$\frac{dy}{dx}=x-1+C_1e^{-x},$$

两端积分得

$$y=\int(x-1+C_1e^{-x})dx=\frac{1}{2}x^2-x-C_1e^{-x}+C_2,$$

所以,原方程的通解为 $y=\frac{1}{2}x^2-x-C_1e^{-x}+C_2$.

【例 6.3.3】 求解方程 $y''-(y')^2=0$ 满足 $y(0)=0, y'(0)=-1$ 的特解.

解　令 $p=y'$, 那么 $y''=\frac{dp}{dx}$, 原方程变为

$$\frac{dp}{dx}-p^2=0,$$

$$\frac{1}{p^2}dp=dx,$$

两端积分得

$$-\frac{1}{p}=x+C_1,$$

$$p=-\frac{1}{x+C_1},$$

即

$$\frac{dy}{dx}=-\frac{1}{x+C_1},$$

代入条件 $y'(0)=-1$, 得 $C_1=1$.

那么

$$\frac{dy}{dx}=-\frac{1}{x+1},$$

用变量分离法解得

$$y=-\ln|x+1|+C_2,$$

代入条件 $y(0)=0$, 得 $C_2=0$. 所以原方程的特解为 $y=-\ln|x+1|$.

习题 6 - 3

1. 求解下列微分方程:

(1) $y^{(4)}=x+1$;　　(2) $y'''=e^{2x}-\cos x$;

(3) $xy''+y'=0$;　　(4) $xy''+y'=4x$.

2. 求解下列初值问题：

(1) $y''' = e^{2x}$, $y(0) = y'(0) = y''(0) = 0$；

(2) $y'' = (y')^{\frac{1}{2}}$, $y(0) = 0$, $y'(0) = 1$.

第四节　二阶常系数线性微分方程

本节着重讨论二阶常系数线性微分方程的解法，它不能降阶为一阶方程来求解，但仍有求通解的一般方法.

定义 6－5　形如

$$y'' + py' + qy = f(x)\ (\text{其中}\ p,q\ \text{是常数}) \tag{6-32}$$

的微分方程称为**二阶常系数线性微分方程**. 右边的 $f(x)$ 称为**自由项**.

当自由项 $f(x) = 0$ 时，即

$$y'' + py' + qy = 0 \tag{6-33}$$

称为**二阶常系数齐次线性微分方程**.

当自由项 $f(x) \neq 0$ 时，方程式(6－32)称为**二阶常系数非齐次线性微分方程**.

所谓的线性是对 y 而言的. 也就是说，如果 y_1、y_2 是方程式(6－33)的特解，且 y_1，y_2 线性无关即 $\dfrac{y_1}{y_2} \neq$ 常数，那么

$$y = C_1 y_1 + C_2 y_2\ (\ C_1, C_2\ \text{是任意常数})$$

就是齐次线性微分方程式(6－33)的通解.

微课：二阶常系数齐次线性微分方程

一、二阶常系数齐次线性微分方程的解法

二阶常系数齐次线性微分方程的一般形式为方程式(6－33)，已在上述定义中给出.

要找微分方程式(6－33)的通解，可以先求出它的两个线性无关的解 y_1，y_2，那么通解就能够表示出来了.

因为当 r 为常数时指数函数 $y = e^{rx}$ 和它的各阶导数都只相差一个常数因子，所以我们用 $y = e^{rx}$ 来尝试，看能否选取适当的常数 r 使 $y = e^{rx}$ 满足方程(6－33).

对 $y = e^{rx}$ 求导得

$$y' = re^{rx}, y'' = r^2 e^{rx},$$

把 y、y' 和 y'' 代入方程式(6－33)得

$$e^{rx}(r^2 + pr + q) = 0.$$

因为 $e^{rx} \neq 0$，所以

$$r^2 + pr + q = 0. \tag{6-34}$$

显然，只要 r 满足代数方程(6－34)，函数 $y = e^{rx}$ 就是微分方程(6－33)的解. 我们把代数方程(6－34)称为微分方程(6－33)的**特征方程**，并称特征方程的根为**特征根**.

特征方程(6-34)是一个一元二次方程，其中 r^2、r 的系数及常数项恰好依次是微分方程(6-33)中 y''、y' 及 y 的系数. 以下根据特征方程的根的不同情况，讨论齐次方程(6-33)的通解的形式.

1. 两个互异实根

当 $p^2-4q>0$ 时，r_1、r_2 是两个不相等的实根：

$$r_1=\frac{-p+\sqrt{p^2-4q}}{2},r_2=\frac{-p-\sqrt{p^2-4q}}{2},$$

那么 $y_1=e^{r_1x}$、$y_2=e^{r_2x}$ 是齐次方程(6-33)的解，且 $\frac{y_1}{y_2}=e^{(r_1-r_2)x}$ 不是常数. 因此，微分方程(6-33)的通解为

$$y=C_1e^{r_1x}+C_2e^{r_2x}\ (C_1,C_2\text{ 是任意常数}).$$

2. 两个相等的实根

当 $p^2-4q=0$ 时，r_1、r_2 是两个相等的实根：

$$r_1=r_2=-\frac{p}{2},$$

这时只得到微分方程(6-33)的一个解 $y_1=e^{r_1x}$，为了求出微分方程(6-33)的通解还需要求出另一个解 y_2，且 $\frac{y_1}{y_2}\neq$ 常数. 因为 $p^2-4q=0$，所以微分方程(6-33)可写为

$$y''+py'+qy=y''+py'+\frac{p^2}{4}y=\left(y'+\frac{p}{2}y\right)'+\frac{p}{2}\left(y'+\frac{p}{2}y\right)=0$$

即

$$\left(y'+\frac{p}{2}y\right)'+\frac{p}{2}\left(y'+\frac{p}{2}y\right)=0.$$

令 $u=y'+\frac{p}{2}y$，则有 $u'+\frac{p}{2}u=0$. 解得 $u=Ce^{-\frac{p}{2}x}$，它的一个特解为 $u=e^{-\frac{p}{2}x}=e^{r_1x}$. 从而得到

$$y'+\frac{p}{2}y=e^{-\frac{p}{2}x}$$

即

$$y'=-\frac{p}{2}y+e^{-\frac{p}{2}x},$$

由公式可得它的一个特解为

$$y_2=e^{\int(-\frac{p}{2})dx}\cdot\int e^{-\frac{p}{2}x}e^{-\int(-\frac{p}{2})dx}dx=e^{-\frac{p}{2}x}\cdot\int e^{-\frac{p}{2}x}e^{\frac{p}{2}x}dx=xe^{-\frac{p}{2}x}=xe^{r_1x}.$$

经检验 $y_1 = e^{r_1 x}$、$y_2 = xe^{r_1 x}$ 都是方程(6-33)的解,且 $\frac{y_1}{y_2} = \frac{1}{x}$ 不是常数.所以微分方程(6-33)的通解为

$$y = C_1 e^{r_1 x} + C_2 x e^{r_1 x} \text{ 或 } y = (C_1 + C_2 x)e^{r_1 x}\ (C_1, C_2 \text{ 是任意常数}).$$

3. 两个共轭复根

当 $p^2 - 4q < 0$ 时,r_1、r_2 是一对共轭的复数根:

$$r_1 = \alpha + i\beta,\ r_2 = \alpha - i\beta,$$

其中

$$\alpha = -\frac{p}{2},\ \beta = \frac{\sqrt{4q - p^2}}{2}.$$

这时 $y_1 = e^{r_1 x}$、$y_2 = e^{r_2 x}$ 是微分方程(6-33)的两个解.根据欧拉公式有

$y_1 = e^{r_1 x} = e^{(\alpha+i\beta)x} = e^{\alpha x}(\cos\beta x + i\sin\beta x)$, $y_2 = e^{r_2 x} = e^{(\alpha-i\beta)x} = e^{\alpha x}(\cos\beta x - i\sin\beta x)$,

取

$$y^* = \frac{y_1 + y_2}{2} = e^{\alpha x}\cos\beta x,\ y^{**} = \frac{y_1 - y_2}{2i} = e^{\alpha x}\sin\beta x,$$

可以验证 y^*、y^{**} 还是微分方程(6-33)的解,且 $\frac{y^*}{y^{**}} = \cot\beta x$ 不是常数.因此微分方程(6-33)的通解为

$$y = C_1 e^{\alpha x}\cos\beta x + C_2 e^{\alpha x}\sin\beta x \text{ 或 } y = e^{\alpha x}(C_1\cos\beta x + C_2\sin\beta x)\ (C_1, C_2 \text{ 是任意常数}).$$

综上所述,求二阶常系数齐次线性微分方程(6-33)的通解的步骤如下:

第一步:写出微分方程(6-33)的特征方程 $r^2 + pr + q = 0$;

第二步:求出特征方程的两个特征根 r_1、r_2;

第三步:根据特征根的不同情况,按照表6-1写出微分方程(6-33)的通解.

表6-1 微分方程的通解

特征方程 $r^2 + pr + q = 0$ 的两个根 r_1、r_2	微分方程 $y'' + py' + qy = 0$ 的通解
两个不相等的实根 $r_1 \neq r_2$	$y = C_1 e^{r_1 x} + C_2 e^{r_2 x}$
两个相等的实根 $r_1 = r_2$	$y = (C_1 + C_2 x)e^{r_1 x}$
两个共轭复根 $r_{1,2} = \alpha \pm i\beta$	$y = e^{\alpha x}(C_1\cos\beta x + C_2\sin\beta x)$

【例6.4.1】 求微分方程 $y'' + 9y' + 20y = 0$ 的通解.

解 特征方程为

$$r^2 + 9r + 20 = 0,$$

特征根为 $r_1 = -4$,$r_2 = -5$,是两个互异实根,故所求通解为

$$y = C_1 e^{-4x} + C_2 e^{-5x}.$$

【例 6.4.2】 求微分方程 $y''-2y'+y=0$ 的通解.

解 特征方程为

$$r^2-2r+1=0,$$

特征根为 $r_1=r_2=1$，是两个等实根，故所求通解为

$$y=(C_1+C_2x)e^x.$$

【例 6.4.3】 求微分方程 $y''-4y'+5y=0$ 的通解.

解 特征方程为

$$r^2-4r+5=0,$$

特征根为 $r_{1,2}=2\pm i$，是一对共轭复根，$\alpha=2$，$\beta=1$. 故所求通解为

$$y=e^{2x}(C_1\cos x+C_2\sin x).$$

【例 6.4.4】 求满足方程 $y''+4y'+4y=0$ 的曲线 $y=y(x)$，使该曲线在点 $P(2,4)$ 处与直线 $y=x+2$ 相切.

解 微分方程 $y''+4y'+4y=0$ 的特征方程为

$$r^2+4r+4=0,$$

特征根为 $r_{1,2}=-2$，是两个相等的实根. 故微分方程的通解为

$$y=(C_1+C_2x)e^{-2x},$$

即所求曲线方程为 $y=(C_1+C_2x)e^{-2x}$.

由曲线在点 $P(2,4)$ 处与直线 $y=x+2$ 相切，可知 $y(2)=4$，$y'(2)=1$.
又因为 $y'=(C_2-2C_1-2C_2x)e^{-2x}$，所以

$$(C_1+2C_2)e^{-4}=4,(-3C_2-2C_1)e^{-4}=1,$$

解得 $C_1=-14e^4$，$C_2=9e^4$.

因此，所求的曲线方程为 $y=(-14+9x)e^{4-2x}$.

二、二阶常系数非齐次线性微分方程的解法

二阶常系数非齐次线性微分方程的一般形式为(6-32). 设 $y^*(x)$ 是非齐次方程(6-32)的一个特解，$Y(x)$ 是与(6-32)对应的齐次方程(6-33)的通解，那么

$$\begin{aligned}&(Y+y^*)''+p(Y+y^*)'+q(Y+y^*)\\&=(Y''+pY'+qY)+(y^{*''}+py^{*'}+qy^*)\\&=0+f(x)=f(x)\end{aligned}$$

所以 $y=Y+y^*$ 是(6-32)的通解. 由此可知，求二阶常系数非齐次线性微分方程的通解，归结为求对应的齐次方程的通解和非齐次方程本身的一个特解. 前者的问题已经解决，这里只需讨论求二阶常系数非齐次线性微分方程的一个特解 y^* 的方法.

这里我们只介绍方程(6-32)中的 $f(x)$ 取两种常见形式时求特解 y^* 的方法.这种方法的特点是不用积分就可求出 y^*，它叫**待定系数法**. $f(x)$ 的两种形式是 $f(x)=P_m(x)e^{\lambda x}$ 和 $f(x)=e^{\lambda x}(a\cos\omega x+b\sin\omega x)$.

1. $f(x)=P_m(x)e^{\lambda x}$

式中 λ 是常数，$P_m(x)$ 是 x 的一个 m 次多项式：

$$P_m(x)=a_mx^m+a_{m-1}x^{m-1}+\cdots+a_1x+a_0.$$

因为方程(6-32)式右端 $f(x)$ 是多项式 $P_m(x)$ 与指数函数 $e^{\lambda x}$ 的乘积，而多项式与指数函数乘积的导数仍然是多项式与指数函数的乘积，所以我们推测 $y^*=Q(x)e^{\lambda x}$（其中 $Q(x)$ 是某个多项式）可能是方程(6-32)的特解.把 y^*、$y^{*\prime}$ 及 $y^{*\prime\prime}$ 代入方程(6-32)，然后考虑能否选取适当的多项式 $Q(x)$，使 $y^*=Q(x)e^{\lambda x}$ 满足方程(6-32).为此，将

$$y^*=Q(x)e^{\lambda x},$$

$$y^{*\prime}=e^{\lambda x}[\lambda Q(x)+Q'(x)],$$

$$y^{*\prime\prime}=e^{\lambda x}[\lambda^2Q(x)+2\lambda Q'(x)+Q''(x)],$$

代入方程(6-32)并消去 $e^{\lambda x}$ 得

$$Q''(x)+(2\lambda+p)Q'(x)+(\lambda^2+p\lambda+q)Q(x)=P_m(x). \tag{6-35}$$

(1) 如果 λ 不是式(6-33)的特征方程(6-34)的根，即 $\lambda^2+p\lambda+q\neq0$，由于 $P_m(x)$ 是一个 m 次多项式，要使式(6-35)的两端恒等，那么可令 $Q(x)$ 为另一个 m 次多项式 $Q_m(x)$：

$$Q_m(x)=b_mx^m+b_{m-1}x^{m-1}+\cdots+b_1x+b_0,$$

代入式(6-34)，比较等式两端 x 同次幂的系数，就得到以 $b_m,b_{m-1},\cdots,b_1,b_0$ 作为未知数的 $m+1$ 个方程的联立方程组.从而可以解出这些系数 $b_i(i=m,m-1,\cdots,1,0)$，并得到所求的特解 $y^*=Q_m(x)e^{\lambda x}$.

(2) 如果 λ 是式(6-33)的特征方程(6-34)的单根，即 $\lambda^2+p\lambda+q=0$ 但 $2\lambda+p\neq0$，要使式(6-33)的两端恒等，那么 $Q'(x)$ 必须是 m 次多项式.此时可令

$$Q(x)=xQ_m(x),$$

并且可用同样的方法来确定 $Q_m(x)$ 的系数 $b_i(i=m,m-1,\cdots,1,0)$.

(3) 如果 λ 是式(6-33)的特征方程(6-34)的重根，即 $\lambda^2+p\lambda+q=0$ 且 $2\lambda+p=0$，要使式(6-34)的两端恒等，那么 $Q''(x)$ 必须是 m 次多项式.此时可令

$$Q(x)=x^2Q_m(x),$$

并且可用同样的方法来确定 $Q_m(x)$ 的系数 $b_i(i=m,m-1,\cdots,1,0)$.

综上所述，有如下结论：

如果 $f(x)=P_m(x)e^{\lambda x}$，则二阶常系数非齐次线性微分方程(6-32)具有如下形式的特解：

$$y^* = x^k Q_m(x) e^{\lambda x},$$

其中 $k = \begin{cases} 0, \lambda \neq r_1 \text{ 且 } \lambda \neq r_2; \\ 1, \lambda \neq r_1 \text{ 且 } \lambda = r_2; \\ 2, \lambda = r_1 = r_2, \end{cases}$ $Q_m(x)$ 是与 $P_m(x)$ 同次的多项式.

需要注意的是这里 $Q_m(x)$ 与 $P_m(x)$ 仅仅同次而已,它们在形式上未必完全相同. 故 $Q_m(x)$ 中待定系数的个数为 $(m+1)$ 个.

【例 6.4.5】 求方程 $y'' + 4y' + 4y = 2x^2 e^x$ 的一个特解.

解 特征方程为 $r^2 + 4r + 4 = 0$, 特征根是 $r_1 = r_2 = -2$.

由于 $\lambda = 1$ 不是特征根,所以设特解为

$$y^* = (b_2 x^2 + b_1 x + b_0) e^x,$$

把它代入所给的方程得

$$9b_2 x^2 + (12b_2 + 9b_1)x + (2b_2 + 6b_1 + 9b_0) = 2x^2,$$

比较两端 x 的同次幂的系数得

$$\begin{cases} 9b_2 = 2 \\ 12b_2 + 9b_1 = 0 \\ 2b_2 + 6b_1 + 9b_0 = 0 \end{cases}$$

解得 $b_2 = \frac{2}{9}$, $b_1 = -\frac{8}{27}$, $b_0 = \frac{4}{27}$. 因此求得一个特解为

$$y^* = \left(\frac{2}{9}x^2 - \frac{8}{27}x + \frac{4}{27}\right)e^x.$$

【例 6.4.6】 求微分方程 $y'' - 2y' - 3y = 3x + 1$ 的通解.

解 特征方程为 $r^2 - 2r - 3 = 0$, 特征根为 $r_1 = -1, r_2 = 3$.

故与之对应的齐次方程的通解为

$$Y = C_1 e^{-x} + C_2 e^{3x}.$$

由于这里 $\lambda = 0$ 不是特征根,所以设方程的特解为

$$y^* = b_1 x + b_0.$$

把它代入方程得

$$-3b_1 x + (-2b_1 - 3b_0) = 3x + 1,$$

比较两端 x 的同次幂的系数得

$$\begin{cases} -3b_1 = 3 \\ -2b_1 - 3b_0 = 1 \end{cases}$$

解得 $b_1 = -1, b_0 = \frac{1}{3}$. 所以原方程的一个特解为

$$y^* = -x + \frac{1}{3}.$$

因此所求通解为 $y = C_1 e^{-x} + C_2 e^{3x} + \left(-x + \frac{1}{3}\right)$.

2. $f(x) = e^{\lambda x}(a\cos \omega x + b\sin \omega x)$

与前面类似地讨论,特解必定具有形式

$$y^* = x^k e^{\lambda x}(A\cos \omega x + B\sin \omega x),$$

其中 $k = \begin{cases} 0, \lambda \pm i\omega \text{ 不是特征根;} \\ 1, \lambda \pm i\omega \text{ 是特征根,} \end{cases}$ A,B 是待定系数.

把它代入方程(6-32),比较方程两端同类项的系数,可求得 A,B 的值,并得到特解.

【例 6.4.7】 求微分方程 $y'' + 4y = e^{2x}\cos x$ 的一个特解.

解 特征方程为 $r^2 + 4 = 0$,特征根为 $r_{1,2} = \pm 2i$.

由于 $\lambda \pm i\omega = 2 \pm i$ 不是特征根,所以设特解为

$$y^* = e^{2x}(A\cos x + B\sin x).$$

把它代入所给方程得

$$(7A + 4B)\cos x + (7B - 4A)\sin x = \cos x,$$

比较两端的同类项得

$$\begin{cases} 7A + 4B = 1 \\ 7B - 4A = 0 \end{cases}$$

解得 $A = \frac{7}{65}$, $B = \frac{4}{65}$. 于是所求的一个特解为 $y^* = e^{2x}\left(\frac{7}{65}\cos x + \frac{4}{65}\sin x\right)$.

习题 6-4

1. 求下列微分方程的通解:

(1) $y'' - 5y' + 6y = 0$;　　(2) $y'' - 16y = 0$;

(3) $y'' - 6y' + 9y = 0$;　　(4) $4y'' + 4y' + y = 0$;

(5) $y'' - 4y' + 13y = 0$;　　(6) $y'' + 4y = 0$.

2. 求下列微分方程的一个特解:

(1) $y'' + 3y' + 2y = xe^{-x}$;　　(2) $y'' + 2y' + 2y = e^x \sin x$.

3. 求下列微分方程的通解:

(1) $y'' - 2y' + y = e^{-x}$;　　(2) $y'' - 2y' - 3y = 3xe^{2x}$.

复 习 题 六

一、单项选择题(每小题 2 分,共 10 分)

1. 下列哪一个是微分方程　　(　　)

A. $x+2y-xy^2=5$ B. $(2x-y)\mathrm{d}x-3xy\mathrm{d}y=1$

C. $y=-4x^2+2x+1$ D. $\dfrac{x^2}{9}+\dfrac{y^2}{4}=1$

2. 微分方程 $(y'')^4+3y'y''+x(y')^2=0$ 的阶数是 ( )

A. 4 B. 3 C. 2 D. 1

3. 微分方程 $(2x-y)\mathrm{d}x+(2y-x)\mathrm{d}y=0$ 的通解是 ( )

A. $y^2+x^2=C$ B. $x+y=1$

C. $y=x+C$ D. $x^2-xy+y^2=C$

4. 微分方程 $y''-6y'+9y=0$ 的一个特解是 ( )

A. $y=\mathrm{e}^x$ B. $y=\mathrm{e}^{3x}$ C. $y=x^3\mathrm{e}^x$ D. $y=\mathrm{e}^{-3x}$

5. 下列方程中,其通解为 $y=C_1\mathrm{e}^{-2x}+C_2\mathrm{e}^{3x}$ 的是 ( )

A. $y''-y'-6y=0$ B. $y''-2y'+3y=0$

C. $y''+y'-6y=0$ D. $y''+2y'-3y=0$

二、判断题(每小题 2 分,共 10 分)

6. 方程 $x\ln x\mathrm{d}y+(y\ln x-x^2)\mathrm{d}x=0$ 是一阶非齐次线性微分方程. ( )

7. 微分方程 $y'-3xy=0$ 的通解是 $y=\mathrm{e}^{\frac{3}{2}x^2}$. ( )

8. $y=\dfrac{1}{4}\mathrm{e}^{2x}-\dfrac{1}{4}\sin 2x$ 是微分方程 $y''=e^{2x}+\sin 2x$ 的一个特解. ( )

9. 微分方程 $y''-3y'-4y=0$ 的通解是 $y=C_1\mathrm{e}^x+C_2\mathrm{e}^{-4x}$. ( )

10. 求 $y''-4y'+4y=3x\mathrm{e}^{2x}$ 的一个特解时,如使用待定系数法,则特解形式为 $y*=x^2(Ax+B)\mathrm{e}^{2x}$. ( )

三、填空题(每小题 2 分,共 10 分)

11. 初值问题 $y'=\sin 2x, y(0)=1$ 的解是________.

12. 微分方程 $y''+24x=0$ 的通解是________.

13. 以 $r^2-2r+5=0$ 为特征方程的二阶常系数齐次线性微分方程是________.

14. 已知 $y=3\mathrm{e}^{-x}-4\mathrm{e}^{2x}$ 是方程 $y''+py'-2y=0$ 的一个特解,那么 $p=$ ________.

15. 微分方程 $y''+2y'-3y=0$ 的通解是________.

四、计算题(每小题 10 分,共 60 分)

16. 求解微分方程 $xy'+y=2xyy'$.

17. 求解微分方程 $y'=\dfrac{y}{x}+\mathrm{e}^{\frac{y}{x}}$.

18. 求解微分方程 $\dfrac{\mathrm{d}y}{\mathrm{d}x}=\dfrac{3x^2-2y}{x}$.

19. 求解微分方程 $y'''=2x+4$.

20. 求解微分方程 $y''-2y'-8y=0$.

21. 求解微分方程 $y''-y=2x\mathrm{e}^x$.

五、综合题(共 10 分)

22. 给定微分方程 $y''-2y'+y=0$,

(1) 求它的通解;

(2) 求满足 $y(0)=2, y'(0)=3$ 的特解.

第七章　级　数

本章提要　级数是高等数学课程中的重要内容,它在函数的研究、近似计算等方面有着广泛的应用.本章将在极限理论的基础上,首先介绍数项级数的基本知识,然后阐述幂级数的一些基本结论,最后介绍函数展开成幂级数的方法和应用.

第一节　数项级数

微课:数项级数

一、数项级数的基本概念

我们先考虑这样一个问题:一根一米长的木棒,每次截取其长度的一半,把所有截取的木棒加在一起,问长度是多少?

第一次的截取长度为 $\frac{1}{2}$,第二次的截取长度为 $\frac{1}{4}$,第三次截取的长度为 $\frac{1}{8}$,…,第 n 次截取的长度为 $\frac{1}{2^n}$,得数列:$\frac{1}{2},\frac{1}{4},\frac{1}{8},\cdots,\frac{1}{2^n},\cdots$ 把每次截取的木棒加在一起,其长度为

$$\frac{1}{2}+\frac{1}{4}+\frac{1}{8}+\cdots+\frac{1}{2^n}+\cdots=1(\text{所有木棒的长度}).$$

上式是用无穷多个数的和来表示一个确定的数,它就是一个无穷级数.下面给出无穷级数的定义:

定义 7-1　设给定一个数列 $u_1,u_2,\cdots,u_n,\cdots$,则表达式

$$u_1+u_2+\cdots+u_n+\cdots$$

称为(常数项)**无穷级数**,简称**数项级数**,记作 $\sum\limits_{n=1}^{\infty}u_n$. 其中 $u_1,u_2,\cdots,u_n,\cdots$,称为该级数的**项**,$u_n$ 称为**一般项**或者**通项**.

一般称 $u_1+u_2+\cdots+u_n$ 为无穷级数的前 n 项和(或称为部分和),记为 S_n. 当 n 依次取 $1,2,3,\cdots$ 时,前 n 项和构成一个新的数列

$$S_1=u_1,S_2=u_1+u_2,\cdots,S_n=u_1+u_2+\cdots+u_n,\cdots$$

这一数列 $S_1,S_2,\cdots$ 称为**无穷级数的部分和数列**,记为 $\{S_n\}$.

定义 7-2　如果无穷级数 $\sum\limits_{n=1}^{\infty}u_n$ 的部分和数列 $\{S_n\}$ 的极限存在,即

$$\lim_{n\to\infty}S_n=S,$$

则称 $\sum\limits_{n=1}^{\infty}u_n$ **收敛**,并称 S 为级数 $\sum\limits_{n=1}^{\infty}u_n$ 的和,记作 $\sum\limits_{n=1}^{\infty}u_n=\lim\limits_{n\to\infty}S_n=S$;如果部分和数列

$\{S_n\}$ 的极限不存在，则称级数 $\sum\limits_{n=1}^{\infty} u_n$ **发散**.

$r_n = S - S_n = u_{n+1} + u_{n+2} + \cdots$ 叫作级数的余项.

【例 7.1.1】 求级数 $\sum\limits_{n=1}^{\infty} \dfrac{1}{n(n+1)}$ 的和.

解 由于 $\dfrac{1}{n(n+1)} = \dfrac{1}{n} - \dfrac{1}{n+1}$,

因此 $S_n = 1 - \dfrac{1}{2} + \dfrac{1}{2} - \dfrac{1}{3} + \cdots + \dfrac{1}{n} - \dfrac{1}{n+1} = 1 - \dfrac{1}{n+1}$,

所以该级数的和为

$$S = \lim_{n\to\infty} S_n = \lim_{n\to\infty}\left(1 - \frac{1}{n+1}\right) = 1.$$

【例 7.1.2】 讨论级数 $\sum\limits_{n=1}^{\infty} \ln\left(1 + \dfrac{1}{n}\right)$ 的敛散性.

解
$$\begin{aligned} S_n &= \ln(1+1) + \ln\left(1+\frac{1}{2}\right) + \ln\left(1+\frac{1}{3}\right) \cdots + \ln\left(1+\frac{1}{n}\right) \\ &= \ln\left(\frac{2}{1}\right) + \ln\left(\frac{3}{2}\right) + \ln\left(\frac{4}{3}\right) + \cdots + \ln\left(\frac{n+1}{n}\right) \\ &= \ln\left(\frac{2}{1}\cdot\frac{3}{2}\cdot\frac{4}{3}\cdot\cdots\cdot\frac{n+1}{n}\right) \\ &= \ln(n+1). \end{aligned}$$

因为 $\lim\limits_{n\to\infty} S_n = \lim\limits_{n\to\infty} \ln(n+1) = +\infty$，所以级数 $\sum\limits_{n=1}^{\infty} \ln\left(1+\dfrac{1}{n}\right)$ 发散.

从上面的例子可以看出，利用级数收敛的定义判断一个级数的收敛性是求其部分和 S_n 的极限，在一般情况下，求级数的前 n 项和 S_n 很难，因此需要寻找判别级数收敛的简单易行的办法. 为此我们先研究级数的基本性质.

二、数项级数的基本性质

性质 7-1 若常数 $k \neq 0$，则级数 $\sum\limits_{n=1}^{\infty} u_n$ 与 $\sum\limits_{n=1}^{\infty} ku_n$ 有相同的收敛性；且若 $\sum\limits_{n=1}^{\infty} u_n = S$，则 $\sum\limits_{n=1}^{\infty} ku_n = kS$.

性质 7-2 若级数 $\sum\limits_{n=1}^{\infty} u_n$ 与 $\sum\limits_{n=1}^{\infty} v_n$ 均收敛，则级数 $\sum\limits_{n=1}^{\infty} (u_n \pm v_n)$ 也收敛，且有 $\sum\limits_{n=1}^{\infty} (u_n \pm v_n) = \sum\limits_{n=1}^{\infty} u_n \pm \sum\limits_{n=1}^{\infty} v_n$. 也就是说，两个收敛级数逐项相加或相减所组成的新级数仍然收敛.

性质 7-3 在级数的前面加上或者去掉有限项，不影响级数的收敛性，但一般会改变级数收敛的和.

若级数 $\sum\limits_{n=1}^{\infty} u_n$ 收敛于 S，则余项 r_n 也收敛，且有 $\lim\limits_{n\to\infty} r_n = 0$，这是因为

$$\lim_{n\to\infty} r_n = \lim_{n\to\infty}(S - S_n) = S - S = 0.$$

三、数项级数收敛的必要条件

若级数 $\sum_{n=1}^{\infty} u_n$ 收敛于 S，那么由其部分和的概念，就有

$$u_n = s_n - s_{n-1},$$

于是

$$\lim_{n\to\infty} u_n = \lim_{n\to\infty}(s_n - s_{n-1}),$$

依据级数收敛的定义可知，$\lim_{n\to\infty} s_n = \lim_{n\to\infty} s_{n-1} = S$，因此这时必有

$$\lim_{n\to\infty} u_n = 0,$$

这就是级数收敛的必要条件.

定理 7－1 若数项级数 $\sum_{n=1}^{\infty} u_n$ 收敛，则 $\lim_{n\to\infty} u_n = 0$.

需要指出的是，$\lim_{n\to\infty} u_n = 0$ 仅是级数收敛的必要条件，但不是收敛的充分条件. 即不能由 $\lim_{n\to\infty} u_n = 0$ 就得出级数 $\sum_{n=1}^{\infty} u_n$ 收敛的结论. 如【例 7.1.2】，由定理 7－1 可知，若 $\lim_{n\to\infty} u_n \neq 0$，则级数 $\sum_{n=1}^{\infty} u_n$ 发散.

【例 7.1.3】 判断下列级数的敛散性：

(1) $\sum_{n=1}^{\infty} \frac{n}{n+1}$；　　(2) $\sum_{n=1}^{\infty} \sin\frac{n\pi}{2}$.

解 (1) 由于通项的极限 $\lim_{n\to\infty} u_n = \lim_{n\to\infty} \frac{n}{n+1} = 1 \neq 0$，故由级数收敛的必要条件知：级数 $\sum_{n=1}^{\infty} \frac{n}{n+1}$ 发散.

(2) 注意到级数

$$\sum_{n=1}^{\infty} \sin\frac{n\pi}{2} = 1 + 0 - 1 + 0 + 1 + 0 - 1 + 0\cdots$$

的通项 $u_n = \sin\frac{n\pi}{2}$，当 $n\to\infty$ 时，极限不存在，所以级数发散.

习题 7－1

1. 写出下列级数的前五项：

(1) $\sum_{n=1}^{\infty} \frac{1\times 3\times 5\times\cdots\times(2n-1)}{2\times 4\times 6\cdots\times 2n}$；　　(2) $\sum_{n=1}^{\infty} \frac{n!}{2^n}$；

(3) $\sum_{n=1}^{\infty}(-1)^n\frac{2n+1}{3^n}$.

2. 写出下列级数的通项：

(1) $\frac{\sqrt{x}}{2}+\frac{x}{2\times 4}+\frac{x\sqrt{x}}{2\times 4\times 6}+\cdots$；

(2) $-2+2-2+2-2+2+\cdots$；

(3) $\frac{1}{2}+\frac{1}{3}+\frac{1}{4}+\frac{1}{5}+\cdots$；

(4) $\frac{1}{2}+\frac{3}{5}+\frac{5}{10}+\frac{7}{17}+\cdots$.

3. 判断下列级数的敛散性：

(1) $\sum_{n=1}^{\infty}\frac{1}{(2n-1)(2n+1)}$；

(2) $\sum_{n=1}^{\infty}\sqrt{\frac{n}{2n+1}}$；

(3) $\sum_{n=1}^{\infty}\left(\frac{n+1}{n}\right)^n$；

(4) $\sum_{n=1}^{\infty}(\sqrt{n+1}-\sqrt{n})$.

第二节 数项级数的敛散性

判定级数的敛散性是级数的一个基本问题，本节先介绍三个重要级数，在此基础上给出数项级数中两类最重要级数敛散性的判别法.

一、三个重要的级数

1. 等比级数(几何级数)

$$\sum_{n=1}^{\infty}aq^{n-1}=a+aq+aq^2+\cdots+aq^{n-1}+\cdots\ (a\neq 0)$$

由等比数列前 n 项的求和公式可知，当 $q\neq 1$ 时，级数的部分和为

$$s_n=a\frac{1-q^n}{1-q}$$

于是，当 $|q|<1$ 时，

$$\lim_{n\to\infty}s_n=\lim_{n\to\infty}a\frac{1-q^n}{1-q}=\frac{a}{1-q},$$

即此时等比级数收敛，其和 $S=\frac{a}{1-q}$.

当 $|q|>1$ 时，

$$\lim_{n\to\infty}s_n=\lim_{n\to\infty}a\frac{1-q^n}{1-q}=\infty$$

所以此时该级数发散.

当 $q=1$ 时，$S=na\to\infty(n\to\infty)$，因此该等比级数发散.

当 $q=-1$ 时，$S_n=a-a+a-\cdots+(-1)^{n-1}a=\begin{cases}a, & 当 n 为奇数,\\ 0, & 当 n 为偶数.\end{cases}$

部分和数列不存在极限，故该等比级数发散.

综上所述:等比级数 $\sum\limits_{n=1}^{\infty} aq^{n-1}$ 仅当 $|q|<1$ 时收敛.

2. 调和级数

$$\sum_{n=1}^{\infty}\frac{1}{n}=1+\frac{1}{2}+\cdots+\frac{1}{n}+\cdots$$

由不等式 $x\geqslant\ln(1+x)(x\geqslant 0)$,分别令 $x=1,\frac{1}{2},\frac{1}{3},\cdots,\frac{1}{n}$ 可得

$$1\geqslant\ln(1+1),$$

$$\frac{1}{2}\geqslant\ln\left(1+\frac{1}{2}\right),$$

$$\frac{1}{n}\geqslant\ln\left(1+\frac{1}{n}\right),$$

相加得 $S_n=1+\frac{1}{2}+\frac{1}{3}+\cdots+\frac{1}{n}\geqslant\ln 2+\ln\frac{3}{2}+\cdots+\ln\frac{n+1}{n}$

$$=\ln\left(2\cdot\frac{3}{2}\cdot\frac{4}{3}\cdots\frac{n+1}{n}\right)=\ln(n+1),$$

当 $n\to\infty$ 时,$\ln(1+n)\to\infty$,所以 $S_n\to\infty$,级数 $\sum\limits_{n=1}^{\infty}\frac{1}{n}$ 发散.

3. P 级数

$$\sum_{n=1}^{\infty}\frac{1}{n^p}(\,p\text{ 为正常数})$$

当 $p>1$ 时,级数 $\sum\limits_{n=1}^{\infty}\frac{1}{n^p}$($p$ 为正常数) 收敛(其证明见正项级数的判别法);

当 $p\leqslant 1$ 时,级数 $\sum\limits_{n=1}^{\infty}\frac{1}{n^p}$ 发散.

微课:正项级数的敛散性

二、正项级数的敛散性

定义 7-3 如果级数 $\sum\limits_{n=1}^{\infty}u_n$ 的一般项 $u_n\geqslant 0(n=1,2,\cdots)$,则称此级数为正项级数.

正项级数有一个明显的特点,即它的部分和数列 $\{S_n\}$ 是一个单调增加数列. 由于单调有界数列必有极限存在,我们得到判定正项级数收敛性的一个基本定理.

定理 7-2 正项级数收敛的充要条件是它的部分和数列有上界.

【例 7.2.1】 判断正项级数 $\sum\limits_{n=1}^{\infty}\dfrac{\sin\frac{\pi}{2n}}{2^n}$ 的敛散性.

解 其部分和数列 $S_n=\frac{1}{2}+\dfrac{\sin\frac{\pi}{4}}{4}+\dfrac{\sin\frac{\pi}{6}}{8}+\cdots\dfrac{\sin\frac{\pi}{2n}}{2^n}$

$$< \frac{1}{2} + \frac{1}{4} + \frac{1}{8} + \cdots + \frac{1}{2^n}$$

$$= \frac{\frac{1}{2}\left(1 - \frac{1}{2^n}\right)}{1 - \frac{1}{2}} < 1$$

它是有界的,故级数 $\sum\limits_{n=1}^{\infty} \frac{\sin \frac{\pi}{2n}}{2^n}$ 收敛.

上面基本定理的意义更多地表现在理论上,通常难以使用.但是,用基本定理可以得到如下重要的正项级数收敛判别法——比较审敛法.

定理 7-3(比较审敛法) 设正项级数 $\sum\limits_{n=1}^{\infty} u_n$ 和 $\sum\limits_{n=1}^{\infty} v_n$,如果对于 $n = 1,2,\cdots$ 有 $u_n \leqslant v_n$,那么

(1) 若 $\sum\limits_{n=1}^{\infty} v_n$ 收敛,则 $\sum\limits_{n=1}^{\infty} u_n$ 也收敛;

(2) 若 $\sum\limits_{n=1}^{\infty} u_n$ 发散,则 $\sum\limits_{n=1}^{\infty} v_n$ 也发散.

也即小的发散,大的也发散;大的收敛,小的也收敛.

证明 我们仅证明(1),因为(2)的证明与(1)相仿.

因为 $\sum\limits_{n=1}^{\infty} v_n$ 收敛,则记 $\sum\limits_{i=1}^{n} v_i = \sigma_n$. 由基本定理得,存在常数 M,使得 $\sigma_n \leqslant M(n = 1,2,3,\cdots)$. 又因为 $u_n \leqslant v_n (n = 1,2,3,\cdots)$,所以 $\sum\limits_{i=1}^{n} u_i \leqslant \sum\limits_{i=1}^{n} v_i \leqslant M$. 即此数列 $\sum\limits_{n=1}^{\infty} u_n$ 的部分和数列有界,故 $\sum\limits_{n=1}^{\infty} u_n$ 收敛.

【例 7.2.2】 判定下列正项级数的敛散性:

(1) $\sum\limits_{n=1}^{\infty} \frac{1}{n^2+1}$; (2) $\sum\limits_{n=1}^{\infty} \frac{1}{2n-1}$.

解 (1) 因为 $\frac{1}{n^2+1} < \frac{1}{n^2}$,且 $\sum\limits_{n=1}^{\infty} \frac{1}{n^2}$ 收敛,由比较审敛法知 $\sum\limits_{n=1}^{\infty} \frac{1}{n^2+1}$ 收敛.

(2) 因为 $\frac{1}{2n-1} > \frac{1}{2n}$,且 $\sum\limits_{n=1}^{\infty} \frac{1}{2n} = \frac{1}{2}\sum\limits_{n=1}^{\infty} \frac{1}{n}$ 发散,由比较审敛法知 $\sum\limits_{n=1}^{\infty} \frac{1}{2n-1}$ 发散.

为了便于使用,我们有比较审敛法的极限形式.

定理 7-4(比较审敛法的极限形式) 设正项级数 $\sum\limits_{n=1}^{\infty} u_n$ 和 $\sum\limits_{n=1}^{\infty} v_n$,若 $\lim\limits_{n\to\infty} \frac{u_n}{v_n} = l$,则

(1) 当 $0 < l < +\infty$ 时,$\sum\limits_{n=1}^{\infty} u_n$ 和 $\sum\limits_{n=1}^{\infty} v_n$ 敛散性相同;

(2) 当 $l = 0$ 时,$\sum\limits_{n=1}^{\infty} v_n$ 收敛,必有 $\sum\limits_{n=1}^{\infty} u_n$ 收敛;

(3) 当 $l = +\infty$ 时,$\sum\limits_{n=1}^{\infty} v_n$ 发散,必有 $\sum\limits_{n=1}^{\infty} u_n$ 发散.

【例 7.2.3】 判别级数 $\sum_{n=2}^{\infty}\frac{\ln n}{n^{\frac{5}{4}}}$ 的敛散性.

解 因为 $\lim_{n\to\infty}\frac{\frac{\ln n}{n^{\frac{5}{4}}}}{\frac{1}{n^{\frac{9}{8}}}}=\lim_{n\to\infty}\frac{\ln n}{n^{\frac{1}{8}}}=0$，而 $\sum_{n=1}^{\infty}\frac{1}{n^{\frac{9}{8}}}$ 是 P 级数，且 $p=\frac{9}{8}>1$，故 $\sum_{n=1}^{\infty}\frac{1}{n^{\frac{9}{8}}}$ 收敛，进而 $\sum_{n=2}^{\infty}\frac{\ln n}{n^{\frac{5}{4}}}$ 收敛.

在正项级数的审敛法中，最有实用价值的是下面的比值审敛法.

定理 7－5（比值判别法） 设正项级数 $\sum_{n=1}^{\infty}u_n$ 有如下极限

$$\lim_{n\to\infty}\frac{u_{n+1}}{u_n}=\rho,$$

那么：(1) 当 $\rho<1$ 时，$\sum_{n=1}^{\infty}u_n$ 收敛；

(2) 当 $\rho>1$ 时，$\sum_{n=1}^{\infty}u_n$ 发散；

(3) 当 $\rho=1$ 时，$\sum_{n=1}^{\infty}u_n$ 的敛散性另行讨论(证明略).

【例 7.2.4】 判定下列正项级数的敛散性：

(1) $\sum_{n=1}^{\infty}\frac{n^n}{n!}$； (2) $\sum_{n=1}^{\infty}\frac{2n-1}{3n+1}$.

解 (1) $\lim_{n\to\infty}\frac{u_{n+1}}{u_n}=\lim_{n\to\infty}\frac{(n+1)^{n+1}}{(n+1)!}\cdot\frac{n!}{n^n}=\lim_{n\to\infty}\left(\frac{n+1}{n}\right)^n=\mathrm{e}>1$，

根据比值判别法可知级数 $\sum_{n=1}^{\infty}\frac{n^n}{n!}$ 发散.

(2) $\lim_{n\to\infty}\frac{u_{n+1}}{u_n}=\lim_{n\to\infty}\frac{\frac{2(n+1)-1}{3(n+1)+1}}{\frac{2n-1}{3n+1}}=1$，

此时比值判别法失效. 由于 $\lim_{n\to\infty}u_n=\lim_{n\to\infty}\frac{2n-1}{3n+1}=\frac{2}{3}\neq 0$，所以级数 $\sum_{n=1}^{\infty}\frac{2n-1}{3n+1}$ 发散.

三、交错级数与任意项级数

下面讨论非正项级数的敛散问题，首先考虑一些特殊类型的非正项级数.

1. 交错级数及审敛法

定义 7－4 如果级数通项正负交错，即级数可以写成 $\sum_{n=1}^{\infty}(-1)^{n-1}u_n$ 或者 $\sum_{n=1}^{\infty}(-1)^n u_n$ 的形式，其中 $u_n>0$，则称级数为**交错级数**.

定理 7－6（莱布尼兹审敛法） 设交错级数为 $\sum_{n=1}^{\infty}(-1)^{n-1}u_n$，满足

(1) $u_n \geqslant u_{n+1} \quad n=1,2,3,\cdots$

(2) $\lim\limits_{n\to\infty} u_n = 0$,

则级数 $\sum\limits_{n=1}^{\infty}(-1)^{n-1}u_n$ 收敛,且其和 $S \leqslant u_1$.(证明略)

【例 7.2.5】 讨论下列交错级数的敛散性:

(1) $\sum\limits_{n=1}^{\infty}(-1)^n\dfrac{1}{n}$;　　(2) $\sum\limits_{n=1}^{\infty}(-1)^{n-1}\dfrac{n}{2^n}$.

解 (1) $u_n=\dfrac{1}{n}>\dfrac{1}{n+1}=u_{n+1}$; $\lim\limits_{n\to\infty}u_n=\lim\limits_{n\to\infty}\dfrac{1}{n}=0$, 由莱布尼兹审敛法知:级数 $\sum\limits_{n=1}^{\infty}(-1)^n\dfrac{1}{n}$ 收敛.

(2) 为了证明 $u_n=\dfrac{n}{2^n}$ 单调递减,我们计算

$$u_n-u_{n+1}=\frac{n}{2^n}-\frac{n+1}{2^{n+1}}=\frac{n-1}{2^{n+1}}\geqslant 0\ (n=1,2,3,\cdots)$$

此即 $u_n \geqslant u_{n+1}\ (n=1,2,3,\cdots)$; 同时 $\lim\limits_{n\to\infty}u_n=\lim\limits_{n\to\infty}\dfrac{n}{2^n}=0$, 由莱布尼兹审敛法:级数 $\sum\limits_{n=1}^{\infty}(-1)^{n-1}\dfrac{n}{2^n}$ 收敛.

2. 一般项级数的敛散性

定义 7-5 级数各项为任意实数(正数、负数、0)的级数称为**一般项级数**,也称为**任意项级数**. 对于一般项级数,有以下收敛性:

若任意项级数 $\sum\limits_{n=1}^{\infty}u_n$ 各项的绝对值所组成的级数 $\sum\limits_{n=1}^{\infty}|u_n|$ 收敛,则称级数 $\sum\limits_{n=1}^{\infty}u_n$ **绝对收敛**;若级数 $\sum\limits_{n=1}^{\infty}|u_n|$ 发散,而级数 $\sum\limits_{n=1}^{\infty}u_n$ 收敛,则称级数 $\sum\limits_{n=1}^{\infty}u_n$ **条件收敛**.

结论 绝对收敛的级数必收敛.

【例 7.2.6】 判别下列级数的敛散性:

(1) $\sum\limits_{n=1}^{\infty}(-1)^{n-1}\dfrac{n^2}{2^n}$;　　(2) $\sum\limits_{n=1}^{\infty}\dfrac{(-1)^{n-1}}{\sqrt{n}}$.

解 (1) 考察其绝对值级数 $\sum\limits_{n=1}^{\infty}\left|(-1)^{n-1}\dfrac{n^2}{2^n}\right|=\sum\limits_{n=1}^{\infty}\dfrac{n^2}{2^n}$,

显然, $\sum\limits_{n=1}^{\infty}\dfrac{n^2}{2^n}$ 收敛,故级数 $\sum\limits_{n=1}^{\infty}(-1)^{n-1}\dfrac{n^2}{2^n}$ 绝对收敛.

(2) 考察其绝对值级数 $\sum\limits_{n=1}^{\infty}\left|\dfrac{(-1)^{n-1}}{\sqrt{n}}\right|=\sum\limits_{n=1}^{\infty}\dfrac{1}{\sqrt{n}}$, 由于 $p=\dfrac{1}{2}<1$, 根据 P 级数的结论知, $\sum\limits_{n=1}^{\infty}\dfrac{1}{\sqrt{n}}$ 发散,所以原级数非绝对收敛. 注意到这是交错级数,而且

$$u_n=\frac{1}{\sqrt{n}}>\frac{1}{\sqrt{n+1}}=u_{n+1},\ \lim_{n\to\infty}u_n=\lim_{n\to\infty}\frac{1}{\sqrt{n}}=0,$$

由莱布尼兹审敛法:可知级数 $\sum\limits_{n=1}^{\infty}\dfrac{(-1)^{n-1}}{\sqrt{n}}$ 收敛,所以级数 $\sum\limits_{n=1}^{\infty}\dfrac{(-1)^{n-1}}{\sqrt{n}}$ 条件收敛.

习题 7-2

1. 用比较判别法或其极限形式判别下列级数的敛散性:

(1) $\sum\limits_{n=1}^{\infty}\dfrac{1}{n!}$; (2) $\sum\limits_{n=1}^{\infty}\dfrac{1}{(n+1)(n+2)}$;

(3) $\sum\limits_{n=1}^{\infty}\dfrac{1}{n^3+2}$; (4) $\sum\limits_{n=1}^{\infty}\dfrac{1}{(2n-1)^2}$.

2. 用比值判别法判别下列级数的敛散性:

(1) $\sum\limits_{n=1}^{\infty}\dfrac{3^n}{n\cdot 2^n}$; (2) $\sum\limits_{n=1}^{\infty}\dfrac{n^n}{n!}$;

(3) $\sum\limits_{n=1}^{\infty}\dfrac{(n!)^2}{2^{n^2}}$; (4) $\sum\limits_{n=1}^{\infty}\left(\dfrac{n}{2n+1}\right)^n$.

3. 判别下列级数是否收敛?如果收敛,是绝对收敛还是条件收敛?

(1) $\sum\limits_{n=1}^{\infty}(-1)^n\left(\dfrac{2}{3}\right)^n$; (2) $\sum\limits_{n=1}^{\infty}(-1)^{n-1}\dfrac{n}{2n-1}$;

(3) $\sum\limits_{n=1}^{\infty}\dfrac{\sin\dfrac{n\pi}{2}}{\sqrt{n^3}}$; (4) $\sum\limits_{n=1}^{\infty}(-1)^{n-1}\dfrac{1}{\sqrt{n}}$.

第三节 幂级数的概念与性质

一、幂级数的概念与敛散性

微课:幂级数的收敛域

定义 7-6 定义在同一区域内的函数序列构成的无穷级数

$$u_1(x)+u_2(x)+\cdots+u_n(x)+\cdots$$

称为**函数项级数**,记作 $\sum\limits_{n=1}^{\infty}u_n(x)$.

取定区域中的某个定值 x_0,上述函数项级数就成为一个数项级数

$$u_1(x_0)+u_2(x_0)+\cdots+u_n(x_0)+\cdots$$

如果上述数项级数收敛,则称点 x_0 为函数项级数 $\sum\limits_{n=1}^{\infty}u_n(x)$ 的一个**收敛点**. 如果上述数项级数发散,则称点 x_0 为函数项级数 $\sum\limits_{n=1}^{\infty}u_n(x)$ 的一个**发散点**. 收敛点全体构成的集合,称为函数项级数的**收敛域**.

在每个收敛点 x_0 处对应的数项级数

$$u_1(x_0)+u_2(x_0)+\cdots+u_n(x_0)+\cdots$$

必有一个和 $S(x_0)$. 随着 x_0 在收敛域内取值的变化,和数也随之变动. 因此,得到一个定义在收敛域内的函数 $S(x)$, 即

$$S(x)=u_1(x)+u_2(x)+\cdots+u_n(x)+\cdots$$

称之为函数项级数的**和函数**. 同样地,如果记

$$S_n(x)=u_1(x)+u_2(x)+\cdots+u_n(x),$$

$$\lim_{n\to\infty}S_n(x)=S(x),$$

此时有

$$r_n(x)=S_n(x)-S(x)$$

称之为**余项**. 在收敛域内显然有

$$\lim_{n\to\infty}r_n(x)=0.$$

在一般情形,函数项级数 $\sum\limits_{n=1}^{\infty}u_n(x)$ 的收敛域是难以计算的. 下面我们着重研究一类特殊的函数项级数——幂级数.

定义 7-7 形如

$$\sum_{n=0}^{\infty}a_nx^n=a_0+a_1x+a_2x^2+\cdots+a_nx^n+\cdots$$

的函数项级数称为**幂级数**. 其中常数 $a_0,a_1,a_2,\cdots,a_n,\cdots$ 称为**幂级数的系数**.

更一般形式的幂级数为

$$\sum_{n=0}^{\infty}a_n(x-x_0)^n=a_0+a_1(x-x_0)+a_2(x-x_0)^2+\cdots+a_n(x-x_0)^n+\cdots$$

但只要作平移代换 $t=x-x_0$, 便可化为 $\sum\limits_{n=0}^{\infty}a_nt^n$ 形式的幂级数. 因此,下面重点讨论形如 $\sum\limits_{n=0}^{\infty}a_nx^n$ 的幂级数,也称为 x 的幂级数(而幂级数 $\sum\limits_{n=0}^{\infty}a_n(x-x_0)^n$ 也称为 $(x-x_0)$ 的幂级数).

下面我们来讨论幂级数 $\sum\limits_{n=0}^{\infty}a_nx^n$ 的敛散性.

首先考察幂级数 $1+x+x^2+\cdots+x^n+\cdots$ 的敛散性. 注意到此级数是公比为 x 的等比级数,则当 $|x|<1$ 时,该级数收敛;当 $|x|\geqslant 1$ 时,该级数发散. 因此,这个幂级数在开区间 $(-1,1)$ 收敛,且当 x 在区间 $(-1,1)$ 内取值时,有 $1+x+x^2+\cdots+x^n+\cdots=\dfrac{1}{1-x}$.

对于一般的幂级数 $\sum\limits_{n=0}^{\infty}a_nx^n$, 显然点 $x=0$ 是收敛点,其和为 a_0. 对于任意点 x_0, 幂级数 $\sum\limits_{n=0}^{\infty}a_n{x_0}^n$ 是一个任意级数,可以利用比值判别法判定它的敛散性. 考察极限

$$\lim_{n\to\infty}\left|\frac{u_{n+1}}{u_n}\right|=\lim_{n\to\infty}\left|\frac{a_{n+1}{x_0}^{n+1}}{a_n{x_0}^{n}}\right|=\lim_{n\to\infty}\left|\frac{a_{n+1}}{a_n}\right|\ |x_0|,$$

等式右端的极限中 $|x_0|$ 是给定的，a_n 是幂级数的系数. 若 $\lim\limits_{n\to\infty}\left|\frac{a_{n+1}}{a_n}\right|=\rho$（存在），则当 $\rho|x_0|<1$ 时，点 x_0 是幂级数 $\sum\limits_{n=0}^{\infty}a_nx^n$ 的收敛点；若 $\rho|x_0|>1$，则点 x_0 是幂级数 $\sum\limits_{n=0}^{\infty}a_nx^n$ 的发散点；$\rho|x_0|=1$，需要分别讨论，因此有以下定理：

定理 7-7 已知幂级数 $\sum\limits_{n=0}^{\infty}a_nx^n$，且

$$\lim_{n\to\infty}\left|\frac{a_{n+1}}{a_n}\right|=\rho,$$

(1) 若 $0<\rho<+\infty$，则当 $|x|<\frac{1}{\rho}$ 时，幂级数 $\sum\limits_{n=0}^{\infty}a_nx^n$ 绝对收敛；当 $|x|>\frac{1}{\rho}$ 时，幂级数发散.

(2) 若 $\rho=0$，则对任意 x，幂级数 $\sum\limits_{n=0}^{\infty}a_nx^n$ 绝对收敛.

(3) 若 $\rho=+\infty$，则幂级数 $\sum\limits_{n=0}^{\infty}a_nx^n$ 仅在 $x=0$ 处收敛.

这个定理说明，当 $0<\rho<+\infty$ 时，幂级数 $\sum\limits_{n=0}^{\infty}a_nx^n$ 在 $\left(-\frac{1}{\rho},\frac{1}{\rho}\right)$ 内绝对收敛，在 $\left(-\infty,-\frac{1}{\rho}\right),\left(\frac{1}{\rho},+\infty\right)$ 内发散. 在 $x=\pm\frac{1}{\rho}$ 处可能收敛也可能发散.

令 $R=\frac{1}{\rho}$，称 R 为幂级数 $\sum\limits_{n=0}^{\infty}a_nx^n$ 的**收敛半径**. 区间 $(-R,R)$ 称为幂级数的**收敛区间**. 由以上定理可知，当 $\rho=0$ 时，幂级数处处收敛，规定收敛半径 $R=+\infty$，收敛区间为 $(-\infty,+\infty)$；当 $\rho=+\infty$ 时幂级数仅在 $x=0$ 处收敛，规定收敛半径 $R=0$.

注意 收敛域不仅要考虑收敛区间 $(-R,R)$，还要确定在区间端点 $x=\pm R$ 的敛散性.

【例 7.3.1】 求下列级数的收敛半径：

(1) $\sum\limits_{n=1}^{\infty}(-1)^n\frac{x^n}{n}$； (2) $\sum\limits_{n=1}^{\infty}\frac{2^nx^n}{n}$.

解 (1) 因为 $\rho=\lim\limits_{n\to\infty}\left|\frac{a_{n+1}}{a_n}\right|=\lim\limits_{n\to\infty}\left|\dfrac{\frac{(-1)^{n+1}}{n+1}}{\frac{(-1)^n}{n}}\right|=1$，故收敛半径 $R=1$.

(2) 因为 $\rho=\lim\limits_{n\to\infty}\left|\frac{a_{n+1}}{a_n}\right|=\lim\limits_{n\to\infty}\left|\dfrac{\frac{2^{n+1}}{n+1}}{\frac{2^n}{n}}\right|=2$，故收敛半径 $R=\frac{1}{\rho}=\frac{1}{2}$.

【例 7.3.2】 求下列幂级数的收敛区间及收敛域：

(1) $\sum\limits_{n=1}^{\infty}\frac{x^n}{n!}$； (2) $\sum\limits_{n=1}^{\infty}(-1)^n\frac{x^{2n}}{2n+1}$； (3) $\sum\limits_{n=1}^{\infty}(-1)^n\frac{(x-2)^n}{2^n}$.

解 (1) 由于 $\rho=\lim\limits_{n\to\infty}\left|\dfrac{a_{n+1}}{a_n}\right|=\lim\limits_{n\to\infty}\left|\dfrac{n!}{(n+1)!}\right|=\lim\limits_{n\to\infty}\dfrac{1}{n+1}=0$，所以收敛半径 $R=+\infty$，因此收敛区间为 $(-\infty,+\infty)$；收敛域为 $(-\infty,+\infty)$.

(2) 注意到这个幂级数缺项(没有 x 的奇次幂). 对于缺项级数，不可以直接应用上述公式，而要将其项视为一个整体来求收敛半径. 先考虑级数 $\sum\limits_{n=1}^{\infty}\left|(-1)^n\dfrac{x^{2n}}{2n+1}\right|=\sum\limits_{n=1}^{\infty}\left|\dfrac{x^{2n}}{2n+1}\right|$，应用正项级数的比值审敛法得

$$\rho=\lim_{n\to\infty}\frac{\dfrac{x^{2(n+1)}}{2(n+1)+1}}{\dfrac{x^{2n}}{2n+1}}=\lim_{n\to\infty}\frac{2n+1}{2n+3}x^2=x^2.$$

当 $\rho=x^2<1$，即 $|x|<1$ 时，所求幂级数绝对收敛；

当 $|x|>1$ 时，该幂级数发散；

当 $x=\pm1$ 时，$\sum\limits_{n=1}^{\infty}(-1)^n\dfrac{x^{2n}}{2n+1}=\sum\limits_{n=1}^{\infty}(-1)^n\dfrac{1}{2n+1}$，由交错级数的审敛法知级数 $\sum\limits_{n=1}^{\infty}(-1)^n\dfrac{1}{2n+1}$ 收敛.

故收敛半径 $R=1$，幂级数 $\sum\limits_{n=1}^{\infty}(-1)^n\dfrac{x^{2n}}{2n+1}$ 的收敛区间为 $(-1,1)$；收敛域为 $[-1,1]$.

(3) 方法同(2)，计算

$$\rho=\lim_{n\to\infty}\frac{\left|(-1)^{n+1}\dfrac{(x-2)^{n+1}}{2^{n+1}}\right|}{\left|(-1)^n\dfrac{(x-2)^n}{2^n}\right|}=\frac{|x-2|}{2}.$$

当 $\rho<1$ 时，即 $\dfrac{|x-2|}{2}<1$，也即 $0<x<4$ 时，幂级数收敛. 所以幂级数 $\sum\limits_{n=1}^{\infty}(-1)^n\cdot\dfrac{(x-2)^n}{2^n}$ 的收敛区间为 $(0,4)$.

当 $x=0$ 时，原级数 $\sum\limits_{n=1}^{\infty}(-1)^n\dfrac{(x-2)^n}{2^n}=\sum\limits_{n=1}^{\infty}(-1)^n\dfrac{(-2)^n}{2^n}=\sum\limits_{n=1}^{\infty}(-1)^n\dfrac{(-1)^n2^n}{2^n}=\sum\limits_{n=1}^{\infty}1=n$ 发散；

当 $x=4$ 时，原级数 $\sum\limits_{n=1}^{\infty}(-1)^n\dfrac{(x-2)^n}{2^n}=\sum\limits_{n=1}^{\infty}(-1)^n\dfrac{(4-2)^n}{2^n}=\sum\limits_{n=1}^{\infty}(-1)^n\dfrac{2^n}{2^n}=\sum\limits_{n=1}^{\infty}(-1)^n$，由交错级数的审敛法知级数 $\sum\limits_{n=1}^{\infty}(-1)^n$ 发散.

所以幂级数 $\sum\limits_{n=1}^{\infty}(-1)^n\dfrac{(x-2)^n}{2^n}$ 的收敛域为 $(0,4)$.

二、幂级数的和函数及其求法

幂级数的和函数的求解需要借助幂级数的性质，下面我们来介绍幂级数的几个重要的运算性质.

性质 7-4 设幂级数 $\sum\limits_{n=0}^{\infty} a_n x^n$ 与 $\sum\limits_{n=0}^{\infty} b_n x^n$ 的收敛半径分别为 R_1, R_2（$R_1, R_2 \neq 0$），它们的和函数分别为 $S_1(x)$ 和 $S_2(x)$，则

$$\sum_{n=0}^{\infty} a_n x^n \pm \sum_{n=0}^{\infty} b_n x^n = \sum_{n=0}^{\infty} (a_n \pm b_n) x^n = S_1(x) \pm S_2(x),$$

$x \in (-R, R)$，其中 $R = \min(R_1, R_2)$.

性质 7-5 幂级数 $\sum\limits_{n=0}^{\infty} a_n x^n$ 的和函数 $S(x)$ 在收敛区间上连续.

性质 7-6 设幂级数 $\sum\limits_{n=0}^{\infty} a_n x^n$ 的收敛半径为 R，则幂级数的和函数 $S(x)$ 在收敛区间 $(-R, R)$ 内可以逐项求导，即

$$S'(x) = \left(\sum_{n=0}^{\infty} a_n x^n\right)' = \sum_{n=0}^{\infty} (a_n x^n)' = \sum_{n=1}^{\infty} n a_n x^{n-1}, 经\ x \in (-R, R).$$

性质 7-7 设幂级数 $\sum\limits_{n=0}^{\infty} a_n x^n$ 的收敛半径为 R，则幂级数的和函数 $S(x)$ 在收敛区间 $(-R, R)$ 内可以逐项积分，即

$$\int_0^x S(x)\mathrm{d}x = \int_0^x \sum_{n=0}^{\infty} a_n x^n \mathrm{d}x = \sum_{n=0}^{\infty} \int_0^x a_n x^n \mathrm{d}x = \sum_{n=0}^{\infty} \frac{a_n x^{n+1}}{n+1}, x \in (-R, R).$$

由性质 7-6 和性质 7-7，可以得到幂级数的和函数的求解方法. 我们来看下面两个例子.

【例 7.3.3】 求幂级数 $\sum\limits_{n=0}^{\infty} (n+1) x^n$ 的和函数 $S(x)$.

解 首先求得幂级数 $\sum\limits_{n=0}^{\infty} (n+1) x^n = 1 + 2x + 3x^2 + \cdots$ 的收敛半径 $R=1$，在收敛区间 $(-1, 1)$ 内逐项积分得

$$\int_0^x S(x)\mathrm{d}x = \int_0^x \sum_{n=0}^{\infty} (n+1) x^n \mathrm{d}x = \sum_{n=0}^{\infty} \int_0^x (n+1) x^n \mathrm{d}x = \sum_{n=0}^{\infty} x^{n+1}$$

$$= x + x^2 + \cdots = \frac{x}{1-x}, |x| < 1,$$

再对上述级数逐项求导，即

$$\left(\int_0^x S(x)\mathrm{d}x\right)' = S(x) = \left(\frac{x}{1-x}\right)' = \frac{1}{(1-x)^2}, |x| < 1.$$

【例 7.3.4】 求幂级数 $\sum\limits_{n=1}^{\infty}\dfrac{x^{4n+1}}{4n+1}$ 的和函数 $S(x)$.

解 因为 $S(x)=\sum\limits_{n=1}^{\infty}\dfrac{x^{4n+1}}{4n+1}$ 逐项求导,得到:

$$S'(x)=\left(\sum_{n=1}^{\infty}\frac{x^{4n+1}}{4n+1}\right)'=\sum_{n=1}^{\infty}\left(\frac{x^{4n+1}}{4n+1}\right)'=\sum_{n=1}^{\infty}x^{4n}$$

$$=x^4+x^8+\cdots x^{4n}+\cdots=\frac{x^4}{1-x^4},$$

所以

$$S(x)=\int_0^x S'(x)=\int_0^x\frac{x^4}{1-x^4}\mathrm{d}x=\frac{1}{2}\ln\frac{1+x}{1-x}+\frac{1}{2}\arctan x-x,\ |x|<1.$$

由上两例可见,和函数的求法主要是先积分再求导或者先求导再积分,利用性质 7-6 和性质 7-7.

习题 7-3

1. 求下列幂级数的收敛半径、收敛区间及收敛域:

(1) $\sum\limits_{n=0}^{\infty}nx^n$; (2) $\sum\limits_{n=0}^{\infty}\dfrac{x^n}{n!}$;

(3) $\sum\limits_{n=0}^{\infty}\dfrac{(2n+1)x^n}{n!}$; (4) $\sum\limits_{n=0}^{\infty}(-1)^n\dfrac{x^{2n+1}}{2n+1}$;

(5) $\sum\limits_{n=1}^{\infty}\dfrac{2^n}{n}(x-1)^n$; (6) $\sum\limits_{n=0}^{\infty}\dfrac{x^n}{n(n+1)}$.

2. 求下列幂级数的收敛半径及和函数:

(1) $\sum\limits_{n=1}^{\infty}(-1)^n\dfrac{x^n}{n}$; (2) $\sum\limits_{n=1}^{\infty}2nx^{2n-1}$;

(3) $\sum\limits_{n=1}^{\infty}\left(\dfrac{x^2}{2}\right)^n$; (4) $\sum\limits_{n=1}^{\infty}\dfrac{1}{4n+1}x^{4n+1}$.

第四节 函数的幂级数展开

上一节主要研究了幂级数在其收敛域内收敛于一个和函数的问题,即如何将无限形式转化成有限形式. 本节着重研究对于任意一个函数 $f(x)$,能否将它展开成一个幂级数,以及展开成的幂级数是否以 $f(x)$ 为和函数.

解决这类问题无非两个途径,即直接展开法和间接展开法.

一、利用泰勒公式作幂级数展开

泰勒(Taulor 公式) 若函数 $f(x)$ 在 $x=x_0$ 的某一邻域内有直到 $(n+1)$ 阶导数,则在这个邻域内有公式:

$$f(x)=f(x_0)+f'(x_0)(x-x_0)+f''(x_0)\frac{(x-x_0)^2}{2!}+\cdots$$

$$+f^{(n)}(x_0)\frac{(x-x_0)^n}{n!}+r_n(x).$$

式中，$r_n(x)=f^{(n+1)}(\xi)\dfrac{(x-x_0)^{n+1}}{(n+1)!}$（$\xi$在$x_0$与$x$之间）称为**拉格朗日型余项**，上式称为**泰勒公式**.

若 $r_n(x)\to 0(n\to\infty)$，则称

$$f(x)=f(x_0)+f'(x_0)(x-x_0)+f''(x_0)\frac{(x-x_0)^2}{2!}+\cdots+f^{(n)}(x_0)\frac{(x-x_0)^n}{n!}+\cdots$$

为 $f(x)$ 的**泰勒级数展开式**.

将函数展开成泰勒级数，也就是用幂级数表示函数，可以证明这种表示方式是唯一的（证明从略）. 因此 $f(x)$ 的泰勒级数展开式也称为 $f(x)$ 的幂级数展开式.

若 $x_0=0$，则 $f(x)$ 的泰勒级数展开式也称为**麦克劳林（Maclaurin）级数展开式**，也就是 x 的幂级数展开式，即

$$f(x)=f(0)+f'(0)x+f''(x)\frac{x^2}{2!}+\cdots+f^{(n)}(0)\frac{x^n}{n!}+\cdots$$

【例 7.4.1】 将函数 $f(x)=e^x$ 展开成 x 的幂级数.

解 已知 $f(x)=e^x$ 的 n 阶导数公式 $f^{(n)}(x)=e^x$，$n=1,2,3,\cdots$ 于是有

$$f(0)=f'(0)=f''(0)=\cdots=f^{(n)}(0)=1,$$

于是有 $e^x=1+x+\dfrac{1}{2!}x^2+\cdots+\dfrac{1}{n!}x^n+\cdots$

容易验证，它的收敛区间为 $(-\infty,+\infty)$. 省略对于余项 $r_n(x)\to 0(n\to\infty)$ 的验证，直接得到 $f(x)=e^x$ 的麦克劳林展开式为

$$e^x=1+x+\frac{1}{2!}x^2+\cdots+\frac{1}{n!}x^n+\cdots\quad x\in(-\infty,+\infty)$$

【例 7.4.2】 将函数 $f(x)=\sin x$ 展开成 x 的幂级数.

解 已知 $f^{(n)}(x)=\sin\left(x+\dfrac{n\pi}{2}\right)$，$n=1,2,3,\cdots$，于是有

$$f(0)=0,f'(0)=1,f''(0)=0,f'''(0)=-1,\cdots,f^{(2n)}(0)=0,f^{(2n+1)}(0)=(-1)^n.$$

仿上可以得到 $f(x)=\sin x$ 的幂级数展开式为

$$\sin x=x-\frac{1}{3!}x^3+\frac{1}{5!}x^5+\cdots+(-1)^n\frac{1}{(2n+1)!}x^{2n+1}+\cdots\quad x\in(-\infty,+\infty).$$

二、间接展开法

借助已知的 e^x，$\dfrac{1}{1-x}$，$\sin x$ 的幂级数展开式，由此出发，利用幂级数的性质，可以求得

更多函数的幂级数展开式.

【例 7.4.3】 将函数 $f(x)=\cos x$ 展开成 x 的幂级数.

解 因为

$$\sin x = x-\frac{1}{3!}x^3+\frac{1}{5!}x^5+\cdots+(-1)^n\frac{1}{(2n+1)!}x^{2n+1}\cdots \quad x\in(-\infty,+\infty),$$

由幂级数的性质逐项求导可得

$$\begin{aligned}\cos x=(\sin x)'&=\left[x-\frac{1}{3!}x^3+\frac{1}{5!}x^5+\cdots+(-1)^n\frac{1}{(2n+1)!}x^{2n+1}+\cdots\right]'\\&=1-\frac{1}{2!}x^2+\frac{1}{4!}x^4+\cdots+(-1)^n\frac{1}{(2n)!}x^{2n}+\cdots \quad x\in(-\infty,+\infty).\end{aligned}$$

【例 7.3.4】 求函数 $f(x)=\ln(1+x)$ 的幂级数展开式.

解 如果应用泰勒公式求 $f(x)=\ln(1+x)$ 的幂级数展开式会相当麻烦,我们注意到

$$\ln(1+x)=\int_0^x\frac{\mathrm{d}x}{1+x},$$

函数 $\dfrac{1}{1+x}$ 的幂级数展开式已知为

$$\frac{1}{1+x}=1-x+x^2+\cdots+(-1)^nx^n+\cdots \quad x\in(-1,1),$$

在等式两边同时求积分得到

$$\ln(1+x)=\int_0^x\frac{\mathrm{d}x}{1+x}=x-\frac{x^2}{2}+\frac{x^3}{3}+\cdots+(-1)^n\frac{x^{n+1}}{n+1}+\cdots \quad x\in(-1,1).$$

【例 7.3.5】 将 $f(x)=\mathrm{e}^{x^{-2}}$ 展开成 x 的幂级数.

解 因为 $\quad \mathrm{e}^x=1+x+\dfrac{1}{2!}x^2+\cdots+\dfrac{1}{n!}x^n+\cdots \quad x\in(-\infty,+\infty),$

所以将 $-x^2$ 代入 x 即可得

$$\begin{aligned}\mathrm{e}^{x^{-2}}&=1-x^2+\frac{1}{2!}(-x^2)^2+\cdots+\frac{1}{n!}(-x^2)^n+\cdots\\&=1-x^2+\frac{1}{2!}x^4+\cdots+\frac{1}{n!}(-1)^n\frac{x^{2n}}{n!}+\cdots \quad x\in(-\infty,+\infty).\end{aligned}$$

【例 7.3.6】 将函数 $f(x)=\dfrac{1}{x}$ 展开成 $(x-1)$ 的幂级数.

解 $\quad \dfrac{1}{x}=\dfrac{1}{1+(x-1)}=1-(x-1)+(x-1)^2+\cdots+(-1)^n(x-1)^n+\cdots$

其收敛区间为 $|x-1|<1$,即 $(0,2)$.

由以上例题可见,间接展开法的关键是应用已知的几个幂函数的展开式.下面列出几个常用的幂级数展开式,读者应记住:

$$\mathrm{e}^x=1+x+\frac{1}{2!}x^2+\cdots+\frac{1}{n!}x^n+\cdots \quad x\in(-\infty,+\infty)$$

$$\ln(1+x)=x-\frac{x^2}{2}+\frac{x^3}{3}+\cdots+(-1)^n\frac{x^{n+1}}{n+1}+\cdots \quad x\in(-1,1)$$

$$\sin x=x-\frac{1}{3!}x^3+\frac{1}{5!}x^5+\cdots+(-1)^n\frac{1}{(2n+1)!}x^{2n+1}+\cdots \quad x\in(-\infty,+\infty)$$

$$\cos x=1-\frac{1}{2!}x^2+\frac{1}{4!}x^4+\cdots+(-1)^n\frac{1}{(2n)!}x^{2n}+\cdots \quad x\in(-\infty,+\infty)$$

习题 7－4

1. 用间接展开法将下列函数展开成 x 的幂级数：

(1) $f(x)=e^{-x}$；　　(2) $f(x)=\ln(2+x)$；

(3) $f(x)=\sin^2 x$；　　(4) $f(x)=\ln(2-x-x^2)$.

2. 将下列函数在指定点处展开成泰勒级数：

(1) $f(x)=\frac{1}{x}\quad x_0=3$；　　(2) $f(x)=\ln x\quad x_0=2$；

(3) $f(x)=\cos x\quad x_0=-\frac{\pi}{3}$.

复 习 题 七

一、单项选择题(每小题 2 分，共 10 分)

1. 下列级数中收敛的是　　(　　)

A. $\sum_{n=1}^{\infty}\frac{1}{n}$　　B. $\sum_{n=1}^{\infty}\frac{1}{n\sqrt{n}}$　　C. $\sum_{n=1}^{\infty}\frac{1}{\sqrt[3]{n^2}}$　　D. $\sum_{n=1}^{\infty}(-1)^n$

2. 级数 $\sum_{n=1}^{\infty}(-1)^n\left(\frac{2}{3}\right)^n$ 是　　(　　)

A. 绝对收敛　　B. 条件收敛　　C. 发散　　D. 不确定

3. 幂级数 $\sum_{n=1}^{\infty}\frac{(x-2)^n}{n}$ 的收敛区间为　　(　　)

A. $(-1,1)$　　B. $[-1,1]$　　C. $(1,3)$　　D. $[1,3]$

4. 若幂级数 $\sum_{n=0}^{\infty}a_nx^n$ 的收敛半径为 $R_1: 0<R_1<+\infty$；幂级数 $\sum_{n=0}^{\infty}b_nx^n$ 的收敛半径为 $R_2: 0<R_2<+\infty$，则幂级数 $\sum_{n=0}^{\infty}(a_n+b_n)x^n$ 收敛半径为　　(　　)

A. R_1　　B. R_2　　C. $\min\{R_1,R_2\}$　　D. $\max\{R_1,R_2\}$

5. 已知 $\frac{1}{1-x}=\sum_{n=0}^{\infty}x^n, |x|<1$，则 $\frac{1}{1+x^2}$ 的麦克劳林展开式为　　(　　)

A. $\sum_{n=0}^{\infty}(-x^2)^n, |x|<1$　　B. $\sum_{n=0}^{\infty}(-x)^n, |x|<1$

C. $\sum_{n=0}^{\infty}x^{n^2}, |x|<1$　　D. $\sum_{n=0}^{\infty}x^n, |x|<1$

二、判断题(每小题 2 分,共 10 分)

6. 级数 $\sum_{n=1}^{\infty}\frac{1}{3n}$ 是收敛的. ( )

7. $\lim_{n\to\infty}u_n=0$ 是级数 $\sum_{n=1}^{\infty}u_n$ 收敛的充要条件. ( )

8. 级数 $\sum_{n=1}^{\infty}\left(\frac{n+1}{n}\right)^n$ 是发散的. ( )

9. 部分和数列 $\{S_n\}$ 有界是正项级数 $\sum_{n=1}^{\infty}u_n$ 收敛的充要条件. ( )

10. 级数 $\frac{1}{2}+\frac{2}{5}+\frac{3}{10}+\frac{4}{17}+\cdots$ 的通项为 $\frac{n}{n^2+1}$. ( )

三、填空题(每小题 2 分,共 10 分)

11. 设 a 是非零常数,如果级数 $\sum_{n=1}^{\infty}\frac{a}{r^n}$ 收敛,则 r 的取值范围是________.

12. 级数 $\sum_{n=0}^{\infty}\frac{1}{2^n}$ 的和为________.

13. 幂级数 $\sum_{n=1}^{\infty}\frac{x^n}{2}$ 的收敛半径为________.

14. 幂级数 $\sum_{n=1}^{\infty}\frac{x^n}{n}$ 的和函数为________.

15. 函数 $f(x)=\mathrm{e}^{3x}$ 展开成 x 的幂级数为________.

四、计算题(每小题 10 分,共 60 分)

16. 判断级数 $\sum_{n=1}^{\infty}\frac{1}{n^2+3}$ 敛散性.

17. 判断级数 $\sum_{n=1}^{\infty}\frac{2^n}{n^2}$ 敛散性.

18. 求幂级数 $\sum_{n=1}^{\infty}x^{2n}$ 的收敛半径、收敛区间.

19. 求幂级数 $\sum_{n=1}^{\infty}3^n x^n$ 收敛半径、收敛区间、收敛域.

20. 求幂级数 $\sum_{n=1}^{\infty}(n+1)x^n$ 的和函数.

21. 将函数 $f(x)=\frac{1}{2-x}$ 展开成 $(x-1)$ 的幂级数.

五、综合题(共 10 分)

22. 讨论交错级数 $\sum_{n=1}^{\infty}(-1)^n\frac{1}{\sqrt{n}}$ 的敛散性,如果收敛,是绝对收敛还是条件收敛.

第八章　向量与空间解析几何

本章提要　向量是一种解决实际问题很好的数学工具.本章首先引入空间直角坐标系,然后介绍向量的概念及其运算.以向量为工具,学习空间平面与直线方程,讨论平面与平面、直线与平面、直线与直线的位置关系.最后对常见的曲面做简单地介绍.

第一节　空间直角坐标系

一、空间直角坐标系的概念

在空间,用三条两两垂直且交于一点的数轴来建立空间直角坐标系,其交点称为**坐标原点**,记作 O;三条数轴称为坐标轴,依次记为 ***x* 轴**(**横轴**)、***y* 轴**(**纵轴**)和 ***z* 轴**(**竖轴**),它们构成一个空间直角坐标系 $O-xyz$.一般是把 x 轴和 y 轴放置在水平面上,z 轴垂直于水平面.z 轴的正向按下述法则规定如下:伸出右手,让四指与大拇指垂直,并使四指先指向 x 轴的正向,然后让四指沿握拳方向旋转 $90°$指向 y 轴的正向,这时大拇指所指的方向就是 z 轴的正向(该法则称为**右手法则**)(图 8-1).

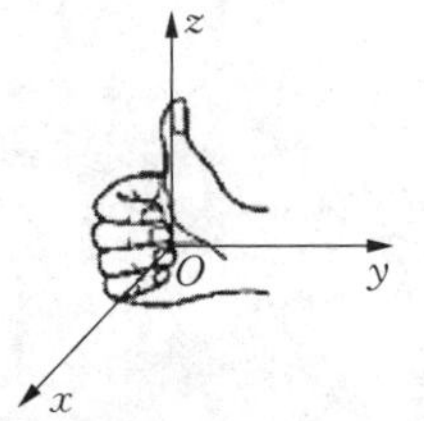

图 8-1

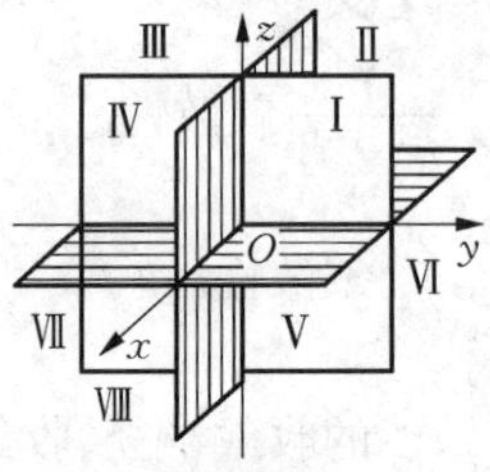

图 8-2

三条坐标轴中每两条坐标轴所在的平面 xOy、yOz、zOx 称为**坐标平面**,简称**坐标面**.三个坐标面把空间分成八个部分,每一部分称为一个**卦限**,在 xOy 平面上方,由 x 轴、y 轴和 z 轴的正半轴确定的部分称为**第Ⅰ卦限**,然后按逆时针方向确定第Ⅱ、第Ⅲ、第Ⅳ卦限.在 xOy 平面下方,第Ⅰ卦限下方部分称为**第Ⅴ卦限**,然后按逆时针方向确定第Ⅵ、第Ⅶ、第Ⅷ卦限(图 8-2).

二、空间点的坐标

设 M 是空间任意一点,过点 M 作 xOy 平面的垂线 MM',垂足为 M',然后再过点 M 作 z 轴的垂线 MR,垂足为 R;过点 M'分别作 x 轴及 y 轴的垂线 $M'P$、$M'Q$,垂足分别为 P、Q.设三个垂足 P、Q、R 的坐标分别为 x、y、z,并组成一个有序数组 (x,y,z).反之,给定一个有序数组 (x,y,z),也可以唯一确定空间中一点 M.于是,空间任意一点 M 就与一个有序数组

(x,y,z)建立一一对应的关系.这个有序数组(x,y,z)称为点M的坐标,x、y、z分别称为点M的横坐标、纵坐标、竖坐标(图 8-3).

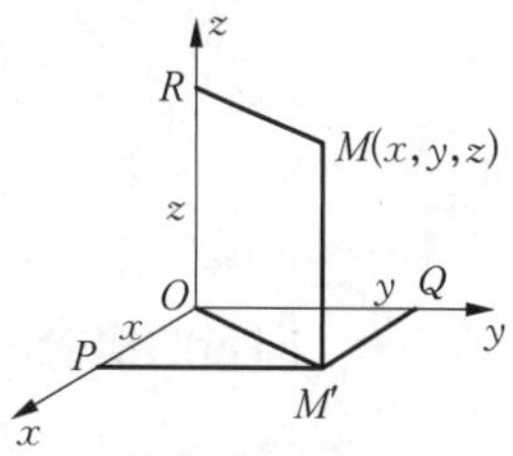

图 8-3

由此可见,坐标原点的坐标为$O(0,0,0)$,x轴、y轴、z轴上点的坐标分别为$(x,0,0)$、$(0,y,0)$、$(0,0,z)$,xOy平面、yOz平面、zOx平面上点的坐标分别为$(x,y,0)$、$(0,y,z)$、$(x,0,z)$.

点$M(x,y,z)$关于坐标原点对称的点的坐标为$(-x,-y,-z)$;关于x轴对称点的坐标为$(x,-y,-z)$;关于xOy平面对称点的坐标为$(x,y,-z)$.点M关于其他坐标轴及坐标面对称点的坐标可类似地得到.

各卦限内的点(除去坐标面上的点外)的坐标符号如下:

Ⅰ(+,+,+),　Ⅱ(-,+,+),　Ⅲ(-,-,+),　Ⅳ(+,-,+)

Ⅴ(+,+,-),　Ⅵ(-,+,-),　Ⅶ(-,-,-),　Ⅷ(+,-,-).

空间任意两点$M_1(x_1,y_1,z_1)$,$M_2(x_2,y_2,z_2)$之间的距离为

$$|M_1M_2|=\sqrt{(x_2-x_1)^2+(y_2-y_1)^2+(z_2-z_1)^2}.$$

特别地,空间一点$M(x,y,z)$与坐标原点$O(0,0,0)$之间的距离为

$$|OM|=\sqrt{x^2+y^2+z^2}.$$

【例 8.1.1】 写出点$M(3,-2,-1)$分别关于坐标原点、x轴、xOy坐标面对称点的坐标.

解 点$M(3,-2,-1)$关于坐标原点对称点的坐标为$M_1(-3,2,1)$;

关于x轴对称点的坐标为$M_2(3,2,1)$;

关于xOy坐标面对称点的坐标为$M_3(3,-2,1)$.

【例 8.1.2】 求点$A(1,-2,3)$到点$B(5,2,-1)$之间的距离.

解 距离$d=|AB|=\sqrt{(5-1)^2+(2-(-2))^2+(-1-3)^2}=4\sqrt{3}$.

习题 8-1

1. 写出下列点的坐标:

(1) 坐标原点;　(2) y轴上的点;　(3) zOx平面上的点.

2. 指出下列各点在空间中所在的卦限:

(1) $(-2,1,3)$;　(2) $(2,3,-1)$;

(3) $(-3,-2,-1)$;　(4) $(-3,2,-1)$.

3. 已知点$M(x,y,z)$的坐标满足:$xyz<0$,问M点可能在空间中的哪几个卦限?

4. 求点$A(1,-2,17)$到点$B(-19,18,17)$之间的距离.

5. 设$A(-3,b,2)$与$B(1,-2,4)$两点之间的距离为$\sqrt{29}$,试求b.

6. 在xOy坐标面上求一点M,使之到点$A(1,-1,5)$,$B(3,4,4)$,$C(4,6,1)$距离都相等.

第二节　向量的概念及其运算

微课：向量的概念与运算

一、向量的概念

1. 向量的基本概念

人们在日常生活和生产实践中常遇到两类量：一类如温度、距离、体积、时间等，这种只有大小没有方向的量叫作**数量**(**标量**)；另一类如力、位移、速度、电场强度等，它们既有大小又有方向，这种既有大小又有方向的量叫作**向量**(**矢量**).

向量可以用起点到终点的有向线段来表示，如$\overrightarrow{AB}$，有向线段的长度表示向量的长度，它的方向表示向量的方向；也可用一个小写的黑体字母来表示，如$\boldsymbol{a}$. 向量的大小，称为**向量的模**，记作$|\overrightarrow{AB}|$或$|\boldsymbol{a}|$. 模等于1的向量称为**单位向量**，记作$\boldsymbol{e}$. 模等于0的向量称为**零向量**，记作$\boldsymbol{0}$或者$\vec{0}$. 零向量的方向不确定，或者说它的方向是任意的. 若两个向量方向相同且模相等，则称这两个向量**相等**，记作$\boldsymbol{a}=\boldsymbol{b}$. 根据这个规定，一个向量和它经过平行移动所得到的向量是相等的. 这种向量称为**自由向量**. $\boldsymbol{a}=-\boldsymbol{b}$意味着$|\boldsymbol{a}|=|\boldsymbol{b}|$且它们的方向相反，称$-\boldsymbol{b}$为$\boldsymbol{b}$的**相反向量**.

如果两个非零向量$\boldsymbol{a}$与$\boldsymbol{b}$的方向相同或相反，就称这两个向量平行，记作$\boldsymbol{a}//\boldsymbol{b}$. 由于零向量的方向是任意的，因此可以认为**零向量平行于任何向量**. 当两个平行向量的起点放在同一点时，它们的终点和公共起点应在同一条直线上. 因此，两向量平行，又称两向量**共线**.

2. 向量的坐标

在空间直角坐标系$O-xyz$中，将向量$\boldsymbol{a}$的起点移到坐标原点时，其终点为M，即$\boldsymbol{a}=\overrightarrow{OM}$，称点$M$的坐标$(x,y,z)$为$\boldsymbol{a}$的坐标，记作$\boldsymbol{a}=(x,y,z)$，且

$$|\boldsymbol{a}|=|\overrightarrow{OM}|=\sqrt{x^2+y^2+z^2}.$$

3. 已知始、终点坐标的向量的坐标

将向量$\boldsymbol{a}$的始点平移到点M时，终点为N. 又知M、N的坐标分别为(x_1,y_1,z_1)、(x_2,y_2,z_2)，则$\boldsymbol{a}=\overrightarrow{MN}=(x_2-x_1,y_2-y_1,z_2-z_1)$.

【例 8.2.1】 已知始点A的坐标为$(1,2,-1)$，终点B的坐标为$(3,1,2)$，求向量$\overrightarrow{AB}$的坐标.

解　向量$\overrightarrow{AB}=(3-1,1-2,2-(-1))=(2,-1,3)$.

二、向量的运算

1. 向量的加减法

(1) 向量的加法

① 若将向量$\boldsymbol{a}$的终点与向量$\boldsymbol{b}$的始点移放在一起，则以$\boldsymbol{a}$的始点为始点，以$\boldsymbol{b}$的终点为终点的向量称为向量$\boldsymbol{a}$与$\boldsymbol{b}$的和向量，记为$\boldsymbol{a}+\boldsymbol{b}$. 这种求向量和的方法称为向量加法的**三角形法则**(图8-4).

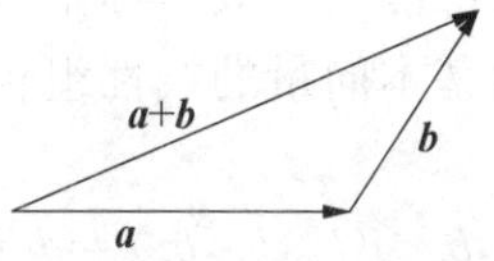

图 8-4

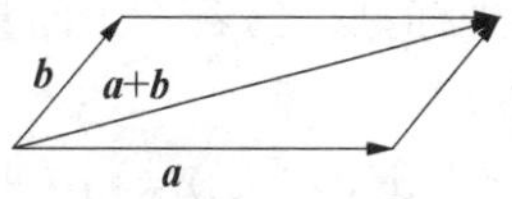

图 8-5

② 将两个向量 $\boldsymbol{a}$ 和 $\boldsymbol{b}$ 的始点移放在一起，并以 $\boldsymbol{a}$ 和 $\boldsymbol{b}$ 为邻边作平行四边形，则从始点到对角顶点的向量称为 $\boldsymbol{a}+\boldsymbol{b}$. 这种求向量和的方法称为向量加法的**平行四边形法则**(图 8-5).

由相反向量的概念可以定义两个向量 $\boldsymbol{a}$ 与 $\boldsymbol{b}$ 的减法：

$$\boldsymbol{a}-\boldsymbol{b}=\boldsymbol{a}+(-\boldsymbol{b}).$$

向量的加法满足下列运算规律.

① 交换律：$\boldsymbol{a}+\boldsymbol{b}=\boldsymbol{b}+\boldsymbol{a}$；

② 结合律：$(\boldsymbol{a}+\boldsymbol{b})+\boldsymbol{c}=\boldsymbol{a}+(\boldsymbol{b}+\boldsymbol{c})$；

③ $\boldsymbol{a}+\boldsymbol{0}=\boldsymbol{a}$；

④ $\boldsymbol{a}+(-\boldsymbol{a})=\boldsymbol{0}$.

由此可见，向量的加法运算规律和实数的加法运算规律是类似的.

(2) 向量与数的乘法

实数 λ 与向量 $\boldsymbol{a}$ 的乘积是一个向量，称为向量 $\boldsymbol{a}$ 与数 λ 的乘积，记作 $\lambda\boldsymbol{a}$，并且规定：

① $|\lambda a|=|\lambda||a|$；

② 当 $\lambda>0$ 时，$\lambda\boldsymbol{a}$ 与 $\boldsymbol{a}$ 的方向相同；当 $\lambda<0$ 时，$\lambda\boldsymbol{a}$ 与 $\boldsymbol{a}$ 的方向相反；

③ 当 $\lambda=0$ 时，$\lambda\boldsymbol{a}$ 是零向量.

特别地，当 $\boldsymbol{a}\neq\boldsymbol{0}$ 时，

① $(-1)\boldsymbol{a}=-\boldsymbol{a}$，即 $\boldsymbol{a}$ 的相反向量就是原向量数乘 (-1) 的结果；

② 设向量 $\boldsymbol{a}$ 是一个非零向量，则与 $\boldsymbol{a}$ 同方向的单位向量 $\boldsymbol{e}_a=\dfrac{\boldsymbol{a}}{|\boldsymbol{a}|}$.

这表明一个非零向量除以它的模就得到与原向量同方向的单位向量.

设 λ,μ 都是实数，向量与数的乘法满足下列运算规律.

① 结合律：$\lambda(\mu a)=(\lambda\mu)a$；

② 分配律：$(\lambda+\mu)\boldsymbol{a}=\lambda\boldsymbol{a}+\mu\boldsymbol{a}$，$\lambda(\boldsymbol{a}+\boldsymbol{b})=\lambda\boldsymbol{a}+\lambda\boldsymbol{b}$.

向量的加法运算和向量与数的乘法运算统称为**向量的线性运算**.

(3) 坐标基本向量及向量关于坐标基本向量的分解

在空间直角坐标系 O-xyz 中，以坐标原点 O 为始点的三个单位向量 $\boldsymbol{i}=(1,0,0)$，$\boldsymbol{j}=(0,1,0)$，$\boldsymbol{k}=(0,0,1)$ 称为**坐标基本向量**.

设 $M(x,y,z)$ 为 O-xyz 空间中的任意一点，$\boldsymbol{r}=\overrightarrow{OM}$，向量 $\boldsymbol{r}$ 称为点 M 对于坐标原点 O 的**向径**(图 8-6)，由图 8-6 及向量的加法可知，$\overrightarrow{OM}=\overrightarrow{OP}+\overrightarrow{OQ}+\overrightarrow{OR}$. 而 $\overrightarrow{OP}=x\boldsymbol{i}$，$\overrightarrow{OQ}=y\boldsymbol{j}$，$\overrightarrow{OR}=z\boldsymbol{k}$. 依次称这三个向量为向量 $\boldsymbol{r}$ 关于 x 轴、y 轴、z 轴的分量.

$$\boldsymbol{r}=\overrightarrow{OM}=x\boldsymbol{i}+y\boldsymbol{j}+z\boldsymbol{k}.$$

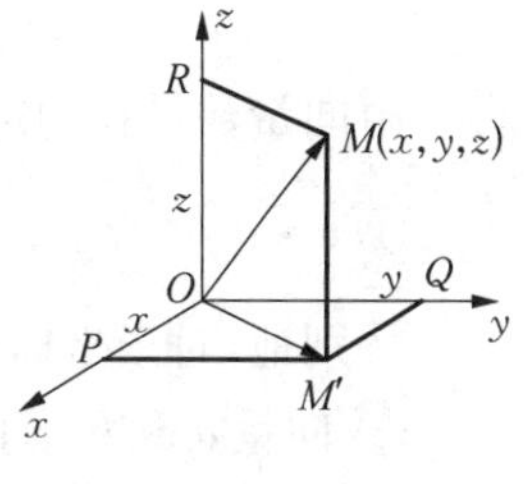

图 8-6

这就说明,在空间直角坐标系中,任何空间向量都能表示成坐标基本向量的线性组合,且系数就是向量的坐标;反之,若一个向量是用坐标基本向量的线性组合来表示的,则向量的坐标就是其系数.

设两个向量 $\boldsymbol{a}=(a_x,a_y,a_z)=a_x\boldsymbol{i}+a_y\boldsymbol{j}+a_z\boldsymbol{k}$,$\boldsymbol{b}=(b_x,b_y,b_z)=b_x\boldsymbol{i}+b_y\boldsymbol{j}+b_z\boldsymbol{k}$,则有

$$\boldsymbol{a}\pm\boldsymbol{b}=(a_x\pm b_x)\boldsymbol{i}+(a_y\pm b_y)\boldsymbol{j}+(a_z\pm b_z)\boldsymbol{k},$$

即
$$\boldsymbol{a}\pm\boldsymbol{b}=(a_x\pm b_x,a_y\pm b_y,a_z\pm b_z).$$

$$\lambda\boldsymbol{a}=\lambda(a_x\boldsymbol{i}+a_y\boldsymbol{j}+a_z\boldsymbol{k})=(\lambda a_x,\lambda a_y,\lambda a_z).$$

【例 8.2.2】 设 $\boldsymbol{a}=(1,-1,1)$,$\boldsymbol{b}=(-2,3,-2)$,求 $\boldsymbol{a}-\boldsymbol{b}$,$3\boldsymbol{a}+\boldsymbol{b}$.

解 $\boldsymbol{a}-\boldsymbol{b}=(1-(-2),-1-3,1-(-2))=(3,-4,3)$;

$3\boldsymbol{a}+\boldsymbol{b}=(3\times1,3\times(-1),3\times1)+(-2,3,-2)=(3-2,-3+3,3-2)=(1,0,1)$.

【例 8.2.3】 设 $\boldsymbol{a}=(1,-1,1)$,$2\boldsymbol{a}+3\boldsymbol{b}=(-4,7,-4)$,求 $\boldsymbol{b}$.

解 设 $\boldsymbol{b}=(x,y,z)$,则

$$(2,-2,2)+(3x,3y,3z)=(2+3x,-2+3y,2+3z)=(-4,7,-4),$$

$$2+3x=-4,-2+3y=7,2+3z=-4,\text{可得},x=-2,y=3,z=-2.$$

所以,$\boldsymbol{b}=(-2,3,-2)$.

【例 8.2.4】 设 $\boldsymbol{a}=-\boldsymbol{i}+2\boldsymbol{j}-2\boldsymbol{k}$,试求与 $\boldsymbol{a}$ 方向相反,长度为 6 的向量 $\boldsymbol{b}$.

解 $\boldsymbol{e}_a=\dfrac{\boldsymbol{a}}{|\boldsymbol{a}|}=\dfrac{1}{3}(-\boldsymbol{i}+2\boldsymbol{j}-3\boldsymbol{k})$,

$\boldsymbol{b}=6(-\boldsymbol{e}_a)=2\boldsymbol{i}-4\boldsymbol{j}+6\boldsymbol{k}$.

微课:向量的数量积

2. 向量的数量积

(1) 向量的夹角

如图 8-7 所示,把两个非零的向量 $\boldsymbol{a}$ 和 $\boldsymbol{b}$ 的始点平移到同一点.那么,两个向量 $\boldsymbol{a}$ 和 $\boldsymbol{b}$ 之间所成的 0 与 π 之间的角 φ,称为向量 $\boldsymbol{a}$ 和 $\boldsymbol{b}$ 的夹角,记为 $\langle\boldsymbol{a},\boldsymbol{b}\rangle$ 或 $\langle\boldsymbol{b},\boldsymbol{a}\rangle$.若 $\langle\boldsymbol{a},\boldsymbol{b}\rangle=\dfrac{\pi}{2}$,则称向量 $\boldsymbol{a}$ 和 $\boldsymbol{b}$ **垂直**,记为 $\boldsymbol{a}\perp\boldsymbol{b}$;若 $\langle\boldsymbol{a},\boldsymbol{b}\rangle=0$ 或 π,则称向量 $\boldsymbol{a}$ 和 $\boldsymbol{b}$ **平行**,记为 $\boldsymbol{a}/\!/\boldsymbol{b}$;$\boldsymbol{0}$ 与任何向量的夹角无意义;向量与坐标轴的夹角指的是向量与坐标轴正向的夹角.

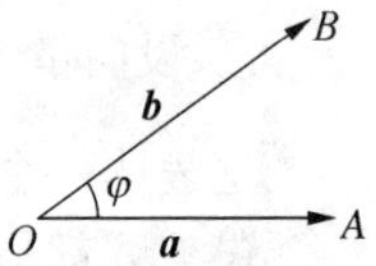

图 8-7

(2) 向量的数量积

定义 8-1 设有向量 $\boldsymbol{a}$ 和 $\boldsymbol{b}$,它们的夹角为 $\langle\boldsymbol{a},\boldsymbol{b}\rangle$,乘积 $|\boldsymbol{a}||\boldsymbol{b}|\cos\langle\boldsymbol{a},\boldsymbol{b}\rangle$ 称为向量 $\boldsymbol{a}$ 和 $\boldsymbol{b}$ 的**数量积(点积)**,记为 $\boldsymbol{a}\cdot\boldsymbol{b}$,即

$$\boldsymbol{a}\cdot\boldsymbol{b}=|\boldsymbol{a}||\boldsymbol{b}|\cos\langle\boldsymbol{a},\boldsymbol{b}\rangle.$$

由向量数量积的定义,可以推得:

① $\boldsymbol{a}\cdot\boldsymbol{a}=|\boldsymbol{a}|^2$.

特别地,对于坐标基本向量 $\boldsymbol{i},\boldsymbol{j},\boldsymbol{k}$,有 $\boldsymbol{i}\cdot\boldsymbol{i}=\boldsymbol{j}\cdot\boldsymbol{j}=\boldsymbol{k}\cdot\boldsymbol{k}=1$.

② 向量 $\boldsymbol{a}$ 和 $\boldsymbol{b}$ 垂直的充分必要条件是 $\boldsymbol{a}\cdot\boldsymbol{b}=0$(因为零向量和任意向量都垂直,所以当 $\boldsymbol{a}$ 和 $\boldsymbol{b}$ 中有一个向量为零向量时,结论依然成立).

特别地，$\boldsymbol{i}\cdot\boldsymbol{j}=\boldsymbol{j}\cdot\boldsymbol{k}=\boldsymbol{k}\cdot\boldsymbol{i}=0$.

利用向量的数量积的定义，可以证明下列运算规律：

① 交换律：$\boldsymbol{a}\cdot\boldsymbol{b}=\boldsymbol{b}\cdot\boldsymbol{a}$；

② 结合律：$(\lambda\boldsymbol{a})\cdot(\mu\boldsymbol{b})=(\lambda\mu)(\boldsymbol{a}\cdot\boldsymbol{b})$，其中 λ,μ 为实数；

③ 分配律：$\boldsymbol{a}(\boldsymbol{b}+\boldsymbol{c})=\boldsymbol{a}\cdot\boldsymbol{b}+\boldsymbol{a}\cdot\boldsymbol{c}$，$(\boldsymbol{a}+\boldsymbol{b})\boldsymbol{c}=\boldsymbol{a}\cdot\boldsymbol{c}+\boldsymbol{b}\cdot\boldsymbol{c}$.

【例 8.2.5】 已知 $\langle\boldsymbol{a},\boldsymbol{b}\rangle=\frac{\pi}{3}$，$|\boldsymbol{a}|=2$，$|\boldsymbol{b}|=3$，求 $\boldsymbol{c}=2\boldsymbol{a}+3\boldsymbol{b}$ 的模.

解
$$\begin{aligned}|\boldsymbol{c}|^2&=\boldsymbol{c}^2=(2\boldsymbol{a}+3\boldsymbol{b})(2\boldsymbol{a}+3\boldsymbol{b})=4\boldsymbol{a}^2+12\boldsymbol{a}\cdot\boldsymbol{b}+9\boldsymbol{b}^2\\&=4|\boldsymbol{a}|^2+12|\boldsymbol{a}|\cdot|\boldsymbol{b}|\cos\langle\boldsymbol{a},\boldsymbol{b}\rangle+9|\boldsymbol{b}|^2=133.\end{aligned}$$

故，$|\boldsymbol{c}|=\sqrt{133}$.

(3) 数量积的坐标表示

设 $\boldsymbol{a}=a_x\boldsymbol{i}+a_y\boldsymbol{j}+a_z\boldsymbol{k}$，$\boldsymbol{b}=b_x\boldsymbol{i}+b_y\boldsymbol{j}+b_z\boldsymbol{k}$，则

$$\begin{aligned}\boldsymbol{a}\cdot\boldsymbol{b}&=(a_x\boldsymbol{i}+a_y\boldsymbol{j}+a_z\boldsymbol{k})\cdot(b_x\boldsymbol{i}+b_y\boldsymbol{j}+b_z\boldsymbol{k})\\&=a_xb_x+a_yb_y+a_zb_z.\end{aligned}$$

即
$$\boldsymbol{a}\cdot\boldsymbol{b}=a_xb_x+a_yb_y+a_zb_z.$$

由此可见，两个向量的数量积等于它们对应坐标乘积之和.

【例 8.2.6】 设 $\boldsymbol{a}=2\boldsymbol{i}-\boldsymbol{j}+\boldsymbol{k}$，$\boldsymbol{b}=\boldsymbol{i}+2\boldsymbol{j}-\boldsymbol{k}$，求 $\boldsymbol{a}\cdot\boldsymbol{b}$，$(2\boldsymbol{a})\cdot(5\boldsymbol{b})$，$\boldsymbol{b}^2$.

解 $\boldsymbol{a}\cdot\boldsymbol{b}=(2,-1,1)\cdot(1,2,-1)=2\times1+(-1)\times2+1\times(-1)=-1$；

$(2\boldsymbol{a})\cdot(5\boldsymbol{b})=10(\boldsymbol{a}\cdot\boldsymbol{b})=-10$；

$\boldsymbol{b}^2=1\times1+2\times2+(-1)\times(-1)=6$.

3. 向量的向量积

(1) 向量积的定义

定义 8-2 向量 $\boldsymbol{c}$ 由两个向量 $\boldsymbol{a}$ 和 $\boldsymbol{b}$ 按下列方式确定：

① 向量 $\boldsymbol{c}$ 的模为 $|\boldsymbol{c}|=|\boldsymbol{a}||\boldsymbol{b}|\sin\langle\boldsymbol{a},\boldsymbol{b}\rangle$；

② $\boldsymbol{c}\perp\boldsymbol{a}$，$\boldsymbol{c}\perp\boldsymbol{b}$，即 $\boldsymbol{c}$ 垂直于 $\boldsymbol{a}$ 和 $\boldsymbol{b}$ 所决定的平面，且按 $\boldsymbol{a},\boldsymbol{b},\boldsymbol{c}$ 顺序构成右手系(图 8-8)，则称向量 $\boldsymbol{c}$ 为向量 $\boldsymbol{a}$ 和 $\boldsymbol{b}$ 的**向量积**(**叉积**)，记为 $\boldsymbol{c}=\boldsymbol{a}\times\boldsymbol{b}$.

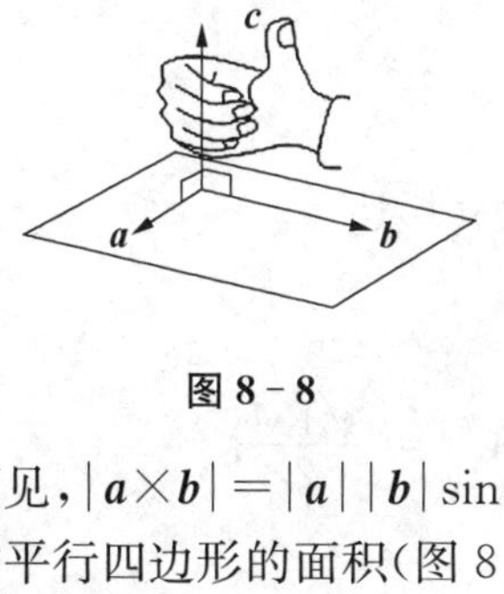

图 8-8

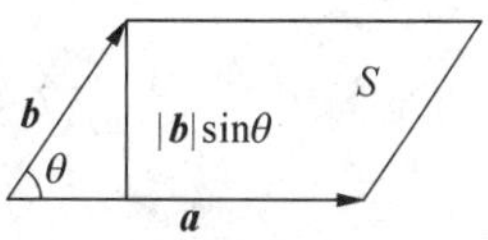

图 8-9

由上述定义可见，$|\boldsymbol{a}\times\boldsymbol{b}|=|\boldsymbol{a}||\boldsymbol{b}|\sin\langle\boldsymbol{a},\boldsymbol{b}\rangle$，这就得出了向量积的模的几何意义：表示以 $\boldsymbol{a}$ 和 $\boldsymbol{b}$ 为邻边的平行四边形的面积(图 8-9)，即 $S=|\boldsymbol{a}\times\boldsymbol{b}|$.

根据向量积的定义，可以推得：

① $\boldsymbol{a}\times\boldsymbol{a}=\boldsymbol{0}$；

特别地,对于坐标基本向量 $\boldsymbol{i},\boldsymbol{j},\boldsymbol{k}$,有 $\boldsymbol{i}\times\boldsymbol{i}=\boldsymbol{j}\times\boldsymbol{j}=\boldsymbol{k}\times\boldsymbol{k}=\boldsymbol{0}$.

② 非零向量 $\boldsymbol{a}$ 和 $\boldsymbol{b}$ 平行的充分必要条件是 $\boldsymbol{a}\times\boldsymbol{b}=\boldsymbol{0}$;

③ $\boldsymbol{a}\times\boldsymbol{0}=\boldsymbol{0}$.

向量的向量积满足如下运算规律:

① $\boldsymbol{a}\times\boldsymbol{b}=-\boldsymbol{b}\times\boldsymbol{a}$(向量积运算不满足交换律);

② 结合律:$(\lambda\boldsymbol{a})\times\boldsymbol{b}=\boldsymbol{a}\times(\lambda\boldsymbol{b})=\lambda(\boldsymbol{a}\times\boldsymbol{b})$($\lambda$ 为实数);

③ 分配律:$(\boldsymbol{a}+\boldsymbol{b})\times\boldsymbol{c}=\boldsymbol{a}\times\boldsymbol{c}+\boldsymbol{b}\times\boldsymbol{c},\boldsymbol{a}\times(\boldsymbol{b}+\boldsymbol{c})=\boldsymbol{a}\times\boldsymbol{b}+\boldsymbol{a}\times\boldsymbol{c}$.

(2) 向量积的坐标表示

设 $\boldsymbol{a}=a_x\boldsymbol{i}+a_y\boldsymbol{j}+a_z\boldsymbol{k},\boldsymbol{b}=b_x\boldsymbol{i}+b_y\boldsymbol{j}+b_z\boldsymbol{k}$,则

$$\begin{aligned}\boldsymbol{a}\times\boldsymbol{b}&=(a_x\boldsymbol{i}+a_y\boldsymbol{j}+a_z\boldsymbol{k})\times(b_x\boldsymbol{i}+b_y\boldsymbol{j}+b_z\boldsymbol{k})\\&=(a_yb_z-a_zb_y)\boldsymbol{i}-(a_xb_z-a_zb_x)\boldsymbol{j}+(a_xb_y-a_yb_x)\boldsymbol{k}\\&=\begin{vmatrix}a_y&a_z\\b_y&b_z\end{vmatrix}\boldsymbol{i}-\begin{vmatrix}a_x&a_z\\b_x&b_z\end{vmatrix}\boldsymbol{j}+\begin{vmatrix}a_x&a_y\\b_x&b_y\end{vmatrix}\boldsymbol{k}.\end{aligned}$$

为了便于记忆,可将 $\boldsymbol{a}\times\boldsymbol{b}$ 写成如下三阶行列式的形式:

$$\boldsymbol{a}\times\boldsymbol{b}=\begin{vmatrix}\boldsymbol{i}&\boldsymbol{j}&\boldsymbol{k}\\a_x&a_y&a_z\\b_x&b_y&b_z\end{vmatrix}.$$

【例 8.2.7】 设 $\boldsymbol{a}=2\boldsymbol{i}-\boldsymbol{j}+\boldsymbol{k},\boldsymbol{b}=\boldsymbol{i}+2\boldsymbol{j}-\boldsymbol{k}$,求 $\boldsymbol{a}\times\boldsymbol{b}$.

解
$$\boldsymbol{a}\times\boldsymbol{b}=\begin{vmatrix}\boldsymbol{i}&\boldsymbol{j}&\boldsymbol{k}\\2&-1&1\\1&2&-1\end{vmatrix}=\begin{vmatrix}-1&1\\2&-1\end{vmatrix}\boldsymbol{i}-\begin{vmatrix}2&1\\1&-1\end{vmatrix}\boldsymbol{j}+\begin{vmatrix}2&-1\\1&2\end{vmatrix}\boldsymbol{k}$$
$$=-\boldsymbol{i}+3\boldsymbol{j}+5\boldsymbol{k}=(-1,3,5).$$

【例 8.2.8】 设$\triangle ABC$的三个顶点分别为 $A(-1,2,2),B(2,3,2),C(2,-1,1)$,求$\triangle ABC$的面积.

解 $\overrightarrow{AB}=(3,1,0),\overrightarrow{AC}=(3,-3,-1)$,

$$\overrightarrow{AB}\times\overrightarrow{AC}=\begin{vmatrix}\boldsymbol{i}&\boldsymbol{j}&\boldsymbol{k}\\3&1&0\\3&-3&-1\end{vmatrix}=-\boldsymbol{i}+3\boldsymbol{j}-12\boldsymbol{k}.$$

从而

$$|\overrightarrow{AB}\times\overrightarrow{AC}|=\sqrt{154}.$$

所以

$$S_{\triangle ABC}=\frac{1}{2}|\overrightarrow{AB}\times\overrightarrow{AC}|=\frac{\sqrt{154}}{2}.$$

三、向量的关系

1. 两向量的夹角公式

由于 $\cos\langle \boldsymbol{a},\boldsymbol{b}\rangle=\dfrac{\boldsymbol{a}\cdot\boldsymbol{b}}{|\boldsymbol{a}||\boldsymbol{b}|}$，故对两个非零向量 $\boldsymbol{a}$ 和 $\boldsymbol{b}$ 的夹角 $\langle \boldsymbol{a},\boldsymbol{b}\rangle$ 的计算公式为

$$\langle \boldsymbol{a},\boldsymbol{b}\rangle=\arccos\frac{\boldsymbol{a}\cdot\boldsymbol{b}}{|\boldsymbol{a}||\boldsymbol{b}|}.$$

若 $\boldsymbol{a}=a_x\boldsymbol{i}+a_y\boldsymbol{j}+a_z\boldsymbol{k}$，$\boldsymbol{b}=b_x\boldsymbol{i}+b_y\boldsymbol{j}+b_z\boldsymbol{k}$，

则
$$\langle \boldsymbol{a},\boldsymbol{b}\rangle=\arccos\frac{a_xb_x+a_yb_y+a_zb_z}{\sqrt{a_x^2+a_y^2+a_z^2}\cdot\sqrt{b_x^2+b_y^2+b_z^2}}.$$

2. 两向量垂直的判定方法

由向量的数量积的定义可以推出：

定理 8-1 两个非零向量 $\boldsymbol{a}\perp\boldsymbol{b}\Leftrightarrow\boldsymbol{a}\cdot\boldsymbol{b}=0$.

若 $\boldsymbol{a}=a_xi+a_y\boldsymbol{j}+a_z\boldsymbol{k}$，$\boldsymbol{b}=b_xi+b_y\boldsymbol{j}+b_z\boldsymbol{k}$，则有

定理 8-2 两个非零向量 $\boldsymbol{a}\perp\boldsymbol{b}\Leftrightarrow a_xb_x+a_yb_y+a_zb_z=0$.

3. 两向量平行的判定方法

由向量的向量积的定义可以推出：

定理 8-3 两个非零向量 $\boldsymbol{a}\parallel\boldsymbol{b}\Leftrightarrow\boldsymbol{a}\times\boldsymbol{b}=\boldsymbol{0}$.

若 $\boldsymbol{a}=a_x\boldsymbol{i}+a_y\boldsymbol{j}+a_z\boldsymbol{k}$，$\boldsymbol{b}=b_x\boldsymbol{i}+b_y\boldsymbol{j}+b_z\boldsymbol{k}$，则有 $\boldsymbol{a}\times\boldsymbol{b}=(a_yb_z-a_zb_y)\boldsymbol{i}-(a_xb_z-a_zb_x)\boldsymbol{j}+(a_xb_y-a_yb_x)\boldsymbol{k}$，所以两个非零向量平行的充要条件可改为 $(a_yb_z-a_zb_y)=0$，$(a_xb_z-a_zb_x)=0$，$(a_xb_y-a_yb_x)=0$.

或

$$\frac{a_x}{b_x}=\frac{a_y}{b_y}=\frac{a_z}{b_z}.$$

即

定理 8-4 设 $\boldsymbol{a}=a_x\boldsymbol{i}+a_y\boldsymbol{j}+a_z\boldsymbol{k}$，$\boldsymbol{b}=b_x\boldsymbol{i}+b_y\boldsymbol{j}+b_z\boldsymbol{k}$ 为两个非零的向量，则

$$\boldsymbol{a}\parallel\boldsymbol{b}\Leftrightarrow\frac{a_x}{b_x}=\frac{a_y}{b_y}=\frac{a_z}{b_z}.$$

令 $\dfrac{a_x}{b_x}=\dfrac{a_y}{b_y}=\dfrac{a_z}{b_z}=\lambda$，则有 $a_x=\lambda b_x$，$a_y=\lambda b_y$，$a_z=\lambda b_z$，故有

定理 8-5 两个非零向量 $\boldsymbol{a}\parallel\boldsymbol{b}\Leftrightarrow$存在实数 λ，使得 $\boldsymbol{a}=\lambda\boldsymbol{b}$.

【例 8.2.9】 已知三点 $A(-2,3,2)$、$B(2,3,1)$ 和 $C(-4,1,1)$，求 $\angle ACB$.

解 作向量 $\overrightarrow{CA}$ 及 $\overrightarrow{CB}$，$\angle ACB$ 就是向量 $\overrightarrow{CA}$ 与 $\overrightarrow{CB}$ 的夹角，

$$\overrightarrow{CA}=(2,2,1),\overrightarrow{CB}=(6,2,0),$$

从而 $\overrightarrow{CA}\cdot\overrightarrow{CB}=2\times6+2\times2+1\times0=16$；$|\overrightarrow{CA}|=\sqrt{2^2+2^2+1^2}=3$；$|\overrightarrow{CB}|=\sqrt{6^2+2^2+0^2}=2\sqrt{10}$.

因为 $$\cos\angle ACB=\frac{\overrightarrow{CA}\cdot\overrightarrow{CB}}{|\overrightarrow{CA}||\overrightarrow{CB}|}=\frac{16}{2\sqrt{10}\times 3}=\frac{4\sqrt{10}}{15}.$$

故 $$\angle ACB=\arccos\frac{4\sqrt{10}}{15}.$$

【例 8.2.10】 已知 $\boldsymbol{a}=(2,-1,1)$，$\boldsymbol{b}=(6,-3,m)$，试确定 m 的值，使得(1) $\boldsymbol{a}\perp\boldsymbol{b}$；(2) $\boldsymbol{a}/\!/\boldsymbol{b}$.

解 (1) $\boldsymbol{a}\perp\boldsymbol{b}\Rightarrow(2,-1,1)\cdot(6,-3,m)=0\Rightarrow m+15=0\Rightarrow m=-15$；

(2) $\boldsymbol{a}/\!/\boldsymbol{b}\Rightarrow\frac{2}{6}=\frac{-1}{-3}=\frac{1}{m}\Rightarrow m=3$.

【例 8.2.11】 设 $|\boldsymbol{a}|=3$，$|\boldsymbol{b}|=4$，$\boldsymbol{a}\cdot\boldsymbol{b}=6$，求 $|\boldsymbol{a}\times\boldsymbol{b}|$.

解 由数量积的定义，有

$$\cos\langle\boldsymbol{a},\boldsymbol{b}\rangle=\frac{\boldsymbol{a}\cdot\boldsymbol{b}}{|\boldsymbol{a}||\boldsymbol{b}|}=\frac{6}{12}=\frac{1}{2}.$$

于是 $$\langle\boldsymbol{a},\boldsymbol{b}\rangle=\frac{\pi}{3}.$$

从而 $$\sin\langle\boldsymbol{a},\boldsymbol{b}\rangle=\frac{\sqrt{3}}{2}.$$

故 $$|\boldsymbol{a}\times\boldsymbol{b}|=|\boldsymbol{a}||\boldsymbol{b}|\sin\langle\boldsymbol{a},\boldsymbol{b}\rangle=3\times 4\times\frac{\sqrt{3}}{2}=6\sqrt{3}.$$

【例 8.2.12】 设 $\boldsymbol{a}=(2,1,-1)$，$\boldsymbol{b}=(1,-1,2)$，求同时垂直于向量 $\boldsymbol{a}$ 和 $\boldsymbol{b}$ 的单位向量 $\boldsymbol{c}$.

解 $$\boldsymbol{a}\times\boldsymbol{b}=\begin{vmatrix}\boldsymbol{i} & \boldsymbol{j} & \boldsymbol{k}\\ 2 & 1 & -1\\ 1 & -1 & 2\end{vmatrix}=\boldsymbol{i}-5\boldsymbol{j}-3\boldsymbol{k},$$

$$|\boldsymbol{a}\times\boldsymbol{b}|=\sqrt{1^2+(-5)^2+(-3)^2}=\sqrt{35},$$

由向量积的定义可知 $\boldsymbol{c}$ 和 $\boldsymbol{a}\times\boldsymbol{b}$ 同向或反向，又由于 $\boldsymbol{c}$ 为单位向量，于是

$$\boldsymbol{c}=\pm\frac{\boldsymbol{a}\times\boldsymbol{b}}{|\boldsymbol{a}\times\boldsymbol{b}|}=\pm\frac{1}{\sqrt{35}}(1,-5,-3).$$

4. 向量的方向角与方向余弦

设非零向量 $\boldsymbol{a}=x\boldsymbol{i}+y\boldsymbol{j}+z\boldsymbol{k}$，与 x 轴、y 轴和 z 轴正向的夹角分别是 α、β 和 γ(如图 8-10 所示)，其中 $0\leqslant\alpha,\beta,\gamma\leqslant\pi$. 称 α、β、γ 为向量 $\boldsymbol{a}$ 的**方向角**.

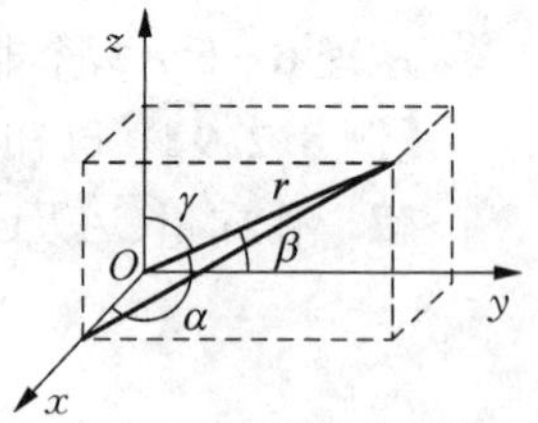

图 8-10

方向角的余弦 $\cos\alpha$，$\cos\beta$，$\cos\gamma$ 称为向量 $\boldsymbol{a}$ 的**方向余弦**.

给出了一个向量的方向角或方向余弦，向量的方向也就完全确定了.

从图 8-10 中容易看出，无论 α 是锐角还是钝角，均有

$$|\boldsymbol{a}|\cos\alpha = x,\ |\boldsymbol{a}|\cos\beta = y,\ |\boldsymbol{a}|\cos\gamma = z.$$

从而有

$$\cos\alpha = \frac{x}{|\boldsymbol{a}|},\cos\beta = \frac{y}{|\boldsymbol{a}|},\cos\gamma = \frac{z}{|\boldsymbol{a}|},\text{其中 } |\boldsymbol{a}| = \sqrt{x^2+y^2+z^2}.$$

由方向余弦的定义可知

$$(\cos\alpha,\cos\beta,\cos\gamma) = \boldsymbol{e}_a.$$

由此又可得到以下重要关系式

$$\cos^2\alpha + \cos^2\beta + \cos^2\gamma = 1.$$

【例 8.2.13】 设空间两点 $A(1,2,0)$ 和 $B(3,1,-\sqrt{2})$，求向量 $\overrightarrow{AB}$ 的模、方向余弦及与 $\overrightarrow{AB}$ 同向的单位向量.

解 $$\overrightarrow{AB} = (3-1,1-2,-\sqrt{2}-0) = (2,-1,-\sqrt{2}),$$

$$|\overrightarrow{AB}| = \sqrt{2^2+(-1)^2+(-\sqrt{2})^2} = \sqrt{7};$$

有 $$\cos\alpha = \frac{2}{\sqrt{7}},\cos\beta = -\frac{1}{\sqrt{7}},\cos\gamma = -\frac{\sqrt{2}}{\sqrt{7}};$$

与 $\overrightarrow{AB}$ 同向的单位向量为

$$\boldsymbol{e}_{\overrightarrow{AB}} = \frac{1}{|\overrightarrow{AB}|}\overrightarrow{AB} = \left(\frac{2}{\sqrt{7}},-\frac{1}{\sqrt{7}},-\frac{\sqrt{2}}{\sqrt{7}}\right).$$

习题 8-2

1. 设 $\boldsymbol{a} = (1,-2,-3)$，$3\boldsymbol{a}-2\boldsymbol{b} = (-3,1,2)$，求向量 $\boldsymbol{b}$.

2. 设 $\boldsymbol{a} = -5\boldsymbol{i}-3\boldsymbol{j}+4\boldsymbol{k}$，试求与之方向相反，长度为 5 的向量 $\boldsymbol{b}$.

3. 设 $|\boldsymbol{a}| = 3$，$|\boldsymbol{b}| = 2$，$\langle\boldsymbol{a},\boldsymbol{b}\rangle = \frac{\pi}{4}$，试求 $\boldsymbol{c}=\boldsymbol{a}-2\boldsymbol{b}$ 的模及 $(\boldsymbol{a}+2\boldsymbol{b})(3\boldsymbol{a}-2\boldsymbol{b})$.

4. 设 $\boldsymbol{a} = (1,1,2)$，$\boldsymbol{b} = (-1,0,3)$，求 $\boldsymbol{a}\cdot\boldsymbol{b}$，$(3\boldsymbol{a})\cdot(2\boldsymbol{b})$，$\boldsymbol{b}^2$.

5. 已知 $\boldsymbol{a} = (1,-1,1)$，$\boldsymbol{b} = (1,2,3)$，求 $\boldsymbol{a}\times\boldsymbol{b}$.

6. 设三角形的三个顶点坐标分别为 $A(1,1,1)$，$B(-2,2,4)$，$C(-2,0,3)$，求三角形 ABC 的面积.

7. 确定 m 的值，使得 $\boldsymbol{a}=(m,2,1)$ 和 $\boldsymbol{b}=(-1,-m,2)$ 垂直.

8. 确定 m,n 的值，使得 $\boldsymbol{a} = 2\boldsymbol{i}-3\boldsymbol{j}+n\boldsymbol{k}$ 和 $\boldsymbol{b} = m\boldsymbol{i}-6\boldsymbol{j}-2\boldsymbol{k}$ 平行.

9. 已知点 $M(-5,2,-4)$，$N(-3,-1,-2)$，求向量 $\overrightarrow{MN}$ 的方向余弦.

第三节　空间平面与直线方程

微课：平面的点法式方程

一、平面方程

1. 平面的点法式方程

如果一个非零向量 $\boldsymbol{n}$ 垂直于一个平面 π，则称此向量为该平面 π 的**法向量**. 显然，平面上任一向量都与该平面的法向量垂直.

给定平面 π 上一点 $M_0(x_0, y_0, z_0)$，和平面 π 的一个法向量 $\boldsymbol{n}=(A,B,C)$，则平面 π 就被唯一确定了.

如图 8-11，$\forall M(x,y,z)\in\pi$，有 $\overrightarrow{M_0M}=(x-x_0, y-y_0, z-z_0)$ 在平面 π 上，有 $\boldsymbol{n}\perp\overrightarrow{M_0M}$，得

$$\boldsymbol{n}\cdot\overrightarrow{M_0M}=0,$$

所以

$$A(x-x_0)+B(y-y_0)+C(z-z_0)=0.$$

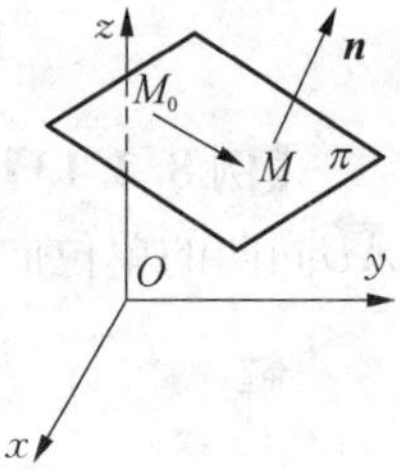

图 8-11

该方程称为平面 π 的**点法式方程**.

【例 8.3.1】 求过三点 $P_1(1,1,1)$，$P_2(-3,2,1)$，$P_3(4,3,2)$ 的平面方程.

解
$$\overrightarrow{P_1P_2}=(-4,1,0),\ \overrightarrow{P_1P_3}=(3,2,1).$$

由于平面过三点 P_1, P_2, P_3，所以所求平面的法向量 $\boldsymbol{n}\perp\overrightarrow{P_1P_2}$，$\boldsymbol{n}\perp\overrightarrow{P_1P_3}$，由向量积的定义，可取

$$\boldsymbol{n}=\overrightarrow{P_1P_2}\times\overrightarrow{P_1P_3}=\begin{vmatrix}\boldsymbol{i} & \boldsymbol{j} & \boldsymbol{k}\\ -4 & 1 & 0\\ 3 & 2 & 1\end{vmatrix}=\boldsymbol{i}+4\boldsymbol{j}-11\boldsymbol{k},$$

即 $\boldsymbol{n}=(1,4,-11)$，又因为平面过点 $P_1(1,1,1)$，根据平面的点法式方程得所求的平面方程为

$$1(x-1)+4(y-1)-11(z-1)=0,\quad 即\ x+4y-11z+6=0.$$

2. 平面的一般方程

(1) 平面的一般方程

将平面的点法式方程中的 $-(Ax_0+By_0+Cz_0)$ 令为 D，则有

$$Ax+By+Cz+D=0.$$

该方程称为**平面的一般方程**. 其中 x, y, z 的系数就是该平面的一个法向量，即

$$\boldsymbol{n}=(A,B,C).$$

例如：方程 $2x-4y+5z=1$ 表示一个平面，而 $\boldsymbol{n}=(2,-4,5)$ 是这个平面的一个法向量.

(2) 平面的一般方程的几种特殊情形

① 若 $D=0$，则 $Ax+By+Cz=0$ 表示经过坐标原点的平面.

② 若 $C=0$，则 $Ax+By+D=0$ 表示与 z 轴平行的平面.

同样，$Ax+Cz+D=0$ 表示与 y 轴平行的平面；

$By+Cz+D=0$ 表示与 x 轴平行的平面.

③ 若 $B=C=0, A\neq 0, D\neq 0$，则 $Ax+D=0$ 表示与 yOz 平面平行的平面.

同样，$By+D=0$，$(B\neq 0)$ 表示平行于 zOx 平面的平面；

$Cz+D=0$，$(C\neq 0)$ 表示平行于 xOy 平面的平面.

④ 若 $B=C=D=0(A\neq 0)$，则 $x=0$ 表示 yOz 坐标平面；

同样，$y=0$ 表示 zOx 坐标平面；

$z=0$ 表示 xOy 坐标平面.

⑤ 若 $C=D=0$，则 $Ax+By=0$ (A，B 不全为 0)，表示经过 z 轴的平面.

同样，$Ax+Cz=0$ (A，C 不全为 0)表示经过 y 轴的平面；

$By+Cz=0$ (B，C 不全为 0)表示经过 x 轴的平面.

【例 8.3.2】 说出下列平面的特征：

(1) $x=0$；(2) $z=3$；(3) $2y-3z=0$；(4) $3x+4y-2=0$.

解 (1) yOz 平面；

(2) 过点(0,0,3)且平行于 xOy 面的平面；

(3) 经过 x 轴的平面；

(4) 平行于 z 轴的平面.

3. 平面的截距式方程

在平面的一般方程中，当 A，B，C，D 全不为零时，平面的一般方程可以化为

$$\frac{x}{a}+\frac{y}{b}+\frac{z}{c}=1.$$

该方程称为**平面的截距式方程**.

平面和 x 轴，y 轴，z 轴分别交于 $P(a,0,0)$，$R(0,b,0)$，$Q(0,0,c)$点，a，b，c 分别称为平面在 x 轴，y 轴，z 轴上的截距(图 8－12).

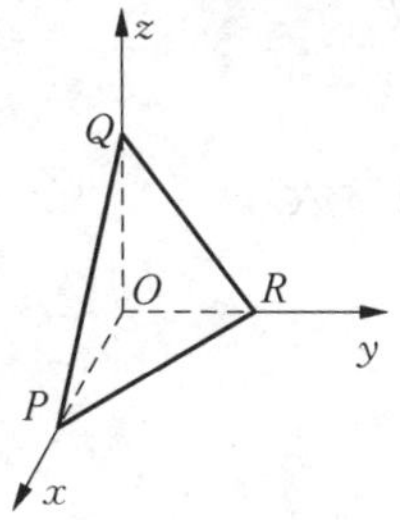

图 8－12

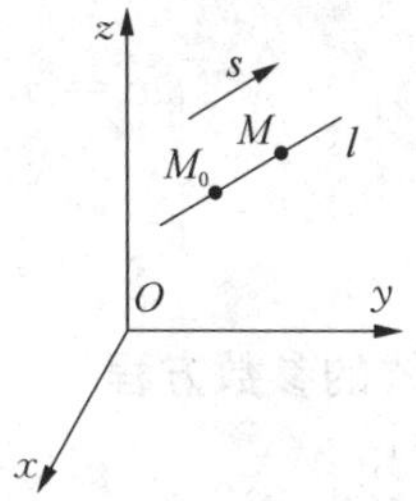

图 8－13

微课：直线方程

二、直线方程

1. 直线的点向式方程

如果一个非零向量 **s** 平行于一条已知直线 l，这个向量叫作这条直线的一个**方向向量**. 显然，直线上任一非零向量都可以作为它的一个方向向量.

给定直线 l 上一点 $M_0(x_0,y_0,z_0)$，和直线 l 的一个方向向量 $\boldsymbol{s}=(m,n,p)$，则直线 l 就被唯一确定了.

如图 8-13 所示，$\forall M(x,y,z)\in l$，有 $\overrightarrow{M_0M}=(x-x_0,y-y_0,z-z_0)$ 在直线 l 上，则

$$\boldsymbol{s}\parallel\overrightarrow{M_0M},$$

于是有

$$\frac{x-x_0}{m}=\frac{y-y_0}{n}=\frac{z-z_0}{p}.$$

该方程称为直线的**点向式方程(对称式方程)**.

其中 m,n,p 有可能为零，为此我们约定：若 m,n,p 中某一项为零，则对应的分子也为零. 例如，设 $m=0$，则直线 l 的方程也可表示为 $\begin{cases}x=x_0,\\ \dfrac{y-y_0}{n}=\dfrac{z-z_0}{p}.\end{cases}$

【例 8.3.3】 求过两点 $A(1,-1,1)$，$B(3,0,2)$ 的直线方程.

解 $\overrightarrow{AB}=(2,1,1)$，由于直线过 A，B 两点，令其方向向量 $\boldsymbol{s}=\overrightarrow{AB}=(2,1,1)$，又因为直线过点 $A(1,-1,1)$，所以直线方程为

$$\frac{x-1}{2}=\frac{y+1}{1}=\frac{z-1}{1}.$$

由本例可知，过两点 $A(x_1,y_1,z_1)$，$B(x_2,y_2,z_2)$ 的直线方程为

$$\frac{x-x_1}{x_2-x_1}=\frac{y-y_1}{y_2-y_1}=\frac{z-z_1}{z_2-z_1}.$$

该方程称为直线的**两点式方程**.

2. 直线的参数方程

直线的点向式方程容易推出直线的参数方程，

令
$$\frac{x-x_0}{m}=\frac{y-y_0}{n}=\frac{z-z_0}{p}=t,$$

则
$$\begin{cases}x=x_0+mt\\ y=y_0+nt,\\ z=z_0+pt\end{cases}\quad (t\text{ 为参数}).$$

该方程组称为直线的**参数方程**.

3. 直线的一般方程

空间直线可以看作是两个不平行的平面的交线(图 8-14)，所以空间直线可由两个平面方程组成的方程组表示.

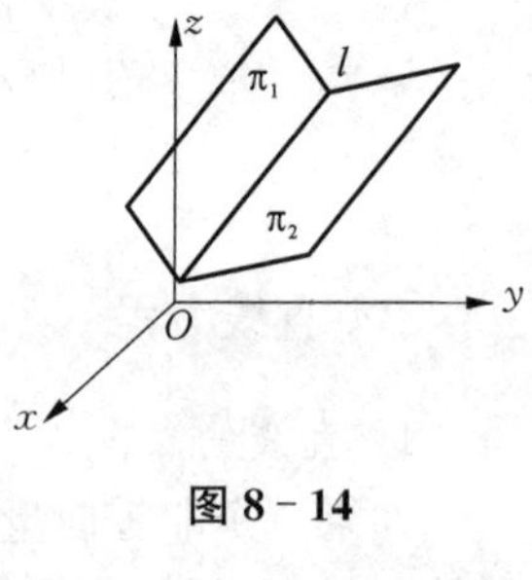

图 8-14

空间两个不平行的平面

$$\pi_1: A_1x+B_1y+C_1z+D_1=0,$$

$$\pi_2: A_2x+B_2y+C_2z+D_2=0,$$

唯一确定一条直线 l.

$\forall M(x,y,z) \in l \Leftrightarrow M(x,y,z)$ 既在 π_1 上,又在 π_2 上.

于是,直线 l 的方程可表示为

$$\begin{cases}\pi_1: A_1x + B_1y + C_1z + D_1 = 0 \\ \pi_2: A_2x + B_2y + C_2z + D_2 = 0\end{cases}.$$

该方程组称为空间直线的**一般方程**.

【例 8.3.4】 求直线 $\begin{cases}x+y+z+1=0, \\ 2x-y+3z+4=0\end{cases}$ 的点向式方程和参数方程.

解 先找出直线上的一点(x_0,y_0,z_0).

为此,任意选定一点的坐标,令 $x_0=1$,代入直线方程得

$$\begin{cases}y+z+2=0 \\ -y+3z+6=0\end{cases},$$

解得 $y_0=0, z_0=-2$. 得直线上的一点$(1,0,-2)$.

两个平面的法向量分别为

$$\boldsymbol{n}_1=(1,1,1) \text{ 和 } \boldsymbol{n}_2=(2,-1,3),$$

所以

$$\boldsymbol{n}_1 \times \boldsymbol{n}_2 = \begin{vmatrix} \boldsymbol{i} & \boldsymbol{j} & \boldsymbol{k} \\ 1 & 1 & 1 \\ 2 & -1 & 3 \end{vmatrix} = 4\boldsymbol{i}-\boldsymbol{j}-3\boldsymbol{k}.$$

取该直线的方向向量 $\boldsymbol{s}=(4,-1,-3)$,

故所求直线的点向式方程为

$$\frac{x-1}{4}=\frac{y}{-1}=\frac{z+2}{-3}.$$

直线的参数方程为

$$\begin{cases}x=1+4t \\ y=-t \\ z=-2-3t\end{cases}.$$

【例 8.3.5】 求在直线 $l: \frac{x}{2}=\frac{y+1}{-1}=\frac{z-2}{1}$ 上找一点 $M(x,y,z)$,使之到坐标原点的距离为 $\sqrt{17}$.

解 直线 l 的参数方程为

$$\begin{cases}x=2t \\ y=-t-1 \\ z=t+2\end{cases}.$$

设点 M 的坐标为 $(2t,-t-1,t+2)$，于是，

$$17=|OM|^2=(2t)^2+(-t-1)^2+(t+2)^2=6t^2+6t+5,$$

即 $6t^2+6t-12=0$，解之得 $t=1$ 或 $t=-2$.

所以 M 的坐标为 $(2,-2,3)$ 或 $(-4,1,0)$.

【例 8.3.6】 求过点 $(0,2,4)$ 且与两平面 $x+2z=1$ 和 $y-3z=2$ 平行的直线方程.

解 因为所求的直线与两平面 $x+2z=1$ 和 $y-3z=2$ 平行，则所求的直线与两平面的法向量都垂直，因此所求直线的方向向量可取为

$$\boldsymbol{s}=\boldsymbol{n}_1\times\boldsymbol{n}_2=\begin{vmatrix}\boldsymbol{i} & \boldsymbol{j} & \boldsymbol{k}\\ 1 & 0 & 2\\ 0 & 1 & -3\end{vmatrix}=-2\boldsymbol{i}+3\boldsymbol{j}+\boldsymbol{k}.$$

由于所求直线过点 $(0,2,4)$，故所求直线的方程为

$$\frac{x}{-2}=\frac{y-2}{3}=\frac{z-4}{1}.$$

三、平面与平面、直线与直线及直线与平面的位置关系

1. 平面与平面的位置关系

(1) 两平面的位置关系

设有两个平面 $\pi_1:A_1x+B_1y+C_1z+D_1=0$，$\pi_2:A_2x+B_2y+C_2z+D_2=0$，则它们的法向量分别为 $\boldsymbol{n}_1=(A_1,B_1,C_1)$，$\boldsymbol{n}_2=(A_2,B_2,C_2)$.

① $\pi_1 /\!/ \pi_2 \Leftrightarrow n_1 /\!/ n_2 \Leftrightarrow \dfrac{A_1}{A_2}=\dfrac{B_1}{B_2}=\dfrac{C_1}{C_2}$.

② $\pi_1\perp\pi_2\Leftrightarrow n_1\perp n_2\Leftrightarrow A_1A_2+B_1B_2+C_1C_2=0$.

若两平面相交但不垂直，把两平面法向量之间的夹角（通常取锐角）称为**两平面的夹角**，记为 $\langle\pi_1,\pi_2\rangle$ $(0°<\langle\pi_1,\pi_2\rangle<90°)$. 则有

③ $\cos\langle\pi_1,\pi_2\rangle=|\cos\langle\boldsymbol{n}_1,\boldsymbol{n}_2\rangle|=\dfrac{|\boldsymbol{n}_1\cdot\boldsymbol{n}_2|}{|\boldsymbol{n}_1||\boldsymbol{n}_2|}=\dfrac{|A_1\cdot A_2+B_1\cdot B_2+C_1\cdot C_2|}{\sqrt{A_1^2+B_1^2+C_1^2}\cdot\sqrt{A_2^2+B_2^2+C_2^2}}$.

(2) 点到平面的距离

设 $M_0(x_0,y_0,z_0)$ 是平面 π: $Ax+By+Cz+D=0$ 外的一点，点 $M_0(x_0,y_0,z_0)$ 到平面 π 的距离

$$d=\frac{|Ax_0+By_0+Cz_0+D|}{\sqrt{A^2+B^2+C^2}}.$$

【例 8.3.7】 判别下列两平面的位置关系.

(1) $\pi_1:2x-3y+z-1=0$，$\pi_2:-6x+9y-3z+2=0$；

(2) $\pi_1:2x-2y+z=10$，$\pi_2:x+3y+4z-1=0$；

(3) $\pi_1:-x+2y-z+1=0$，$\pi_2:y+3z-1=0$.

解 (1) 平行；(2) 垂直；(3) 相交但不垂直.

【例 8.3.8】 求两平行平面 $\pi_1:10x+2y-2z-5=0$ 和 $\pi_2:5x+y-z-1=0$ 之间的

距离 d.

解 在平面 π_2 上任取一点 $M(0,1,0)$，该点到平面 π_1 的距离即为这两平行平面之间的距离 d.

于是
$$d=\frac{|10\times 0+2\times 1+(-2)\times 0-5|}{\sqrt{10^2+2^2+(-2)^2}}=\frac{\sqrt{3}}{6}.$$

2. 直线与直线的位置关系

设有两条直线 $l_1:\frac{x-x_1}{m_1}=\frac{y-y_1}{n_1}=\frac{z-z_1}{p_1}$，$l_2:\frac{x-x_2}{m_2}=\frac{y-y_2}{n_2}=\frac{z-z_2}{p_2}$，则它们的方向向量分别为 $\boldsymbol{s}_1=(m_1,n_1,p_1)$，$\boldsymbol{s}_2=(m_2,n_2,p_2)$.

(1) $l_1 /\!/ l_2 \Leftrightarrow \boldsymbol{s}_1 /\!/ \boldsymbol{s}_2 \Leftrightarrow \frac{m_1}{m_2}=\frac{n_1}{n_2}=\frac{p_1}{p_2}$.

(2) $l_1\perp l_2\Leftrightarrow \boldsymbol{s}_1\perp \boldsymbol{s}_2\Leftrightarrow m_1\cdot m_2+n_1\cdot n_2+p_1\cdot p_2=0$.

两直线 l_1,l_2 的方向向量的夹角称为**两直线的夹角**，记为 $\langle l_1,l_2\rangle$ $(0^\circ\leqslant\langle l_1,l_2\rangle\leqslant 90^\circ)$. 则有

(3) $\cos\langle l_1,l_2\rangle=|\cos\langle \boldsymbol{s}_1,\boldsymbol{s}_2\rangle|=\frac{|\boldsymbol{s}_1\cdot \boldsymbol{s}_2|}{|\boldsymbol{s}_1||\boldsymbol{s}_2|}=\frac{|m_1\cdot m_2+n_1\cdot n_2+p_1\cdot p_2|}{\sqrt{m_1^2+n_1^2+p_1^2}\sqrt{m_2^2+n_2^2+p_2^2}}$.

【例 8.3.9】 求直线 $l_1:\frac{x-2}{2}=\frac{y+1}{-1}=\frac{z+3}{-1}$ 和 $l_2:\frac{x}{1}=\frac{y+2}{-2}=\frac{z}{1}$ 的夹角.

解 直线 l_1,l_2 的方向向量分别为 $\boldsymbol{s}_1=(2,-1,-1)$，$\boldsymbol{s}_2=(1,-2,1)$. 于是
$$\cos\langle l_1,l_2\rangle=|\cos\langle \boldsymbol{s}_1,\boldsymbol{s}_2\rangle|=\frac{|2\times 1+(-1)\times(-2)+(-1)\times 1|}{\sqrt{2^2+(-1)^2+(-1)^2}\sqrt{1^2+(-2)^2+1^2}}=\frac{1}{2}.$$

所以，两直线的夹角 $\langle l_1,l_2\rangle=\frac{\pi}{3}$.

【例 8.3.10】 求点 $M(1,0,-1)$ 到直线 $l:\frac{x+1}{1}=\frac{y-1}{-1}=\frac{z-2}{2}$ 的距离.

解 直线 l 的方向向量 $\boldsymbol{s}=(1,-1,2)$，直线 l 的参数方程为
$$\begin{cases}x=-1+t\\ y=1-t\\ z=2+2t\end{cases},$$

过点 M 作直线 l 的垂线，设垂足为 $P(-1+t,1-t,2+2t)$，于是 $\overrightarrow{MP}=(t-2,-t+1,2t+3)$. 又 $\overrightarrow{MP}\perp \boldsymbol{s}$，故
$$\overrightarrow{MP}\cdot \boldsymbol{s}=t-2-(-t+1)+2(2t+3)=6t+3=0\Rightarrow t=-\frac{1}{2}.$$

于是，$\overrightarrow{MP}=\left(-\frac{5}{2},\frac{3}{2},2\right)$. 点 M 到直线 l 的距离 $|\overrightarrow{MP}|=\frac{5\sqrt{2}}{2}$.

3. 直线与平面的位置关系

设有直线 $l:\frac{x-x_0}{m}=\frac{y-y_0}{n}=\frac{z-z_0}{p}$，平面 $\pi:Ax+By+Cz+D=0$，则直线的方向

向量 $\boldsymbol{s}=(m,n,p)$，平面的法向量 $\boldsymbol{n}=(A,B,C)$.

(1) $l\parallel\pi\Leftrightarrow\boldsymbol{s}\perp\boldsymbol{n}\Leftrightarrow Am+Bn+Cp=0$.

(2) $l\perp\pi\Leftrightarrow\boldsymbol{s}\parallel\boldsymbol{n}\Leftrightarrow\dfrac{A}{m}=\dfrac{B}{n}=\dfrac{C}{p}$（若某一个分母为 0，则对应的分子也为 0）.

当直线与平面不垂直时，直线和它在平面上的投影直线的夹角称为**直线与平面的夹角**，记为 $\langle l,\pi\rangle$（$0^\circ\leqslant\langle l,\pi\rangle<90^\circ$），则有

(3) $\sin\langle l,\pi\rangle=|\cos\langle\boldsymbol{s},\boldsymbol{n}\rangle|=\dfrac{|Am+Bn+Cp|}{\sqrt{m^2+n^2+p^2}\cdot\sqrt{A^2+B^2+C^2}}$.

【例 8.3.11】 求直线 l：$\dfrac{x-1}{1}=\dfrac{y+1}{-1}=\dfrac{z-3}{2}$ 与平面 π：$x-2y+3z-3=0$ 的夹角.

解 直线 l 的方向向量 $\boldsymbol{s}=(1,-1,2)$，平面 π 的法向量 $\boldsymbol{n}=(1,-2,3)$. 由直线和平面的夹角公式可得

$$\sin\langle l,\pi\rangle=|\cos\langle\boldsymbol{s},\boldsymbol{n}\rangle|=\frac{|1\times1+(-1)\times(-2)+2\times3|}{\sqrt{1^2+(-1)^2+2^2}\cdot\sqrt{1^2+(-2)^2+3^2}}=\frac{3\sqrt{21}}{14},$$

从而

$$\langle l,\pi\rangle=\arcsin\frac{3\sqrt{21}}{14}.$$

【例 8.3.12】 求直线 $\dfrac{x-2}{1}=\dfrac{y-3}{1}=\dfrac{z-4}{2}$ 与平面 $2x+y+z-6=0$ 的交点坐标.

解 所给直线的参数方程为

$$\begin{cases}x=2+t\\y=3+t\\z=4+2t\end{cases},$$

设交点坐标为 $(2+t,3+t,4+2t)$，代入平面方程得

$$2(2+t)+(3+t)+(4+2t)-6=0.$$

解之得

$$t=-1.$$

故所求的交点坐标为 $(1,2,2)$.

习题 8-3

1. 指出下列平面的特征：

(1) $2y-3z+2=0$；(2) $2x-z=0$；(3) $y=-10$；(4) $z=0$；(5) $3x-2y+z=0$.

2. 求通过点 $P(3,1,-2)$ 和通过直线 l：$\dfrac{x-4}{5}=\dfrac{y+3}{2}=\dfrac{z}{1}$ 的平面方程.

3. 求通过点 $P(1,2,3)$ 且垂直于直线 l：$\begin{cases}x+y+z+2=0\\2x-y+z+1=0\end{cases}$ 的平面方程.

4. 设平面 π 经过点 $A(2,0,0)$，$B(0,3,0)$，$C(0,0,5)$，求经过点 $P(1,2,1)$ 且与平面 π 垂直的直线方程.

5. 求经过点 $P(-1,2,3)$，且与平面 $\pi_1: 4x+5y+6z+1=0$，$\pi_2: 7x+8y+9z+3=0$ 都平行的直线方程.

6. 求两平面 $\pi_1: x+y-2z+1=0$，$\pi_2: 2x-y+2z=0$ 的夹角的余弦.

7. 直线 $l_1: \dfrac{x-3}{2}=\dfrac{y+4}{-1}=\dfrac{z-5}{1}$ 和 $l_2: \dfrac{x-6}{m}=\dfrac{y+7}{1}=\dfrac{z-8}{2}$ 的夹角为 $60°$，求 m.

8. 试确定下列各组中直线和平面的位置关系：

(1) $l: \dfrac{x+3}{-2}=\dfrac{y+4}{-7}=\dfrac{z}{3}$ 和 $\pi: 4x-2y-2z-3=0$；

(2) $l: \dfrac{x}{3}=\dfrac{y}{-2}=\dfrac{z}{7}$ 和 $\pi: 3x-2y+7z-8=0$；

(3) $l: \dfrac{x-2}{3}=\dfrac{y+2}{1}=\dfrac{z-3}{-4}$ 和 $\pi: x-2y-3z+4=0$.

9. 已知直线 $l: \dfrac{x+1}{-1}=\dfrac{y+4}{1}=\dfrac{z}{1}$，求：

(1) 坐标原点 O 到直线 l 的距离；

(2) 在直线 l 上求一点 M，使之到坐标原点的距离等于 $\sqrt{14}$；

(3) 在直线 l 上求一点 N，使之到平面 $\pi: x+y-z=2$ 的距离等于 $\sqrt{3}$；

(4) 直线 l 与平面 $\pi: x+y-z=2$ 的交点坐标.

第四节 常见的曲面

微课：常见的曲面和方程

本节对常见的曲面做简单地介绍，供读者选用.

一、球面

球心在 $M_0(x_0,y_0,z_0)$，半径为 R 的球面方程(图 8-15).

设 $M(x,y,z)$ 为球面上任意一点，则 $|\overrightarrow{M_0M}|=R$，即

$$\sqrt{(x-x_0)^2+(y-y_0)^2+(z-z_0)^2}=R,$$

从而

$$(x-x_0)^2+(y-y_0)^2+(z-z_0)^2=R^2$$

该方程称为球心在 $M_0(x_0,y_0,z_0)$，半径为 R 的**球面方程**.

特别地，球心在坐标原点 $O(0,0,0)$，半径为 R 的球面方程为

$$x^2+y^2+z^2=R^2.$$

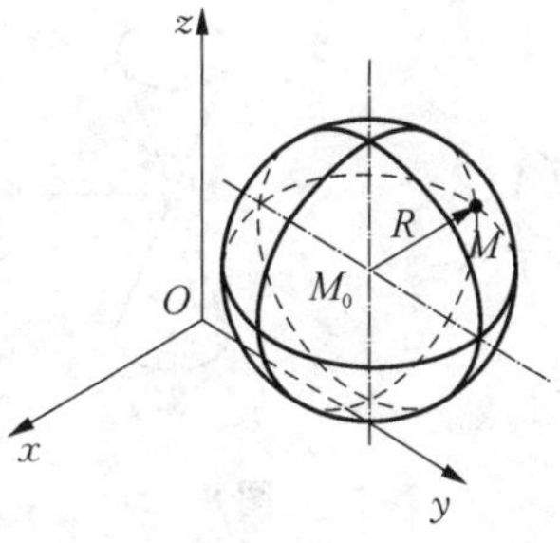

图 8-15

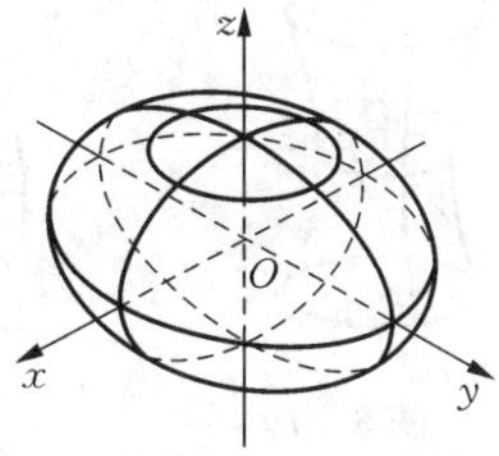

图 8-16

二、椭球面

方程 $\frac{x^2}{a^2}+\frac{y^2}{b^2}+\frac{z^2}{c^2}=1$ 所表示的曲面称为**椭球面**. 如图 8－16 所示. 该曲面与三个坐标平面的交线都是椭圆. a,b,c 称为椭球面的三个半轴.

若 $a=b=c$,则上面方程变为

$$x^2+y^2+z^2=a^2,$$

即球心在坐标原点,半径为 a 的球面.

三、抛物面

方程 $\frac{x^2}{2p}+\frac{y^2}{2q}=z$ (p,q 同号)所表示的曲面称为**椭圆抛物面**. 如图 8－17 所示. 曲面过坐标原点且位于 xOy 面上方,与 yOz 面及 xOz 面的交线都是抛物线,而用平面 $z=k(k\neq 0)$ 去截时,交线为椭圆.

方程 $-\frac{x^2}{2p}+\frac{y^2}{2q}=z$ (p,q 同号)所表示的曲面称为**双曲抛物面**. 当 $p,q>0$ 时,如图 8－18所示. 它与平面 $y=k$ 及 $x=k$ 的交线均为抛物线,与平面 $z=k(k\neq 0)$ 的交线为双曲线. 因其形状似马鞍,又称**马鞍面**.

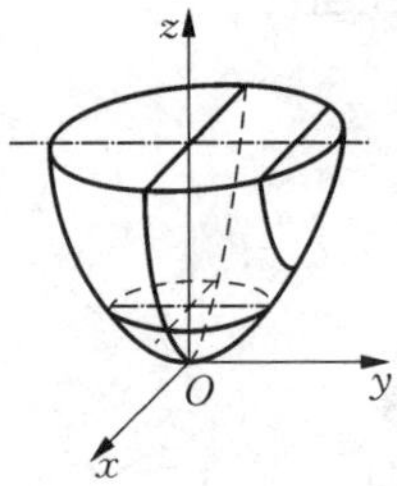

图 8－17

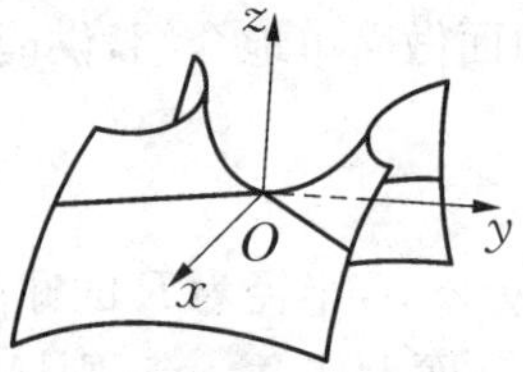

图 8－18

四、双曲面

方程 $\frac{x^2}{a^2}+\frac{y^2}{b^2}-\frac{z^2}{c^2}=1$ 所表示的曲面称为**单叶双曲面**,其形状如图 8－19 所示.

方程 $\frac{x^2}{a^2}+\frac{y^2}{b^2}-\frac{z^2}{c^2}=-1$ 所表示的曲面称为**双叶双曲面**,其形状如图 8－20 所示.

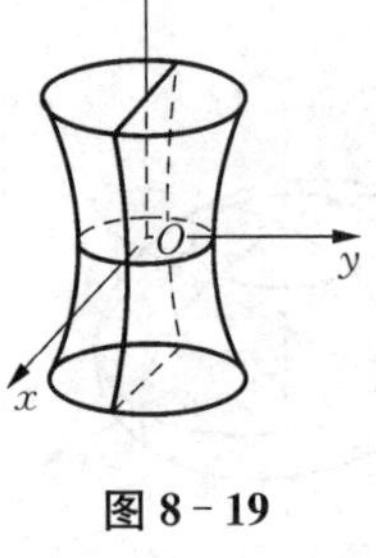

图 8－19

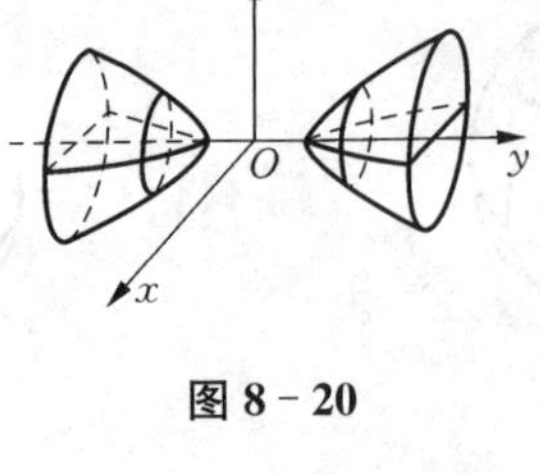

图 8－20

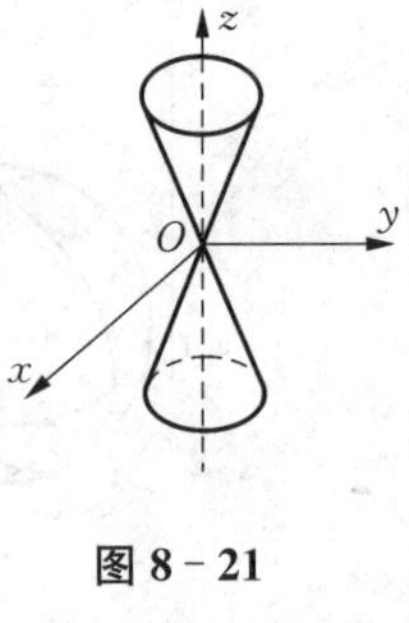

图 8－21

五、锥面

方程 $z^2 = a^2x^2 + b^2y^2$ 所表示的曲面称为**锥面**，其形状如图 8－21 所示.

六、柱面

下面是几种常见的母线平行于 z 轴的柱面.

1. $x^2 + y^2 = R^2$ 表示**圆柱面**，其准线为 xOy 面上的圆 $x^2 + y^2 = R^2$；
2. $\frac{x^2}{a^2} + \frac{y^2}{b^2} = 1$ 表示**椭圆柱面**，其准线为 xOy 面上的椭圆 $\frac{x^2}{a^2} + \frac{y^2}{b^2} = 1$；
3. $\frac{x^2}{a^2} - \frac{y^2}{b^2} = 1$ 表示**双曲柱面**，其准线为 xOy 面上的双曲线 $\frac{x^2}{a^2} - \frac{y^2}{b^2} = 1$（图 8－22）；
4. $x^2 = 2py(p > 0)$ 表示**抛物柱面**，其准线为 xOy 面上抛物线 $x^2 = 2py$（图 8－23）.

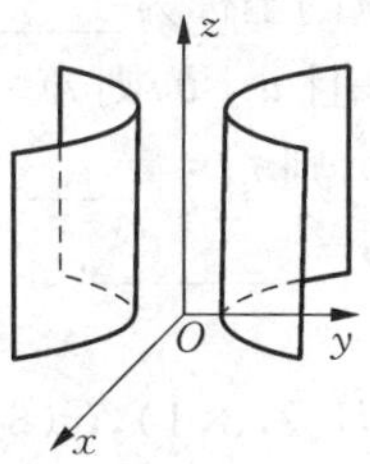

图 8－22

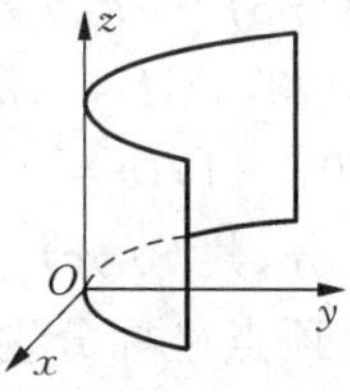

图 8－23

需要注意的是，同一个方程 $F(x, y) = 0$，在平面直角坐标系 xOy 下，表示一条平面曲线，而在空间直角坐标系下，表示的是母线平行于 z 轴并以 xOy 面上的曲线 $F(x, y) = 0$ 为准线的柱面.

复习题八

一、单项选择题（每小题 2 分，共 10 分）

1. 设向量 $\boldsymbol{a} = (2, -2, -1)$，$\boldsymbol{b} = (3, 1, 4)$，则向量 $\boldsymbol{a}$ 与 $\boldsymbol{b}$ 的夹角为（　　）

A. 0　　B. $\frac{\pi}{6}$　　C. $\frac{\pi}{3}$　　D. $\frac{\pi}{2}$

2. 点 $M(3, 5, 1)$ 到 y 轴的距离等于（　　）

A. $\sqrt{5}$　　B. $\sqrt{10}$　　C. $\sqrt{15}$　　D. $\sqrt{20}$

3. 向量 $\boldsymbol{a} = (-1, m, -2)$，$\boldsymbol{b} = (2, -1, 1)$，且 $|\boldsymbol{a} + \boldsymbol{b}| = |\boldsymbol{a} - \boldsymbol{b}|$，则 m 为（　　）

A. -1　　B. -2　　C. -3　　D. -4

4. 已知 $|\boldsymbol{a}| = \sqrt{2}$，$|\boldsymbol{b}| = 1$，$|\boldsymbol{a} + \boldsymbol{b}| = 1$，则夹角 $\langle \boldsymbol{a}, \boldsymbol{b} \rangle$ 为（　　）

A. $\frac{\pi}{4}$　　B. $\frac{\pi}{3}$　　C. $\frac{2\pi}{3}$　　D. $\frac{3\pi}{4}$

5. 已知点 $A(3, -2, m)$，$B(m, -1, 1)$，又 $\overrightarrow{OA} \perp \overrightarrow{OB}$，则 m 为（　　）

A. $\frac{1}{2}$　　B. $-\frac{1}{2}$　　C. 1　　D. -1

二、判断题(每小题 2 分,共 10 分)

6. 设 $|\boldsymbol{a}|=1, \boldsymbol{a}\perp\boldsymbol{b}$,则 $\boldsymbol{a}\cdot(\boldsymbol{a}+\boldsymbol{b})=2$. ( )

7. 设 $|\boldsymbol{a}|=1, |\boldsymbol{b}|=4, \boldsymbol{a}\cdot\boldsymbol{b}=2$,则 $|\boldsymbol{a}\times\boldsymbol{b}|=4\sqrt{3}$. ( )

8. 设 $A(2,2,\sqrt{2}), B(1,3,0)$,则向量 $\overrightarrow{AB}$ 的方向角分别是 $\frac{\pi}{3},\frac{\pi}{6},\frac{\pi}{4}$. ( )

9. 直线 $\frac{x-1}{1}=\frac{y-2}{2}=\frac{z+3}{3}$ 和平面 $-3x+3y-2z+1=0$ 的位置关系为平行. ( )

10. 两平行平面 $x-2y+3z-2=0, 2x-4y+6z+3=0$ 的距离为 $\frac{\sqrt{14}}{4}$. ( )

三、填空题(每小题 2 分,共 10 分)

11. 已知 $A(2,2,3), B(2,1,4)$,则 $|\overrightarrow{AB}|=$________.

12. 与向量 $\boldsymbol{a}=(-1,1,-1)$ 方向相同的单位向量的坐标为________.

13. 已知 $\boldsymbol{a}=-2\boldsymbol{i}+3\boldsymbol{j}-2\boldsymbol{k}, \boldsymbol{b}=4\boldsymbol{i}+2\boldsymbol{j}-m\boldsymbol{k}$,且 $\boldsymbol{a}\perp\boldsymbol{b}$,则 $m=$________.

14. 已知 $\boldsymbol{a}=(-1,3,n), \boldsymbol{b}=(m,6,4)$,且 $\boldsymbol{a}/\!/\boldsymbol{b}$,则 $m=$________, $n=$________.

15. 已知 $\boldsymbol{a}=(1,0,-1), \boldsymbol{b}=(2,3,4)$,则 $\boldsymbol{a}\times\boldsymbol{b}=$________.

四、计算题(每小题 10 分,共 60 分)

16. 设三角形三个顶点坐标分别为 $A(1,2,3), B(2,3,1), C(3,1,2)$,求该三角形的周长.

17. 设三角形三个顶点坐标分别为 $A(0,2,2), B(1,2,5), C(-3,1,3)$,求该三角形的面积.

18. 求经过两点 $A(1,-2,3), B(0,-1,2)$,且平行于 y 轴的平面方程.

19. 求与直线 $l_1:\frac{x-1}{1}=\frac{y+2}{2}=\frac{z+1}{-1}$ 及直线 $l_2:\frac{x-3}{-2}=\frac{y+2}{1}=\frac{z-4}{1}$ 都平行,且经过坐标原点的平面方程.

20. 求过点 $M_0(-1,-2,3)$,且平行于直线 $l:\begin{cases}x=5-2t\\ y=3+t\\ z=-2-3t\end{cases}$ (t 为参数)的直线方程.

21. 一直线过点 $P(1,2,0)$,且与直线 $l:\frac{x}{2}=\frac{y-1}{-1}=\frac{z+2}{1}$ 垂直,与平面 $\pi:x-2y-3=0$ 平行,求此直线方程.

五、综合题(共 10 分)

22. 已知直线 $l:\frac{x}{2}=\frac{y-1}{-1}=\frac{z-2}{1}$,求:

(1) 该直线和平面 $\pi:x-y+2z-2=0$ 的交点坐标;

(2) 该直线和平面 $\pi:x+y+2z-2=0$ 的夹角.

第九章　多元函数微分学

本章提要　前面我们所涉及的函数仅限于一元函数，重点讨论了一元函数的微积分，但是在许多实际问题中，往往需要研究一个因变量与多个自变量的关系，即多元函数. 它是一元函数的推广，因此，它保留了一元函数的很多性质，但是由于自变量是多个的，从而产生了某些特殊的性质. 本章首先介绍多元函数中的二元函数的概念，二元函数的极限、连续等概念，然后介绍二元函数求偏导数的方法，最后是二元函数的极值.

第一节　多元函数的基本概念

与一元函数类似，多元函数也要考虑它的极限、连续等概念，这里我们着重讨论二元函数.

一、多元函数的概念

1. 准备知识

下面我们先给出区域等相关概念.

区域：在平面直角坐标系中，由一条或几条曲线及一些点将平面围成的部分称为区域. 围成区域的曲线称为**区域的边界**.

开区域：不包括边界的区域称为开区域.

闭区域：包括边界的区域称为闭区域.

如果区域可以被包含在一个以原点为圆心，半径适当大的圆内，那么这个区域就称**有界区域**. 否则，称为**无界区域**.

例如，图 9－1 阴影部分即为一个有界闭区域；而图 9－2 阴影部分表示无界开区域.

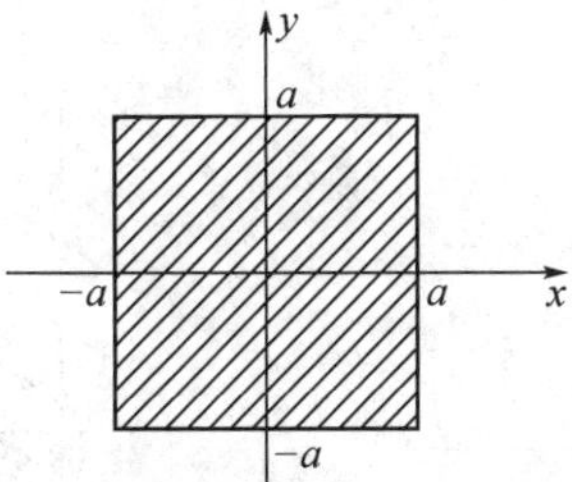

图 9－1

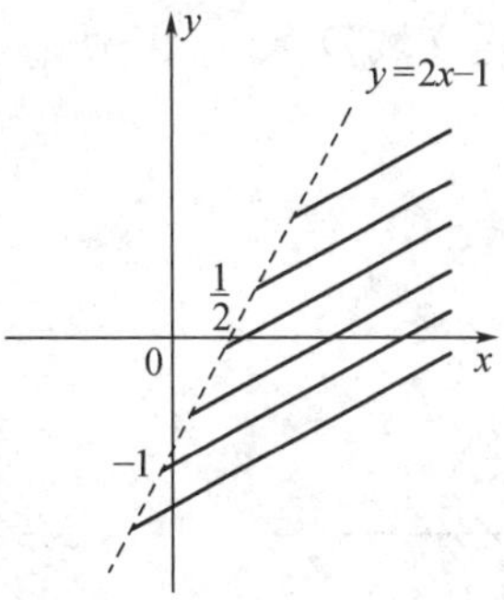

图 9－2

2. 多元函数的定义

定义 9－1　设 D 为直角坐标系 xoy 平面上的一个非空点集，x,y,z 是三个变量. 如果变

量 x、y 在区域 D 内任取一组定值，即变量 $(x,y)\in D$ 时，变量 z 按照某种法则 f 都有唯一确定的值与之对应，则称 f 是 D 上的**二元函数**，记作：$z=f(x,y)$. 其中 x,y 称为**自变量**，z 称为**因变量**，集合 D 称为函数的**定义域**，变量 $Z=\{z\mid z=f(x,y),(x,y)\in D\}$ 称为该函数的**值域**.

类似地，我们可以定义三元函数 $u=f(x,y,z)$，四元函数 $v=f(x,y,z,p)$，…，n 元函数 $z=f(x_1,x_2,\cdots,x_n)$. 我们把二元以及二元以上的函数统称为**多元函数**. 由于二元函数与二元以上函数在性质上没有本质的差别，因此在这一章的讨论中，我们将主要研究二元函数.

例如，矩形的面积 S 与它的长 m，宽 l 的关系是

$$S=ml$$

即：S 是自变量 m,l 的二元函数.

3. 多元函数的定义域

求二元函数定义域的方法与一元函数相似，二元函数的定义域，仍然是指：使函数有意义的所有点组成的集合，即为一个平面区域.

【例 9.1.1】 求下列函数的定义域并指出该区域是开域或闭域，是有界或无界？

(1) $z=\sqrt{R^2-x^2-y^2}\,(R>0)$；　　(2) $z=\dfrac{1}{\sqrt{x^2+y^2-1}}+\ln(4-x^2-y^2)$；

(3) $z=\dfrac{1}{\ln(x+y)}$.

解 (1) 要使函数表达式有意义，必须满足 $R^2-x^2-y^2\geqslant 0$，即：$x^2+y^2\leqslant R^2$，所以函数的定义域为 $D_1=\{(x,y)\mid x^2+y^2\leqslant R^2\}$. 它是以原点为圆心，半径为 R 的一个圆周和圆内部区域. 区域 D_1 是一个有界闭域(如图 9-3).

(2) 要使函数表达式有意义，必须满足 $\begin{cases}x^2+y^2-1>0,\\4-x^2-y^2>0.\end{cases}$ 即：$1<x^2+y^2<4$，所以函数的定义域 $D_2=\{(x,y)\mid 1<x^2+y^2<4\}$. 它是以原点为圆心，内半径为 1，外半径为 2 的圆环开区域. 区域 D_2 是一个有界开区域(如图 9-4).

(3) 要使函数表达式有意义，必须满足 $x+y>0$ 且 $x+y\neq 1$，即：$y>-x$ 且 $y\neq -x+1$，所以函数的定义域 $D_3=\{(x,y)\mid y>-x$ 且 $y\neq -x+1\}$. 区域 D_3 是一个无界开区域(如图 9-5).

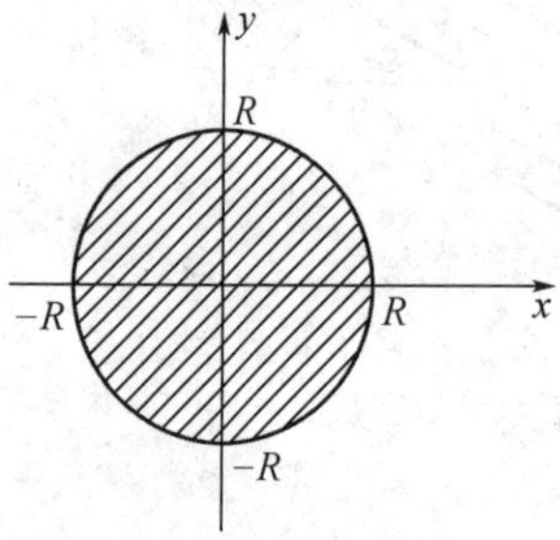

图 9-3

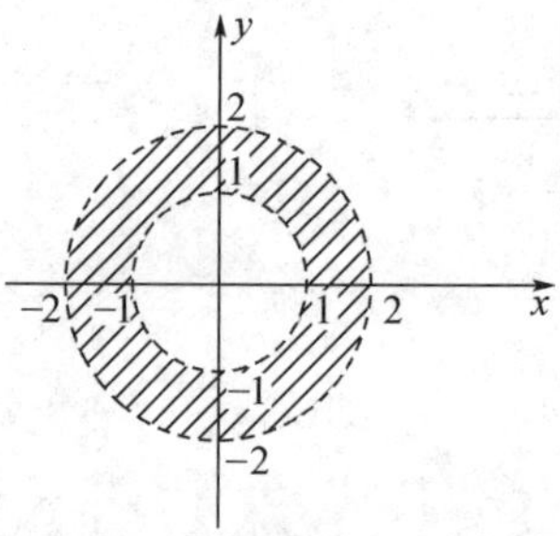

图 9-4

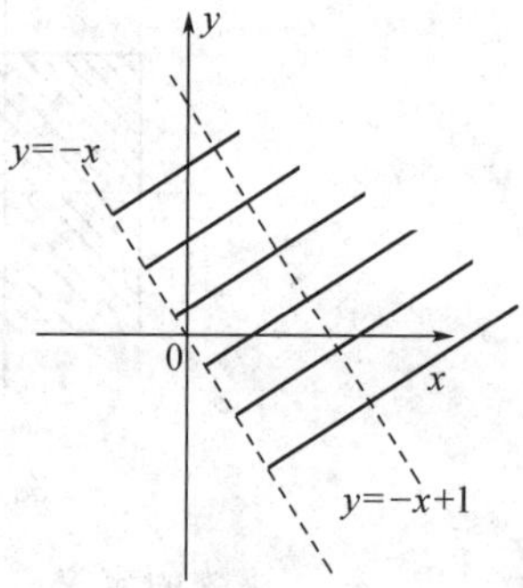

图 9-5

二、二元函数的极限

类似于一元函数自变量 $x \to \infty$、$x \to x_0$ 时讨论函数的极限，二元函数也需要研究其极限，但情况就复杂多了，这里我们只讨论当 $(x,y) \to (x_0,y_0)$ 时的极限问题.

定义 9－2　设平面直角坐标系内有一点 $P_0(x_0,y_0)$，实数 $\delta > 0$，那么区域

$$\{(x,y) \mid \sqrt{(x-x_0)^2+(y-y_0)^2} < \delta\}$$

称为点 $P_0(x_0,y_0)$ 的 δ **邻域**，记作 $U(P_0,\delta)$. 特别地，区域

$$\{(x,y) \mid 0 < \sqrt{(x-x_0)^2+(y-y_0)^2} < \delta\}$$

称为点 $P_0(x_0,y_0)$ 的 δ **空心邻域**，记作 $\mathring{U}(P_0,\delta)$.

定义 9－3　设函数 $z=f(x,y)$ 在点 $P_0(x_0,y_0)$ 的某个空心邻域 $\mathring{U}(P_0)$ 内有定义，如果在 $\mathring{U}(P_0)$ 内任意取一点 $P(x,y)$ 以任何方式趋近于点 $P_0(x_0,y_0)$ 时，都有函数 z 无限趋近于某一个确定的常数 A，则称 A 是函数 $z=f(x,y)$ 当 $P(x,y) \to P_0(x_0,y_0)$ 时的**极限**，记作：

$$\lim_{P\to P_0} f(P) = A \text{ 或 } \lim_{\substack{x\to x_0\\ y\to y_0}} f(x,y) = A.$$

注意　(1) 定义中只要求函数在点 $P_0(x_0,y_0)$ 的空心邻域 $\mathring{U}(P_0)$ 内有定义，如函数 $z=\dfrac{1}{\sqrt{xy+1}-1}$ 在趋近于点 $(0,0)$ 的极限时，就不需要考虑 z 在点 $(0,0)$ 处是否有定义；

(2) $P \to P_0$ 的方式无任何限制，即 $P \to P_0$ 时函数 z 的极限是否存在与 $P \to P_0$ 的方式无关. 换句话说，如果当 P 以不同方式趋近于 P_0 时，$f(x,y)$ 与不同的数无限趋近，即可断定函数不存在极限；

(3) 一元函数求极限的运算法则可推广到二元函数.

【例 9.1.2】　求下列函数的极限：

(1) $\displaystyle\lim_{\substack{x\to 1\\ y\to 2}} \frac{x+y^2}{3x+y}$；　　　　(2) $\displaystyle\lim_{\substack{x\to 2\\ y\to 0}} \frac{e^{xy}-1}{\ln(1+x^2y)}$.

解　(1) 原式 $=\dfrac{\lim\limits_{\substack{x\to 1\\ y\to 2}}(x+y^2)}{\lim\limits_{\substack{x\to 1\\ y\to 2}}(3x+y)} = \dfrac{\lim\limits_{x\to 1}x+\lim\limits_{y\to 2}y^2}{\lim\limits_{x\to 1}3x+\lim\limits_{y\to 2}y} = \dfrac{1+4}{3+2} = 1.$

(2) 原式 $=\displaystyle\lim_{\substack{x\to 2\\ y\to 0}} \frac{xy}{x^2y} = \lim_{\substack{x\to 2\\ y\to 0}} \frac{1}{x} = \frac{1}{2}.$

【例 9.1.3】　求极限 $\displaystyle\lim_{\substack{x\to 0\\ y\to 1}} \frac{x^2+(y-1)^2}{|x|+|y-1|}$.

解　令 $x=r\cos\theta, y-1=r\sin\theta$，则 $\begin{cases} x\to 0 \\ y\to 1 \end{cases} \Leftrightarrow r\to 0$，且 $\theta \in [0,2\pi)$，所以

原式 $=\displaystyle\lim_{r\to 0}\frac{r^2\cos^2\theta+r^2\sin^2\theta}{r(|\cos\theta|+|\sin\theta|)} = \lim_{r\to 0}\frac{r}{|\cos\theta|+|\sin\theta|}$

$$=\lim_{r\to 0}r\cdot\lim_{r\to 0}\frac{1}{|\cos\theta|+|\sin\theta|}=0.$$

该例子给出了求二元函数极限中常用的方法：把直角坐标化为极坐标形式，把关于 x,y 的二元极限问题化为对 r 的一元极限. 该方法能起作用的条件是极限不受 θ 取值的影响，否则，说明极限不存在.

【例 9.1.4】 证明函数 $f(x,y)=\dfrac{x+y}{2x-y}$ 在点(0,0)的极限不存在.

证法 1 函数在点(0,0)的空心邻域内有意义，当 $x\to 0$ 时，令 (x,y) 沿直线 $y=kx$ 趋近于(0,0)，则

$$\lim_{\substack{x\to 0\\y\to 0}}f(x,y)=\lim_{x\to 0}\frac{x+kx}{2x-kx}=\lim_{x\to 0}\frac{x(1+k)}{x(2-k)}=\lim_{x\to 0}\frac{1+k}{2-k}=\frac{1+k}{2-k},$$

显然，当 (x,y) 沿直线 $y=x$ 趋近于(0,0)时，$\lim\limits_{\substack{x\to 0\\y\to 0}}f(x,y)=2$；

当 (x,y) 沿直线 $y=3x$ 趋近于(0,0)时，$\lim\limits_{\substack{x\to 0\\y\to 0}}f(x,y)=-4$.

即取不同的 k 值，$\lim\limits_{\substack{x\to 0\\y\to 0}}f(x,y)$ 不同.

因此，极限 $\lim\limits_{\substack{x\to 0\\y\to 0}}f(x,y)$ 不存在.

证法 2 令 $x=r\cos\theta$，$y=r\sin\theta$，则

$$\lim_{\substack{x\to 0\\y\to 0}}f(x,y)=\lim_{r\to 0}\frac{r\cos\theta+r\sin\theta}{2r\cos\theta+r\sin\theta}=\lim_{r\to 0}\frac{\cos\theta+\sin\theta}{2\cos\theta-\sin\theta}=\frac{\cos\theta+\sin\theta}{2\cos\theta-\sin\theta}.$$

由于不同的 θ 取值，$\lim\limits_{\substack{x\to 0\\y\to 0}}f(x,y)$ 不同，显然极限 $\lim\limits_{\substack{x\to 0\\y\to 0}}f(x,y)$ 不存在.

三、二元函数的连续性

类似于一元函数连续的概念，下面给出二元函数连续的定义.

定义 9-4 设函数 $z=f(x,y)$ 在点 $P_0(x_0,y_0)$ 的某个邻域内有定义，极限 $\lim\limits_{P\to P_0}f(P)$ 存在，且极限值等于 $f(P_0)$，即

$$\lim_{P\to P_0}f(P)=f(P_0)\text{ 或 }\lim_{\substack{x\to x_0\\y\to y_0}}f(x,y)=f(x_0,y_0)$$

则称函数 $z=f(x,y)$ 在点 $P_0(x_0,y_0)$ 处**连续**，点 $P_0(x_0,y_0)$ 称为**连续点**. 如果函数 $f(x,y)$ 在区域 D 内的每一点都连续，则称它**在区域 D 内连续**.

如果函数 $z=f(x,y)$ 在点 $P_0(x_0,y_0)$ 处不连续，则称 $P_0(x_0,y_0)$ 为**间断点**.

注意 由连续定义可知，函数在 P_0 处是间断点的情况如下：

(1) 函数 $f(x,y)$ 在点 P_0 处无定义；

(2) 极限 $\lim\limits_{P\to P_0}f(P)$ 不存在；

(3) $\lim\limits_{P\to P_0}f(P)\neq f(P_0)$.

例如，函数 $f(x,y)=\dfrac{1}{x-y}$，当 $x-y=0$ 时函数 $f(x,y)$ 无定义，所以直线 $y=x$ 上的点都是它的间断点. 又如，函数 $f(x,y)=\begin{cases}\dfrac{x+y}{2x-y}, & (x,y)\neq(0,0),\\ 0, & (x,y)=(0,0).\end{cases}$ 极限 $\lim\limits_{\substack{x\to 0\\ y\to 0}}f(x,y)$ 不存在，故点 $(0,0)$ 为该函数的间断点.

由此可见，二元函数的间断点情况比较复杂，它可以是若干个点，也可以是直线或者曲线.

与一元函数类似，二元连续函数的和、差、积、商（分母不为 0）仍为连续函数；二元连续函数的复合函数也是连续函数. 另外，我们把由常数和基本初等函数经过有限次四则运算和复合运算，并且用一个式子表示的二元函数称为**二元初等函数**. 因此，二元初等函数在其定义区域内部都是连续的.

因为连续点处的极限值等于函数值，所以对于二元初等函数来说，求其定义域内部的点 $P_0(x_0,y_0)$ 处的极限时，就变成了求 $P_0(x_0,y_0)$ 处的函数值 $f(P_0)$.

【例 9.1.5】 求极限 $\lim\limits_{\substack{x\to 1\\ y\to 0}}\dfrac{e^y-\ln(x+2y)+1}{x^2+\sin(xy)}$.

解 因为函数 $f(x,y)=\dfrac{e^y-\ln(x+2y)+1}{x^2+\sin(xy)}$ 是初等函数，且点 $(1,0)$ 在其定义区域内，因此，函数 $f(x,y)$ 在点 $(1,0)$ 处连续.

故，$\lim\limits_{\substack{x\to 1\\ y\to 0}}\dfrac{e^y-\ln(x+2y)+1}{x^2+\sin(xy)}=\dfrac{e^0-\ln(1+0)+1}{1^2+\sin 0}=\dfrac{1-0+1}{1}=2.$

习题 9-1

1. 设函数 $f(x,y)=2xy-\dfrac{x+y}{2x}$，试求：

(1) $f(1,1)$； (2) $f(x-y,x+y)$.

2. 设函数 $f\left(x+y,\dfrac{y}{x}\right)=x^2-y^2$，试求 $f(x,y)$ 的表达式.

3. 求下列函数的定义域，并在平面上作图表示：

(1) $z=\dfrac{1}{\sqrt{9-x^2-y^2}}$； (2) $z=\ln(x-y^2)$；

(3) $z=\arcsin(1-y)+\arcsin(1-x)$.

4. 求下列极限：

(1) $\lim\limits_{\substack{x\to 2\\ y\to -1}}\dfrac{xy+3y^2}{2x+y^3}$； (2) $\lim\limits_{\substack{x\to 2\\ y\to 2}}\dfrac{x^2-y^2}{\sqrt{x-y+1}-1}$；

(3) $\lim\limits_{\substack{x\to 2\\ y\to 0}}\dfrac{\sin(2x^2y)}{\ln(1+xy)}$； (4) $\lim\limits_{\substack{x\to 0\\ y\to 0}}(x^2+y^2)\cdot\cos\dfrac{1}{xy}$.

5. 设函数 $f(x,y)=\begin{cases}\dfrac{x^2y^2}{x^2+y^2}, & (x,y)\neq(0,0)\\ k, & (x,y)=(0,0)\end{cases}$，在点 $(0,0)$ 处连续，试求 k 的值.

6. 指出下列函数的间断点或间断曲线：

(1) $z=\dfrac{x+y}{\sqrt{x-y+1}}$; (2) $z=\ln(x^2+y^2)$.

第二节 偏导数

一元函数的导数是微积分的基本概念，也是一元函数微积分的基础. 对于多元函数，也有导数的概念. 因为自变量有多个，所以多元函数的导数称为**偏导数**.

微课：一阶偏导数

一、一阶偏导数

1. 一阶偏导数的概念

一元函数当自变量 x 变化时，讨论函数 $y=f(x)$ 相应的变化率 $\dfrac{\Delta y}{\Delta x}$ 极限问题，即为该一元函数的导数.

与一元函数相比，二元函数 $z=f(x,y)$，当自变量 x,y 同时变化时，函数的变化情况要复杂得多. 因此，我们往往采用先考虑一个自变量的变化，而把另一个变量暂时看作常量的方法来讨论函数 $f(x,y)$ 相应的变化率的极限问题，就是二元函数的偏导数.

定义 9-5 设函数 $z=f(x,y)$ 在点 (x_0,y_0) 的某个邻域内有定义，当自变量 y 固定在 y_0 不变，而自变量 x 在 x_0 处有改变量 Δx，则称

$$f(x_0+\Delta x,y_0)-f(x_0,y_0)$$

为二元函数 $z=f(x,y)$ 关于自变量 x 的**偏改变量**(**或偏增量**)，记作：$\Delta_x f$ 或 $\Delta_x z$.

即：$\Delta_x f=f(x_0+\Delta x,y_0)-f(x_0,y_0)$.

类似地，我们可以定义，二元函数 $z=f(x,y)$ 关于自变量 y 的偏改变量(或偏增量)，即：$\Delta_y f=f(x_0,y_0+\Delta y)-f(x_0,y_0)$.

由以上偏增量的定义，我们就可以定义二元函数的偏导数了.

定义 9-6 设函数 $z=f(x,y)$ 在点 (x_0,y_0) 的某个邻域内有定义，当自变量 y 固定在 y_0 不变，而自变量 x 在 x_0 处有改变量 Δx，则相应的偏改变量为 $\Delta_x f$，若极限 $\lim\limits_{\Delta x\to 0}\dfrac{\Delta_x f}{\Delta x}$ 存在，则称二元函数 $z=f(x,y)$ 在点 (x_0,y_0) 关于自变量 x 的偏导数存在，并且称此极限值为函数 $z=f(x,y)$ 在点 (x_0,y_0) 处关于自变量 x 的**偏导数**，记作：

$$\left.\frac{\partial z}{\partial x}\right|_{\substack{x=x_0\\y=y_0}} \text{或} \left.\frac{\partial f}{\partial x}\right|_{\substack{x=x_0\\y=y_0}} \text{或 } z_x(x_0,y_0) \text{ 或 } f_x(x_0,y_0).$$

即：$f_x(x_0,y_0)=\lim\limits_{\Delta x\to 0}\dfrac{\Delta_x f}{\Delta x}=\lim\limits_{\Delta x\to 0}\dfrac{f(x_0+\Delta x,y_0)-f(x_0,y_0)}{\Delta x}$.

同样，可以定义函数 $z=f(x,y)$ 在点 (x_0,y_0) 关于自变量 y 的偏导数，

即：$f_y(x_0,y_0)=\lim\limits_{\Delta y\to 0}\dfrac{\Delta_y f}{\Delta y}=\lim\limits_{\Delta y\to 0}\dfrac{f(x_0,y_0+\Delta y)-f(x_0,y_0)}{\Delta y}$.

2. 一阶偏导函数

如果函数 $z=f(x,y)$ 在开区域 D 内每一点 $P(x,y)$ 处，对 x 或 y 的偏导数都存在，那么这个偏导数还是区域 D 内关于 x、y 的函数，则称为函数 $z=f(x,y)$ 关于 x 或 y 的**偏导函**

数，简称**偏导数**. 记作：

$$\frac{\partial z}{\partial x},\frac{\partial f}{\partial x},z_x(x,y),f_x(x,y)\text{ 或者 }\frac{\partial z}{\partial y},\frac{\partial f}{\partial y},z_y(x,y),f_y(x,y).$$

那么，函数在某一点 P_0 处的偏导数是相应的偏导函数在 P_0 处的函数值. 由定义 9-6 可知，求偏导数只要把另一个自变量当作常数，用一元函数求导法则来求.

【例 9.2.1】 设函数 $z=2x^2+3xy^2+4y^3$，求 $\frac{\partial z}{\partial x},\frac{\partial z}{\partial y}$，并求 $z_x(1,2)$.

解 把 y 看成常数，关于 x 求导，得 $\frac{\partial z}{\partial x}=4x+3y^2$；

把 x 看成常数，关于 y 求导，得 $\frac{\partial z}{\partial y}=6xy+12y^2$.

所以，$z_x(1,2)=4\times1+3\times2^2=16$.

【例 9.2.2】 设函数 $f(x,y)=x\mathrm{e}^{-xy}$，求其对各自变量的一阶偏导数及 $f_x(1,0)$.

解 把 y 看成常数，则 $f_x=\mathrm{e}^{-xy}+x\mathrm{e}^{-xy}\cdot(-y)=\mathrm{e}^{-xy}(1-xy)$；

把 x 看成常数，则 $f_y=x\mathrm{e}^{-xy}(-x)=-x^2\mathrm{e}^{-xy}$.

所以，$f_x(1,0)=\mathrm{e}^0(1-0)=1$.

【例 9.2.3】 设 $z=x^y(x>0,x\neq1)$，求 $\frac{\partial z}{\partial x},\frac{\partial z}{\partial y}$.

解 把 y 看成常数，则 $z=x^y$ 就是一元幂函数，所以 $\frac{\partial z}{\partial x}=yx^{y-1}$；

把 x 看成常数，则 $z=x^y$ 就是一元指数函数，所以 $\frac{\partial z}{\partial y}=x^y\ln x$.

二、二阶偏导数

设二元函数 $z=f(x,y)$ 在区域 D 内有一阶偏导数 $\frac{\partial z}{\partial x},\frac{\partial z}{\partial y}$，一般情况下，它们都是关于 x、y 的函数，如果这两个函数的偏导数也存在，则称它们是函数 $z=f(x,y)$ 的**二阶偏导数**. 二元函数的二阶偏导数为以下四种：

$$\frac{\partial}{\partial x}\left(\frac{\partial z}{\partial x}\right)=\frac{\partial^2 z}{\partial x^2}=z_{xx}(x,y)=\frac{\partial^2 f}{\partial x^2}=f_{xx}(x,y);$$

$$\frac{\partial}{\partial y}\left(\frac{\partial z}{\partial y}\right)=\frac{\partial^2 z}{\partial y^2}=z_{yy}(x,y)=\frac{\partial^2 f}{\partial y^2}=f_{yy}(x,y);$$

$$\frac{\partial}{\partial y}\left(\frac{\partial z}{\partial x}\right)=\frac{\partial^2 z}{\partial x\partial y}=z_{xy}(x,y)=\frac{\partial^2 f}{\partial x\partial y}=f_{xy}(x,y);$$

$$\frac{\partial}{\partial x}\left(\frac{\partial z}{\partial y}\right)=\frac{\partial^2 z}{\partial y\partial x}=z_{yx}(x,y)=\frac{\partial^2 f}{\partial y\partial x}=f_{yx}(x,y).$$

最后两种二阶偏导数，我们一般称为**二阶混合偏导**，要提醒大家注意的是：在求二阶混合偏导时，要看清楚是对哪个变量先求，哪个变量后求.

同样，如果函数 $z=f(x,y)$ 的四个二阶偏导数仍然存在，则可继续对它们分别再对自变量 x,y 求偏导数，就称为函数 $z=f(x,y)$ 的**三阶偏导数**，其记号与二阶偏导数相似，如：$\frac{\partial}{\partial x}\left(\frac{\partial^2 z}{\partial x^2}\right)=\frac{\partial^3 z}{\partial x^3}=z_{xxx}$，$\frac{\partial}{\partial x}\left(\frac{\partial^2 f}{\partial x\partial y}\right)=\frac{\partial^3 f}{\partial x\partial y\partial x}=f_{xyx}$ 等.

依次类推，可以定义函数 $z=f(x,y)$ 的 n 阶偏导数. 把二阶以及二阶以上的偏导数统称为**高阶偏导数**. 本章重点只讨论二阶偏导数.

【例 9.2.4】 求【例 9.2.1】中函数的四个二阶偏导数.

解 因为 $\frac{\partial z}{\partial x}=4x+3y^2$，$\frac{\partial z}{\partial y}=6xy+12y^2$. 所以

$$\frac{\partial^2 z}{\partial x^2}=\frac{\partial}{\partial x}\left(\frac{\partial z}{\partial x}\right)=4,$$

$$\frac{\partial^2 z}{\partial y^2}=\frac{\partial}{\partial y}\left(\frac{\partial z}{\partial y}\right)=6x+24y,$$

$$\frac{\partial^2 z}{\partial x\partial y}=\frac{\partial}{\partial y}\left(\frac{\partial z}{\partial x}\right)=6y,$$

$$\frac{\partial^2 z}{\partial y\partial x}=\frac{\partial}{\partial x}\left(\frac{\partial z}{\partial y}\right)=6y.$$

在上例中，两个二阶混合偏导数 $\frac{\partial^2 z}{\partial x\partial y}=\frac{\partial^2 z}{\partial y\partial x}$，但是这个结论不具有普遍性. 只有在满足一定条件后才成立. 下述定理给出成立的一个充分条件.

定理 9-1 如果函数 $z=f(x,y)$ 在区域 D 内存在连续的一阶偏导数 f_x，f_y 和连续的二阶混合偏导数 f_{xy}，则另一个二阶混合偏导数 f_{yx} 也存在，且 $f_{xy}=f_{yx}$.

习题 9-2

1. 设 $f(x,y)=2x+4x^2y^3+3y$，求 $f_x(1,-1)$.

2. 设 $z=\sin(x^2y)$，求 $\frac{\partial z}{\partial x}$，$\frac{\partial z}{\partial y}$ 及 $\left.\frac{\partial z}{\partial x}\right|_{\substack{x=\frac{\pi}{4}\\ y=0}}$.

3. 求下列函数的一阶偏导数：

(1) $z=\arctan(xy)$； (2) $z=\sqrt{x^2+y}$；

(3) $z=\frac{\ln(xy)}{y}$； (4) $z=e^x\cos(x+y^2)$.

4. 设 $z=x\ln(x+y)$，求 $\frac{\partial^2 z}{\partial y^2}$.

5. 设函数 $z=\ln\sqrt{x^2+y^2}$，证明：$\frac{\partial^2 z}{\partial x^2}+\frac{\partial^2 z}{\partial y^2}=0$.

6. 求下列函数的二阶偏导数：

(1) $z=2x^2y+3xy^2$； (2) $z=e^x\sin y$.

第三节 全微分

一元函数讨论可微与可导的关系,进而给出微分公式.与一元函数不同的是,多元函数可微分与偏导数存在不是充要的,本节学习是要注意不同之处.

一、全微分的概念

1. 一个实例

矩形的边长分别为 x 和 y,则面积 $S=xy$. 设边长取 x_0, y_0 时,分别有改变量 Δx, Δy,如图 9-6 所示,那么面积的改变量为

$$\begin{aligned}\Delta S &= (x_0+\Delta x)(y_0+\Delta y)-x_0y_0\\ &= y_0\Delta x+x_0\Delta y+\Delta x\Delta y.\end{aligned}\tag{9-1}$$

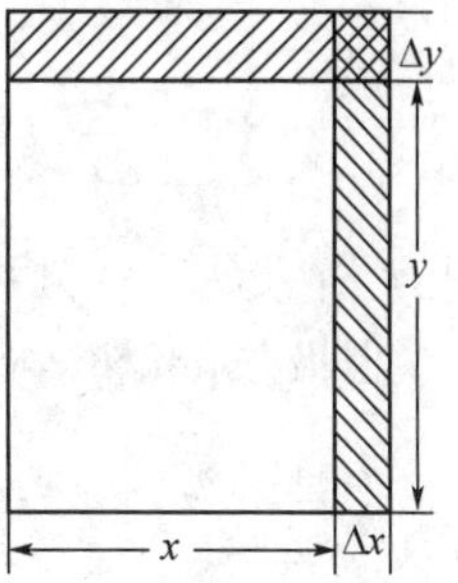

图 9-6

上式右端包括了两部分:

一部分是 $y_0\Delta x+x_0\Delta y$,它是 Δx, Δy 的线性函数;

另一部分是 $\Delta x\Delta y$,令 $\rho=\sqrt{(\Delta x)^2+(\Delta y)^2}$,则当 $\Delta x\to 0$, $\Delta y\to 0$ 时,$\rho\to 0$,且 $\lim\limits_{\substack{\Delta x\to 0\\ \Delta y\to 0}}\dfrac{\Delta x\Delta y}{\rho}=0$,即 $\Delta x\Delta y=o(\rho)$.

因此,$\Delta S=y_0\Delta x+x_0\Delta y+o(\rho)$.

注意 函数 $z=f(x,y)$ 在点 $P_0(x_0,y_0)$ 处自变量的改变量分别为 Δx, Δy,则称 $\Delta z=f(x_0+\Delta x,y_0+\Delta y)-f(x_0,y_0)$ 为函数相对于自变量改变量 Δx, Δy 的**全增量**(**全改变量**).

2. 全微分的定义

定义 9-7 设函数 $z=f(x,y)$ 在点 $P_0(x_0,y_0)$ 的某个邻域内有定义,如果在点 $P_0(x_0,y_0)$ 处自变量的改变量分别为 Δx, Δy,而全改变量 $\Delta z=f(x_0+\Delta x,y_0+\Delta y)-f(x_0,y_0)$,若还可表示为

$$\Delta z=A\Delta x+B\Delta y+o(\rho),$$

其中,A, B 仅与 x_0, y_0 有关的常数,而与 Δx, Δy 无关;$\rho=\sqrt{(\Delta x)^2+(\Delta y)^2}$, $o(\rho)$ 是较 ρ 高阶的无穷小量. 则称函数 $z=f(x,y)$ 在点 $P_0(x_0,y_0)$ 处**可微**,并且称 $A\Delta x+B\Delta y$ 为函数 $z=f(x,y)$ 在点 $P_0(x_0,y_0)$ 处的**全微分**,记作:$\mathrm{d}z\Big|_{\substack{x=x_0\\ y=y_0}}$ 或 $\mathrm{d}f(x_0,y_0)$,即:$\mathrm{d}z\Big|_{\substack{x=x_0\\ y=y_0}}=A\Delta x+B\Delta y$.

由于 $\mathrm{d}x=\Delta x$, $\mathrm{d}y=\Delta y$,所以全微分还可写成 $\mathrm{d}z\Big|_{\substack{x=x_0\\ y=y_0}}=A\mathrm{d}x+B\mathrm{d}y$.

既然 A, B 是常数,那么究竟这两个常数等于多少呢?下面我们讨论这个问题.

二、可微与偏导、连续的关系

定理 9-2 若函数 $z=f(x,y)$ 在点 $P_0(x_0,y_0)$ 处可微,则在点 P_0 处必连续.

推论 9-1 如果函数 $z=f(x,y)$ 在点 P_0 处间断,则函数在点 $P_0(x_0,y_0)$ 处不可微.

定理 9-3 若函数 $z=f(x,y)$ 在点 $P_0(x_0,y_0)$ 处可微,则在点 P_0 处的偏导数 $f_x(x_0,$

$y_0)$，$f_y(x_0,y_0)$ 存在，且

$$\mathrm{d}z\Big|_{\substack{x=x_0\\y=y_0}}=f_x(x_0,y_0)\mathrm{d}x+f_y(x_0,y_0)\mathrm{d}y.$$

注意 （1）以上两个定理，读者可以用可微，可偏导及连续的定义自行证明. 需要指出的是定理 9－3 给出的公式我们称为函数在点 $P_0(x_0,y_0)$的微分公式.

（2）与一元函数可微、可导关系不一样的是，二元函数可偏导不一定可微.

如：函数 $f(x,y)=\begin{cases}\dfrac{xy}{x^2+y^2}, & (x,y)\neq(0,0),\\ 0, & (x,y)=(0,0)\end{cases}$ 在点(0,0) 处偏导数存在但不可微.

分析：因为$\dfrac{\partial z}{\partial x}\Big|_{\substack{x=0\\y=0}}=\lim\limits_{\Delta x\to 0}\dfrac{f(0+\Delta x,0)-f(0,0)}{\Delta x}=\lim\limits_{\Delta x\to 0}\dfrac{0-0}{\Delta x}=0$，同理$\dfrac{\partial z}{\partial y}\Big|_{\substack{x=0\\y=0}}=0$，即函数在点(0,0) 处可偏导.

但极限$\lim\limits_{\substack{x\to 0\\y\to 0}}f(x,y)$ 不存在，也就是函数在(0,0) 处不连续，所以在(0,0) 处不可微.

但是函数偏导数如果满足一定条件时，还是可以保证可微的，这就是下面我们要给出的结论.

定理 9－4 若函数 $z=f(x,y)$ 在点 $P(x,y)$ 的某邻域内存在偏导数$\dfrac{\partial z}{\partial x}$，$\dfrac{\partial z}{\partial y}$，且在 P 处偏导数连续，则函数在点 P 处可微. 并且：

$$\mathrm{d}z=\frac{\partial z}{\partial x}\mathrm{d}x+\frac{\partial z}{\partial y}\mathrm{d}y.$$

注意 以上二元函数的全微分可以推广到三元或三元以上的函数. 如函数 $u=f(x,y,z)$ 具有连续的偏导数，则全微分 $\mathrm{d}u=\dfrac{\partial u}{\partial x}\mathrm{d}x+\dfrac{\partial u}{\partial y}\mathrm{d}y+\dfrac{\partial u}{\partial z}\mathrm{d}z$.

【例 9.3.2】 求函数 $z=x^2y^2-2y$ 在点(－2,1) 的全微分.

解 因为$\dfrac{\partial z}{\partial x}=2xy^2$，$\dfrac{\partial z}{\partial y}=2x^2y-2$，所以$\dfrac{\partial z}{\partial x}\Big|_{\substack{x=-2\\y=1}}=-4$，$\dfrac{\partial z}{\partial y}\Big|_{\substack{x=-2\\y=1}}=6$.

因此，$\mathrm{d}z\Big|_{\substack{x=-2\\y=1}}=-4\mathrm{d}x+6\mathrm{d}y$.

【例 9.3.3】 求函数 $z=\mathrm{e}^x\cos(x+y)$ 的全微分.

解 因为$\dfrac{\partial z}{\partial x}=\mathrm{e}^x\cos(x+y)-\mathrm{e}^x\sin(x+y)=\mathrm{e}^x[\cos(x+y)-\sin(x+y)]$，$\dfrac{\partial z}{\partial y}=-\mathrm{e}^x\sin(x+y)$，所以

$$\mathrm{d}z=\mathrm{e}^x[\cos(x+y)-\sin(x+y)]\mathrm{d}x-\mathrm{e}^x\sin(x+y)\mathrm{d}y.$$

习题 9－3

1. 求函数 $z=x^2+2x^3y^2+3y^3$ 在点(1，－1) 处的全微分.

2. 求下列函数的全微分：

（1）$z=\dfrac{x}{y}$；　　（2）$z=\mathrm{e}^{\cos x}\sin y$；

(3) $z=\sin 2x\cdot \mathrm{e}^{xy}$；　　　　(4) $z=y\ln(x^2+y^2)$.

3. 设 $f(x,y,z)=xy^2+yz^3+zx^2$，求 $\mathrm{d}f\Big|_{(0,1,2)}$.

第四节　多元复合函数及隐函数的求导法则

在第二节中，我们学习了偏导数的概念及一些简单的多元函数偏导数的计算，那么对解析式较复杂的多元函数如何求偏导数？方法是建立多元复合函数求偏导的法则，然后分解多元复合函数，并应用该法则计算偏导数.

微课：二元复合函数的求导法则

一、二元复合函数的求导法则

1. 二元复合函数的求导法

设 z 是变量 u,v 的函数，$z=f(u,v)$，而 u,v 又是变量 x,y 的二元函数，$u=\varphi(x,y)$，$v=\phi(x,y)$，则称函数 z 是变量 x,y 的**二元复合函数**，记作：$z=f[\varphi(x,y),\phi(x,y)]$. 其中变量 u,v 称为复合函数 z 的**中间变量**.

二元复合函数 $z=f[\varphi(x,y),\phi(x,y)]$ 可以用图简单地表示，如图 9-7 所示：

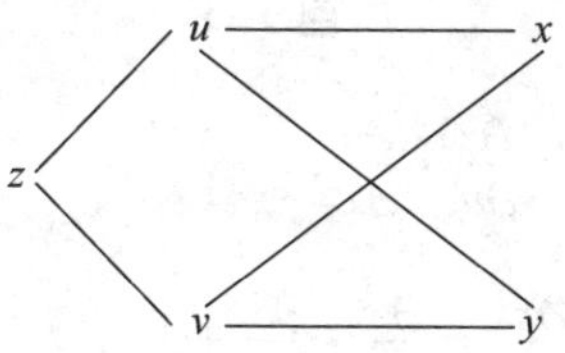

图 9-7

定理 9-5　若函数 $u=\varphi(x,y)$，$v=\phi(x,y)$ 在点 (x,y) 处偏导数 $\frac{\partial u}{\partial x},\frac{\partial u}{\partial y},\frac{\partial v}{\partial x},\frac{\partial v}{\partial y}$ 都存在，而函数 $z=f(u,v)$ 在相应点 (u,v) 处可微，则复合函数 $z=f[\varphi(x,y),\phi(x,y)]$ 在点 (x,y) 处偏导数存在，且

$$\frac{\partial z}{\partial x}=\frac{\partial z}{\partial u}\cdot\frac{\partial u}{\partial x}+\frac{\partial z}{\partial v}\cdot\frac{\partial v}{\partial x};$$

$$\frac{\partial z}{\partial y}=\frac{\partial z}{\partial u}\cdot\frac{\partial u}{\partial y}+\frac{\partial z}{\partial v}\cdot\frac{\partial v}{\partial y}.$$

注意　定理中的公式可以借助复合函数的结构图理解，z 对自变量 x 的偏导数 $\frac{\partial z}{\partial x}$，即为由 z 通过中间变量到达最终变量的路径完成.

【例 9.4.1】　函数 $u=xy$，$v=x+y$，且 $z=f(u,v)=u^2\ln v$，求 $\frac{\partial z}{\partial x},\frac{\partial z}{\partial y}$.

解

$$\begin{aligned}\frac{\partial z}{\partial x}&=\frac{\partial z}{\partial u}\cdot\frac{\partial u}{\partial x}+\frac{\partial z}{\partial v}\cdot\frac{\partial v}{\partial x}\\&=(2u\ln v)\cdot y+\frac{u^2}{v}\cdot 1\end{aligned}$$

$$= 2xy^2\ln(x+y) + \frac{x^2y^2}{x+y}$$

$$\frac{\partial z}{\partial y} = \frac{\partial z}{\partial u}\cdot\frac{\partial u}{\partial y} + \frac{\partial z}{\partial v}\cdot\frac{\partial v}{\partial y}$$

$$= (2u\ln v)\cdot x + \frac{u^2}{v}\cdot 1$$

$$= 2x^2y\ln(x+y) + \frac{x^2y^2}{x+y}.$$

2. 几种特殊形式的二元复合函数求导

(1) 设 $z=f(u,y)$，$u=\varphi(x,y)$，则二元复合函数为 $z=f[\varphi(x,y),y]$，它的特点是：中间变量个数少于最终变量个数. 结构如图 9－8 所示：

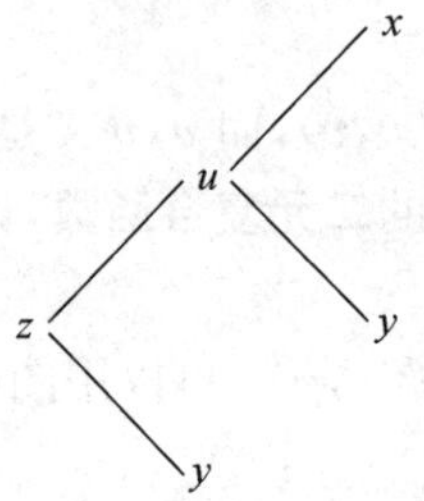

图 9－8

则二元复合函数的偏导数为 $\frac{\partial z}{\partial x} = \frac{\partial z}{\partial u}\cdot\frac{\partial u}{\partial x}$；

$$\frac{\partial z}{\partial y} = \frac{\partial z}{\partial u}\cdot\frac{\partial u}{\partial y} + \frac{\partial z}{\partial y}.$$

注意　第二个公式中有两个 $\frac{\partial z}{\partial y}$，但它们表示的意义不一样.

【例 9.4.2】 设 $z=e^u\sin y$，$u=x^2y^3$，试求 $\frac{\partial z}{\partial x}$，$\frac{\partial z}{\partial y}$.

解　$\frac{\partial z}{\partial x} = \frac{\partial z}{\partial u}\cdot\frac{\partial u}{\partial x} = e^u\sin y\cdot 2xy^3 = 2xy^3e^{x^2y^3}\sin y$；

$$\frac{\partial z}{\partial y} = \frac{\partial z}{\partial u}\cdot\frac{\partial u}{\partial y} + \frac{\partial z}{\partial y}$$

$$= e^u\sin y\cdot 3x^2y^2 + e^u\cos y = e^{x^2y^3}(3x^2y^2\sin y + \cos y).$$

(2) 设 $z=f(u,v)$，$u=u(x)$，$v=v(x)$，则二元函数复合成为 x 的一元函数 $z=f[u(x),v(x)]$，它的特点是：中间变量个数多于最终变量个数. 结构如图 9－9 所示：

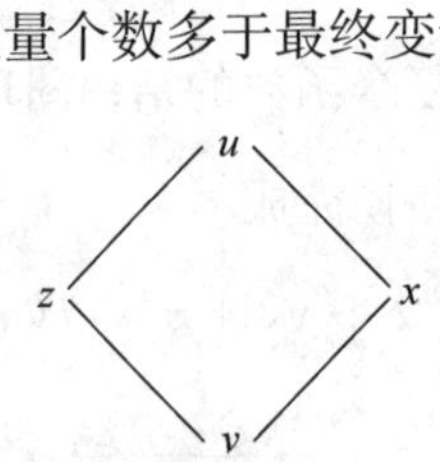

图 9－9

则复合函数的导数为：

$$\frac{dz}{dx}=\frac{\partial z}{\partial u}\cdot\frac{du}{dx}+\frac{\partial z}{\partial v}\cdot\frac{dv}{dx}.$$

注意 因为复合函数的最终变量只有一个，是关于 x 的一元函数，应该使用一元函数的导数记号 $\frac{dz}{dx}$.

【例 9.4.3】 设 $z=f(u,v)=uv^2$，$u=\sin x$，$v=x^3$，试求$\frac{dz}{dx}$.

解

$$\begin{aligned}\frac{dz}{dx}&=\frac{\partial z}{\partial u}\cdot\frac{du}{dx}+\frac{\partial z}{\partial v}\cdot\frac{dv}{dx}\\&=v^2\cdot\cos x+2uv\cdot 3x^2\\&=x^6\cos x+6x^5\sin x.\end{aligned}$$

(3) 设二元复合函数 $z=(x+y)^{xy}$，它的特点是：没有出现中间变量. 如果我们直接用对一个变量求导，把另一个变量看作常数的方法，会比较难处理，因为涉及幂指函数的求导. 因此，我们采用设出中间变量的方法. 解法如下：

设 $u=x+y$，$v=xy$，则 $z=u^v$，所以

$$\begin{aligned}\frac{\partial z}{\partial x}&=\frac{\partial z}{\partial u}\cdot\frac{\partial u}{\partial x}+\frac{\partial z}{\partial v}\cdot\frac{\partial v}{\partial x}\\&=vu^{v-1}\cdot 1+u^v\ln u\cdot y\\&=xy(x+y)^{xy-1}+y(x+y)^{xy}\ln(x+y).\end{aligned}$$

$$\begin{aligned}\frac{\partial z}{\partial y}&=\frac{\partial z}{\partial u}\cdot\frac{\partial u}{\partial y}+\frac{\partial z}{\partial v}\cdot\frac{\partial v}{\partial y}.\\&=vu^{v-1}\cdot 1+u^v\ln u\cdot x\\&=xy(x+y)^{xy-1}+x(x+y)^{xy}\ln(x+y).\end{aligned}$$

(4) 带有抽象符号的复合函数.

【例 9.4.4】 设二元复合函数 $z=f(y\sin x,xy)$，试求$\frac{\partial z}{\partial x},\frac{\partial z}{\partial y}$.

解 令 $u=y\sin x$，$v=xy$，则 $z=f(u,v)$，所以

$$\begin{aligned}\frac{\partial z}{\partial x}&=\frac{\partial f}{\partial u}\cdot\frac{\partial u}{\partial x}+\frac{\partial f}{\partial v}\cdot\frac{\partial v}{\partial x}\\&=f_u(u,v)\cdot y\cos x+f_v(u,v)\cdot y\\&=y\cos xf_u(y\sin x,xy)+yf_v(y\sin x,xy).\end{aligned}$$

$$\begin{aligned}\frac{\partial z}{\partial y}&=\frac{\partial f}{\partial u}\cdot\frac{\partial u}{\partial y}+\frac{\partial f}{\partial v}\cdot\frac{\partial v}{\partial y}\\&=f_u(u,v)\cdot\sin x+f_v(u,v)\cdot x\\&=f_u(y\sin x,xy)\sin x+xf_v(y\sin x,xy).\end{aligned}$$

注意 这里的 $f_u(y\sin x,xy)$、$f_v(y\sin x,xy)$ 可以简写成 f_u、f_v.

因此也可写成：$\frac{\partial z}{\partial x}=y\cos xf_u+yf_v$，$\frac{\partial z}{\partial y}=f_u\cdot\sin x+xf_v$.

与一元复合函数一样，如果我们计算熟练后，可以不设出中间变量，而是将中间变量与结构图在心里默记，在运算中体现出求导法则即可.

【例 9.4.5】 设 $z=e^{xy}\sin(x^2+y^2)$，试求$\frac{\partial z}{\partial x},\frac{\partial z}{\partial y}$.

解 $$\frac{\partial z}{\partial x}=\mathrm{e}^{xy}\cdot y\cdot\sin(x^2+y^2)+\mathrm{e}^{xy}\cdot\cos(x^2+y^2)\cdot 2x$$
$$=\mathrm{e}^{xy}[y\sin(x^2+y^2)+2x\cos(x^2+y^2)].$$
$$\frac{\partial z}{\partial y}=\mathrm{e}^{xy}\cdot x\cdot\sin(x^2+y^2)+\mathrm{e}^{xy}\cdot\cos(x^2+y^2)\cdot 2y$$
$$=\mathrm{e}^{xy}[x\sin(x^2+y^2)+2y\cos(x^2+y^2)].$$

3. 二元复合函数的高阶偏导数

对于二元复合函数求高阶偏导数，只不过是对低一阶导函数再求一阶偏导数，因此与求一阶偏导数方法一样. 同样，计算熟练后，不需要再另外设出中间变量.

【例 9.4.6】 设 $z=\tan x\cdot\sin(x^2+y^3)$，试求 $\frac{\partial^2 z}{\partial x\partial y}$.

解 因为 $$\frac{\partial z}{\partial x}=\sec^2 x\cdot\sin(x^2+y^3)+\tan x\cdot\cos(x^2+y^3)\cdot 2x$$
$$=\sec^2 x\cdot\sin(x^2+y^3)+2x\tan x\cdot\cos(x^2+y^3),$$

所以 $$\frac{\partial^2 z}{\partial x\partial y}=\sec^2 x\cdot\cos(x^2+y^3)\cdot 3y^2+2x\tan x\cdot[-\sin(x^2+y^3)]\cdot 3y^2$$
$$=3y^2\sec^2 x\cdot\cos(x^2+y^3)-6xy^2\tan x\cdot\sin(x^2+y^3).$$

微课：二元隐函数的求导公式

二、二元隐函数的求导公式

设三元方程 $F(x,y,z)=0$，若存在一个函数 $z=f(x,y)$，使得 $F(x,y,f(x,y))\equiv 0$，则称函数 $z=f(x,y)$ 为方程 $F(x,y,z)=0$ 所确定的**二元隐函数**.

要求隐函数方程 $F(x,y,z)=0$ 的偏导数，我们并不需要把 $z=f(x,y)$ 的表达式从方程中解出来，下面给出求导公式，步骤如下：

第 1 步 方程两边同时对 x 求偏导数，把变量 y 看作常数，而变量 z 是 x,y 的二元函数. 得：

$$F_x+F_z\cdot z_x=0;\tag{9-2}$$

第 2 步 从式(9-2)中解出 z_x 即可. 则

$$\frac{\partial z}{\partial x}=z_x=-\frac{F_x}{F_z};\tag{9-3}$$

同理可得：

$$\frac{\partial z}{\partial y}=-\frac{F_y}{F_z}.\tag{9-4}$$

注意 我们把公式(9-3)或(9-4)称为二元隐函数的**求偏导公式**，其中 F_x,F_y,F_z 表示三元函数 $F(x,y,z)$ 分别对自变量 x,y,z 求一阶偏导数.

【例 9.4.7】 设 $z=f(x,y)$ 是由方程 $\ln z=xyz$ 所确定的隐函数，试求 $\frac{\partial z}{\partial x},\frac{\partial z}{\partial y}$.

解法 1 令 $F(x,y,z)=\ln z-xyz$，则

$$F_x=-yz,F_y=-xz,F_z=\frac{1}{z}-xy.$$

由公式 $\dfrac{\partial z}{\partial x}=-\dfrac{F_x}{F_z};\dfrac{\partial z}{\partial y}=-\dfrac{F_y}{F_z}$ 得:

$$\frac{\partial z}{\partial x}=-\frac{-yz}{\frac{1}{z}-xy}=\frac{yz^2}{1-xyz};$$

$$\frac{\partial z}{\partial y}=-\frac{-xz}{\frac{1}{z}-xy}=\frac{xz^2}{1-xyz}.$$

解法 2 方程 $\ln z=xyz$ 两端关于 x 求偏导,注意 z 是 x,y 的二元函数,得:

$$\frac{1}{z}\cdot\frac{\partial z}{\partial x}=yz+xy\frac{\partial z}{\partial x},$$

$$\left(\frac{1}{z}-xy\right)\cdot\frac{\partial z}{\partial x}=yz,$$

$$\frac{\partial z}{\partial x}=\frac{yz}{\frac{1}{z}-xy}=\frac{yz^2}{1-xyz};$$

同理:方程两端对 y 偏导,整理得:

$$\frac{\partial z}{\partial y}=\frac{xz^2}{1-xyz}.$$

习题 9 - 4

1. 设 $z=e^u\sin v,u=x+y,v=x-y^2$,求$\dfrac{\partial z}{\partial x},\dfrac{\partial z}{\partial y}$.

2. 设 $z=\arctan(xy),y=e^x$,求$\dfrac{dz}{dx}$.

3. 设 $z=x^2+y^2,x=\sin t,y=e^t$,求$\dfrac{dz}{dt}$.

4. 已知 $z=(x^2+y^2)^2e^{\sin xy}$,求$\dfrac{\partial z}{\partial x},\dfrac{\partial z}{\partial y}$.

5. 已知 $z=(x+y)^{(x+y)}$,求$\dfrac{\partial z}{\partial x},\dfrac{\partial z}{\partial y}$.

6. 设 $z=xf(\sin x,xy)$,求 z_x,z_y.

7. 设 $z=f(x,y)$ 是由方程 $e^z-xyz=0$ 所确定的隐函数,求$\dfrac{\partial z}{\partial x},\dfrac{\partial z}{\partial y}$.

第五节 二元函数的极值

许多实际问题,往往归结到求一个多元函数的最值问题. 和一元函数的最值问题类似,解决这类问题的方法是:先求得多元函数的局部极值,再进一步求得最大值、最小值. 而求局部极值的主要方法,还是应用偏导数.

一、二元函数极值的概念

1. 二元函数的极值定义

定义 9-8 设点 $P_0(x_0,y_0)$ 是函数 $z=f(x,y)$ 的定义域 D 内部的一点，若点 P_0 的某个邻域 $U(P_0)$ 也在区域 D 内，使得对于 $\forall(x,y)\in U(P_0)$，都有 $f(x,y)<f(x_0,y_0)$（或 $f(x,y)>f(x_0,y_0)$）成立，则称 $f(x_0,y_0)$ 是函数 $f(x,y)$ 的**极大值**（或**极小值**），称点 $P_0(x_0,y_0)$ 为函数 $f(x,y)$ 的**极大值点**（或**极小值点**）. 并把极大值和极小值统称为**极值**，极大值点和极小值点统称为**极值点**.

以上可知，二元函数的极值定义其实与一元函数极值定义类似，而且我们知道，一元函数极值的必要条件是：可导函数的极值点必为驻点. 再利用它的两个充分条件，可以求出极值. 与一元函数相类似，借助偏导数来研究二元函数取极值的必要条件和充分条件.

2. 极值的必要条件

定理 9-6（极值的必要条件） 设函数 $z=f(x,y)$ 在点 $P_0(x_0,y_0)$ 处偏导数存在，并且 P_0 是它的极值点，则 $f_x(x_0,y_0)=0, f_y(x_0,y_0)=0$.

与一元函数类似，把使得偏导数 $f_x(x_0,y_0)=0, f_y(x_0,y_0)=0$ 同时成立的点 $P_0(x_0,y_0)$ 称为函数 $z=f(x,y)$ 的**驻点**.

注意 由定理 9-6 知，函数偏导数存在的极值点必为驻点，但是函数的驻点不一定都是它的极值点.

3. 极值的充分条件

定理 9-7（极值存在的充分条件） 设点 $P_0(x_0,y_0)$ 是函数 $z=f(x,y)$ 的驻点，且函数在点 P_0 的某个邻域内具有连续的二阶偏导数. 记：$f_{xx}(x_0,y_0)=A, f_{xy}(x_0,y_0)=B, f_{yy}(x_0,y_0)=C$. 下列结论成立：

(1) 若 $B^2-AC<0$，则 $f(x_0,y_0)$ 是函数的极值. 且

① 当 $A<0$，则 $f(x_0,y_0)$ 是函数的极大值；

② 当 $A>0$，则 $f(x_0,y_0)$ 是函数的极小值.

(2) 若 $B^2-AC>0$，则 $f(x_0,y_0)$ 不是函数的极值.

(3) 若 $B^2-AC=0$，则无法判断 $f(x_0,y_0)$ 是不是函数的极值.

二、二元函数极值的求法

根据定理 9-6 和定理 9-7，可以把求函数 $z=f(x,y)$ 极值的方法归纳如下：

第 1 步 求一阶偏导数 $f_x(x,y)$、$f_y(x,y)$，令 $\begin{cases} f_x(x,y)=0 \\ f_y(x,y)=0 \end{cases}$，解方程组，得驻点 (x_0,y_0)；

第 2 步 求出 $f_{xx}(x,y), f_{xy}(x,y), f_{yy}(x,y)$；

第 3 步 计算 $f_{xx}(x_0,y_0), f_{xy}(x_0,y_0), f_{yy}(x_0,y_0)$ 的值，分别令作：A,B,C；

第 4 步 计算 B^2-AC，利用定理 9-7 给出结论.

【例 9.5.1】 讨论函数 $f(x,y)=y^2-x^2$ 的极值.

解 $f_x(x,y)=-2x, f_y(x,y)=2y$，

令 $f_x(x,y)=0,f_y(x,y)=0$，解得 $\begin{cases}x=0,\\y=0,\end{cases}$ 即驻点为 $(0,0)$.

因为 $f_{xx}(x,y)=-2,f_{xy}(x,y)=0,f_{yy}(x,y)=2$,

所以 $A=f_{xx}(0,0)=-2<0,B=f_{xy}(0,0)=0,C=f_{yy}(0,0)=2$,

则 $B^2-AC=4>0$.

故点 $(0,0)$ 不是函数的极值点. 因此，该函数无极值.

【例 9.5.2】 求函数 $f(x,y)=x^3+y^3-3xy$ 的极值.

解 $f_x(x,y)=3x^2-3y,f_y(x,y)=3y^2-3x$,

令 $f_x(x,y)=0,f_y(x,y)=0$，解得：$\begin{cases}x=0,\\y=0,\end{cases}$ 和 $\begin{cases}x=1,\\y=1.\end{cases}$

即驻点为 $(0,0)$ 和 $(1,1)$.

因为 $f_{xx}(x,y)=6x,f_{xy}(x,y)=-3,f_{yy}(x,y)=6y$,

所以在驻点 $(0,0)$ 处，$A=f_{xx}(0,0)=0,B=f_{xy}(0,0)=-3,C=f_{yy}(0,0)=0$,

故 $B^2-AC=9>0$.

因此点 $(0,0)$ 不是函数的极值点 .

在驻点 $(1,1)$ 处，$A=f_{xx}(1,1)=6>0,B=f_{xy}(1,1)=-3,C=f_{yy}(1,1)=6$，故 $B^2-AC=-27<0$.

因此点 $(1,1)$ 是函数的极小值点，极小值为 $f(1,1)=-1$.

习题 9－5

求下列函数的极值：

(1) $z=xy^2-y^2+xy$；(2) $z=4(x-y)-x^2-y^2$；

(3) $f(x,y)=x^3-4x^2+2xy-y^2$.

复 习 题 九

一、单项选择题(每小题 2 分，共 10 分)

1. 设 $f(x+y,x-y)=x^2-y^2$，则 $f(x,y)$ 等于 ( )

A. x^2-y^2 B. x^2+y^2 C. xy D. $(x-y)^2$

2. $\lim\limits_{\substack{x\to+\infty\\y\to1}}\left(1+\frac{1}{x}\right)^{\frac{x^2}{x+y}}$ 等于 ( )

A. 0 B. e C. ∞ D. e^{-1}

3. 已知函数 $f(x,y)$ 在点 $(1,1)$ 处偏导数存在，且 $f_x(1,1)=1,f_y(1,1)=2$，则 $\lim\limits_{\Delta x\to0}\frac{f(1-\Delta x,1)-f(1,1)}{\Delta x}$ 等于 ( )

A. 2 B. -2 C. 1 D. -1

4. 若 $f_x(x_0,y_0)=0,f_y(x_0,y_0)=0$，则函数 $f(x,y)$ 在点 (x_0,y_0) 处 ( )

A. 连续 B. 必有极限 C. 可能有极限 D. 全微分 $dz=0$

5. 对于函数 $f(x,y)=x^2-y^2$，点 $(0,0)$ ( )

A. 是驻点而非极值点 B. 不是驻点

C. 是极小值点　　　　　　　　D. 是极大值点

二、判断题(每小题 2 分,共 10 分)

6. 设 $f(x,y)=\dfrac{y}{x+y^2}$,则 $f\left(\dfrac{y}{x},1\right)=\dfrac{y}{x+y}$.　　(　　)

7. 若二元函数 $z=f(x,y)$ 在点 $P_0(x_0,y_0)$ 处两个偏导数都存在,则它在点 $P_0(x_0,y_0)$ 处必可微.　　(　　)

8. 若二元函数 $z=f(x,y)$ 在点 $P_0(x_0,y_0)$ 处可微,则必有 $\lim\limits_{\substack{x\to x_0\\ y\to y_0}}f(x,y)=f(x_0,y_0)$.　　(　　)

9. 极限 $\lim\limits_{\substack{x\to 0\\ y\to 0}}\dfrac{\sin(2xy^2)}{xy}=0$.　　(　　)

10. 极限 $\lim\limits_{\substack{x\to 0\\ y\to 0}}\dfrac{xy}{x^2+y^2}=0$.　　(　　)

三、填空题(每小题 2 分,共 10 分)

11. 函数 $z=\dfrac{1}{\ln(2x+y)}$ 的定义域是________.

12. 极限 $\lim\limits_{\substack{x\to 1\\ y\to 1}}\dfrac{x^2-y^2}{xy-y^2}=$ ________.

13. 设二元函数 $z=2x^3y^2$,则 $\left.\dfrac{\partial z}{\partial y}\right|_{\substack{x=1\\ y=-1}}=$ ________.

14. 设 $z=x\ln y$,则 $\dfrac{\partial^2 z}{\partial y\partial x}=$ ________.

15. 已知函数 $z=\dfrac{1}{xy}$,则 $\mathrm{d}z=$ ________.

四、计算题(每小题 10 分,共 60 分)

16. 已知二元函数 $z=x\cos(xy^2)$,求 $\dfrac{\partial z}{\partial x},\dfrac{\partial z}{\partial y}$.

17. 已知二元函数 $z=\ln\dfrac{y}{x}$,求 $\dfrac{\partial^2 z}{\partial x\partial y}$.

18. 设二元函数 $z=f(x,y)$ 是由方程 $z^2y-xz^3=1$ 确定的,试求 $\dfrac{\partial z}{\partial y}$.

19. 讨论 $f(x,y)=\dfrac{x^2y}{x^4+y^2}$,当 $(x,y)\to(0,0)$ 时的极限.

20. 已知函数 $f(x,y)=\ln\sqrt{x+y^2}$,求 $\mathrm{d}f(0,1)$.

21. 设 $z=yf(xy,y)$,其中 f 具有连续的二阶偏导数,试求 z_x,z_y,z_{xx}.

五、综合题(共 10 分)

22. 求二元函数 $f(x,y)=y^3-x^2+6x-12y+5$ 的极值.

第十章　二重积分

本章提要　前面我们学习了一元函数的定积分. 本章通过计算曲顶柱体的体积,引出二重积分的概念. 然后介绍二重积分的基本性质. 最后阐述在直角坐标系下和极坐标系下二重积分的计算方法.

第一节　二重积分的概念与性质

微课:二重积分的定义与性质

一、二重积分的概念

1. 曲顶柱体的体积

在空间直角坐标系中,设 D 是 xOy 平面上的有界闭区域,$z=f(x,y)$ 是定义在 D 上的非负连续函数. 以 D 为底,曲面 $z=f(x,y)$ 为顶,从 D 的边界竖起来的垂直柱面为侧面,这样就构成了一个空间几何体(图 10-1). 这个空间几何体称为**曲顶柱体**.

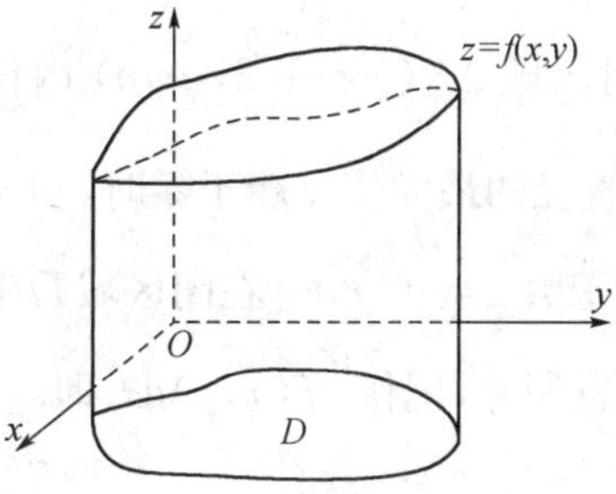

图 10-1

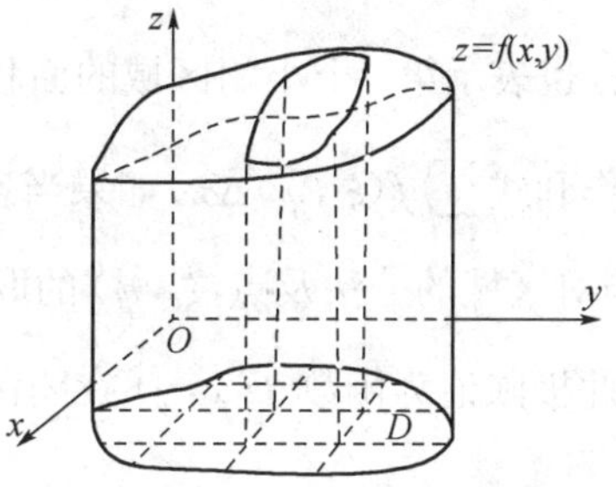

图 10-2

记该曲顶柱体的体积为 V. 为了求 V,我们分以下四个步骤进行:

(1) 分割:用任一曲线网将区域 D 分成 n 个小闭区域

$$\Delta\sigma_1, \Delta\sigma_2, \cdots, \Delta\sigma_n.$$

这样,我们就将曲顶柱体分成了 n 个小曲顶柱体,记每个以 $\Delta\sigma_i$ 为底的小曲顶柱体的体积为 ΔV_i,显然有,$V=\sum\limits_{i=1}^{n}\Delta V_i$.

为了表示方便,我们将小闭区域 $\Delta\sigma_i$ 的面积也记为 $\Delta\sigma_i$.

(2) 取近似:在每个小闭区域 $\Delta\sigma_i(i=1,2,\cdots,n)$ 内任取一点 (ξ_i,η_i),则当对区域 D 的分割很细的时候,以 $\Delta\sigma_i$ 为底的小曲边梯形的体积 ΔV_i 近似等于以 $\Delta\sigma_i$ 为底,以 $f(\xi_i,\eta_i)$ 为高的平顶柱体的体积,即

$$\Delta V_i \approx f(\xi_i,\eta_i)\Delta\sigma_i.$$

(3) 求和：显然对于曲顶柱体的体积 V，有

$$V=\sum_{i=1}^{n}\Delta V_i\approx\sum_{i=1}^{n}f(\xi_i,\eta_i)\Delta\sigma_i.$$

(4) 取极限：显然，分割越细，ΔV_i 与 $f(\xi_i,\eta_i)\Delta\sigma_i$ 之间的近似程度越高. 当分割越来越细时，V 与 $\sum\limits_{i=1}^{n}f(\xi_i,\eta_i)\cdot\Delta\sigma_i$ 之间的近似程度也越来越高. 因此，当 n 个小闭区域的**直径**(指小闭区域内任意两点间距离的最大值) 的最大值(记作 λ) 无限趋于零时，$\sum\limits_{i=1}^{n}f(\xi_i,\eta_i)$ 也无限趋向于 V，用极限表示，即

$$V=\lim_{\lambda\to 0}\sum_{i=1}^{n}f(\xi_i,\eta_i)\Delta\sigma_i.$$

在许多实际问题中，我们都会求上述和式的极限. 撇开上述问题中的几何特性，就可以抽象出二重积分的定义.

2. 二重积分的概念

定义 10-1 设二元函数 $z=f(x,y)$是定义在有界闭区域 D 上的有界函数. 将闭区域 D 任意分成 n 个小闭区域

$$\Delta\sigma_i,\Delta\sigma_2,\cdots,\Delta\sigma_n,$$

其中，$\Delta\sigma_i$ 也表示第 i 个小闭区域的面积. 在每个小闭区域 $\Delta\sigma_i(i=1,2,\cdots,n)$ 内任取一点 (ξ_i,η_i)，作和式 $\sum\limits_{i=1}^{n}f(\xi_i,\eta_i)\Delta\sigma_i$. 如果当各个小区域的直径的最大值 λ 趋于零时，和式的极限存在且与对区域的分法及点(ξ_i,η_i)的取法无关，则称函数 $z=f(x,y)$ 在闭区域 D 上是可积的，并称此极限值为函数 $f(x,y)$ 在闭区域 D 上的二重积分，记作 $\iint\limits_D f(x,y)\mathrm{d}\sigma$，即

$$\iint\limits_D f(x,y)\mathrm{d}\sigma=\lim_{\lambda\to 0}\sum_{i=1}^{n}f(\xi_i,\eta_i)\Delta\sigma_i,$$

其中，$f(x,y)$ 称为**被积函数**，$f(x,y)\mathrm{d}\sigma$ 称为**被积表达式**，$\mathrm{d}\sigma$ 称为**面积元素**，x 与 y 称为**积分变量**，D 称为**积分区域**.

若函数 $z=f(x,y)$ 在有界闭区域 D 上连续，则对于 D 的任一分割，上述和式的极限都存在，也就是说**有界闭区域上的连续函数一定可积**. 因此，我们可以用平行于坐标轴的直线网来分割 D，此时，每个小闭区域都是小矩形(边界处在分割很细时近似于小矩形). 于是，面积元素 $\Delta\sigma_i$ 可记作 $\mathrm{d}x\mathrm{d}y$，二重积分可记为 $\iint\limits_D f(x,y)\mathrm{d}x\mathrm{d}y$，即

$$\iint\limits_D f(x,y)\mathrm{d}\sigma=\iint\limits_D f(x,y)\mathrm{d}x\mathrm{d}y.$$

根据二重积分的定义，当函数 $f(x,y)$ 在有界闭区域 D 上非负连续时，上述曲顶柱体的体积

$$V=\iint_D f(x,y)\mathrm{d}\sigma=\iint_D f(x,y)\mathrm{d}x\mathrm{d}y.$$

二、二重积分的性质

二重积分与定积分有着完全类似的性质，其证明方法也类似(证明从略).

性质 10-1 被积函数中的常数因子可以提到二重积分号的外面，即

$$\iint_D kf(x,y)\mathrm{d}\sigma=k\iint_D f(x,y)\mathrm{d}\sigma.$$

性质 10-2 两个函数和(差)的积分等于积分的和(差)，即

$$\iint_D[f(x,y)\pm g(x,y)]\mathrm{d}\sigma=\iint_D f(x,y)\mathrm{d}\sigma\pm\iint_D g(x,y)\mathrm{d}\sigma.$$

性质 10-1 与性质 10-2 称为二重积分的**线性性质**，性质 10-2 可以推广到有限个函数和(差)的情形.

性质 10-3 如果区域 D 被一条曲线分成两个子区域 D_1 与 D_2，即 $D=D_1\cup D_2$，其中 D_1 与 D_2 是没有公共内点的闭区域. 则在 D 上的二重积分等于各子区域 D_1 与 D_2 上的二重积分之和，即

$$\iint_D f(x,y)\mathrm{d}\sigma=\iint_{D_1} f(x,y)\mathrm{d}\sigma+\iint_{D_2} f(x,y)\mathrm{d}\sigma.$$

该性质称为**积分区域可加性**.

性质 10-4 若在有界闭区域 D 上，$f(x,y)=1$，且 D 的面积为 σ，则有 $\iint_D \mathrm{d}\sigma=\sigma$.

性质 10-5 若在有界闭区域 D 上，$f(x,y)\geqslant 0$，则 $\iint_D f(x,y)\mathrm{d}\sigma\geqslant 0$.

推论 10-1 若在有界闭区域 D 上，$f(x,y)\leqslant g(x,y)$，则

$$\iint_D f(x,y)\mathrm{d}\sigma\leqslant\iint_D g(x,y)\mathrm{d}\sigma.$$

推论 10-2 若函数 $f(x,y)$ 在有界闭区域 D 上可积，则函数 $|f(x,y)|$ 在 D 上也可积，且

$$\left|\iint_D f(x,y)\mathrm{d}\sigma\right|\leqslant\iint_D |f(x,y)|\mathrm{d}\sigma.$$

性质 10-6(估值定理) 设 $f(x,y)$ 在有界闭区域 D 上可积，且 m 与 M 分别是 $f(x,y)$ 在 D 上的最小值与最大值，则

$$m\sigma\leqslant\iint_D f(x,y)\mathrm{d}\sigma\leqslant M\sigma,$$

其中，σ 表示有界闭区域 D 的面积.

性质 10-7(积分中值定理) 若函数 $f(x,y)$ 在有界闭区域 D 上连续，则至少存在一点

$(\xi,\eta)\in D$,使得

$$\iint_D f(x,y)\mathrm{d}\sigma = f(\xi,\eta)\sigma,$$

其中,σ 表示有界闭区域 D 的面积.

习题 10 - 1

1. 用二重积分表示由平面 $12x+8y+6z-24=0$,$x=0$,$y=0$,$z=0$ 所围成的立体的体积 V,并写出积分区域 D.

2. 计算:

(1) $\iint_D \mathrm{d}\sigma$,其中 D 是区域 $x^2+y^2\leqslant 4$;

(2) $\iint_D \sqrt{1-x^2-y^2}\mathrm{d}\sigma$,其中 D 是由 $x^2+y^2\leqslant 1$,$x\geqslant 0$,$y\geqslant 0$ 围成的闭区域.

3. 比较二重积分 $\iint_D (x+y)\mathrm{d}x\mathrm{d}y$ 与 $\iint_D \sqrt{x+y}\mathrm{d}x\mathrm{d}y$ 的大小,其中 D 是由 x 轴,y 轴以及直线 $x+y=1$ 围成的区域.

4. 利用积分估值定理估计下列积分的值:

(1) $\iint_D (x^2+y^2+1)\mathrm{d}x\mathrm{d}y$,其中 D 为 $1\leqslant x^2+y^2\leqslant 2$;

(2) $\iint_D (x+y-1)\mathrm{d}x\mathrm{d}y$,其中 D 是由直线 $x=0$,$x=1$,$y=1$,$y=2$ 围成的矩形区域.

第二节　二重积分的计算

微课:在直角坐标系下计算二重积分

一、在直角坐标系下计算二重积分

若平面区域 D 由曲线 $y=\varphi_1(x)$,$y=\varphi_2(x)$($\varphi_1(x)\leqslant\varphi_2(x)$,$\varphi_1(x)$,$\varphi_2(x)$ 在闭区间 $[a,b]$ 上连续),以及直线 $x=a$,$x=b$ 围成(如图 10 - 3),我们称区域 D 为 x -**型区域**.

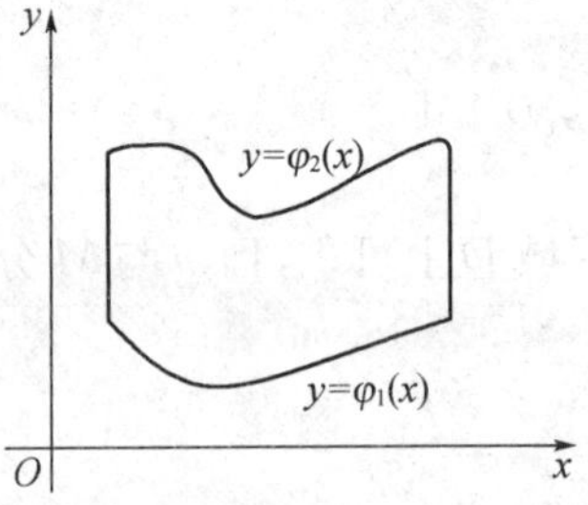

图 10 - 3

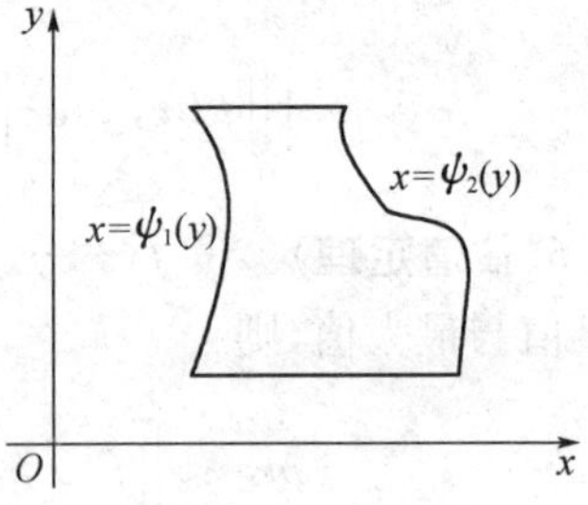

图 10 - 4

x -型区域 D 可表示为 $D=\{(x,y):\varphi_1(x)\leqslant y\leqslant\varphi_2(x),a\leqslant x\leqslant b\}$. x -型区域的特点

是任意垂直于 x 轴并穿过区域内部的直线与区域边界的交点不多于两个.

若平面区域 D 由曲线 $x=\psi_1(y)$, $x=\psi_2(y)$ ($\psi_1(y)\leqslant\psi_2(y)$, $\psi_1(y)$, $\psi_2(y)$ 在区间 $[c,d]$ 上连续),以及直线 $y=c$, $y=d$ 围成(如图 10-4),我们称区域 D 为 **y-型区域.**

显然, y-型区域 D 可表示为 $D=\{(x,y):\psi_1(y)\leqslant x\leqslant\psi_2(y), c\leqslant y\leqslant d\}$. y-型区域的特点是任意垂直于 y 轴并穿过区域内部的直线与区域边界的交点不多于两个.

下面,我们首先讨论 x-型区域上的二重积分的计算问题.

设区域 D 是 x-型区域, $f(x,y)$ 是 D 上的非负连续函数(图 10-5). 由二重积分的几何意义可知, $\iint\limits_D f(x,y)\mathrm{d}\sigma$ 等于以 D 为底,以曲面 $z=f(x,y)$ 为顶的曲顶柱体的体积 V. 在区间 $[a,b]$ 上任取一点 x(先将 x 视为一定值),过点 $(x,0,0)$ 作垂直于 x 轴的平面与曲顶柱体相截. 则截面是一个以区间 $[\varphi_1(x),\varphi_2(x)]$ 为底,以曲线 $z=f(x,y)$ 为曲边的曲边梯形(图中的阴影部分). 设其面积为 $S(x)$. 根据定积分的几何意义有

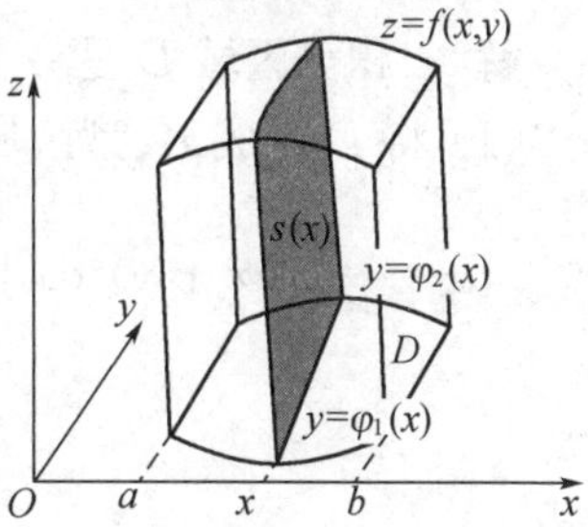

图 10-5

$$S(x)=\int_{\varphi_1(x)}^{\varphi_2(x)}f(x,y)\mathrm{d}y.$$

当平行截面面积已知时,由本书第五章第五节中介绍的微元法可知,曲顶柱体的体积

$$V=\int_a^b S(x)\mathrm{d}x=\int_a^b\left[\int_{\varphi_1(x)}^{\varphi_2(x)}f(x,y)\mathrm{d}y\right]\mathrm{d}x.$$

再由 $V=\iint\limits_D f(x,y)\mathrm{d}\sigma$ 可知:

$$\iint\limits_D f(x,y)\mathrm{d}\sigma=\int_a^b\left[\int_{\varphi_1(x)}^{\varphi_2(x)}f(x,y)\mathrm{d}y\right]\mathrm{d}x.$$

我们发现,在计算 x-型区域 D 上的二重积分时,我们先把 $f(x,y)$ 只看成关于 y 的函数,对 y 从 $\varphi_1(x)$ 到 $\varphi_2(x)$ 作一次定积分;然后再把所得的结果(关于 x 的函数)从 a 到 b 上作第二次定积分. 这种连续两次求定积分被称为**二次积分**(或**累次积分**). 为了简便,上式常写为

$$\iint\limits_D f(x,y)\mathrm{d}x\mathrm{d}y=\int_a^b\mathrm{d}x\int_{\varphi_1(x)}^{\varphi_2(x)}f(x,y)\mathrm{d}y. \quad (10-1)$$

类似地,当积分区域 D 是一个 y-型区域, $f(x,y)$ 在 D 上连续时, $f(x,y)$ 在 D 上的定积分为

$$\iint\limits_D f(x,y)\mathrm{d}x\mathrm{d}y=\int_c^d\mathrm{d}y\int_{\psi_1(y)}^{\psi_2(y)}f(x,y)\mathrm{d}x. \quad (10-2)$$

如果积分区域 D 既是 x-型区域,又是 y-型区域,这时 D 上的二重积分,既可以用公式(10-1)计算,又可以用公式(10-2)计算.

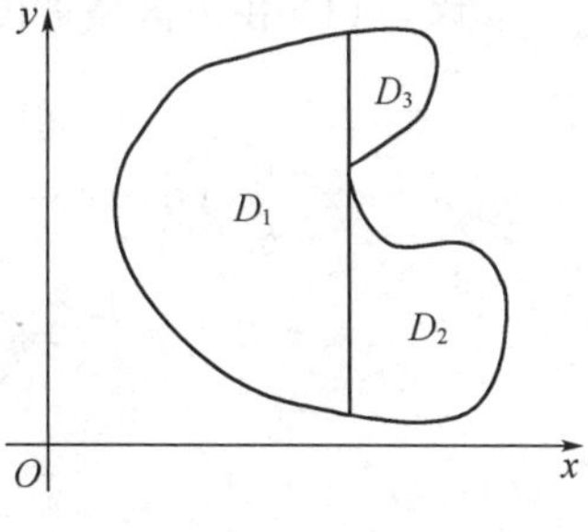

图 10-6

如果积分区域 D 既不是 x-型区域,也不是 y-型区域(如

图 10-6),这时可以先将区域 D 划分为若干小区域,使每个小区域是 x-型区域或 y-型区域. 从而可以根据公式计算出每个小区域上的积分,根据二重积分的区域可加性,将每个小区域上的积分作和,便得到 D 上的积分.

【例 10.2.1】 计算 $\iint\limits_D (x+y)^2 \mathrm{d}x\mathrm{d}y$,其中 D 是由 x 轴,y 轴及直线 $x+y=1$ 所围成的闭区域.

解 积分区域 D 是一个三角形(图 10-7),既是 x-型区域,又是 y-型区域.

(1) 将 D 看成 x-型区域,先对 y 积分再对 x 积分,得

$$\begin{aligned}\iint\limits_D (x+y)^2 \mathrm{d}x\mathrm{d}y &= \int_0^1 \mathrm{d}x \int_0^{-x+1} (x+y)^2 \mathrm{d}y \\ &= \int_0^1 \left[\frac{1}{3}(x+y)^3 \Big|_0^{-x+1}\right] \mathrm{d}x \\ &= \int_0^1 \left(\frac{1}{3} - \frac{1}{3}x^3\right) \mathrm{d}x \\ &= \left[\frac{1}{3}x - \frac{1}{12}x^4\right]\Big|_0^1 \\ &= \frac{1}{4}.\end{aligned}$$

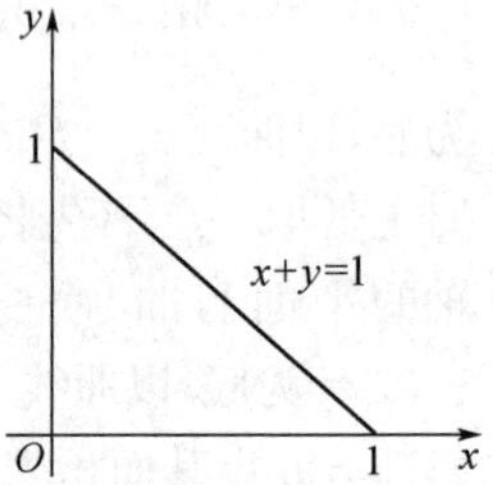

图 10-7

(2) 将 D 看成 y-型区域,先对 x 积分再对 y 积分,得

$$\begin{aligned}\iint\limits_D (x+y)^2 \mathrm{d}x\mathrm{d}y &= \int_0^1 \mathrm{d}y \int_0^{-y+1} (x+y)^2 \, \mathrm{d}x \\ &= \int_0^1 \left[\frac{1}{3}(x+y)^2 \Big|_0^{-y+1}\right] \mathrm{d}y \\ &= \int_0^1 \left(\frac{1}{3} - \frac{1}{3}y^3\right) \mathrm{d}y \\ &= \left[\frac{1}{3}y - \frac{1}{12}y^4\right]\Big|_0^1 \\ &= \frac{1}{4}.\end{aligned}$$

【例 10.2.2】 计算 $\iint\limits_D xy \mathrm{d}x\mathrm{d}y$,其中 D 是由抛物线 $y^2=x$ 以及直线 $y=x-2$ 所围成的闭区域.

解 (1) 积分区域如图 10-8 所示,则 D 是一个 y-型区域.

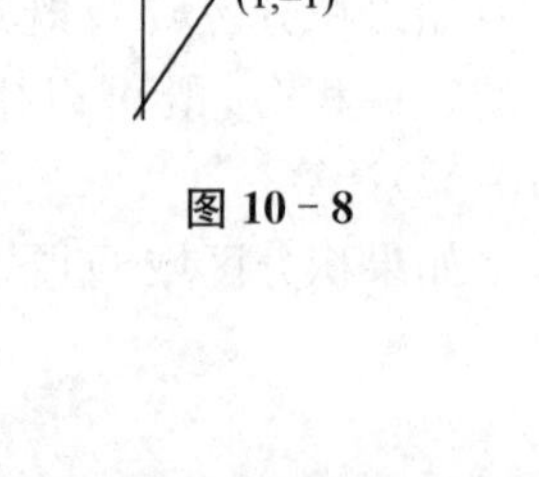

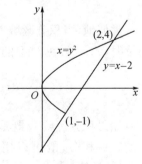

图 10-8

$$\begin{aligned}\iint\limits_D xy \mathrm{d}x\mathrm{d}y &= \int_{-1}^2 \mathrm{d}y \int_{y^2}^{y+2} xy \mathrm{d}x \\ &= \int_{-1}^2 \left[\frac{1}{2}x^2 y\right]\Big|_{y^2}^{y+2} \mathrm{d}y \\ &= \frac{1}{2}\int_{-1}^2 [y(y+2)^2 - y^5] \mathrm{d}y\end{aligned}$$

$$=\frac{45}{8};$$

(2) 将区域 D 分成 D_1 与 D_2 两个小区域如,图 10-9,可得

$$\iint_D xy\mathrm{d}x\mathrm{d}y=\iint_{D_1} xy\mathrm{d}x\mathrm{d}y+\iint_{D_2} xy\mathrm{d}x\mathrm{d}y$$

$$=\int_0^1\mathrm{d}x\int_{-\sqrt{x}}^{\sqrt{x}}xy\mathrm{d}y+\int_1^4\mathrm{d}x\int_{x-2}^{\sqrt{x}}xy\mathrm{d}y$$

$$=\int_0^1\left[\frac{x}{2}y^2\right]\Bigg|_{-\sqrt{x}}^{\sqrt{x}}\mathrm{d}x+\int_1^4\left[\frac{x}{2}y^2\right]\Bigg|_{x-2}^{\sqrt{x}}\mathrm{d}y$$

$$=0+\frac{45}{8}=\frac{45}{8}.$$

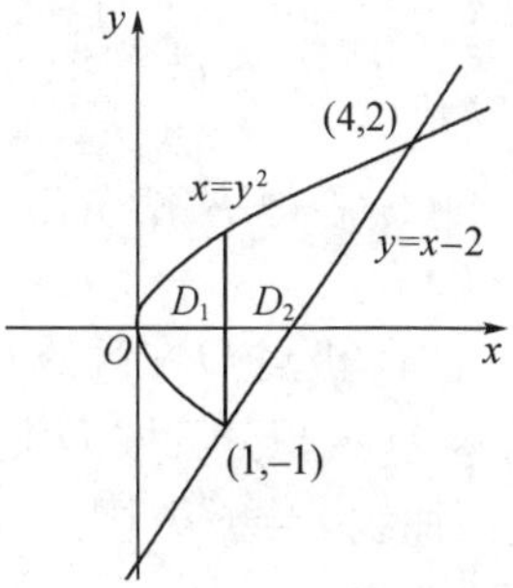

图 10-9

二、在极坐标系下计算二重积分

微课:在极坐标系下计算二重积分

某些二重积分,在直角坐标系下计算比较困难. 但是被积函数和积分区域的边界曲线用极坐标方程表示比较简单,此时我们通常利用极坐标计算这些二重积分. 下面我们研究二重积分在极坐标系下的形式.

在极坐标系下,我们通常用两组曲线 $r=r_i$ 与 $\theta=\theta_i$,即一组同心圆与一组过原点的射线,将区域 D 任意分成 n 个小区域(图 10-10). 那么,由 $r=r_i, r=r_{i+1}, \theta=\theta_i$ 与 $\theta=\theta_{i+1}$ 围成的小区域的面积 $\Delta\sigma_i$ 为

$$\Delta\sigma_i=\frac{1}{2}r_{i+1}^2(\theta_{i+1}-\theta_i)-\frac{1}{2}r_i^2(\theta_{i+1}-\theta_i)$$

$$=\frac{1}{2}(r_{i+1}+r_i)(r_{i+1}-r_i)(\theta_{i+1}-\theta_i)$$

$$\approx r_i\Delta r_i\Delta\theta_i.$$

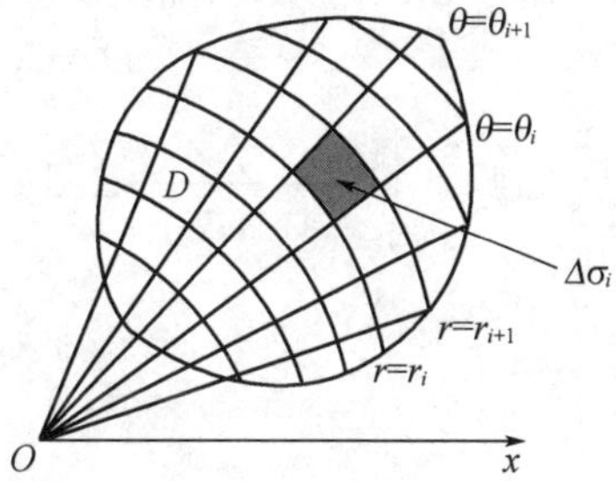

图 10-10

因此,面积元素 $\mathrm{d}\sigma$ 可表示为 $\mathrm{d}\sigma=r\mathrm{d}r\mathrm{d}\theta$,称为极坐标系中的面积元素.

再由直角坐标与极坐标的关系: $x=r\cos\theta, y=r\sin\theta$,可得

$$\iint_D f(x,y)\mathrm{d}x\mathrm{d}y=\iint_D f(x,y)\mathrm{d}\sigma=\iint_D f(r\cos\theta,r\sin\theta)r\mathrm{d}r\mathrm{d}\theta.$$

上式最右端区域 D 的边界曲线要用极坐标方程表示.

在实际计算时,与直角坐标系下的情况类似,还是化为二次积分来计算. 在化为二次积分时,通常是选择先对 r 积分,再对 θ 积分. 为了确定积分上下限,一般分下面三种情形讨论:

(1) 极点 O 在区域 D 的内部(如图 10-11)

这时,积分区域 D 是由连续曲线 $r=r(\theta)$ 围成,$D=\{r,\theta)\mid 0\leqslant r\leqslant r(\theta), 0\leqslant\theta\leqslant 2\pi\}$,那么

$$\iint_D f(r\cos\theta,r\sin\theta)r\mathrm{d}r\mathrm{d}\theta=\int_0^{2\pi}\mathrm{d}\theta\int_0^{r(\theta)}f(r\cos\theta,r\sin\theta)r\mathrm{d}r.$$

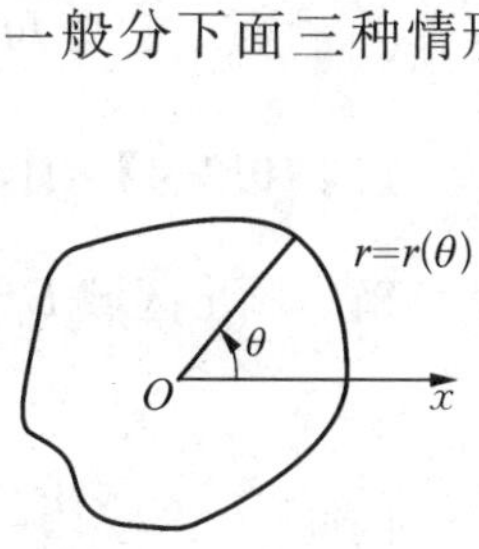

图 10-11

(2) 极点 O 在区域 D 的外部(如图 10-12)

这时，积分区域 D 是由极点出发的两条射线 $\theta=\alpha,\theta=\beta$ 和两条连续曲线 $r=r_1(\theta),r=r_2(\theta)$ 围成，$D=\{(r,\theta)\mid r_1(\theta)\leqslant r\leqslant r_2(\theta),\alpha\leqslant\theta\leqslant\beta\}$，那么

$$\iint\limits_D f(r\cos\theta,r\sin\theta)r\mathrm{d}r\mathrm{d}\theta=\int_\alpha^\beta\mathrm{d}\theta\int_{r_1(\theta)}^{r_2(\theta)}f(r\cos\theta,r\sin\theta)r\mathrm{d}r.$$

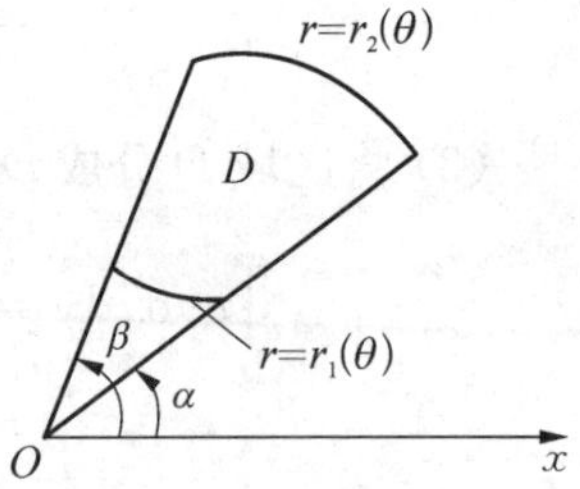

图 10-12

(3) 极点 O 在区域 D 的边界上(如图 10-13)

这时，积分区域 D 是由极点出发的两条射线 $\theta=\alpha,\theta=\beta$ 和连续曲线 $r=r(\theta)$ 围成，$D=\{(r,\theta)\mid 0\leqslant r\leqslant r_2(\theta),\alpha\leqslant\theta\leqslant\beta\}$，那么

$$\iint\limits_D f(r\cos\theta,r\sin\theta)r\mathrm{d}r\mathrm{d}\theta=\int_\alpha^\beta\mathrm{d}\theta\int_0^{r(\theta)}f(r\cos\theta,r\sin\theta)r\mathrm{d}r.$$

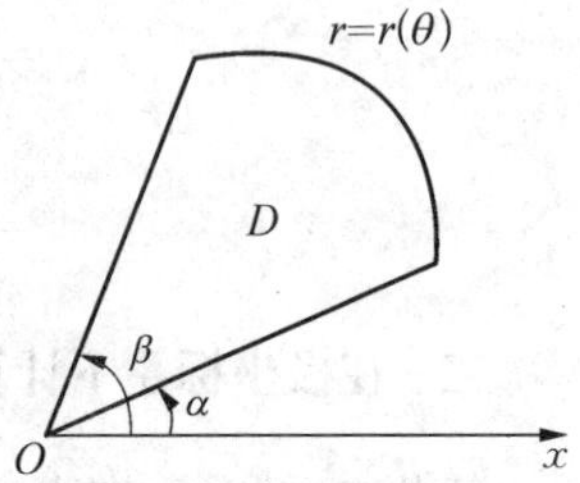

图 10-13

【例 10.2.3】 计算 $\iint\limits_D\frac{1}{1+x^2+y^2}\mathrm{d}x\mathrm{d}y$，其中区域 D 是由 $x^2+y^2\leqslant 1$ 围成的圆域.

解 画出区域 D(如图 10-14)，极点 O 在区域 D 的内部，区域 D 可表示为

$$D=\{(r,\theta)\mid 0\leqslant r\leqslant 1,0\leqslant\theta\leqslant 2\pi\},$$

因此
$$\iint\limits_D\frac{1}{1+x^2+y^2}\mathrm{d}x\mathrm{d}y=\int_0^{2\pi}\mathrm{d}\theta\int_0^1\frac{1}{1+r^2}r\mathrm{d}r=\int_0^{2\pi}\left[\frac{1}{2}\ln(1+r^2)\right]\Big|_0^1\mathrm{d}\theta$$

$$=\int_0^{2\pi}\frac{1}{2}\ln2\mathrm{d}\theta=\pi\ln2.$$

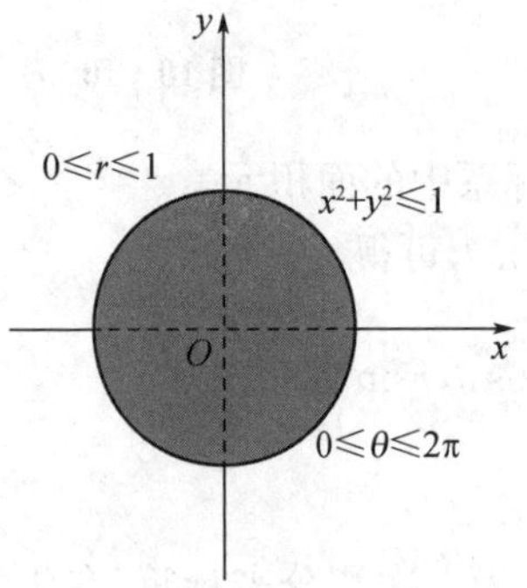

图 10-14

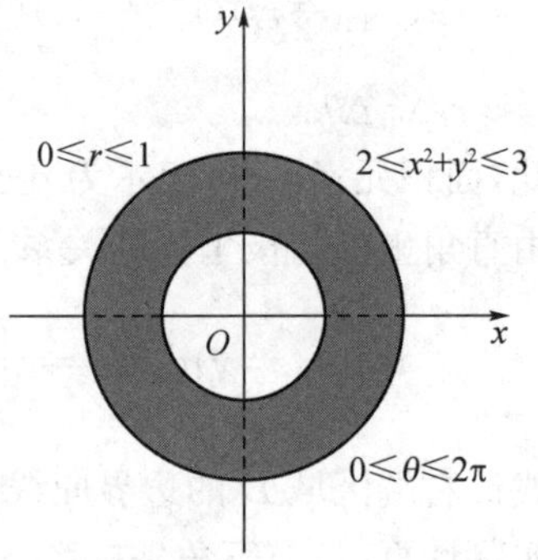

图 10-15

【例 10.2.4】 计算 $\iint\limits_D e^{-x^2-y^2}\mathrm{d}x\mathrm{d}y$，其中区域 D 是环行区域 $4\leqslant x^2+y^2\leqslant 9$.

解 画出区域 D(如图 10-15)，极点 O 在区域 D 的外部，区域 D 可表示为

$$D=\{r,\theta)\mid 2\leqslant r\leqslant 3,0\leqslant\theta\leqslant 2\pi\},$$

因此
$$\iint\limits_D e^{-x^2-y^2}\mathrm{d}x\mathrm{d}y=\int_0^{2\pi}\mathrm{d}\theta\int_2^3 e^{-r^2}r\mathrm{d}r=\int_0^{2\pi}\left[-\frac{1}{2}e^{-r^2}\right]\Big|_2^3\mathrm{d}\theta$$

$$=\int_0^{2\pi}-\frac{1}{2}(e^{-9}-e^{-4})d\theta=\pi(e^{-4}-e^{-9})$$

【例 10.2.5】 计算$\iint\limits_D\sqrt{x^2+y^2}dxdy$,其中区域 D 是区域 $x^2+y^2\leqslant 2y$.

解 画出区域 D(如图 10 - 16),极点 O 在区域 D 的边界上,区域 D 可表示为

$D=\{(r,\theta)\mid 0\leqslant r\leqslant 2\sin\theta,0\leqslant\theta\leqslant\pi\}$,

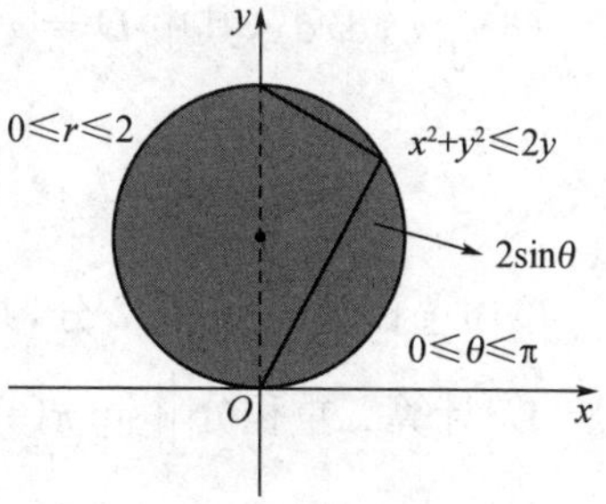

图 10 - 16

因此 $\iint\limits_D\sqrt{x^2+y^2}dxdy=\int_0^{\pi}d\theta\int_0^{2\sin\theta}r\cdot rdr$

$$=\int_0^{\pi}\left[\frac{1}{3}r^3\right]\Bigg|_0^{2\sin\theta}d\theta$$

$$=\frac{8}{3}\int_0^{\pi}\sin^3\theta d\theta=\frac{32}{9}.$$

习题 10 - 2

1. 将二重积分$\iint\limits_D f(x,y)dxdy$ 化为累次积分,其中积分区域 D 是:

(1) D 是由直线 $x=2,x=3,y=1,y=2$ 围成的矩形区域;

(2) 由曲线 $y^2=2x$ 与 $y=x$ 围成的区域.

2. 改变下列二次积分的积分次序:

(1) $\int_0^1 dx\int_x^{2x}f(x,y)dy$;

(2) $\int_{-1}^1 dxdy\int_{-\sqrt{1-x^2}}^{1-x^2}f(x,y)dy$;

(3) $\int_0^1 dx\int_{x^2}^{x}f(x,y)dy+\int_1^2 dx\int_0^{2-x}f(x,y)dy$.

3. 求平面 $2x+y+4z=4$ 与三坐标平面所围成的立体的体积.

4. 计算下列二重积分:

(1) $\iint\limits_D y^2dxdy$,其中是 D 由抛物线 $y^2=2x$ 与直线 $x=\frac{1}{2}$ 以及 x 轴所围成的第一象限的区域;

(2) $\iint\limits_D(x^2+y^2)dxdy$,其中 $D=\{(x,y)\mid 0\leqslant x\leqslant 1,\sqrt{x}\leqslant y\leqslant 2\sqrt{x}\}$;

(3) $\iint\limits_D\sqrt{x}dxdy$,其中 $D=\{(x,y)\mid x^2+y^2\leqslant x\}$;

(4) $\iint\limits_D\sin\sqrt{x^2+y^2}dxdy$,其中 $D=\{(x,y)\mid \pi^2\leqslant x^2+y^2\leqslant 4\pi^2\}$;

(5) $\iint\limits_D (x+y)\mathrm{d}x\mathrm{d}y$,其中 $D=\{(x,y)\mid x^2+y^2\leqslant 1\}$;

(6) $\iint\limits_D xy\mathrm{d}x\mathrm{d}y$,其中 $D=\{(x,y)\mid y\geqslant 0, x^2+y^2\geqslant 1, x^2+y^2-2x\leqslant 0\}$.

复习题十

一、单项选择题(每小题 2 分,共 10 分)

1. 计算二重积分 $\iint\limits_D \sin\pi(x+y)\mathrm{d}x\mathrm{d}y$,($D$ 是由 x 轴,y 轴以及直线 $x+y=1$ 围成的区域)的值 ( )

A. 为正　　B. 为负　　C. 等于 0　　D. 不能确定

2. 用二重积分表示以 $z=\sqrt{1-x^2-y^2}$ 为顶,区域 D:$\{(x,y)\mid x^2+y^2\leqslant 1\}$ 为底的曲顶柱体的体积,下列表示正确的是 ( )

A. $\iint\limits_D \sqrt{1-x^2-y^2}\mathrm{d}x\mathrm{d}y$　　B. $\sqrt{1-x^2-y^2}$

C. 等于 0　　D. 不能确定

3. 设 D 是平面区域 $\{(x,y)\mid 1\leqslant x^2+y^2\leqslant 4\}$,则 $\iint\limits_D \mathrm{d}x\mathrm{d}y$ 的值为 ( )

A. π　　B. 2π　　C. 3π　　D. 4π

4. $I=\iint\limits_D f(x,y)\mathrm{d}x\mathrm{d}y$,其中 D 是由 x 轴以及 $y=-x^2+1$ 围成的区域,则 I 等于 ( )

A. $\int_{-1}^{1}\mathrm{d}x\int_0^{-x^2+1} f(x,y)\mathrm{d}y$　　B. $\int_0^1\mathrm{d}x\int_0^{-x^2+1} f(x,y)\mathrm{d}y$

C. $\int_0^1\mathrm{d}y\int_0^{-x^2+1} f(x,y)\mathrm{d}x$　　D. $\int_0^1\mathrm{d}x\int_0^{x^2-1} f(x,y)\mathrm{d}y$

5. $\iint\limits_D \mathrm{d}x\mathrm{d}y=$(其中 D 是由 $y=x$ 与 $y=x^2$ 围成的区域) ( )

A. $\dfrac{1}{3}$　　B. $\dfrac{1}{2}$　　C. 0　　D. $\dfrac{1}{6}$

二、判断题(每小题 2 分,共 10 分)

6. 在求曲顶柱体体积时,对区域 D 的分割必须是等分. ( )

7. 在求曲顶柱体体积时,(ξ_i,η_i) 必须取为 D 的几何中心. ( )

8. $f(x,y)$ 在区域 D 上可积,则 $f(x,y)$ 区域 D 上连续. ( )

9. 交换累次积分次序 $\int_0^1\mathrm{d}x\int_x^{\sqrt{x}} f(x,y)\mathrm{d}y=\int_0^1\mathrm{d}y\int_{y^2}^{y} f(x,y)\mathrm{d}x$. ( )

10. 若 $f(x,y)$ 在区域 D 上可积,且 $D=D_1\cup D_2$,则 $\iint\limits_D f(x,y)\mathrm{d}x\mathrm{d}y=\iint\limits_{D_1} f(x,y)\mathrm{d}x\mathrm{d}y+\iint\limits_{D_2} f(x,y)\mathrm{d}x\mathrm{d}y$. ( )

三、填空题(每小题 2 分,共 10 分)

11. 交换积分次序 $\int_0^1 dx\int_2^3 f(x,y)dy=$________.

12. $\iint\limits_D dxdy=$________(其中 D 是由 x 轴, $y=x$ 以及 $y=-(x+1)^2+1$ 围成的区域).

13. $\iint\limits_D (x+2y)dxdy=$________($D$ 是由直线 $x=0, x=1, y=0$ 以及 $y=1$ 围成的矩形区域).

14. 估计二重积分 $\iint\limits_{\frac{1}{2}\leqslant x^2+y^2\leqslant\frac{3}{2}} \sin\pi(x^2+y^2)dxdy$ 的范围是________.

15. $\iint\limits_D xy^2 dxdy=$________(其中 D 是由直线 $x=0, x=1, y=-1$ 以及 $y=1$ 围成的矩形区域).

四、计算题(每小题 10 分,共 60 分)

16. $\iint\limits_D e^{-x^2}dxdy$, 其中 D 是直线 $y=x$ 与直线 $x=1$ 以及 x 轴所围成的区域.

17. $\int_0^1 dy\int_0^{y^2}\dfrac{\sin y}{y}dx$.

18. 计算 $\int_0^1 dx\int_{x^2}^{x} xydy$.

19. 计算 $\iint\limits_D x^2y^2dxdy$, 其中 D 是区域 $x^2+y^2\leqslant a^2(a>0)$ 且 $x\geqslant 0$.

20. $\iint\limits_D \dfrac{x^2}{y^2}dxdy$, 其中 D 是由 $xy=2$、$y=1+x^2$、$x=2$ 所围成.

21. 计算 $\iint\limits_D xydxdy$, 其中 D 是区域 $x^2+y^2\leqslant 1, x\geqslant 0, y\geqslant 0$.

五、综合题(共 10 分)

22. 设 $f(x)=\begin{cases}x, 0\leqslant x\leqslant 1\\ 0, \text{其他}\end{cases}$, 且 D 为 $-\infty<x<+\infty, -\infty<y<+\infty$, 计算二重积分 $\iint\limits_D f(y)f(x+y)dxdy$.

第十一章　矩阵与行列式

本章提要　在线性代数中，矩阵与行列式是两个重要的概念，它是从实际问题中抽象出来的，是研究矩阵理论和线性方程组求解理论的有力工具，它在自然科学、工程技术、经济管理等领域有着广泛的应用.本章主要介绍矩阵的概念、矩阵的运算、方阵行列式、逆矩阵与矩阵的秩等基本概念和方法.本章的内容将在第十二章中得到广泛应用.

第一节　矩阵的概念

在日常生产和生活中，我们经常会用一些数表来表示一些量或关系，看下面的例子.

【例 11.1.1】　某商场四个分场三类商品一天的营业额(万元)如下表：

营业额(万元)	第一分场	第二分场	第三分场	第四分场
第一类商品	8	6	5	1
第二类商品	4	2	3	2
第三类商品	5	7	8	3

试用一种简单直观的方法表示每一类商品在各分场的营业额.

解　如果用 $a_{ij}(i=1,2,3;j=1,2,3,4)$ 表示第 i 类商品在第 j 分场的营业额.那么，每一类商品在各分场的营业额可以简写成一个三行四列的矩形数表：

$$\begin{pmatrix} 8 & 6 & 5 & 1 \\ 4 & 2 & 3 & 2 \\ 5 & 7 & 8 & 3 \end{pmatrix}.$$

【例 11.1.2】　在实际问题中，经常会遇到这样的线性方程组：

$$\begin{cases} a_{11}x_1 + a_{12}x_2 + \cdots + a_{1n}x_n = b_1 \\ a_{21}x_1 + a_{22}x_2 + \cdots + a_{2n}x_n = b_2 \\ \qquad \vdots \\ a_{m1}x_1 + a_{m2}x_2 + \cdots + a_{mn}x_n = b_m \end{cases},$$

试写出一个与该线性方程组一一对应的数表.

解　显然该线性方程组完全由下面的数表决定

$$\begin{pmatrix} a_{11} & a_{12} & \cdots & a_{1n} & b_1 \\ a_{21} & a_{22} & \cdots & a_{2n} & b_2 \\ \vdots & \vdots & & \vdots & \vdots \\ a_{m1} & a_{m2} & \cdots & a_{mn} & b_m \end{pmatrix}.$$

在上面两个例子中我们得到了两个矩形数表，这样的矩形数表称为**矩阵**.

一、矩阵的概念

定义 11-1 由 $m\times n$ 个数 $a_{ij}(i=1,2,\cdots,m;j=1,2,\cdots,n)$ 按一定次序排成的 m 行 n 列的矩形数表

$$\begin{matrix} a_{11} & a_{12} & \cdots & a_{1n} \\ a_{21} & a_{22} & \cdots & a_{2n} \\ \vdots & \vdots & & \vdots \\ a_{m1} & a_{m2} & \cdots & a_{mn} \end{matrix}$$

为一个 m 行 n 列**矩阵**或 $m\times n$ **矩阵**，简称**矩阵**. 数 $a_{ij}(i=1,2,\cdots,m;j=1,2,\cdots,n)$ 称为该矩阵的第 i 行第 j 列元素. 习惯上矩阵外面要用圆括号或方括号表示.

我们可以用大写字母 $\boldsymbol{A},\boldsymbol{B},\boldsymbol{C}$ 等来表示矩阵，例如，

$$\boldsymbol{A}=\begin{pmatrix} a_{11} & a_{12} & \cdots & a_{1n} \\ a_{21} & a_{22} & \cdots & a_{2n} \\ \vdots & \vdots & & \vdots \\ a_{m1} & a_{m2} & \cdots & a_{mn} \end{pmatrix}.$$

有时也可简记为 $\boldsymbol{A}=(a_{ij})_{m\times n}$ 或 (a_{ij}).

如果矩阵 $\boldsymbol{A}=(a_{ij})$ 与矩阵 $\boldsymbol{B}=(b_{ij})$ 具有相同行、相同列，那么称 $\boldsymbol{A}$ 与 $\boldsymbol{B}$ 为**同型矩阵**，并且若它们的对应元素相等，即 $a_{ij}=b_{ij}(i=1,2,\cdots,m;j=1,2,\cdots,n)$，则称矩阵 $\boldsymbol{A}$ 与矩阵 $\boldsymbol{B}$ 相等，记作 $\boldsymbol{A}=\boldsymbol{B}$.

【例 11.1.3】 设 $\boldsymbol{A}=\begin{pmatrix} 3x & y-4 & 3 \\ 2 & 6 & 8 \end{pmatrix}, B=\begin{pmatrix} y & 2 & 3 \\ 2 & 6 & z \end{pmatrix}$，且 $\boldsymbol{A}=\boldsymbol{B}$，求 x,y,z.

解 因为 $\boldsymbol{A}=\boldsymbol{B}$，所以 $3x=y,y-4=2,z=8$，即 $x=2,y=6,z=8$.

二、几种特殊的矩阵

1. 零矩阵

所有元素都是零的矩阵称为**零矩阵**，记作 $\boldsymbol{O}$. 例如：$\boldsymbol{O}_{2\times 3}=\begin{pmatrix} 0 & 0 & 0 \\ 0 & 0 & 0 \end{pmatrix}$.

2. 行矩阵与列矩阵

只有一行的矩阵称为**行矩阵**，例如 $\boldsymbol{A}=(a_1 \quad a_2 \quad \cdots \quad a_n)$.

只有一列的矩阵称为**列矩阵**，例如 $\boldsymbol{B}=\begin{pmatrix} b_1 \\ b_2 \\ \vdots \\ b_n \end{pmatrix}$.

3. 方阵

行数与列数相等，且都为 n 的矩阵，称为 n **阶方阵**，记作 $\boldsymbol{A}_n$，即

$$A_n=\begin{pmatrix}a_{11}&a_{12}&\cdots&a_{1n}\\a_{21}&a_{22}&\cdots&a_{2n}\\\vdots&\vdots&&\vdots\\a_{n1}&a_{n2}&\cdots&a_{nn}\end{pmatrix}.$$

方阵 A_n 中,从左上角到右下角的连线称为**主对角线**.

4. 对称矩阵

满足条件 $a_{ij}=a_{ji}(i,j=1,2,\cdots,n)$ 的方阵 $A_n=(a_{ij})_{n\times n}$ 称为**对称矩阵**. 对称矩阵的特点是它的元素以主对角线为对称轴对应相等. 例如,

$$\begin{pmatrix}1&2&4&7\\2&-1&-3&1\\4&-3&2&0\\7&1&0&3\end{pmatrix}.$$

5. 上(下)三角矩阵

主对角线下方的元素都是零的方阵称为**上三角矩阵**,一般形式为

$$A_n=\begin{pmatrix}a_{11}&a_{12}&\cdots&a_{1n}\\0&a_{22}&\cdots&a_{2n}\\\vdots&\vdots&&\vdots\\0&0&\cdots&a_{nn}\end{pmatrix}.$$

主对角线上方的元素都是零的方阵称为**下三角矩阵**,一般形式为

$$A_n=\begin{pmatrix}a_{11}&0&\cdots&0\\a_{21}&a_{22}&\cdots&0\\\vdots&\vdots&&\vdots\\a_{n1}&a_{n2}&\cdots&a_{nn}\end{pmatrix}.$$

6. 对角矩阵

主对角线以外的元素都是零的 n 阶方阵称为 **n 阶对角矩阵**,一般形式为

$$A_n=\begin{pmatrix}a_{11}&0&\cdots&0\\0&a_{22}&\cdots&0\\\vdots&\vdots&&\vdots\\0&0&\cdots&a_{nn}\end{pmatrix}.$$

其中对角线上元素是 $a_{ii}(i=1,2,\cdots,n)$.

7. 数量矩阵

主对角线元素都相等的 n 阶对角矩阵称为 **n 阶数量矩阵**,一般形式为

$$A_n=\begin{pmatrix}a&0&\cdots&0\\0&a&\cdots&0\\\vdots&\vdots&&\vdots\\0&0&\cdots&a\end{pmatrix}.$$

8. 单位矩阵

主对角线上的元素都是 1 的 n 阶对角矩阵称为 n **阶单位矩阵**，记为 $\boldsymbol{E}_n$，在阶数不致混淆时，简记为 $\boldsymbol{E}$，即

$$\boldsymbol{E}=\begin{pmatrix}1&0&\cdots&0\\0&1&\cdots&0\\\vdots&\vdots&&\vdots\\0&0&\cdots&1\end{pmatrix}.$$

习题 11-1

1. 已知 $\boldsymbol{A}=(a_{ij})_{2\times3}=\begin{pmatrix}1&2&3\\0&-4&-5\end{pmatrix}$，求元素 a_{23}.

2. 已知矩阵 $\boldsymbol{A}_{m\times4}$，$\boldsymbol{B}_{5\times n}$ 是同型矩阵，求 $m\cdot n$.

3. 写出三阶单位矩阵 $\boldsymbol{E}_3$.

4. 设矩阵 $\boldsymbol{A}=\begin{pmatrix}-2&m\\n&0\\6&-3\end{pmatrix}$，$\boldsymbol{B}=\begin{pmatrix}-2&1\\3&0\\6&p\end{pmatrix}$，满足 $\boldsymbol{A}=\boldsymbol{B}$，求 $m+n+p$.

第二节　矩阵的运算

本节将讨论矩阵的一些运算及其运算规律.

一、矩阵的加减法

定义 11-2　两个同型矩阵 $\boldsymbol{A}=(a_{ij})_{m\times n}$，$\boldsymbol{B}=(b_{ij})_{m\times n}$ 的对应元素相加(或相减)得到的 $m\times n$ 矩阵，称为矩阵 $\boldsymbol{A}$ 与 $\boldsymbol{B}$ 的和(或差)，记为 $\boldsymbol{A}\pm\boldsymbol{B}$，即

$$\boldsymbol{A}\pm\boldsymbol{B}=(a_{ij})_{m\times n}\pm(b_{ij})_{m\times n}=(a_{ij}\pm b_{ij})_{m\times n}.$$

【例 11.2.1】　设 $\boldsymbol{A}=\begin{pmatrix}1&0&-1\\2&3&3\\-2&3&5\end{pmatrix}$，$\boldsymbol{B}=\begin{pmatrix}-2&1&0\\3&7&3\\-1&1&2\end{pmatrix}$，求 $\boldsymbol{A}+\boldsymbol{B}$ 与 $\boldsymbol{A}-\boldsymbol{B}$.

解

$$\boldsymbol{A}+\boldsymbol{B}=\begin{pmatrix}1+(-2)&0+1&-1+0\\2+3&3+7&3+3\\-2+(-1)&3+1&5+2\end{pmatrix}=\begin{pmatrix}-1&1&-1\\5&10&6\\-3&4&7\end{pmatrix};$$

$$\boldsymbol{A}-\boldsymbol{B}=\begin{pmatrix}1-(-2)&0-1&-1-0\\2-3&3-7&3-3\\-2-(-1)&3-1&5-2\end{pmatrix}=\begin{pmatrix}3&-1&-1\\-1&-4&0\\-1&2&3\end{pmatrix}.$$

注意　只有两个矩阵为同型矩阵时，它们才能相加减.

矩阵的加法满足下列运算规律(设 $\boldsymbol{A}$，$\boldsymbol{B}$，$\boldsymbol{C}$，$\boldsymbol{O}$ 都是 $m\times n$ 矩阵)：

(1) 交换律：$\boldsymbol{A}+\boldsymbol{B}=\boldsymbol{B}+\boldsymbol{A}$;

(2) 结合律：$(\boldsymbol{A}+\boldsymbol{B})+\boldsymbol{C}=\boldsymbol{A}+(\boldsymbol{B}+\boldsymbol{C})$;

(3) 零矩阵满足：$\boldsymbol{A}+\boldsymbol{O}=\boldsymbol{O}+\boldsymbol{A}=\boldsymbol{A}$.

(4) 存在矩阵$-\boldsymbol{A}$，满足：$\boldsymbol{A}+(-\boldsymbol{A})=\boldsymbol{A}+(-\boldsymbol{A})=\boldsymbol{O}$.

二、矩阵的数乘

定义 11-3 以实数 k 乘矩阵 $\boldsymbol{A}=(a_{ij})_{m\times n}$ 的每一个元素所得的矩阵，称为实数 k 与矩阵 $\boldsymbol{A}$ 的数乘矩阵，记为 $k\boldsymbol{A}$，即

$$k\boldsymbol{A}=(ka_{ij})_{m\times n}=\begin{pmatrix} ka_{11} & ka_{12} & \cdots & ka_{1n} \\ ka_{21} & ka_{22} & \cdots & ka_{2n} \\ \vdots & \vdots & & \vdots \\ ka_{m1} & ka_{m2} & \cdots & ka_{mn} \end{pmatrix}.$$

【例 11.2.2】 设 $\boldsymbol{A}=\begin{pmatrix} -1 & 4 & 3 \\ 5 & 2 & 5 \\ 1 & 0 & -3 \\ 2 & -1 & 3 \end{pmatrix}$，求 $5\boldsymbol{A}$.

解 $$5\boldsymbol{A}=\begin{pmatrix} 5\times(-1) & 5\times 4 & 5\times 3 \\ 5\times 5 & 5\times 2 & 5\times 5 \\ 5\times 1 & 5\times 0 & 5\times(-3) \\ 5\times 2 & 5\times(-1) & 5\times 3 \end{pmatrix}=\begin{pmatrix} -5 & 20 & 15 \\ 25 & 10 & 25 \\ 5 & 0 & -15 \\ 10 & -5 & 15 \end{pmatrix}.$$

矩阵数乘满足下列运算规律（设 $\boldsymbol{A},\boldsymbol{B}$ 都是 $m\times n$ 矩阵，k,l 是任意实数）：

(1) 结合律：$k(l\boldsymbol{A})=(kl)\boldsymbol{A}$;

(2) 分配律：$k(\boldsymbol{A}+\boldsymbol{B})=k\boldsymbol{A}+k\boldsymbol{B},(k+l)\boldsymbol{A}=k\boldsymbol{A}+l\boldsymbol{A}$;

(3) 数 1 与矩阵满足：$1\boldsymbol{A}=\boldsymbol{A}$.

【例 11.2.3】 设矩阵 $\boldsymbol{X}$ 满足 $\begin{pmatrix} -1 & 2 & 5 \\ 0 & 1 & 2 \end{pmatrix}+2\boldsymbol{X}=3\begin{pmatrix} 5 & 0 & -1 \\ 4 & 7 & 2 \end{pmatrix}$，求 $\boldsymbol{X}$.

解 $$2\boldsymbol{X}=3\begin{pmatrix} 5 & 0 & -1 \\ 4 & 7 & 2 \end{pmatrix}-\begin{pmatrix} -1 & 2 & 5 \\ 0 & 1 & 2 \end{pmatrix}=\begin{pmatrix} 16 & -2 & -8 \\ 12 & 20 & 4 \end{pmatrix},$$

所以 $$\boldsymbol{X}=\frac{1}{2}\begin{pmatrix} 16 & -2 & -8 \\ 12 & 20 & 4 \end{pmatrix}=\begin{pmatrix} 8 & -1 & -4 \\ 6 & 10 & 2 \end{pmatrix}.$$

三、矩阵的乘法

我们先来看一个实例.

【例 11.2.4】 某地区有甲、乙、丙三个工厂生产Ⅰ、Ⅱ、Ⅲ、Ⅳ四种产品，矩阵 $\boldsymbol{A}$ 表示一年中各工厂生产这些产品的数量，矩阵 $\boldsymbol{B}$ 表示各种产品的单位价格和单位利润（如下）：

$$A=\begin{pmatrix}70&80&60&90\\80&100&70&80\\90&80&70&90\end{pmatrix}\begin{matrix}甲\\乙,\\丙\end{matrix}\qquad B=\begin{pmatrix}6&1\\8&2\\10&4\\5&1\end{pmatrix},$$

Ⅰ　Ⅱ　Ⅲ　Ⅳ　　　　价格　利润

用矩阵$C=(c_{ij})$来表示各个企业的总收入和总利润.

解　$c_{11}=70\times6+80\times8+60\times10+90\times5=2110$(甲企业的总收入),

$c_{21}=80\times6+100\times8+70\times10+80\times5=2380$(乙企业的总收入),

$c_{31}=90\times6+80\times8+70\times10+90\times5=2330$(丙企业的总收入),

$c_{12}=70\times1+80\times2+60\times4+90\times1=560$(甲企业的总利润),

$c_{22}=80\times1+100\times2+70\times4+80\times1=640$(乙企业的总利润),

$c_{32}=90\times1+80\times2+70\times4+90\times1=620$(丙企业的总利润),

$$C=(c_{ij})_{3\times2}=\begin{pmatrix}2110&560\\2380&640\\2330&620\end{pmatrix}.$$

不难看出,矩阵C中元素c_{11}正好是矩阵A的第一行与矩阵B的第一列对应元素乘积之和,依次类推.

定义 11-4　矩阵$A=(a_{ij})_{m\times s}$,$B=(b_{ij})_{s\times n}$,则A与B的乘积为一个新的矩阵,记作AB,即$AB=(c_{ij})_{m\times n}$,其中

$$c_{ij}=a_{i1}b_{1j}+a_{i2}b_{2j}+\cdots+a_{is}b_{sj}=\sum_{k=1}^{s}a_{ik}b_{kj}\quad(i=1,2,\cdots,m;j=1,2,\cdots,n)$$

注意　(1) 矩阵的相乘条件:左矩阵的列数等于右矩阵的行数时,两个矩阵才能相乘;

(2) 矩阵的相乘法则:积矩阵中第i行第j列的元素等于左矩阵的第i行元素与右矩阵的第j列对应元素乘积之和;

(3) 矩阵的相乘结果:积矩阵的行数等于左矩阵的行数,积矩阵的列数等于右矩阵的列数.

【例 11.2.5】　已知$A=\begin{pmatrix}4&3\\2&1\end{pmatrix}$,$B=\begin{pmatrix}5&3&1\\4&1&-1\end{pmatrix}$,求$AB$.

解　$AB=\begin{pmatrix}4&3\\2&1\end{pmatrix}\begin{pmatrix}5&3&1\\4&1&-1\end{pmatrix}$

$$=\begin{pmatrix}4\times5+3\times4&4\times3+3\times1&4\times1+3\times(-1)\\2\times5+1\times4&2\times3+1\times1&2\times1+1\times(-1)\end{pmatrix}=\begin{pmatrix}32&15&1\\14&7&1\end{pmatrix}.$$

矩阵乘法一般不满足交换律,即$AB\neq BA$.如上例AB有意义,但BA却无意义.

【例 11.2.6】　设$A=\begin{pmatrix}-2&4\\1&-2\end{pmatrix}$,$B=\begin{pmatrix}2&4\\-3&-6\end{pmatrix}$求$AB$,$BA$.

解　AB 与 BA 都有意义，$AB=\begin{pmatrix}-16 & -32\\ 8 & 16\end{pmatrix}$，$BA=\begin{pmatrix}0 & 0\\ 0 & 0\end{pmatrix}$.

由本例知，虽然 $B,A\neq O$，但 $BA=O$. 因此，在矩阵乘法中虽然 $BA=O$，但并不能得到 $B=O$ 或 $A=O$.

矩阵乘法一般不满足消去律，即 $AB=CB$ 不一定有 $A=C$.

例如：$\begin{pmatrix}1 & -1\\ -1 & 1\\ 1 & -1\end{pmatrix}\begin{pmatrix}2 & 1\\ 0 & 1\end{pmatrix}=\begin{pmatrix}1 & -1\\ -1 & 1\\ 1 & -1\end{pmatrix}\begin{pmatrix}1 & 1\\ -1 & 1\end{pmatrix}=\begin{pmatrix}2 & 0\\ -2 & 0\\ 2 & 0\end{pmatrix}$，但 $\begin{pmatrix}2 & 1\\ 0 & 1\end{pmatrix}\neq\begin{pmatrix}1 & 1\\ -1 & 1\end{pmatrix}$.

矩阵乘法满足下列运算规律.

(1) 结合律：$(AB)C=A(BC)$；

(2) 分配律：$A(B+C)=AB+AC$ 及 $(B+C)A=BA+CA$；

(3) 数乘结合律：$k(AB)=(kA)B=A(kB)$，其中 k 是一个常数.

四、方阵的幂

定义 11-5　设 A 为 n 阶方阵，k 是正整数，把 k 个 A 的连乘积称为方阵 A 的 k 次幂，记作 A^k 即 $A^k=\underbrace{AA\cdots A}_{k\text{个}}$.

当 n,l 都是正整数时，由矩阵乘法结合律，可得

$$A^kA^l=A^{k+l};\quad (A^k)^l=A^{kl}.$$

规定 $A^0=E,A^1=A$.

【例 11.2.7】　求 $\begin{pmatrix}1 & 1\\ 0 & 1\end{pmatrix}^k$（$k$ 是正整数）.

解　因为

$$\begin{pmatrix}1 & 1\\ 0 & 1\end{pmatrix}^2=\begin{pmatrix}1 & 1\\ 0 & 1\end{pmatrix}\begin{pmatrix}1 & 1\\ 0 & 1\end{pmatrix}=\begin{pmatrix}1 & 2\\ 0 & 1\end{pmatrix},\begin{pmatrix}1 & 1\\ 0 & 1\end{pmatrix}^3=\begin{pmatrix}1 & 1\\ 0 & 1\end{pmatrix}^2\begin{pmatrix}1 & 1\\ 0 & 1\end{pmatrix}=\begin{pmatrix}1 & 3\\ 0 & 1\end{pmatrix},$$

依次类推，可得 $\begin{pmatrix}1 & 1\\ 0 & 1\end{pmatrix}^k=\begin{pmatrix}1 & k\\ 0 & 1\end{pmatrix}$.

五、矩阵的转置

定义 11-6　把 $m\times n$ 矩阵 A 的行与列互换，所得的 $n\times m$ 矩阵称为 A 的转置矩阵，记为 A^{T}.

例如：$A=\begin{pmatrix}1 & -1 & 3\\ 2 & 0 & 1\end{pmatrix}$，则 $A^{\mathrm{T}}=\begin{pmatrix}1 & 2\\ -1 & 0\\ 3 & 1\end{pmatrix}$.

显然，方阵 A 是对称矩阵的充要条件是 $A=A^{\mathrm{T}}$.

【例 11.2.8】　设 $A=\begin{pmatrix}1 & 2\\ -1 & 0\\ 0 & 3\end{pmatrix}$，$B=\begin{pmatrix}1 & 1 & 0\\ -1 & 0 & 1\end{pmatrix}$，求 $(AB)^{\mathrm{T}},A^{\mathrm{T}},B^{\mathrm{T}},B^{\mathrm{T}}A^{\mathrm{T}}$.

解 $AB=\begin{pmatrix}1&2\\-1&0\\0&3\end{pmatrix}\begin{pmatrix}1&1&0\\-1&0&1\end{pmatrix}=\begin{pmatrix}-1&1&2\\-1&-1&0\\-3&0&3\end{pmatrix}$，$(AB)^{\mathrm{T}}=\begin{pmatrix}-1&-1&-3\\1&-1&0\\2&0&3\end{pmatrix}$，

$A^{\mathrm{T}}=\begin{pmatrix}1&-1&0\\2&0&3\end{pmatrix}$，$B^{\mathrm{T}}=\begin{pmatrix}1&-1\\1&0\\0&1\end{pmatrix}$，$B^{\mathrm{T}}A^{\mathrm{T}}=\begin{pmatrix}-1&-1&-3\\1&-1&0\\2&0&3\end{pmatrix}$.

一般地，矩阵的转置满足以下运算规律：

(1) $(A^{\mathrm{T}})^{\mathrm{T}}=A$；

(2) $(A+B)^{\mathrm{T}}=A^{\mathrm{T}}+B^{\mathrm{T}}$；

(3) $(kA)^{\mathrm{T}}=kA^{\mathrm{T}}$（$k$ 为实数）；

(4) $(AB)^{\mathrm{T}}=B^{\mathrm{T}}A^{\mathrm{T}}$.

六、矩阵的初等变换

定义 11－7 对矩阵进行下列三种变换，称为矩阵的**初等行变换**（本书仅仅讨论矩阵的初等行变换）：

(1) 对换矩阵某两行（**对换变换**）；

(2) 用一个非零数 k 乘矩阵某一行所有元素（**倍乘变换**）；

(3) 把矩阵某一行的 k 倍加到另一行上（**倍加变换**）.

矩阵 A 经过初等行变换后变为矩阵 B，用 $A\to B$ 表示，并称矩阵 B 与 A 是**等价**的.

对换矩阵某两行，如对换第 2 行和第 3 行，记为(②，③)；用一个非零数 k 乘矩阵某一行所有元素，如 k 倍乘矩阵的第 3 行，记为 k③；把矩阵某一行的 k 倍加到另一行上，如把矩阵的第 1 行倍乘 k 加到第 3 行，记为 ③＋k①.

【例 11.2.9】 利用矩阵的初等行变换，将 $A=\begin{pmatrix}1&2&3\\-2&1&0\\1&1&4\end{pmatrix}$ 化为上三角矩阵.

解 $A=\begin{pmatrix}1&2&3\\-2&1&0\\1&1&4\end{pmatrix}\xrightarrow[\text{③}+(-1)\text{①}]{\text{②}+2\text{①}}\begin{pmatrix}1&2&3\\0&5&6\\0&-1&1\end{pmatrix}\xrightarrow{(\text{②},\text{③})}\begin{pmatrix}1&2&3\\0&-1&1\\0&5&6\end{pmatrix}\xrightarrow{\text{③}+5\text{②}}$

$\begin{pmatrix}1&2&3\\0&-1&1\\0&0&11\end{pmatrix}$.

定义 11－8 由单位矩阵 E 经过一次初等行变换得到的矩阵称为**初等矩阵**.

定理 11－1 设 A 为 $m\times n$ 矩阵，则对 A 施行某种初等行变换得到的矩阵，等于用同种 m 阶初等矩阵左乘 A.

例如，$A=\begin{pmatrix}1&2&3\\4&5&6\\7&8&9\end{pmatrix}$

(1) $\begin{pmatrix}1&2&3\\4&5&6\\7&8&9\end{pmatrix}\xrightarrow{(①,②)}\begin{pmatrix}4&5&6\\1&2&3\\7&8&9\end{pmatrix}$,而$\begin{pmatrix}0&1&0\\1&0&0\\0&0&1\end{pmatrix}\begin{pmatrix}1&2&3\\4&5&6\\7&8&9\end{pmatrix}=\begin{pmatrix}4&5&6\\1&2&3\\7&8&9\end{pmatrix}$;

(2) $\begin{pmatrix}1&2&3\\4&5&6\\7&8&9\end{pmatrix}\xrightarrow{k②}\begin{pmatrix}1&2&3\\4k&5k&6k\\7&8&9\end{pmatrix}$,而$\begin{pmatrix}1&0&0\\0&k&0\\0&0&1\end{pmatrix}\begin{pmatrix}1&2&3\\4&5&6\\7&8&9\end{pmatrix}=\begin{pmatrix}1&2&3\\4k&5k&6k\\7&8&9\end{pmatrix}$;

(3) $\begin{pmatrix}1&2&3\\4&5&6\\7&8&9\end{pmatrix}\xrightarrow{②+k①}\begin{pmatrix}1&2&3\\4+k&5+2k&6+3k\\7&8&9\end{pmatrix}$,而$\begin{pmatrix}1&0&0\\k&1&0\\0&0&1\end{pmatrix}\begin{pmatrix}1&2&3\\4&5&6\\7&8&9\end{pmatrix}=$

$\begin{pmatrix}1&2&3\\4+k&5+2k&6+3k\\7&8&9\end{pmatrix}$.

习题 11－2

1. 设 $\boldsymbol{A}=\begin{pmatrix}2&-1&4\\0&3&-2\end{pmatrix}$,$\boldsymbol{B}=\begin{pmatrix}7&4&0\\-1&3&2\end{pmatrix}$.

求:(1) $\boldsymbol{A}+\boldsymbol{B}$;(2) $\boldsymbol{A}-\boldsymbol{B}$;(3) $2\boldsymbol{A}+3\boldsymbol{B}$;(4) $\frac{1}{2}\boldsymbol{B}$.

2. 已知 $2\boldsymbol{X}+3\boldsymbol{A}=\boldsymbol{B}$,且 $\boldsymbol{A}=\begin{pmatrix}1&0&-2\\3&4&5\end{pmatrix}$,$\boldsymbol{B}=\begin{pmatrix}-1&2&-3\\5&-2&0\end{pmatrix}$,求 $\boldsymbol{X}$.

3. 计算:

(1) $\begin{pmatrix}4&3&1\\1&-2&3\\5&7&0\end{pmatrix}\begin{pmatrix}7\\2\\1\end{pmatrix}$;　　(2) $\begin{pmatrix}2&-3\\1&0\end{pmatrix}\begin{pmatrix}1&2&3\\-3&4&0\end{pmatrix}$.

4. 设 $\boldsymbol{A}=\begin{pmatrix}1&-1&3\\2&1&0\\0&1&1\end{pmatrix}$,$\boldsymbol{B}=\begin{pmatrix}-1&0&1\\4&1&0\\1&0&-3\end{pmatrix}$.

求:(1) $(\boldsymbol{A}^{\mathrm{T}}\boldsymbol{B})^{\mathrm{T}}$;　(2) $\boldsymbol{A}^2$.

5. 利用矩阵的初等行变换,将 $\begin{pmatrix}1&0&-1\\2&3&1\\0&1&-2\end{pmatrix}$ 化为上三角矩阵.

第三节　方阵行列式

一、二阶和三阶行列式

1. 二阶行列式

定义 11－9　二阶方阵 $\boldsymbol{A}=\begin{pmatrix}a_{11}&a_{12}\\a_{21}&a_{22}\end{pmatrix}$ 的行列式为 $|\boldsymbol{A}|=\begin{vmatrix}a_{11}&a_{12}\\a_{21}&a_{22}\end{vmatrix}$,规定

$$\begin{vmatrix} a_{11} & a_{12} \\ a_{21} & a_{22} \end{vmatrix}=a_{11}a_{22}-a_{12}a_{21}$$，——▶主对角线 ┈▶次对角线

上面计算二阶行列式的方法称为**对角线法则**.

例如，$\begin{vmatrix} 1 & -2 \\ 3 & 4 \end{vmatrix}=1\times4-(-2)\times3=10.$

2. 三阶行列式

定义 11－10　三阶方阵 $\boldsymbol{A}=\begin{pmatrix} a_{11} & a_{12} & a_{13} \\ a_{21} & a_{22} & a_{23} \\ a_{31} & a_{32} & a_{33} \end{pmatrix}$ 的**行列式**为 $\begin{vmatrix} a_{11} & a_{12} & a_{13} \\ a_{21} & a_{22} & a_{23} \\ a_{31} & a_{32} & a_{33} \end{vmatrix}$，规定

$$\begin{vmatrix} a_{11} & a_{12} & a_{13} \\ a_{21} & a_{22} & a_{23} \\ a_{31} & a_{32} & a_{33} \end{vmatrix}=a_{11}a_{22}a_{33}+a_{12}a_{23}a_{31}+a_{13}a_{21}a_{32}-a_{11}a_{23}a_{32}-a_{12}a_{21}a_{33}-a_{13}a_{22}a_{31}.$$

上面计算三阶行列式的方法称为**对角线法则**.

【例 11.3.1】　计算三阶行列式 $|\boldsymbol{A}|=\begin{vmatrix} 1 & -4 & 2 \\ 3 & 0 & -3 \\ -2 & 4 & 5 \end{vmatrix}$.

解　$$|\boldsymbol{A}|=\begin{vmatrix} 1 & -4 & 2 \\ 3 & 0 & -3 \\ -2 & 4 & 5 \end{vmatrix}=1\times0\times5+2\times3\times4+(-4)\times(-3)\times(-2)$$

$$-2\times0\times(-2)-1\times(-3)\times4-(-4)\times3\times5=72.$$

二、n 阶方阵行列式

定义 11－11　由 n 阶方阵

$$\boldsymbol{A}=\begin{pmatrix} a_{11} & a_{12} & \cdots & a_{1n} \\ a_{21} & a_{22} & \cdots & a_{2n} \\ \vdots & \vdots & & \vdots \\ a_{n1} & a_{n2} & \cdots & a_{nn} \end{pmatrix}$$

的元素按原秩序构成的行列式，称为方阵 $\boldsymbol{A}$ 的 ***n* 阶行列式**，记作 $|\boldsymbol{A}|$. 即

$$|\boldsymbol{A}|=\begin{vmatrix} a_{11} & a_{12} & \cdots & a_{1n} \\ a_{21} & a_{22} & \cdots & a_{2n} \\ \vdots & \vdots & & \vdots \\ a_{n1} & a_{n2} & \cdots & a_{nn} \end{vmatrix}.$$

规定：当 $n=1$ 时，$|a_{11}|=a_{11}$.

为了讨论四阶及以上行列式的计算方法，我们来研究三阶行列式的特征.

$$\begin{vmatrix} a_{11} & a_{12} & a_{13} \\ a_{21} & a_{22} & a_{23} \\ a_{31} & a_{32} & a_{33} \end{vmatrix} = a_{11}a_{22}a_{33} + a_{12}a_{23}a_{31} + a_{13}a_{21}a_{32} - a_{11}a_{23}a_{32} - a_{12}a_{21}a_{33} - a_{13}a_{22}a_{31}$$

$$= a_{11}(a_{22}a_{33} - a_{23}a_{32}) + a_{12}(a_{23}a_{31} - a_{21}a_{33}) + a_{13}(a_{21}a_{32} - a_{22}a_{31})$$

$$= a_{11}\begin{vmatrix} a_{22} & a_{23} \\ a_{32} & a_{33} \end{vmatrix} - a_{12}\begin{vmatrix} a_{21} & a_{23} \\ a_{31} & a_{33} \end{vmatrix} + a_{13}\begin{vmatrix} a_{21} & a_{22} \\ a_{31} & a_{32} \end{vmatrix}$$

$$= a_{11} \times (-1)^{1+1}\begin{vmatrix} a_{22} & a_{23} \\ a_{32} & a_{33} \end{vmatrix} + a_{12} \times (-1)^{1+2}\begin{vmatrix} a_{21} & a_{23} \\ a_{31} & a_{33} \end{vmatrix} + a_{13} \times$$

$$(-1)^{1+3}\begin{vmatrix} a_{21} & a_{22} \\ a_{31} & a_{32} \end{vmatrix}.$$

定义 11－12 由 n 阶方阵行列式 $|\boldsymbol{A}| = |a_{ij}|_{n\times n}$ 中去掉元素 a_{ij} 所在的行和列，余下的元素仍按原秩序构成的 $n-1$ 阶方阵行列式，称为元素 a_{ij} 的**余子式**，记作 M_{ij}. 把 $A_{ij} = (-1)^{i+j}M_{ij}$ 称为元素 a_{ij} 的**代数余子式**.

由此可知，三阶方阵行列式可以按如下方法计算：

$$\begin{vmatrix} a_{11} & a_{12} & a_{13} \\ a_{21} & a_{22} & a_{23} \\ a_{31} & a_{32} & a_{33} \end{vmatrix} = a_{11}A_{11} + a_{12}A_{12} + a_{13}A_{13}.$$

一般地，
$$\begin{vmatrix} a_{11} & a_{12} & \cdots & a_{1n} \\ a_{21} & a_{22} & \cdots & a_{2n} \\ \vdots & \vdots & & \vdots \\ a_{n1} & a_{n2} & \cdots & a_{nn} \end{vmatrix} = a_{i1}A_{i1} + a_{i2}A_{i2} + \cdots + a_{in}A_{in} \quad (i = 1,2,\cdots,n).$$

即方阵行列式等于某行(列)所有元素与其对应的代数余子式乘积之和(**降阶法**).

【例 11.3.2】 求方阵行列式 $|\boldsymbol{A}| = \begin{vmatrix} 1 & -4 & 2 \\ 3 & 0 & -3 \\ -2 & 4 & 5 \end{vmatrix}$ 中元素 a_{11} 的余子式和代数余子式.

解 元素 $a_{11}=1$ 的余子式和代数余子式分别为

$$M_{11} = \begin{vmatrix} 0 & -3 \\ 4 & 5 \end{vmatrix} = 12,\ A_{11} = (-1)^{1+1}M_{11} = 12.$$

【例 11.3.3】 用降阶法计算方阵行列式 $|\boldsymbol{A}| = \begin{vmatrix} 1 & -4 & 2 \\ 3 & 0 & -3 \\ -2 & 4 & 5 \end{vmatrix}$.

解 $|\boldsymbol{A}| = \begin{vmatrix} 1 & -4 & 2 \\ 3 & 0 & -3 \\ -2 & 4 & 5 \end{vmatrix} = 1 \times A_{11} + (-4) \times A_{12} + 2 \times A_{13}$，

其中，$A_{11} = 12, A_{12} = (-1)^{1+2}\begin{vmatrix} 3 & -3 \\ -2 & 5 \end{vmatrix} = -9, A_{13} = (-1)^{1+3}\begin{vmatrix} 3 & 0 \\ -2 & 4 \end{vmatrix} = 12.$

从而，$|\boldsymbol{A}|=\begin{vmatrix}1 & -4 & 2\\ 3 & 0 & -3\\ -2 & 4 & 5\end{vmatrix}=1\times 12+(-4)\times(-9)+2\times 12=72.$

【例 11.3.4】 已知四阶方阵行列式 $|\boldsymbol{A}|=\begin{vmatrix}-1 & 0 & 0 & 0\\ 8 & 9 & 0 & 0\\ 3 & 7 & 2 & 0\\ -2 & 0 & 6 & 7\end{vmatrix}$，

(1) 写出元素 a_{11} 的余子式和代数余子式；

(2) 利用降阶法计算该四阶方阵行列式.

解 (1) $M_{11}=\begin{vmatrix}9 & 0 & 0\\ 7 & 2 & 0\\ 0 & 6 & 7\end{vmatrix}=9\times 2\times 7=126, A_{11}=(-1)^{1+1}M_{11}=126.$

(2) $|\boldsymbol{A}|=(-1)\times A_{11}+0\times A_{12}+0\times A_{13}+0\times A_{14}=-1\times 9\times 2\times 7=-126.$

该行列式称为下三角行列式.一般地，n **阶下三角行列式的值等于它的主对角线上元素的乘积.**

三、方阵行列式的性质

利用降阶法计算较高阶行列式时，计算量是相当大的.为简化行列式的计算，下面给出方阵行列式的基本性质.

性质 11-1 设 $\boldsymbol{A}$ 为 n 阶方阵，则 $|\boldsymbol{A}^{\mathrm{T}}|=|\boldsymbol{A}|$.

例如，设 $\boldsymbol{A}=\begin{vmatrix}1 & 2\\ -3 & 4\end{vmatrix}$，容易看出 $|\boldsymbol{A}^{\mathrm{T}}|=|\boldsymbol{A}|=10$.

由【例 11.3.4】知，下三角行列式 $|\boldsymbol{A}|=\begin{vmatrix}a_{11} & 0 & \cdots & 0\\ a_{21} & a_{22} & \cdots & 0\\ \vdots & \vdots & & \vdots\\ a_{n1} & a_{n2} & \cdots & a_{nn}\end{vmatrix}=a_{11}a_{22}\cdots a_{nn}$，则由性质 11-1 得，上三角行列式 $|\boldsymbol{A}^{\mathrm{T}}|=\begin{vmatrix}a_{11} & a_{21} & \cdots & a_{n1}\\ 0 & a_{22} & \cdots & a_{n2}\\ \vdots & \vdots & & \vdots\\ 0 & 0 & \cdots & a_{nn}\end{vmatrix}=a_{11}a_{22}\cdots a_{nn}$.

综上，**上(下)三角行列式的值等于它的主对角线上元素的乘积.**

性质 11-2 互换行列式的两行(列)，行列式变号.

例如，

$$\begin{vmatrix}-3 & 4\\ 1 & 2\end{vmatrix}\xlongequal{(①,②)}-\begin{vmatrix}1 & 2\\ -3 & 4\end{vmatrix}=-10,$$

$$\begin{vmatrix}1 & -2 & 3\\ 4 & 5 & 2\\ 6 & 7 & 4\end{vmatrix}\xlongequal[(①,③)]{}-\begin{vmatrix}3 & -2 & 1\\ 2 & 5 & 4\\ 4 & 7 & 6\end{vmatrix}.$$

推论 11-1 若行列式有两行(列)的全部元素分别相同,则该行列式等于零.

性质 11-3 若用数 k 乘方阵行列式的某一行(列),则得到的方阵行列式等于原方阵行列式的 k 倍.

即
$$\begin{vmatrix} a_{11} & a_{12} & \cdots & a_{1n} \\ \vdots & \vdots & & \vdots \\ ka_{i1} & ka_{i2} & \cdots & ka_{in} \\ \vdots & \vdots & & \vdots \\ a_{n1} & a_{n2} & \cdots & a_{nn} \end{vmatrix} = k\begin{vmatrix} a_{11} & a_{12} & \cdots & a_{1n} \\ \vdots & \vdots & & \vdots \\ a_{i1} & a_{i2} & \cdots & a_{in} \\ \vdots & \vdots & & \vdots \\ a_{n1} & a_{n2} & \cdots & a_{nn} \end{vmatrix}.$$

推论 11-2 行列式中某一行(列)元素的公因子可以提到行列式外面.

推论 11-3 行列式中如果有两行(列)元素对应成比例,则该行列式等于零.

例如,
$$D=\begin{vmatrix} 1 & -1 & 2 \\ -3 & 3 & -6 \\ 0 & 1 & -1 \end{vmatrix} = -3\begin{vmatrix} 1 & -1 & 2 \\ 1 & -1 & 2 \\ 0 & 1 & -1 \end{vmatrix} = -3\times 0 = 0.$$

推论 11-4 若方阵行列式中有一行(列)的元素全为 0,则该行列式等于零.

性质 11-4 若行列式的某一行(列)的元素都是两数之和(如第 i 行的元素),则 D 等于下列两个行列式之和:

$$D=\begin{vmatrix} a_{11} & a_{12} & \cdots & a_{1n} \\ \vdots & \vdots & & \vdots \\ a_{i1}+b_{i1} & a_{i2}+b_{i2} & \cdots & a_{in}+b_{in} \\ \vdots & \vdots & & \vdots \\ a_{n1} & a_{n2} & \cdots & a_{nn} \end{vmatrix}, \text{则 } D=\begin{vmatrix} a_{11} & a_{12} & \cdots & a_{1n} \\ \vdots & \vdots & & \vdots \\ a_{i1} & a_{i2} & \cdots & a_{in} \\ \vdots & \vdots & & \vdots \\ a_{n1} & a_{n2} & \cdots & a_{nn} \end{vmatrix} + \begin{vmatrix} a_{11} & a_{12} & \cdots & a_{1n} \\ \vdots & \vdots & & \vdots \\ b_{i1} & b_{i2} & \cdots & b_{in} \\ \vdots & \vdots & & \vdots \\ a_{n1} & a_{n2} & \cdots & a_{nn} \end{vmatrix}.$$

【例 11.3.5】 计算行列式 $\begin{vmatrix} 201 & 198 & 301 \\ 2 & 2 & 3 \\ 1 & -2 & 1 \end{vmatrix}$.

解
$$\begin{vmatrix} 201 & 198 & 301 \\ 2 & 2 & 3 \\ 1 & -2 & 1 \end{vmatrix} = \begin{vmatrix} 200+1 & 200-2 & 300+1 \\ 2 & 2 & 3 \\ 1 & -2 & 1 \end{vmatrix}$$
$$=\begin{vmatrix} 200 & 200 & 300 \\ 2 & 2 & 3 \\ 1 & -2 & 1 \end{vmatrix} + \begin{vmatrix} 1 & -2 & 1 \\ 2 & 2 & 3 \\ 1 & -2 & 1 \end{vmatrix} = 0+0=0.$$

性质 11-5 将方阵行列式的某一行(列)的各元素乘以同一数然后加到另一行(列)对应的元素上去,行列式值不变.

例如,
$$\begin{vmatrix} 1 & 2 & 3 \\ 0 & 3 & 4 \\ 2 & -1 & 7 \end{vmatrix} \xlongequal{③+(-2)①} \begin{vmatrix} 1 & 2 & 3 \\ 0 & 3 & 4 \\ 0 & -5 & 1 \end{vmatrix} = 23,$$

$$\begin{vmatrix}1&2&3\\0&3&4\\2&-1&7\end{vmatrix}\xlongequal{③+(-3)①}\begin{vmatrix}1&2&0\\0&3&4\\2&-1&1\end{vmatrix}.$$

性质 11-6 n 阶方阵行列式 $|\boldsymbol{A}|$ 中任意一行(或一列)的元素与另一行(或另一列)元素的代数余子式乘积之和等于零. 即

$$a_{k1}A_{i1}+a_{k2}A_{i2}+\cdots+a_{kn}A_{in}=0(i\neq k).$$

设 $\boldsymbol{A}$ 是 n 阶方阵,可以得到:

(1) $|k\boldsymbol{A}|=k^n|\boldsymbol{A}|$;

(2) $|\boldsymbol{AB}|=|\boldsymbol{A}||\boldsymbol{B}|$;

(3) $|\boldsymbol{AA}^{\mathrm{T}}|=|\boldsymbol{A}^{\mathrm{T}}\boldsymbol{A}|=|\boldsymbol{A}|^2$.

四、方阵行列式的计算

微课:
化三角形法

根据方阵行列式的性质,我们介绍两种计算行列式的方法.

1. 化三角形法

由方阵行列式的性质可知,上三角行列式的值等于它的主对角线上元素的乘积. 利用行列式的性质,将行列式化为等值的上三角行列式来计算.

【例 11.3.6】 计算行列式 $\begin{vmatrix}1&-3&0&-6\\2&1&-5&1\\0&2&-1&2\\1&4&-7&6\end{vmatrix}$.

解 $\begin{vmatrix}1&-3&0&-6\\2&1&-5&1\\0&2&-1&2\\1&4&-7&6\end{vmatrix}\xlongequal[④+(-1)①]{②+(-2)①}\begin{vmatrix}1&-3&0&-6\\0&7&-5&13\\0&2&-1&2\\0&7&-7&12\end{vmatrix}$

$$\xlongequal{②+(-3)③}\begin{vmatrix}1&-3&0&-6\\0&1&-2&7\\0&2&-1&2\\0&7&-7&12\end{vmatrix}\xlongequal[④+(-7)②]{③+(-2)②}\begin{vmatrix}1&-3&0&-6\\0&1&-2&7\\0&0&3&-12\\0&0&7&-37\end{vmatrix}$$

$$=3\begin{vmatrix}1&-3&0&-6\\0&1&-2&7\\0&0&1&-4\\0&0&7&-37\end{vmatrix}\xlongequal{④+(-7)③}3\begin{vmatrix}1&-3&0&-6\\0&1&-2&7\\0&0&1&-4\\0&0&0&-9\end{vmatrix}$$

$=3\times1\times1\times1\times(-9)=-27$.

将行列式化为上三角行列式的一般步骤:

(1) a_{11} 化为 ±1(可以交换两行(列)实现);

(2) 把 a_{11} 以下的元素都化为 0(即把第一行分别乘以 $-a_{21},-a_{31},\cdots,-a_{n1}$ 加到第二,三,$\cdots$,n 行对应元素上);

(3) 从第二行开始再依次重复以上(1)(2)步,把主对角线 $a_{22},a_{33},\cdots,a_{(n-1)(n-1)}$ 以下的

元素全化为 0;

(4) 行列式等于主对角线上元素的乘积.

2. 降阶法

利用行列式的性质,先将某行(列)的元素化为尽量多的 0,然后再按该行(列)展开,来计算该行列式.

【例 11.3.7】 计算行列式 $\begin{vmatrix} 1 & -2 & -1 & -3 \\ -1 & -3 & -1 & -6 \\ -1 & 0 & 0 & -1 \\ -3 & 1 & -2 & 9 \end{vmatrix}$.

解 $\begin{vmatrix} 1 & -2 & -1 & -3 \\ -1 & -3 & -1 & -6 \\ -1 & 0 & 0 & -1 \\ -3 & 1 & -2 & 9 \end{vmatrix} \xlongequal{④+(-1)①} \begin{vmatrix} 1 & -2 & -1 & -4 \\ -1 & -3 & -1 & -5 \\ -1 & 0 & 0 & 0 \\ -3 & 1 & -2 & 12 \end{vmatrix} = a_{31}A_{31}$

$= -1\times(-1)^{3+1}\begin{vmatrix} -2 & -1 & -4 \\ -3 & -1 & -5 \\ 1 & -2 & 12 \end{vmatrix} \xlongequal[(-1)②]{(-1)①} -\begin{vmatrix} 2 & 1 & 4 \\ 3 & 1 & 5 \\ 1 & -2 & 12 \end{vmatrix} \xlongequal{(①,③)} \begin{vmatrix} 1 & -2 & 12 \\ 3 & 1 & 5 \\ 2 & 1 & 4 \end{vmatrix}$

$\xlongequal[③+(-1)②]{①+2②} \begin{vmatrix} 7 & 0 & 22 \\ 3 & 1 & 5 \\ -1 & 0 & -1 \end{vmatrix} = 1\times(-1)^{2+2}\begin{vmatrix} 7 & 22 \\ -1 & -1 \end{vmatrix} = 15.$

【例 11.3.8】 设 $\boldsymbol{A}=\begin{pmatrix} -1 & -1 & -3 \\ 0 & -1 & 0 \\ 0 & 0 & 3 \end{pmatrix}$, $\boldsymbol{B}=\begin{pmatrix} 1 & 1 & 2 \\ 0 & 2 & -5 \\ 0 & 0 & 3 \end{pmatrix}$, 求 $|\boldsymbol{A}^{\mathrm{T}}|$, $|3\boldsymbol{A}|$, $|\boldsymbol{AB}|$.

解 因为 $|\boldsymbol{A}|=\begin{vmatrix} -1 & -1 & -3 \\ 0 & -1 & 0 \\ 0 & 0 & 3 \end{vmatrix}=3$, $|\boldsymbol{B}|=\begin{vmatrix} 1 & 1 & 2 \\ 0 & 2 & -5 \\ 0 & 0 & 3 \end{vmatrix}=6$.

所以 $|\boldsymbol{A}^{\mathrm{T}}|=|\boldsymbol{A}|=3$, $|3\boldsymbol{A}|=3^3|\boldsymbol{A}|=27\times3=81$, $|\boldsymbol{AB}|=|\boldsymbol{A}|\cdot|\boldsymbol{B}|=3\times6=18$.

习题 11-3

1. 计算下列行列式:

(1) $\begin{vmatrix} 1 & 2 \\ 3 & -9 \end{vmatrix}$; (2) $\begin{vmatrix} 1 & 0 & 1 \\ 0 & -1 & 2 \\ 2 & -3 & 3 \end{vmatrix}$; (3) $\begin{vmatrix} 2 & 1 & 4 & 3 \\ 0 & -4 & 0 & 3 \\ 0 & 0 & 1 & 7 \\ 0 & 0 & 0 & 3 \end{vmatrix}$.

2. 求行列式 $\begin{vmatrix} 1 & -4 & 2 \\ 3 & 0 & -3 \\ -2 & 4 & 5 \end{vmatrix}$ 中元素 a_{21} 的余子式 M_{21} 和代数余子式 A_{21}.

3. 计算下列行列式：

(1) $\begin{vmatrix} 0 & -5 & -2 & -1 \\ -2 & 4 & 2 & 0 \\ -1 & 3 & 4 & 5 \\ 1 & -2 & 3 & -3 \end{vmatrix}$；(2) $\begin{vmatrix} 1 & -1 & 0 & 2 \\ 0 & -1 & -1 & 2 \\ 1 & -2 & 1 & 0 \\ 2 & 1 & 1 & 0 \end{vmatrix}$；(3) $\begin{vmatrix} 4 & -3 & -5 & -2 \\ 2 & 5 & 3 & 7 \\ -3 & -2 & 6 & 4 \\ 1 & 4 & -2 & -3 \end{vmatrix}$.

4. 已知三阶方阵 $\boldsymbol{A}=\begin{pmatrix} 2 & 0 & 0 \\ 5 & 1 & 0 \\ 2 & 0 & \frac{1}{4} \end{pmatrix}$，求 $|\boldsymbol{A}^T|$，$|2\boldsymbol{A}|$.

第四节　逆矩阵

一、可逆矩阵与逆矩阵

在数字运算中，我们知道，在 $a\neq 0$ 的情况下，如果满足 $a\cdot b=b\cdot a=1$，那么我们可以说 $b=a^{-1}$ 为 a 的倒数. 而且当 $a\neq 0$ 时，有 $a\cdot a^{-1}=a^{-1}\cdot a=1$.

对于一个矩阵 $\boldsymbol{A}$，是否如数字运算一样，存在类似的运算？下面先给出逆矩阵的概念.

定义 11-13　设 $\boldsymbol{A}$ 为 n 阶方阵，如果存在一个 n 阶方阵 $\boldsymbol{B}$，使得

$$\boldsymbol{AB}=\boldsymbol{BA}=\boldsymbol{E}$$

则称 $\boldsymbol{A}$ 是**可逆矩阵**，并称 $\boldsymbol{B}$ 是 $\boldsymbol{A}$ 的**逆矩阵**，记为 $\boldsymbol{B}=\boldsymbol{A}^{-1}$.

从上面定义，我们可以看出 $\boldsymbol{A}$ 与 $\boldsymbol{B}$ 的地位是平等的. 若矩阵 $\boldsymbol{A}$、$\boldsymbol{B}$ 满足 $\boldsymbol{AB}=\boldsymbol{BA}=\boldsymbol{E}$，则 $\boldsymbol{B}$ 也是可逆矩阵，并且 $\boldsymbol{A}$ 是 $\boldsymbol{B}$ 的逆矩阵，即 $\boldsymbol{B}^{-1}=\boldsymbol{A}$. 因此，满足 $\boldsymbol{AB}=\boldsymbol{BA}=\boldsymbol{E}$ 的矩阵 $\boldsymbol{A}$、$\boldsymbol{B}$ 互为逆矩阵. 即若 $\boldsymbol{AB}=\boldsymbol{E}$（或 $\boldsymbol{BA}=\boldsymbol{E}$），则 $\boldsymbol{B}=\boldsymbol{A}^{-1}$ 或 $\boldsymbol{A}=\boldsymbol{B}^{-1}$.

注意　(1) 逆矩阵是对方阵而言的；

(2) 若 $\boldsymbol{A}$ 的逆矩阵存在则必唯一.

【例 11.4.1】　设 $\boldsymbol{A}=\begin{pmatrix} 2 & -3 \\ 1 & -1 \end{pmatrix}$，$\boldsymbol{B}=\begin{pmatrix} -1 & 3 \\ -1 & 2 \end{pmatrix}$，试验证 $\boldsymbol{B}$ 是否为 $\boldsymbol{A}$ 的逆矩阵？

解　因为 $\boldsymbol{AB}=\begin{pmatrix} 2 & -3 \\ 1 & -1 \end{pmatrix}\begin{pmatrix} -1 & 3 \\ -1 & 2 \end{pmatrix}=\begin{pmatrix} 1 & 0 \\ 0 & 1 \end{pmatrix}$，$\boldsymbol{BA}=\begin{pmatrix} -1 & 3 \\ -1 & 2 \end{pmatrix}\begin{pmatrix} 2 & -3 \\ 1 & -1 \end{pmatrix}=\begin{pmatrix} 1 & 0 \\ 0 & 1 \end{pmatrix}$.

即 $\boldsymbol{AB}=\boldsymbol{BA}=\boldsymbol{E}$，所以 $\boldsymbol{B}$ 是 $\boldsymbol{A}$ 的逆矩阵.

显然，单位矩阵 $\boldsymbol{E}$ 是可逆矩阵，且 $\boldsymbol{E}^{-1}=\boldsymbol{E}$，而零矩阵是不可逆的.

可逆矩阵具有下列性质：

性质 11-7　若 $\boldsymbol{A}$ 可逆，则有 $\boldsymbol{A}^{-1}$ 亦可逆，且 $(\boldsymbol{A}^{-1})^{-1}=\boldsymbol{A}$；

性质 11-8　若 $\boldsymbol{A}$ 可逆，数 $k\neq 0$，则 $k\boldsymbol{A}$ 也可逆，且 $(k\boldsymbol{A})^{-1}=\frac{1}{k}\boldsymbol{A}^{-1}$；

性质 11-9　若 $\boldsymbol{A}$ 可逆，则 $\boldsymbol{A}^{\mathrm{T}}$ 亦可逆，且 $(\boldsymbol{A}^{\mathrm{T}})^{-1}=(\boldsymbol{A}^{-1})^{\mathrm{T}}$；

性质 11-10　若 $\boldsymbol{A}$，$\boldsymbol{B}$ 为同阶可逆方阵，则 $\boldsymbol{AB}$ 亦可逆，且 $(\boldsymbol{AB})^{-1}=\boldsymbol{B}^{-1}\boldsymbol{A}^{-1}$；

性质 11-11　若 $\boldsymbol{A}$ 可逆，则 $|\boldsymbol{A}^{-1}|=|\boldsymbol{A}|^{-1}$；

性质 11－12 初等矩阵都是可逆矩阵,且它们的逆矩阵仍是初等矩阵.

二、可逆矩阵的判别

微课:可逆矩阵的判别

定义 11－14 设 $\boldsymbol{A}_{ij}$ 是方阵 $\boldsymbol{A}=\begin{pmatrix} a_{11} & a_{12} & \cdots & a_{1n} \\ a_{21} & a_{22} & \cdots & a_{2n} \\ \vdots & \vdots & & \vdots \\ a_{n1} & a_{n2} & \cdots & a_{nn} \end{pmatrix}$ 的行列式 $|\boldsymbol{A}|$ 中元素 a_{ij} 的代数余子式,称方阵 $\begin{pmatrix} A_{11} & A_{21} & \cdots & A_{n1} \\ A_{12} & A_{22} & \cdots & A_{n2} \\ \vdots & \vdots & & \vdots \\ A_{1n} & A_{2n} & \cdots & A_{nn} \end{pmatrix}$ 为 $\boldsymbol{A}$ 的**伴随矩阵**,记为 $\boldsymbol{A}^*$.

【例 11.4.2】 求方阵 $\boldsymbol{A}=\begin{pmatrix} 1 & 2 & 3 \\ 2 & 2 & 1 \\ 3 & 4 & 3 \end{pmatrix}$ 的伴随矩阵.

解 $A_{11}=(-1)^{1+1}\begin{vmatrix} 2 & 1 \\ 4 & 3 \end{vmatrix}=2, A_{12}(-1)^{1+2}\begin{vmatrix} 2 & 1 \\ 3 & 3 \end{vmatrix}=-3, A_{13}=(-1)^{1+3}\begin{vmatrix} 2 & 2 \\ 3 & 4 \end{vmatrix}=2,$

$A_{21}=(-1)^{2+1}\begin{vmatrix} 2 & 3 \\ 4 & 3 \end{vmatrix}=6, A_{22}=(-1)^{2+2}\begin{vmatrix} 1 & 3 \\ 3 & 3 \end{vmatrix}=-6, A_{23}=(-1)^{2+3}\begin{vmatrix} 1 & 2 \\ 3 & 4 \end{vmatrix}=2,$

$A_{31}=(-1)^{3+1}\begin{vmatrix} 2 & 3 \\ 2 & 1 \end{vmatrix}=-4, A_{32}=(-1)^{3+2}\begin{vmatrix} 1 & 3 \\ 2 & 1 \end{vmatrix}=5, A_{33}=(-1)^{3+3}\begin{vmatrix} 1 & 2 \\ 2 & 2 \end{vmatrix}=-2,$

所以 $\boldsymbol{A}^*=\begin{pmatrix} A_{11} & A_{21} & A_{31} \\ A_{12} & A_{22} & A_{32} \\ A_{13} & A_{23} & A_{33} \end{pmatrix}=\begin{pmatrix} 2 & 6 & -4 \\ -3 & -6 & 5 \\ 2 & 2 & -2 \end{pmatrix}$.

由矩阵的乘法,方阵行列式的性质及其推论可得,

$$\boldsymbol{A}\boldsymbol{A}^*=\begin{pmatrix} a_{11} & a_{12} & \cdots & a_{1n} \\ a_{21} & a_{22} & \cdots & a_{2n} \\ \vdots & \vdots & & \vdots \\ a_{n1} & a_{n2} & \cdots & a_{nn} \end{pmatrix}\begin{pmatrix} A_{11} & A_{21} & \cdots & A_{n1} \\ A_{12} & A_{22} & \cdots & A_{n2} \\ \vdots & \vdots & & \vdots \\ A_{1n} & A_{2n} & \cdots & A_{nn} \end{pmatrix}=\begin{pmatrix} |\boldsymbol{A}| & 0 & \cdots & 0 \\ 0 & |\boldsymbol{A}| & \cdots & 0 \\ \vdots & \vdots & & \vdots \\ 0 & 0 & \cdots & |\boldsymbol{A}| \end{pmatrix}=|\boldsymbol{A}|\boldsymbol{E},$$

在 $|\boldsymbol{A}|\neq 0$ 时,有 $\boldsymbol{A}\dfrac{\boldsymbol{A}^*}{|\boldsymbol{A}|}=\boldsymbol{E}$,得到下面定理.

定理 11－2 方阵 $\boldsymbol{A}$ 可逆的充要条件是 $|\boldsymbol{A}|\neq 0$,且当 $\boldsymbol{A}$ 可逆时,有 $\boldsymbol{A}^{-1}=\dfrac{\boldsymbol{A}^*}{|\boldsymbol{A}|}$. 其中 $\boldsymbol{A}^*$ 为 $\boldsymbol{A}$ 的伴随矩阵.

【例 11.4.3】 当 $ad-bc\neq 0$ 时,求 $\boldsymbol{A}=\begin{pmatrix} a & b \\ c & d \end{pmatrix}$ 的逆矩阵.

解 因为 $\begin{vmatrix} a & b \\ c & d \end{vmatrix}=ad-bc\neq 0$, 所以 $\boldsymbol{A}$ 可逆.

又

$$A_{11}=d,A_{12}=-c,A_{21}=-b,A_{22}=a,\boldsymbol{A}^*=\begin{pmatrix}A_{11}&A_{21}\\A_{12}&A_{22}\end{pmatrix}=\begin{pmatrix}d&-b\\-c&a\end{pmatrix}.$$

所以

$$\boldsymbol{A}^{-1}=\begin{pmatrix}a&b\\c&d\end{pmatrix}^{-1}=\frac{1}{ad-bc}\begin{pmatrix}d&-b\\-c&a\end{pmatrix}.$$

【例 11.4.4】 求方阵 $\boldsymbol{A}=\begin{pmatrix}1&2&3\\2&2&1\\3&4&3\end{pmatrix}$ 的逆矩阵.

解 因为

$$|\boldsymbol{A}|=\begin{vmatrix}1&2&3\\2&2&1\\3&4&3\end{vmatrix}\xlongequal[③+(-3)①]{②+(-2)①}\begin{vmatrix}1&2&3\\0&-2&-5\\0&-2&-6\end{vmatrix}\xlongequal{③+(-1)②}\begin{vmatrix}1&2&3\\0&-2&-5\\0&0&-1\end{vmatrix}=2\neq0$$

所以 $\boldsymbol{A}$ 可逆.

由【例 11.4.2】可知，

$$\boldsymbol{A}^*=\begin{pmatrix}2&6&-4\\-3&-6&5\\2&2&-2\end{pmatrix}.$$

故

$$\boldsymbol{A}^{-1}=\frac{\boldsymbol{A}^*}{|\boldsymbol{A}|}=\frac{1}{2}\begin{pmatrix}2&6&-4\\-3&-6&5\\2&2&-2\end{pmatrix}=\begin{pmatrix}1&3&-2\\-\frac{3}{2}&-3&\frac{5}{2}\\1&1&-1\end{pmatrix}.$$

三、用初等行变换求逆矩阵

设有 n 阶可逆矩阵 $\boldsymbol{A}$，作矩阵 $(\boldsymbol{A}\vdots\boldsymbol{E})_{n\times2n}$，并对该矩阵施以初等行变换，将它的左半部的矩阵 $\boldsymbol{A}$ 化为单位矩阵 $\boldsymbol{E}$，那么右半部的单位矩阵 $\boldsymbol{E}$ 就同时化成了 $\boldsymbol{A}^{-1}$.

即

$$(\boldsymbol{A}\vdots\boldsymbol{E})\xrightarrow{\text{初等行变换}}(\boldsymbol{E}\vdots\boldsymbol{A}^{-1}).$$

微课：初等行变换求逆矩阵

【例 11.4.5】 求矩阵 $\boldsymbol{A}=\begin{bmatrix}1&0&1\\2&1&0\\-3&2&-5\end{bmatrix}$ 的逆矩阵 $\boldsymbol{A}^{-1}$.

解 $(\boldsymbol{A}\vdots\boldsymbol{E})=\begin{pmatrix}1&0&1&1&0&0\\2&1&0&0&1&0\\-3&2&-5&0&0&1\end{pmatrix}\xrightarrow[③+3①]{②+(-2)①}\begin{pmatrix}1&0&1&1&0&0\\0&1&-2&-2&1&0\\0&2&-2&3&0&1\end{pmatrix}$

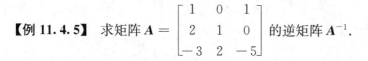

$$\xrightarrow{③+(-2)②}\begin{pmatrix}1&0&1&1&0&0\\0&1&-2&-2&1&0\\0&0&2&7&-2&1\end{pmatrix}\xrightarrow[①+\left(-\frac{1}{2}\right)③]{②+1③}\begin{pmatrix}1&0&0&-\frac{5}{2}&1&-\frac{1}{2}\\0&1&0&5&-1&1\\0&0&2&7&-2&1\end{pmatrix}$$

$$\xrightarrow{\frac{1}{2}③}\begin{pmatrix}1&0&0&-\frac{5}{2}&1&-\frac{1}{2}\\0&1&0&5&-1&1\\0&0&1&\frac{7}{2}&-1&\frac{1}{2}\end{pmatrix},$$

所以
$$A^{-1}=\begin{pmatrix}-\frac{5}{2}&1&-\frac{1}{2}\\5&-1&1\\\frac{7}{2}&-1&\frac{1}{2}\end{pmatrix}.$$

【例 11.4.6】 已知矩阵 $A=\begin{pmatrix}1&1&0\\2&1&-1\\3&4&2\end{pmatrix}$，$B=\begin{pmatrix}1&0\\0&2\\-1&0\end{pmatrix}$. 求 X，使得 $AX=B$.

解
$$|A|=\begin{vmatrix}1&1&0\\2&1&-1\\3&4&2\end{vmatrix}=\begin{vmatrix}1&1&0\\0&-1&-1\\0&1&2\end{vmatrix}=\begin{vmatrix}1&1&0\\0&-1&-1\\0&0&1\end{vmatrix}=-1\neq 0,$$

所以 A^{-1} 存在，$X=A^{-1}B$.

用初等行变换求逆矩阵，$(A\vdots E)=\begin{pmatrix}1&1&0&1&0&0\\2&1&-1&0&1&0\\3&4&2&0&0&1\end{pmatrix}\xrightarrow[③+(-3)①]{②+(-2)①}$

$$\begin{pmatrix}1&1&0&1&0&0\\0&-1&-1&-2&1&0\\0&1&2&-3&0&1\end{pmatrix}\xrightarrow[\substack{③+②\\(-1)②}]{①+②}\begin{pmatrix}1&0&-1&-1&1&0\\0&1&1&2&-1&0\\0&0&1&-5&1&1\end{pmatrix}\xrightarrow[②+(-1)③]{①+③}$$

$$\begin{pmatrix}1&0&0&-6&2&1\\0&1&0&7&-2&1\\0&0&1&-5&1&1\end{pmatrix}，得 A^{-1}=\begin{pmatrix}-6&2&1\\7&-2&-1\\-5&1&1\end{pmatrix}.$$

所以
$$X=A^{-1}B=\begin{pmatrix}-6&2&1\\7&-2&-1\\-5&1&1\end{pmatrix}\begin{pmatrix}1&0\\0&2\\-1&0\end{pmatrix}=\begin{pmatrix}-7&4\\8&-4\\-6&2\end{pmatrix}.$$

习题 11－4

1. 已知 $A=\begin{pmatrix}1&-2\\m&-1\end{pmatrix}$ 是可逆矩阵，求 m 满足的条件.

2. 已知矩阵 A 可逆，且满足矩阵方程 $AX=B$，求未知矩阵 X.

3. 设三阶方阵 $\boldsymbol{A}=\begin{pmatrix}1 & 0 & -1\\0 & -2 & 3\\0 & 0 & -1\end{pmatrix}$，求 $|\boldsymbol{A}^{-1}|$，$|2\boldsymbol{A}^{-1}|$.

4. 求下列矩阵的伴随矩阵：

(1) $\begin{pmatrix}2 & -4\\3 & -1\end{pmatrix}$；　　(2) $\begin{pmatrix}1 & 0 & 1\\2 & 1 & 0\\0 & -1 & -3\end{pmatrix}$.

5. 判别下列矩阵是否可逆？若可逆，求逆矩阵.

(1) $\begin{pmatrix}1 & 0 & 4\\0 & 1 & 0\\0 & 0 & 1\end{pmatrix}$；　　(2) $\begin{pmatrix}1 & -1 & 1\\1 & 1 & 3\\2 & -3 & 2\end{pmatrix}$.

6. 求解矩阵方程：

(1) $\boldsymbol{AX}=\boldsymbol{B}$，其中 $\boldsymbol{A}=\begin{pmatrix}1 & -1 & 2\\2 & -3 & 5\\3 & -2 & 4\end{pmatrix}$，$\boldsymbol{B}=\begin{pmatrix}1 & -1\\-2 & 3\\5 & -4\end{pmatrix}$；

(2) $\boldsymbol{X}-\boldsymbol{XA}=\boldsymbol{B}$，其中 $\boldsymbol{A}=\begin{pmatrix}1 & 0 & 1\\2 & 1 & 0\\-3 & 2 & -3\end{pmatrix}$，$\boldsymbol{B}=\begin{pmatrix}1 & -2 & 1\\-3 & 4 & 1\end{pmatrix}$.

第五节　矩阵的秩

一、矩阵秩的概念

定义 11－15　在 $m\times n$ 矩阵 $\boldsymbol{A}$ 中，任意选取 k 行、k 列（$k\leqslant\min\{m,n\}$），位于这些行和列交叉处的 k^2 个元素，按照原来的次序构成的一个 k 阶行列式，称为矩阵 $\boldsymbol{A}$ 的一个 **k 阶子式**.

例如：矩阵 $\boldsymbol{A}=\begin{pmatrix}1 & -1 & 0 & 1\\0 & 2 & 3 & 0\\2 & 0 & 3 & 2\end{pmatrix}$，

取 A 的第一、二行，第一、三列，位于这些行、列交叉处的元素按原来的次序构成的行列式

$$\begin{vmatrix}1 & 0\\0 & 3\end{vmatrix}=3$$

就是矩阵 $\boldsymbol{A}$ 的一个二阶子式.

如果矩阵 $\boldsymbol{A}_{m\times n}$ 中至少含有一个 r 阶子式不为 0，而所有高于 r 阶的子式全为 0，则称 r 为 **$\boldsymbol{A}_{m\times n}$ 矩阵的秩**，记为 $r(\boldsymbol{A})$. 规定 $r(\boldsymbol{O})=0$.

【例 11.5.1】 求矩阵 $\boldsymbol{A}=\begin{bmatrix}2 & 2 & 1\\ -3 & 12 & 3\\ 8 & -2 & 1\\ 2 & 12 & 4\end{bmatrix}$ 的秩.

解 因为 $\begin{vmatrix}2 & 2\\ -3 & 12\end{vmatrix}\neq 0$，而矩阵的所有三阶子式全为零，即 $\begin{vmatrix}2 & 2 & 1\\ -3 & 12 & 3\\ 8 & -2 & 1\end{vmatrix}=0$，

$$\begin{vmatrix}2 & 2 & 1\\ -3 & 12 & 3\\ 2 & 12 & 4\end{vmatrix}=0,\begin{vmatrix}-3 & 12 & 3\\ 8 & -2 & 1\\ 2 & 12 & 4\end{vmatrix}=0,\begin{vmatrix}2 & 2 & 1\\ 8 & -2 & 1\\ 2 & 12 & 4\end{vmatrix}=0.$$

所以 $r(\boldsymbol{A})=2$.

微课：阶梯形矩阵

二、用初等行变换求矩阵的秩

定义 11-16 满足下列两个条件的非零矩阵称为**阶梯形矩阵**：

(1) 若有矩阵的 0 行(元素全为 0 的行)，0 行一定在矩阵的最下端；

(2) 首个非 0 元素(即非 0 行的第一个不为 0 的元素)，该非 0 元素下方的所有元素全为 0.

例如，矩阵

$$\begin{pmatrix}0 & 3 & 2 & 0\\ 0 & 0 & -2 & 3\\ 0 & 0 & 0 & 0\end{pmatrix},\begin{pmatrix}1 & 3 & 2 & 4\\ 0 & 2 & 1 & 1\\ 0 & 0 & 0 & 5\end{pmatrix},\begin{pmatrix}1 & 2 & 3 & 4 & 5\\ 0 & -9 & 4 & 3 & 0\\ 0 & 0 & 0 & 3 & 4\\ 0 & 0 & 0 & 0 & 0\end{pmatrix}$$

都是阶梯形矩阵. 而

$$\begin{pmatrix}1 & 2 & 4 & 0\\ 0 & 0 & 2 & 1\\ 0 & 3 & 0 & -3\\ 0 & 0 & 0 & 0\end{pmatrix},\begin{pmatrix}1 & 2 & -1 & 3\\ 0 & 6 & 4 & 8\\ 0 & 3 & 8 & 1\\ 0 & 0 & 0 & 0\end{pmatrix},\begin{pmatrix}4 & -1 & 3 & 4\\ 0 & 0 & 0 & 0\\ 0 & 1 & 5 & 6\\ 0 & 0 & 0 & 0\end{pmatrix}$$

都不是阶梯形矩阵.

定理 11-3 矩阵的初等行变换不改变矩阵的秩.

根据定理，可以用初等行变换将矩阵化为阶梯形矩阵，矩阵的秩等于相应阶梯形矩阵的非 0 行的个数.

【例 11.5.2】 求矩阵 $\boldsymbol{A}=\begin{bmatrix}1 & -2 & -1 & 0 & 2\\ -2 & 4 & 2 & 6 & -6\\ 2 & -1 & 0 & 2 & 3\\ 3 & 3 & 3 & 3 & 4\end{bmatrix}$ 的秩.

解 $A=\begin{bmatrix}1&-2&-1&0&2\\-2&4&2&6&-6\\2&-1&0&2&3\\3&3&3&3&4\end{bmatrix}\xrightarrow[④+(-3)①]{②+2①\ ③+(-2)①}\begin{bmatrix}1&-2&-1&0&2\\0&0&0&6&-2\\0&3&2&2&-1\\0&9&6&3&-2\end{bmatrix}\xrightarrow[(③,④)]{(②,③)}$

$\begin{bmatrix}1&-2&-1&0&2\\0&3&2&2&-1\\0&9&6&3&-2\\0&0&0&6&-2\end{bmatrix}\xrightarrow{③+(-3)②}\begin{bmatrix}1&-2&-1&0&2\\0&3&2&2&-1\\0&0&0&-3&1\\0&0&0&6&-2\end{bmatrix}\xrightarrow{④+2③}$

$\begin{bmatrix}1&-2&-1&0&2\\0&3&2&2&-1\\0&0&0&-3&1\\0&0&0&0&0\end{bmatrix}.$

阶梯形矩阵非 0 行的个数为 3,所以 $r(A)=3$.

【例 11.5.3】 求矩阵 $A=\begin{bmatrix}0&2&4&1&-1\\0&1&2&2&1\\0&1&2&1&0\end{bmatrix}$ 的秩.

解 $A=\begin{bmatrix}0&2&4&1&-1\\0&1&2&2&1\\0&1&2&1&0\end{bmatrix}\xrightarrow{(①,③)}\begin{bmatrix}0&1&2&1&0\\0&1&2&2&1\\0&2&4&1&-1\end{bmatrix}$

$\xrightarrow[③+(-2)①]{②+(-1)①}\begin{bmatrix}0&1&2&1&0\\0&0&0&1&1\\0&0&0&-1&-1\end{bmatrix}\xrightarrow{③+1②}\begin{bmatrix}0&1&2&1&0\\0&0&0&1&1\\0&0&0&0&0\end{bmatrix}.$

阶梯形矩阵非 0 行的个数为 2,所以 $r(A)=2$.

【例 11.5.4】 求方阵 $A=\begin{pmatrix}1&1&-1\\3&2&0\\1&2&1\end{pmatrix}$ 的秩.

解 $A=\begin{pmatrix}1&1&-1\\3&2&0\\1&2&1\end{pmatrix}\xrightarrow[③+(-1)①]{②+(-3)①}\begin{pmatrix}1&1&-1\\0&-1&3\\0&1&2\end{pmatrix}\xrightarrow{③+②}\begin{pmatrix}1&1&-1\\0&-1&3\\0&0&5\end{pmatrix}.$

所以,$r(A)=3$.

本例中,$r(A)=3=n$,称矩阵 A 为**满秩矩阵**. 而 $|A|=\begin{vmatrix}1&1&-1\\3&2&0\\1&2&1\end{vmatrix}=-5\neq 0$, A 也是可逆矩阵.

$m\times n$ 矩阵 A 的秩具有以下性质:

(1) $0\leqslant r(A)\leqslant \min(m,n)$;

(2) $r(A^T)=r(A)$.

习题 11 - 5

1. 判断下列矩阵是否是阶梯形矩阵：

(1) $\begin{pmatrix}1&4&2&-1\\0&0&3&1\\0&0&0&3\end{pmatrix}$；(2) $\begin{pmatrix}2&3&1&-3\\0&2&5&-2\\0&0&0&3\\0&0&0&0\end{pmatrix}$；(3) $\begin{pmatrix}3&-2&0&-1\\0&2&2&1\\0&1&-3&-2\\0&0&0&1\end{pmatrix}$.

2. 求下列矩阵的秩：

(1) $\begin{pmatrix}1&2&3&4\\1&-2&4&5\\1&10&1&2\end{pmatrix}$；(2) $\begin{pmatrix}1&3&-1&-2\\1&-4&3&5\\3&2&1&1\\2&-1&2&3\end{pmatrix}$；(3) $\begin{pmatrix}1&-2&2&5&-2\\4&-7&4&-4&5\\1&-2&1&-4&2\\0&1&-1&3&1\end{pmatrix}$.

3. 求 x,y，使得矩阵 $\boldsymbol{A}=\begin{pmatrix}1&2&-1&3\\2&4&x-2&6\\3&6&-3&y\end{pmatrix}$ 有

(1) $r(\boldsymbol{A})=1$；　　(2) $r(\boldsymbol{A})=2$；　　(3) $r(\boldsymbol{A})=3$.

复 习 题 十 一

一、单项选择题(每小题 2 分，共 10 分)

1. 设 $|\boldsymbol{A}|=\begin{vmatrix}1&1&0&0\\0&0&1&1\\1&-1&1&-1\\1&2&3&4\end{vmatrix}$，$M_{ij}$ 是 $|\boldsymbol{A}|$ 中元素 a_{ij} 的余子式，则 $M_{41}+M_{42}+M_{43}+M_{44}$ 等于　　(　　)

A. -2　　B. 0　　C. 2　　D. 4

2. 下列矩阵中存在逆矩阵的是　　(　　)

A. $\begin{pmatrix}1&1\\1&1\end{pmatrix}$　　B. $\begin{pmatrix}1&2\\3&4\end{pmatrix}$　　C. $\begin{vmatrix}2&-1\\-1&\frac{1}{2}\end{vmatrix}$　　D. $\begin{pmatrix}1&2\\3&6\end{pmatrix}$

3. 若矩阵 $\boldsymbol{A}=\begin{pmatrix}2&4\\5&7\end{pmatrix}$，则 $\boldsymbol{A}$ 的伴随矩阵 $\boldsymbol{A}^*$ 等于　　(　　)

A. $\begin{pmatrix}7&5\\4&2\end{pmatrix}$　　B. $\begin{pmatrix}7&4\\5&2\end{pmatrix}$　　C. $\begin{pmatrix}7&-5\\-4&2\end{pmatrix}$　　D. $\begin{pmatrix}7&-4\\-5&2\end{pmatrix}$

4. 已知 $\boldsymbol{A}=\begin{pmatrix}-1&-1&3\\1&a&2\\-1&0&2\end{pmatrix}$ 的秩 $r(\boldsymbol{A})=2$，则 a 等于　　(　　)

A. -4　　B. -2　　C. 2　　D. 4

5. 若矩阵 $\begin{pmatrix}a&1&1\\1&0&2\\0&-1&1\end{pmatrix}$ 不是满秩矩阵，则 a 的值为　　(　　)

A. -1　　B. 0　　C. 1　　D. 2

二、判断题(每小题 2 分,共 10 分)

6. 若方阵 $\boldsymbol{A}$ 满足 $\boldsymbol{A}^2=\boldsymbol{A}$,则 $\boldsymbol{A}=\boldsymbol{O}$ 或 $\boldsymbol{A}=\boldsymbol{E}$.　(　　)

7. 对于任意阶方阵 $\boldsymbol{A}$,则 $\boldsymbol{A}+\boldsymbol{A}^{\mathrm{T}}$ 是对称矩阵.　(　　)

8. 设 $\boldsymbol{A}$ 是可逆矩阵,且 $\boldsymbol{XA}=\boldsymbol{B}$,则 $\boldsymbol{X}=\boldsymbol{BA}^{-1}$.　(　　)

9. 初等矩阵都是可逆矩阵.　(　　)

10. 设矩阵 $\boldsymbol{A}$ 与矩阵 $\boldsymbol{B}$ 等价,则 $r(\boldsymbol{A})=r(\boldsymbol{B})$.　(　　)

三、填空题(每小题 2 分,共 10 分)

11. $(1\ \ -2\ \ 3)\begin{pmatrix}1\\2\\3\end{pmatrix}=$________.

12. 设未知矩阵 $\boldsymbol{X}$ 满足 $2\begin{pmatrix}3&-1&0\\-1&1&2\end{pmatrix}+\begin{pmatrix}3&-1&6\\5&1&-1\end{pmatrix}-3\boldsymbol{X}=\boldsymbol{O}$,则未知矩阵 $\boldsymbol{X}=$________.

13. 已知三阶方阵 $\boldsymbol{A}$ 的行列式 $|\boldsymbol{A}|=\dfrac{1}{2}$,则 $|(3\boldsymbol{A})^{-1}|=$________.

14. 方阵行列式 $|\boldsymbol{A}|=\begin{vmatrix}-1&2&4\\2&-1&3\\1&0&-2\end{vmatrix}$ 中元素 a_{23} 的代数余子式 $A_{23}=$________.

15. 化矩阵 $\begin{pmatrix}1&1&1&-1\\-1&-1&2&3\\2&2&5&0\end{pmatrix}$ 为阶梯形矩阵是________.

四、计算题(每小题 10 分,共 60 分)

16. 设 $\boldsymbol{A}=\begin{pmatrix}-1&2\\3&6\end{pmatrix}$,$\boldsymbol{B}=\begin{pmatrix}-5&-3\\2&0\end{pmatrix}$.

求:(1) $3\boldsymbol{B}+2\boldsymbol{A}$;　(2) $2\boldsymbol{A}-3\boldsymbol{B}$;　(3) $|2\boldsymbol{A}-3\boldsymbol{B}|$.

17. 求解矩阵方程 $\boldsymbol{X}-\begin{pmatrix}0&0&-1\\1&0&-1\\-2&1&0\end{pmatrix}\boldsymbol{X}=\begin{pmatrix}1\\2\\-3\end{pmatrix}$ 中的未知矩阵 $\boldsymbol{X}$.

18. 设 $\boldsymbol{A}=\begin{pmatrix}1&1&0\\0&1&-1\\1&-1&1\end{pmatrix}$,$\boldsymbol{B}=\begin{pmatrix}1&2&3\\-1&-2&-4\\0&2&1\end{pmatrix}$.

求:(1) $\boldsymbol{AB}$;　(2) $\boldsymbol{B}^{\mathrm{T}}\boldsymbol{A}^{\mathrm{T}}$.

19. 设方阵 $\boldsymbol{A}=\begin{pmatrix}1&-1&2&1\\2&1&-1&2\\-1&0&1&-3\\3&1&-4&0\end{pmatrix}$,求 $|\boldsymbol{A}|$.

20. 判断矩阵 $\boldsymbol{A}=\begin{pmatrix}1&-1&2\\2&-3&5\\3&-2&4\end{pmatrix}$ 是否可逆,若可逆,求逆矩阵 $\boldsymbol{A}^{-1}$.

21. 设 $\boldsymbol{A}=\begin{pmatrix}1 & -1 & 2 & 1 & 0\\3 & 0 & 6 & -1 & 1\\2 & -2 & 4 & -2 & 0\\0 & 3 & 0 & 0 & 1\end{pmatrix}$，求 $r(\boldsymbol{A}^{\mathrm{T}})$.

五、综合题(共 10 分)

22. 设矩阵 $\boldsymbol{A}=\begin{pmatrix}-1 & 1 & 0\\-1 & 2 & 0\\1 & 1 & -1\end{pmatrix}$，$\boldsymbol{B}=\begin{pmatrix}2 & 2\\5 & 6\\-1 & 0\end{pmatrix}$，求未知矩阵 $\boldsymbol{X}$，使得 $\boldsymbol{AX}=\boldsymbol{B}$.

第十二章　线性方程组

本章提要　未知量最高次数为一次的方程组称为线性方程组，它是线性代数研究的主要对象之一. 在前面的学习中，线性方程组解决了系数矩阵可逆的 n 阶线性方程组的求解问题，而在实际问题中，我们更多面对的是系数矩阵不可逆的 n 阶线性方程组，或更为一般的具有 m 个方程的 n 元线性方程组的求解问题. 在这一章里，我们将讨论一般的线性方程组解的存在性问题，并介绍求解线性方程组的方法及线性方程组解的结构.

第一节　消元法

一、线性方程组的有关概念

我们知道有 n 元线性方程组

$$\begin{cases} a_{11}x_1+a_{12}x_2+\cdots+a_{1n}x_n=b_1 \\ a_{21}x_1+a_{22}x_2+\cdots+a_{2n}x_n=b_2 \\ \cdots\cdots \\ a_{m1}x_1+a_{m2}x_2+\cdots+a_{mn}x_n=b_m \end{cases}$$

可以写成矩阵方程 $\boldsymbol{AX}=\boldsymbol{B}$，其中

$$\boldsymbol{A}=\begin{pmatrix} a_{11} & a_{12} & \cdots & a_{1n} \\ a_{21} & a_{22} & \cdots & a_{2n} \\ \vdots & \vdots & & \vdots \\ a_{m1} & a_{m2} & \cdots & a_{mn} \end{pmatrix},\boldsymbol{B}=\begin{pmatrix} b_1 \\ b_2 \\ \vdots \\ b_m \end{pmatrix}$$

将系数矩阵 $\boldsymbol{A}$ 与右端矩阵 $\boldsymbol{B}$ 放在一起构成一个新的矩阵，用 $\overline{\boldsymbol{A}}$ 表示，即

$$\overline{\boldsymbol{A}}=(\boldsymbol{A}\mid\boldsymbol{B})=\left(\begin{array}{cccc|c} a_{11} & a_{12} & \cdots & a_{1n} & b_1 \\ a_{21} & a_{22} & \cdots & a_{2n} & b_2 \\ \vdots & \vdots & & \vdots & \vdots \\ a_{m1} & a_{m2} & \cdots & a_{mn} & b_m \end{array}\right)$$

称为该线性方程组的**增广矩阵**.

通过所给的线性方程组我们可以写出对应的增广矩阵，反之，通过所给的增广矩阵，我们也能得到它对应的线性方程组.

【例 12.1.1】　若已知矩阵 $\overline{\boldsymbol{A}}=\begin{pmatrix} 1 & 2 & 0 & 1 & 3 \\ 2 & 1 & 1 & -1 & -1 \\ 0 & 1 & 0 & 0 & 5 \end{pmatrix}$ 表示一个线性方程组的增广矩

阵,讨论该线性方程组:(1) 有几个未知量?(2) 有几个方程?(3) 最后一行代表的方程是什么?

解 (1) 根据增广矩阵的概念,可知最后一列是常数项,前 4 列是未知量的系数,故这个方程组有 4 个未知量.

(2) 由增广矩阵的定义可知,增广矩阵的行数就是方程的个数,故有 3 个方程.

(3) 最后一行代表的方程是 $0x_1 + x_2 + 0x_3 + 0x_4 = 5$,即 $x_2 = 5$.

二、线性方程组的消元法

在中学代数中,我们已学过用消元法解二元或三元线性方程组,这一方法也适用于求解 n 元线性方程组.

【例 12.1.2】 解线性方程组

$$\begin{cases} x_1 + 3x_2 - 2x_3 = 4 \\ 3x_1 + 2x_2 - 5x_3 = 11 \\ 2x_1 + x_2 + x_3 = 3 \end{cases} \tag{1}$$

解 分别把方程组中的第一个方程乘以-3,乘以-2,分别加到第二个方程和第三个方程上,消去第二、第三两个方程中的未知量 x_1,得

$$\begin{cases} x_1 + 3x_2 - 2x_3 = 4 \\ -7x_2 + x_3 = -1 \\ -5x_2 + 5x_3 = -5 \end{cases}$$

第三个方程两边除以-5,得

$$\begin{cases} x_1 + 3x_2 - 2x_3 = 4 \\ -7x_2 + x_3 = -1 \\ x_2 - x_3 = 1 \end{cases}$$

交换第二、第三个方程,得

$$\begin{cases} x_1 + 3x_2 - 2x_3 = 4 \\ x_2 - x_3 = 1 \\ -7x_2 + x_3 = -1 \end{cases}$$

把第二个方程乘以 7 加到第三个方程上,消去第三个方程中的未知量 x_2 得

$$\begin{cases} x_1 + 3x_2 - 2x_3 = 4 \\ x_2 - x_3 = 1 \\ -6x_3 = 6 \end{cases} \tag{2}$$

方程(1)和方程(2)同解,线性方程组(2)的特点是自上而下的各个方程所含未知量的个数依次减少.由方程(2)的最后一个方程可得 $x_3 = -1$,从而解得 $x_2 = 0$,$x_1 = 2$,所以原线性方程组的解为 $\begin{cases} x_1 = 2 \\ x_2 = 0 \\ x_3 = -1 \end{cases}$.

上述解线性方程组的方法，称为消元法，从上例可见，消元法实际上是对线性方程组进行如下三种行变换：

(1) 对换两个方程的位置(对换变换)；

(2) 用一个非零的数乘某个方程的两端(倍乘变换)；

(3) 用一个非零数乘某个方程后加到另一个方程上(倍加变换).

我们可以发现，在用消元法解方程组的过程中，实际上是对方程组的增广矩阵进行了上述三种行变换.

例如，对线性方程组(1)施行的消元法，相当于对该方程组的增广矩阵进行了相应的初等行变换，最终将其化为阶梯形矩阵：

$$\begin{pmatrix}1&3&-2&4\\3&2&-5&11\\2&1&1&3\end{pmatrix}\to\begin{pmatrix}1&3&-2&4\\0&-7&1&-1\\0&1&-1&1\end{pmatrix}\to\begin{pmatrix}1&3&-2&4\\0&1&-1&1\\0&-7&1&-1\end{pmatrix}\to\begin{pmatrix}1&3&-2&4\\0&1&-1&1\\0&0&-6&6\end{pmatrix}$$

因此，我们用消元法来求解线性方程组，实际上就是对其增广矩阵进行初等行变换，将增广矩阵化为阶梯形矩阵，该阶梯形矩阵对应的方程组即为原方程组的同解方程组，这样可以清晰简便地求出方程组的解或研究线性方程组的可解性.

【例 12.1.3】 解线性方程组 $\begin{cases}2x_1+5x_2+3x_3-2x_4=3\\-3x_1-x_2+2x_3+x_4=-4\\-2x_1+3x_2-4x_3-7x_4=-13\\x_1+2x_2+4x_3+x_4=4\end{cases}$.

解 对增广矩阵 $\overline{\boldsymbol{A}}$ 施行初等行变换，将其化为阶梯形矩阵

$$\overline{\boldsymbol{A}}=\begin{pmatrix}2&5&3&-2&3\\-3&-1&2&1&-4\\-2&3&-4&-7&-13\\1&2&4&1&4\end{pmatrix}\xrightarrow{(①,④)}\begin{pmatrix}1&2&4&1&4\\-3&-1&2&1&-4\\-2&3&-4&-7&-13\\2&5&3&-2&3\end{pmatrix}$$

$$\xrightarrow[\substack{③+2①\\④+(-2)①}]{②+3①}\begin{pmatrix}1&2&4&1&4\\0&5&14&4&8\\0&7&4&-5&-5\\0&1&-5&-4&-5\end{pmatrix}\xrightarrow{(②,④)}\begin{pmatrix}1&2&4&1&4\\0&1&-5&-4&-5\\0&7&4&-5&-5\\0&5&14&4&8\end{pmatrix}$$

$$\xrightarrow[④+(-5)②]{③+(-7)②}\begin{pmatrix}1&2&4&1&4\\0&1&-5&-4&-5\\0&0&39&23&30\\0&0&39&24&33\end{pmatrix}\xrightarrow{④+(-1)③}\begin{pmatrix}1&2&4&1&4\\0&1&-5&-4&-5\\0&0&39&23&30\\0&0&0&1&3\end{pmatrix}.$$

阶梯形矩阵对应的方程组为 $\begin{cases}x_1+2x_2+4x_3+x_4=4\\x_2-5x_3-4x_4=-5\\39x_3+23x_4=30\\x_4=3\end{cases}$，

用回代的方法求出该方程组的解$\begin{cases} x_1 = 1 \\ x_2 = 2 \\ x_3 = -1 \\ x_4 = 3 \end{cases}$.

在求解方程组时，可直接将增广矩阵化为行最简阶梯形矩阵(非零行第一个非零元素是1，且1所在的列其他元素均为0)，这样求解结果更为直观. 如本题：

$$\overline{A} = \begin{pmatrix} 2 & 5 & 3 & -2 & 3 \\ -3 & -1 & 2 & 1 & -4 \\ -2 & 3 & -4 & -7 & -13 \\ 1 & 2 & 4 & 1 & 4 \end{pmatrix} \xrightarrow{\text{化为行最简阶梯形}} \begin{pmatrix} 1 & 0 & 0 & 0 & 1 \\ 0 & 1 & 0 & 0 & 2 \\ 0 & 0 & 1 & 0 & -1 \\ 0 & 0 & 0 & 1 & 3 \end{pmatrix}$$

行最简阶梯形矩阵对应的方程组即为$\begin{cases} x_1 = 1 \\ x_2 = 2 \\ x_3 = -1 \\ x_4 = 3 \end{cases}$.

【例 12.1.4】 解线性方程组$\begin{cases} x_1 + x_2 - 3x_3 - x_4 = 1 \\ 3x_1 - x_2 - 3x_3 + 4x_4 = 4 \\ x_1 + 5x_2 - 9x_3 - 8x_4 = 0 \end{cases}$.

解 对增广矩阵 $\overline{A}$ 施行初等行变换，将其化为行最简阶梯形矩阵

$$\overline{A} = \begin{pmatrix} 1 & 1 & -3 & -1 & 1 \\ 3 & -1 & -3 & 4 & 4 \\ 1 & 5 & -9 & -8 & 0 \end{pmatrix} \xrightarrow[③+(-1)①]{②+(-3)①} \begin{pmatrix} 1 & 1 & -3 & -1 & 1 \\ 0 & -4 & 6 & 7 & 1 \\ 0 & 4 & -6 & -7 & -1 \end{pmatrix}$$

$$\xrightarrow{③+②} \begin{pmatrix} 1 & 1 & -3 & -1 & 1 \\ 0 & -4 & 6 & 7 & 1 \\ 0 & 0 & 0 & 0 & 0 \end{pmatrix} \xrightarrow[-\frac{1}{4}②]{①+\frac{1}{4}②} \begin{pmatrix} 1 & 0 & -\frac{3}{2} & \frac{3}{4} & \frac{5}{4} \\ 0 & 1 & -\frac{3}{2} & -\frac{7}{4} & -\frac{1}{4} \\ 0 & 0 & 0 & 0 & 0 \end{pmatrix}.$$

行最简阶梯形矩阵对应的方程组为

$$\begin{cases} x_1 - \frac{3}{2}x_3 + \frac{3}{4}x_4 = \frac{5}{4} \\ x_2 - \frac{3}{2}x_3 - \frac{7}{4}x_4 = -\frac{1}{4} \end{cases}.$$

该方程组的结果与【例 12.1.3】有较大的差别，我们可以将其结果表示为

$$\begin{cases} x_1 = \frac{5}{4} + \frac{3}{2}x_3 - \frac{3}{4}x_4 \\ x_2 = -\frac{1}{4} + \frac{3}{2}x_3 + \frac{7}{4}x_4 \\ x_3 = x_3 \\ x_4 = x_4 \end{cases}.$$

显然，该方程组有无穷多解. 因为 x_3, x_4 取不同的值，方程组就会有不同的解，我们将 x_3, x_4 称之为**自由未知量**，用一组自由未知量表示其他解的形式称为线性方程组的**一般解**.

一般情况下，我们选择系数矩阵 $\boldsymbol{A}$ 所对应的阶梯形矩阵中各非零行的首个非零元素所在列对应的未知量为主未知量，其余未知量为自由未知量.

【例 12.1.5】 解线性方程组 $\begin{cases} x_1+3x_2+5x_3+2x_4=2 \\ 3x_1+5x_2+6x_3+4x_4=4 \\ x_1+7x_2+14x_3+4x_4=4 \\ 3x_1+x_2-3x_3+2x_4=5 \end{cases}$.

解 对增广矩阵 $\overline{\boldsymbol{A}}$ 施行初等行变换，将其化为阶梯形矩阵：

$$\overline{\boldsymbol{A}}=\begin{pmatrix} 1 & 3 & 5 & 2 & 2 \\ 3 & 5 & 6 & 4 & 4 \\ 1 & 7 & 14 & 4 & 4 \\ 3 & 1 & -3 & 2 & 5 \end{pmatrix} \xrightarrow[④+(-3)①]{\substack{②+(-3)① \\ ③+(-1)①}} \begin{pmatrix} 1 & 3 & 5 & 2 & 2 \\ 0 & -4 & -9 & -2 & -2 \\ 0 & 4 & 9 & 2 & 2 \\ 0 & -8 & -18 & -4 & -1 \end{pmatrix}$$

$$\xrightarrow[④+(-2)②]{③+②} \begin{pmatrix} 1 & 3 & 5 & 2 & 2 \\ 0 & -4 & -9 & -2 & -2 \\ 0 & 0 & 0 & 0 & 0 \\ 0 & 0 & 0 & 0 & 3 \end{pmatrix} \xrightarrow{(③,④)} \begin{pmatrix} 1 & 3 & 5 & 2 & 2 \\ 0 & -4 & -9 & -2 & -2 \\ 0 & 0 & 0 & 0 & 3 \\ 0 & 0 & 0 & 0 & 0 \end{pmatrix}.$$

由最后一个矩阵可知，与原线性方程组的同解线性方程组中出现了不成立的等式"0=3"方程，所以该方程组无解.

习题 12－1

1. 求线性方程组 $\begin{cases} 2x_1+x_2-5x_3=8 \\ x_1-3x_2+2x_3=9 \\ 3x_1+4x_2-x_3=5 \end{cases}$ 的系数矩阵和增广矩阵.

2. 用消元法求方程组 $\begin{cases} x_1+2x_2-4x_3=1 \\ x_2+x_3=0 \\ -x_3=2 \end{cases}$ 的解.

3. 求线性方程组 $\begin{cases} 2x_1+2x_2-x_3=6 \\ x_1-2x_2+4x_3=3 \\ 5x_1+7x_2+x_3=28 \end{cases}$ 的解.

第二节 线性方程组解的情况判定

由上节的例题可知，线性方程组的解有多种情况. 若线性方程组有解称此线性方程组为**相容**的，否则称此线性方程组为**不相容**的. 当线性方程组相容时，又有唯一解和无穷多解两种情况.

对于一般的 n 元线性方程组

$$\begin{cases} a_{11}x_1 + a_{12}x_2 + \cdots + a_{1n}x_n = b_1 \\ a_{21}x_1 + a_{22}x_2 + \cdots + a_{2n}x_n = b_2 \\ \cdots\cdots \\ a_{m1}x_1 + a_{m2}x_2 + \cdots + a_{mn}x_n = b_m \end{cases} \quad (*)$$

微课:非齐次线性方程组解的判定

当 $b_1, b_2, \cdots, b_m$ 不全为零时,称为**非齐次线性方程组**;当 $b_1, b_2, \cdots, b_m$ 全为零时,称为**齐次线性方程组**. 对其增广矩阵 $\overline{\mathbf{A}}$ 进行初等行变换,即

$$\overline{\mathbf{A}} = \begin{pmatrix} a_{11} & a_{12} & \cdots & a_{1n} & b_1 \\ a_{21} & a_{22} & \cdots & a_{2n} & b_2 \\ a_{31} & a_{32} & \cdots & a_{3n} & b_3 \\ \vdots & \vdots & & \vdots & \vdots \\ a_{m1} & a_{m2} & \cdots & a_{mn} & b_m \end{pmatrix} \to \begin{pmatrix} \bar{a}_{11} & \bar{a}_{12} & \cdots & \bar{a}_{1r} & \bar{a}_{1,r+1} & \cdots & \bar{a}_{1n} & \bar{b}_1 \\ 0 & \bar{a}_{22} & \cdots & \bar{a}_{2r} & \bar{a}_{2,r+1} & \cdots & \bar{a}_{2n} & \bar{b}_2 \\ \vdots & \vdots & & \vdots & \vdots & & \vdots & \vdots \\ 0 & 0 & \cdots & \bar{a}_{rr} & \bar{a}_{r,r+1} & \cdots & \bar{a}_{rn} & \bar{b}_r \\ 0 & 0 & \cdots & 0 & 0 & \cdots & 0 & \bar{b}_{r+1} \\ 0 & 0 & 0 & 0 & 0 & 0 & 0 & 0 \\ \vdots & \vdots & \vdots & \vdots & \vdots & \vdots & \vdots & \vdots \\ 0 & 0 & 0 & 0 & 0 & 0 & 0 & 0 \end{pmatrix}.$$

它对应的线性方程组为

$$\begin{cases} \bar{a}_{11}x_1 + \bar{a}_{12}x_2 + \cdots + \bar{a}_{1r}x_r + \bar{a}_{1,r+1}x_{r+1} + \cdots + \bar{a}_{1n}x_n = \bar{b}_1 \\ \bar{a}_{22}x_2 + \cdots + \bar{a}_{2r}x_r + \bar{a}_{2,r+1}x_{r+1} + \cdots + \bar{a}_{2n}x_n = \bar{b}_2 \\ \cdots\cdots \\ \bar{a}_{rr}x_r + \bar{a}_{r,r+1}x_{r+1} + \cdots + \bar{a}_{rn}x_n = \bar{b}_r \\ 0 = \bar{b}_{r+1} \\ 0 = 0 \\ \cdots\cdots \\ 0 = 0 \end{cases}.$$

它的解有以下几种情况:

(1) 当 $\bar{b}_{r+1} \neq 0$ 时,线性方程组无解,这时 $r(\overline{\mathbf{A}}) \neq r(\mathbf{A})$;

(2) 当 $\bar{b}_{r+1} = 0$ 且 $r = n$ 时,线性方程组有唯一解,这时有 $r(\overline{\mathbf{A}}) = r(\mathbf{A}) = n$;

(3) 当 $\bar{b}_{r+1} = 0$ 且 $r < n$ 时,方程的个数少于未知量的个数,方程的解中出现自由未知量,线性方程组有无穷多解,这时有 $r(\overline{\mathbf{A}}) = r(\mathbf{A}) < n$.

一、非齐次线性方程组解的情况判定

定理 12-1 线性方程组$(*)$有解的充要条件是 $r(\overline{\mathbf{A}})=r(\mathbf{A})$.

定理 12-2 设对于线性方程组$(*)$有 $r(\overline{\mathbf{A}}) = r(\mathbf{A}) = r$, 则当 $r=n$ 时,线性方程组

(∗)有唯一解；当 $r<n$ 时，线性方程组(∗)有无穷多解.

【例 12.2.1】 判定下列方程组的相容性和相容时解的个数.

$$(1)\begin{cases}x_1+x_2-2x_3=2\\2x_1-3x_2+5x_3=1\\4x_1-x_2-x_3=5\\5x_1-x_3=2\end{cases};\ (2)\begin{cases}x_1+x_2-2x_3=2\\2x_1-3x_2+5x_3=1\\4x_1-x_2+x_3=5\\5x_1-x_3=7\end{cases};\ (3)\begin{cases}x_1+x_2-2x_3=2\\2x_1-3x_2+5x_3=1\\4x_1-x_2-x_3=5\\5x_1-3x_3=7\end{cases}.$$

解 将上述三个方程组的增广矩阵 $\overline{\mathbf{A}_1},\overline{\mathbf{A}_2},\overline{\mathbf{A}_3}$ 分别施行初等行变换可以化为如下三个阶梯形矩阵：

$$(1)\ \overline{\mathbf{A}_1}\to\begin{pmatrix}1&1&-2&2\\0&-5&9&-3\\0&0&-2&0\\0&0&0&-5\end{pmatrix},r(\overline{\mathbf{A}_1})=4,r(\mathbf{A}_1)=3,r(\overline{\mathbf{A}_1})\neq r(\mathbf{A}_1),\text{方程组无解；}$$

$$(2)\ \overline{\mathbf{A}_2}\to\begin{pmatrix}1&1&-2&2\\0&-5&9&-3\\0&0&0&0\\0&0&0&0\end{pmatrix},r(\overline{\mathbf{A}_2})=r(\mathbf{A}_2)=2<3,\text{所以方程组有无穷多解；}$$

$$(3)\ \overline{\mathbf{A}_3}\to\begin{pmatrix}1&1&-2&2\\0&-5&9&-3\\0&0&-2&0\\0&0&0&0\end{pmatrix},r(\overline{\mathbf{A}_3})=r(\mathbf{A}_3)=3,\text{所以方程组有唯一解.}$$

【例 12.2.2】 当 λ 取何值时，非齐次线性方程组 $\begin{cases}-2x_1+x_2+x_3=-2\\x_1-2x_2+x_3=\lambda\\x_1+x_2-2x_3=\lambda^2\end{cases}$ 有解？并求出它的解.

解

$$\overline{\mathbf{A}}=\begin{pmatrix}-2&1&1&-2\\1&-2&1&\lambda\\1&1&-2&\lambda^2\end{pmatrix}\xrightarrow{\frac{1}{2}①}\begin{pmatrix}-1&\frac{1}{2}&\frac{1}{2}&-1\\1&-2&1&\lambda\\1&1&-2&\lambda^2\end{pmatrix}$$

$$\xrightarrow[③+①]{②+①}\begin{pmatrix}-1&\frac{1}{2}&\frac{1}{2}&-1\\0&-\frac{3}{2}&\frac{3}{2}&\lambda-1\\0&\frac{3}{2}&-\frac{3}{2}&\lambda^2-1\end{pmatrix}\xrightarrow{③+②}\begin{pmatrix}-1&\frac{1}{2}&\frac{1}{2}&-1\\0&-\frac{3}{2}&\frac{3}{2}&\lambda-1\\0&0&0&(\lambda-1)(\lambda+2)\end{pmatrix}.$$

当 $\lambda=1$ 或 $\lambda=-2$ 时，$r(\mathbf{A})=r(\overline{\mathbf{A}})=2<3$，方程组有解且有无穷多解.

(1) 当 $\lambda=1$ 时，对应的同解方程组为

$$\begin{cases}-x_1+\frac{1}{2}x_2+\frac{1}{2}x_3=-1\\-\frac{3}{2}x_2+\frac{3}{2}x_3=0\end{cases}.$$

方程组的一般解为

$$\begin{cases} x_1 = 1 + x_3 \\ x_2 = x_3 \\ x_3 = x_3 \end{cases}, x_3 \text{ 为自由未知量.}$$

(2) 当 $\lambda=-2$ 时,对应的同解方程组为

$$\begin{cases} -x_1 + \frac{1}{2}x_2 + \frac{1}{2}x_3 = -1 \\ -\frac{3}{2}x_2 + \frac{3}{2}x_3 = -3 \end{cases},$$

方程组的一般解为

$$\begin{cases} x_1 = 2 + x_3 \\ x_2 = 2 + x_3 \\ x_3 = x_3 \end{cases}, x_3 \text{ 为自由未知量.}$$

【例 12.2.3】 a,b 为何值时,线性方程组

$$\begin{cases} x_1 + x_2 + x_3 + x_4 = 1 \\ 3x_1 + 2x_2 + x_3 + x_4 = 3 \\ x_2 + 3x_3 + 2x_4 = 0 \\ 5x_1 + 4x_2 + 3x_3 + bx_4 = a \end{cases},$$

(1) 有唯一解;(2) 无解;(3) 有无穷多解,并求其解.

解 对线性方程组的增广矩阵 $\overline{\mathbf{A}}$ 施行初等行变换,得

$$\overline{\mathbf{A}} = \begin{pmatrix} 1 & 1 & 1 & 1 & 1 \\ 3 & 2 & 1 & 1 & 3 \\ 0 & 1 & 3 & 2 & 0 \\ 5 & 4 & 3 & b & a \end{pmatrix} \xrightarrow[④+(-5)①]{②+(-3)①} \begin{pmatrix} 1 & 1 & 1 & 1 & 1 \\ 0 & -1 & -2 & -2 & 0 \\ 0 & 1 & 3 & 2 & 0 \\ 0 & -1 & -2 & b-5 & a-5 \end{pmatrix}$$

$$\xrightarrow[④+(-1)②]{③+②} \begin{pmatrix} 1 & 1 & 1 & 1 & 1 \\ 0 & -1 & -2 & -2 & 0 \\ 0 & 0 & 1 & 0 & 0 \\ 0 & 0 & 0 & b-3 & a-5 \end{pmatrix}$$

(1) $b\neq3$ 时,有 $r(\overline{\mathbf{A}})=r(\mathbf{A})=4$,该线性方程组有唯一解.

(2) $b=3$ 且 $a\neq5$ 时,有 $r(\overline{\mathbf{A}})=4$,$r(\mathbf{A})=3$,该线性方程组无解.

(3) $b=3$ 且 $a=5$ 时,有 $r(\overline{\mathbf{A}})=r(\mathbf{A})=3<4$,故线性方程组有无穷多解.

此时

$$\overline{\mathbf{A}} \to \begin{pmatrix} 1 & 1 & 1 & 1 & 1 \\ 0 & -1 & -2 & -2 & 0 \\ 0 & 0 & 1 & 0 & 0 \\ 0 & 0 & 0 & 0 & 0 \end{pmatrix} \xrightarrow[①+(-1)③]{②+2③} \begin{pmatrix} 1 & 1 & 0 & 1 & 1 \\ 0 & -1 & 0 & -2 & 0 \\ 0 & 0 & 1 & 0 & 0 \\ 0 & 0 & 0 & 0 & 0 \end{pmatrix} \xrightarrow[(-1)②]{①+②} \begin{pmatrix} 1 & 0 & 0 & -1 & 1 \\ 0 & 1 & 0 & 2 & 0 \\ 0 & 0 & 1 & 0 & 0 \\ 0 & 0 & 0 & 0 & 0 \end{pmatrix},$$

其一般解为

$$\begin{cases} x_1 = 1 + x_4 \\ x_2 = -2x_4 \\ x_3 = 0 \\ x_4 = x_4 \end{cases}，x_4 \text{ 为自由未知量.}$$

【例 12.2.4】 某食品厂准备用材料 A_1, A_2, A_3, A_4, A_5 开发一种含脂肪 3%，碳水化合物 12.5%，蛋白质 15%的新产品 2 000 千克，已知原料含脂肪、碳水化合物、蛋白质的百分比如下表：

原料 成分%	A_1	A_2	A_3	A_4	A_5
脂肪	2	2	4	6	8
碳水化合物	10	15	5	25	5
蛋白质	20	10	30	5	15

问开发这种新产品是否可以？如果可以，那么有多少种配方可供选择？

解　设配置该新产品使用 A_1 的量为 x_1 千克，A_2 为 x_2 千克，A_3 为 x_3 千克，A_4 为 x_4 千克，A_5 为 x_5 千克. 根据题意该问题可以化为下列线性方程组：

$$\begin{cases} x_1 + x_2 + x_3 + x_4 + x_5 = 2\,000 \\ 0.02x_1 + 0.02x_2 + 0.04x_3 + 0.06x_4 + 0.08x_5 = 0.03 \times 2\,000 \\ 0.1x_1 + 0.15x_2 + 0.05x_3 + 0.25x_4 + 0.05x_5 = 0.125 \times 2\,000 \\ 0.2x_1 + 0.1x_2 + 0.3x_3 + 0.05x_4 + 0.15x_5 = 0.15 \times 2\,000 \end{cases},$$

将该方程组的增广矩阵用初等行变换化成阶梯形矩阵：

$$\overline{\mathbf{A}} \to \begin{pmatrix} 1 & 0 & 0 & -6 & -4 & -1000 \\ 0 & 1 & 0 & 5 & 2 & 2000 \\ 0 & 0 & 1 & 2 & 3 & 1000 \\ 0 & 0 & 0 & 1 & -1 & 0 \end{pmatrix} \to \begin{pmatrix} 1 & 0 & 0 & 0 & -10 & -1000 \\ 0 & 1 & 0 & 0 & 7 & 2000 \\ 0 & 0 & 1 & 0 & 5 & 1000 \\ 0 & 0 & 0 & 1 & -1 & 0 \end{pmatrix}$$

$r(\mathbf{A}) = r(\overline{\mathbf{A}}) = 4 < 5$，所以线性方程组有无穷多解，据此可知可以开发该新产品，并且有无数种可供选择的配方，解该线性方程组得

$$\begin{cases} x_1 = -1\,000 + 10x_5 \\ x_2 = 2\,000 - 7x_5 \\ x_3 = 1\,000 - 5x_5 \\ x_4 = x_5 \\ x_5 = x_5 \end{cases}.$$

二、齐次线性方程组解的情况判定

对于 n 元齐次线性方程组 $$\begin{cases} a_{11}x_1+a_{12}x_2+\cdots+a_{1n}x_n=0 \\ a_{21}x_1+a_{22}x_2+\cdots+a_{2n}x_n=0 \\ \cdots\cdots \\ a_{m1}x_1+a_{m2}x_2+\cdots+a_{mn}x_n=0 \end{cases} \qquad (\Delta)$$

$x_1=x_2=\cdots=x_n=0$ 一定是它的解,称之为齐次线性方程组(Δ)的**零解**;如果一组不全为零的数 $x_1,x_2,\cdots,x_n$ 是齐次线性方程组(Δ)的解,则称之为齐次线性方程组的**非零解**.

当 $r(\overline{\boldsymbol{A}})=r(\boldsymbol{A})=n$ 时,齐次线性方程组只有零解.

定理 12-3 齐次线性方程组(Δ)有非零解(无穷多解)的充要条件为 $r(\boldsymbol{A})<n$.

注:齐次线性方程组(Δ)肯定有解(零解),故在求解齐次线性方程组(Δ)时,只需对其系数矩阵 $\boldsymbol{A}$ 进行行初等变换化为阶梯形矩阵,当 $r(\boldsymbol{A})<n$ 时,齐次线性方程组有非零解;当 $r(\boldsymbol{A})=n$时,齐次方程组只有零解.

【例 12.2.5】 解齐次线性方程组

$$\begin{cases} x_1-x_2-x_3+x_4=0 \\ x_1-x_2+x_3-3x_4=0 \\ x_1-x_2-2x_3+3x_4=0 \end{cases}.$$

解 其系数矩阵

$$\boldsymbol{A}=\begin{pmatrix} 1 & -1 & -1 & 1 \\ 1 & -1 & 1 & -3 \\ 1 & -1 & -2 & 3 \end{pmatrix} \xrightarrow[\text{③}+(-1)\text{①}]{\text{②}+(-1)\text{①}} \begin{pmatrix} 1 & -1 & -1 & 1 \\ 0 & 0 & 2 & -4 \\ 0 & 0 & -1 & 2 \end{pmatrix}$$
$$\xrightarrow[\text{①}+(-1)\text{③}]{\text{②}+2\text{③}} \begin{pmatrix} 1 & -1 & 0 & -1 \\ 0 & 0 & 0 & 0 \\ 0 & 0 & -1 & 2 \end{pmatrix} \xrightarrow[(\text{②},\text{③})]{(-1)\text{③}} \begin{pmatrix} 1 & -1 & 0 & -1 \\ 0 & 0 & 1 & -2 \\ 0 & 0 & 0 & 0 \end{pmatrix}.$$

得 $r(\boldsymbol{A})=2<4$,所以方程组有(无穷多解)非零解,并且原方程组的同解方程组为

$$\begin{cases} x_1-x_2-x_4=0 \\ x_3-2x_4=0 \end{cases}.$$

方程组的一般解为

$$\begin{cases} x_1=x_2+x_4 \\ x_2=x_2 \\ x_3=2x_4 \\ x_4=x_4 \end{cases},\text{其中 } x_2,x_4 \text{ 为自由未知量.}$$

习题 12-2

1. 设 $\boldsymbol{A}=\begin{pmatrix} 1 & 2 & 1 \\ 2 & 3 & a+2 \\ 1 & a & -2 \end{pmatrix}$,$\boldsymbol{B}=\begin{pmatrix} 1 \\ 2 \\ 3 \end{pmatrix}$,$\boldsymbol{X}=\begin{pmatrix} x_1 \\ x_2 \\ x_3 \end{pmatrix}$,

(1) 齐次线性方程组 $\boldsymbol{AX}=\boldsymbol{0}$ 只有零解，则 a 的要求是什么？

(2) 非齐次线性齐次组 $\boldsymbol{AX}=\boldsymbol{B}$ 无解，则 a 的要求是什么？

2. λ 取何值时，非齐次线性方程组 $\begin{cases}\lambda x_1+x_2+x_3=1\\ x_1+\lambda x_2+x_3=\lambda\\ x_1+x_2+\lambda x_3=\lambda^2\end{cases}$，

(1) 有唯一解；(2) 无解；(3) 有无穷多解.

3. 解线性方程组 $\begin{cases}-x_1-6x_2+3x_3=6\\ x_2-x_3+x_4=-1\\ x_1-x_2+x_3-4x_4=5\end{cases}$.

4. 解线性方程组 $\begin{cases}x_1-x_2-x_4=0\\ x_3-2x_4=0\end{cases}$.

第三节 n 维向量及其相关性

为了进一步揭示线性方程组解的结构，我们引进 n 维向量，并讨论向量组的线性相关性及向量组的秩，而 n 维向量本身在理论研究和应用上也很重要.

一、n 维向量的定义

所谓 n 维向量，就是由 n 个实数组成的有序数组，一般用希腊字母 $\boldsymbol{\alpha},\boldsymbol{\beta},\boldsymbol{\gamma}$ 等表示.

定义 12-1 由 n 个数 $a_1,a_2,\cdots,a_n$ 组成的一个有序数组

$$\boldsymbol{\alpha}=(a_1,a_2,\cdots,a_n)\text{ 或 }\boldsymbol{\alpha}=\begin{pmatrix}a_1\\a_2\\\vdots\\a_n\end{pmatrix}$$

称为 **n 维向量**，其中 $a_i(i=1,2,\cdots,n)$ 称为 n 维向量 $\boldsymbol{\alpha}$ 的第 i 个分量或第 i 个坐标. 分量全为零的向量称为零向量，记作 $\boldsymbol{0}$.

n 维向量可以看作是矩阵的特例. 行向量 $\boldsymbol{\alpha}=(a_1,a_2,\cdots,a_n)$ 可以看作是行矩阵，列向量 $\boldsymbol{\alpha}=\begin{pmatrix}a_1\\a_2\\a_3\\a_4\end{pmatrix}$ 可以看作是列矩阵，因此向量的运算与矩阵运算相同.

因为向量可以看成矩阵，因此向量的相等，相加、减，数与向量相乘都可以看成矩阵运算.

两个 n 维向量 $\boldsymbol{\alpha}=(a_1,a_2,\cdots,a_n)$ 与 $\boldsymbol{\beta}=(b_1,b_2,\cdots,b_n)$ 当且仅当 $a_i=b_i(i=1,2,\cdots,n)$ 时称为相等，记作：$\boldsymbol{\alpha}=\boldsymbol{\beta}$.

n 维向量 $\boldsymbol{\alpha}=(a_1,a_2,\cdots,a_n)$ 各分量的 k 倍所组成的 n 维向量，称为数 k 与向量 $\boldsymbol{\alpha}$ 的乘积，记作：$k\boldsymbol{\alpha}$. 即 $k\boldsymbol{\alpha}=k(a_1,a_2,\cdots,a_n)=(ka_1,ka_2,\cdots,ka_n)$. 显然，$k\boldsymbol{0}=\boldsymbol{0}$，$0\alpha=\boldsymbol{0}$.

两个 n 维向量 $\boldsymbol{\alpha}=(a_1,a_2,\cdots,a_n)$，$\boldsymbol{\beta}=(b_1,b_2,\cdots,b_n)$ 的对应分量之和构成的 n 维向量，

称为 $\boldsymbol{\alpha}$ 与 $\boldsymbol{\beta}$ 的和，记作：$\boldsymbol{\alpha}+\boldsymbol{\beta}$. 即 $\boldsymbol{\alpha}+\boldsymbol{\beta}=(a_1+b_1,a_2+b_2,\cdots,a_n+b_n)$.

向量 $(-a_1,-a_2,\cdots,-a_n)$ 称为向量 $\boldsymbol{\alpha}$ 的负向量，记作：$-\boldsymbol{\alpha}=(-a_1,-a_2,\cdots,-a_n)$. 因此，可定义向量减法 $\boldsymbol{\alpha}-\boldsymbol{\beta}=\boldsymbol{\alpha}+(-\boldsymbol{\beta})=(a_1-b_1,a_2-b_2,\cdots,a_n-b_n)$.

【例 12.3.1】 已知向量 $\boldsymbol{\alpha}_1=(4,1,3,-2)$，$\boldsymbol{\alpha}_2=(1,0,3,1)$，$\boldsymbol{\alpha}_3=(5,7,0,0)$，求满足等式 $3(\boldsymbol{\alpha}_1-\boldsymbol{\beta})+2(\boldsymbol{\beta}+\boldsymbol{\alpha}_2)=5(\boldsymbol{\alpha}_3+\boldsymbol{\beta})$ 的向量 $\boldsymbol{\beta}$.

解 由已知等式得

$$\boldsymbol{\beta}=\frac{1}{6}(3\boldsymbol{\alpha}_1+2\boldsymbol{\alpha}_2-5\boldsymbol{\alpha}_3)=\frac{1}{6}(-11,-32,15,-4)=\left(-\frac{11}{6},-\frac{16}{3},\frac{5}{2},-\frac{2}{3}\right).$$

不难验证，数与向量乘法和向量的加减法，满足以下运算规律（设 $\boldsymbol{\alpha},\boldsymbol{\beta},\boldsymbol{\gamma}$ 是向量，k,l 是常数）：

(1) $\boldsymbol{\alpha}+\boldsymbol{\beta}=\boldsymbol{\beta}+\boldsymbol{\alpha}$（交换律）；

(2) $\boldsymbol{\alpha}+(\boldsymbol{\beta}+\boldsymbol{\gamma})=(\boldsymbol{\alpha}+\boldsymbol{\beta})+\boldsymbol{\gamma}$（结合律）；

(3) $\boldsymbol{\alpha}+\boldsymbol{0}=\boldsymbol{\alpha}$；

(4) $\boldsymbol{\alpha}+(-\boldsymbol{\alpha})=\boldsymbol{0}$；

(5) $(k+l)\boldsymbol{\alpha}=k\boldsymbol{\alpha}+l\boldsymbol{\alpha}$；

(6) $k(\boldsymbol{\alpha}+\boldsymbol{\beta})=k\boldsymbol{\alpha}+k\boldsymbol{\beta}$；

(7) $(kl)\boldsymbol{\alpha}=k(l\boldsymbol{\alpha})$；

(8) $1\cdot\boldsymbol{\alpha}=\boldsymbol{\alpha}$.

二、向量的线性组合

通常我们称同维数的 m 个行向量（或同维数的列向量）$\boldsymbol{\alpha}_1,\boldsymbol{\alpha}_2,\cdots,\boldsymbol{\alpha}_m$ 为**向量组**.

对于线性方程组

$$\begin{cases}a_{11}x_1+a_{12}x_2+\cdots+a_{1n}x_n=b_1\\a_{21}x_1+a_{22}x_2+\cdots+a_{2n}x_n=b_2\\\cdots\cdots\\a_{m1}x_1+a_{m2}x_2+\cdots+a_{mn}x_n=b_m\end{cases}\qquad(*)$$

结合上述向量的线性运算，可写成常数列向量和系数列向量如下的线性关系

$$x_1\boldsymbol{\alpha}_1+x_2\boldsymbol{\alpha}_2+\cdots+x_n\boldsymbol{\alpha}_n=\boldsymbol{\beta},$$

并称之为线性方程组（$*$）的**向量形式**. 其中

$$\boldsymbol{\alpha}_j=\begin{pmatrix}a_{1j}\\a_{2j}\\\vdots\\a_{mj}\end{pmatrix},\ \boldsymbol{\beta}=\begin{pmatrix}b_1\\b_2\\\vdots\\b_m\end{pmatrix}.$$

线性方程组（$*$）是否有解，相当于是否存在一组数：$x_1=k_1,x_2=k_2,\cdots,x_n=k_n$，使得线性关系 $x_1\boldsymbol{\alpha}_1+x_2\boldsymbol{\alpha}_2+\cdots+x_n\boldsymbol{\alpha}_n=\boldsymbol{\beta}$ 成立，即常数列向量是否可以表示成系数列向量组 $\boldsymbol{\alpha}_1,\boldsymbol{\alpha}_2,\cdots,\boldsymbol{\alpha}_n$ 的线性关系式. 如果可以表示，方程组有解；否则方程组无解.

定义 12-2 设向量 $\boldsymbol{\alpha}_1,\boldsymbol{\alpha}_2,\cdots,\boldsymbol{\alpha}_m$ 和 $\boldsymbol{\beta}$ 都是 n 维向量，若存在一组数 $k_1,k_2,\cdots,k_m$，使

$$k_1\boldsymbol{\alpha}_1+k_2\boldsymbol{\alpha}_2+\cdots+k_m\boldsymbol{\alpha}_m=\boldsymbol{\beta},$$

则称向量 $\boldsymbol{\beta}$ 是向量组 $\boldsymbol{\alpha}_1,\boldsymbol{\alpha}_2,\cdots,\boldsymbol{\alpha}_m$ 的线性组合，亦称 $\boldsymbol{\beta}$ 可由 $\boldsymbol{\alpha}_1,\boldsymbol{\alpha}_2,\cdots,\boldsymbol{\alpha}_m$ 线性表示.

如 $\boldsymbol{\beta}=(2,-1,1)$，$\boldsymbol{\alpha}_1=(1,0,0)$，$\boldsymbol{\alpha}_2=(0,1,0)$，$\boldsymbol{\alpha}_3=(0,0,1)$. 显然 $\boldsymbol{\beta}=2\boldsymbol{\alpha}_1-\boldsymbol{\alpha}_2+\boldsymbol{\alpha}_3$，即 $\boldsymbol{\beta}$ 是 $\boldsymbol{\alpha}_1,\boldsymbol{\alpha}_2,\boldsymbol{\alpha}_3$ 的线性组合，或说 $\boldsymbol{\beta}$ 可由 $\boldsymbol{\alpha}_1,\boldsymbol{\alpha}_2,\boldsymbol{\alpha}_3$ 线性表示.

注：零向量是任意一组向量 $\boldsymbol{\alpha}_1,\boldsymbol{\alpha}_2,\cdots,\boldsymbol{\alpha}_m$ 的线性组合，因为显然有

$$\boldsymbol{0}=0\cdot\boldsymbol{\alpha}_1+0\cdot\boldsymbol{\alpha}_2+\cdots+0\cdot\boldsymbol{\alpha}_m.$$

【例 12.3.2】 设有向量 $\boldsymbol{\alpha}_1=(1,-1,1)$，$\boldsymbol{\alpha}_2=(2,5,-7)$，$\boldsymbol{\beta}=(-4,-17,23)$，试问 $\boldsymbol{\beta}$ 是否为向量 $\boldsymbol{\alpha}_1,\boldsymbol{\alpha}_2$ 的线性组合.

解 如果 $\boldsymbol{\beta}$ 是向量 $\boldsymbol{\alpha}_1,\boldsymbol{\alpha}_2$ 的线性组合，那么存在一组数 k_1,k_2，使得

$$\boldsymbol{\beta}=k_1\boldsymbol{\alpha}_1+k_2\boldsymbol{\alpha}_2,$$

即 $(-4,-17,23)=k_1(1,-1,1)+k_2(2,5,-7)$. 得线性方程组

$$\begin{cases}k_1+2k_2=-4\\-k_1+5k_2=-17,\\k_1-7k_2=23\end{cases}$$

解该方程组得 $k_1=2,k_2=-3$. 所以 $\boldsymbol{\beta}$ 是向量 $\boldsymbol{\alpha}_1,\boldsymbol{\alpha}_2$ 的线性组合，即有 $\boldsymbol{\beta}=2\boldsymbol{\alpha}_1-3\boldsymbol{\alpha}_2$.

三、向量组的相关性

定义 12-3 设 n 维向量组 $\boldsymbol{\alpha}_1,\boldsymbol{\alpha}_2,\cdots,\boldsymbol{\alpha}_m$，如果存在一组不全为零的实数 $k_1,k_2,\cdots,k_m$，使

$$k_1\boldsymbol{\alpha}_1+k_2\boldsymbol{\alpha}_2+\cdots+k_m\boldsymbol{\alpha}_m=\boldsymbol{0}.$$

成立，则称向量组 $\boldsymbol{\alpha}_1,\boldsymbol{\alpha}_2,\cdots,\boldsymbol{\alpha}_m$ **线性相关**，否则称**线性无关**.

所谓 $\boldsymbol{\alpha}_1,\boldsymbol{\alpha}_2,\cdots,\boldsymbol{\alpha}_m$ 线性无关，就是 $k_1\boldsymbol{\alpha}_1+k_2\boldsymbol{\alpha}_2+\cdots+k_m\boldsymbol{\alpha}_m=\boldsymbol{0}$ 当且仅当 $k_1=k_2=\cdots=k_m=0$ 时成立.

【例 12.3.3】 判断向量组 $\boldsymbol{\alpha}_1=\begin{pmatrix}1\\2\\-1\end{pmatrix}$，$\boldsymbol{\alpha}_2=\begin{pmatrix}5\\1\\3\end{pmatrix}$，$\boldsymbol{\alpha}_3=\begin{pmatrix}2\\1\\4\end{pmatrix}$ 是线性相关还是线性无关.

解 设存在一组 k_1,k_2,k_3，使得 $k_1\boldsymbol{\alpha}_1+k_2\boldsymbol{\alpha}_2+k_3\boldsymbol{\alpha}_3=\boldsymbol{0}$

即

$$k_1\begin{pmatrix}1\\2\\-1\end{pmatrix}+k_2\begin{pmatrix}5\\1\\3\end{pmatrix}+k_3\begin{pmatrix}2\\1\\4\end{pmatrix}=\boldsymbol{0}.$$

微课：向量组相关性的判定

得方程组

$$\begin{cases}k_1+5k_2+2k_3=0\\2k_1+k_2+k_3=0\\-k_1+3k_2+4k_3=0\end{cases},$$

这是以 k_1,k_2,k_3 为未知量的齐次线性方程组,将系数矩阵 $\boldsymbol{A}$ 经过初等行变换得

$$\boldsymbol{A}=\begin{pmatrix}1&5&2\\2&1&1\\-1&3&4\end{pmatrix}\to\begin{pmatrix}1&5&2\\0&-9&-3\\0&8&6\end{pmatrix}\to\begin{pmatrix}1&5&2\\0&1&-3\\0&0&30\end{pmatrix}.$$

由于 $r(\boldsymbol{A})=3$,所以方程组只有零解,$k_1=k_2=k_3=0$,因此 $\boldsymbol{\alpha}_1,\boldsymbol{\alpha}_2,\boldsymbol{\alpha}_3$ 线性无关.

由【例 12.3.3】可看出,要判断向量组 $\boldsymbol{\alpha}_1,\boldsymbol{\alpha}_2,\boldsymbol{\alpha}_3$ 是否线性相关,只要判断矩阵 $\boldsymbol{A}=(\boldsymbol{\alpha}_1,\boldsymbol{\alpha}_2,\boldsymbol{\alpha}_3)$($\boldsymbol{\alpha}_1,\boldsymbol{\alpha}_2,\boldsymbol{\alpha}_3$ 为列向量) 的秩是否小于向量的个数,由此可以得到判断向量组线性相关的一般方法.

定理 12-4 当 $\boldsymbol{\alpha}_1,\boldsymbol{\alpha}_2,\cdots,\boldsymbol{\alpha}_m$ 为列向量时,构建矩阵 $\boldsymbol{A}=(\boldsymbol{\alpha}_1,\boldsymbol{\alpha}_2,\cdots,\boldsymbol{\alpha}_m)$,当 $\boldsymbol{\alpha}_1,\boldsymbol{\alpha}_2,\cdots,\boldsymbol{\alpha}_m$ 为行向量时,构建矩阵 $\boldsymbol{A}=(\boldsymbol{\alpha}_1^{\mathrm{T}},\boldsymbol{\alpha}_2^{\mathrm{T}},\cdots\boldsymbol{\alpha}_m^{\mathrm{T}})$,若向量组 $\boldsymbol{\alpha}_1,\boldsymbol{\alpha}_2,\cdots,\boldsymbol{\alpha}_m$ 的秩 $r(\boldsymbol{A})<m$,那么向量组 $\boldsymbol{\alpha}_1,\boldsymbol{\alpha}_2,\cdots,\boldsymbol{\alpha}_m$ 线性相关,若 $r(\boldsymbol{A})=m$,那么向量组 $\boldsymbol{\alpha}_1,\boldsymbol{\alpha}_2,\cdots,\boldsymbol{\alpha}_m$ 线性无关.

【例 12.3.4】 判别 $\boldsymbol{\alpha}_1=(1,0,-1,2),\boldsymbol{\alpha}_2=(-1,-1,2,-4),\boldsymbol{\alpha}_3=(2,3,-5,10)$ 是否线性相关.

解 对矩阵$(\boldsymbol{\alpha}_1^{\mathrm{T}},\boldsymbol{\alpha}_2^{\mathrm{T}},\boldsymbol{\alpha}_3^{\mathrm{T}})$施以初等行变换化为阶梯形矩阵,

$$\begin{pmatrix}1&-1&2\\0&-1&3\\-1&2&-5\\2&-4&10\end{pmatrix}\to\begin{pmatrix}1&-1&2\\0&-1&3\\0&1&-3\\0&-2&6\end{pmatrix}\to\begin{pmatrix}1&-1&2\\0&1&-3\\0&0&0\\0&0&0\end{pmatrix}.$$

由于 $r(\boldsymbol{\alpha}_1^{\mathrm{T}},\boldsymbol{\alpha}_2^{\mathrm{T}},\boldsymbol{\alpha}_3^{\mathrm{T}})=2<3$,所以向量组 $\boldsymbol{\alpha}_1,\boldsymbol{\alpha}_2,\boldsymbol{\alpha}_3$ 线性相关.

【例 12.3.5】 判断向量组 $\boldsymbol{\alpha}_1=(3,4,-2,5),\boldsymbol{\alpha}_2=(2,-5,0,-3),\boldsymbol{\alpha}_3=(5,0,-1,2),\boldsymbol{\alpha}_4=(3,3,-3,5)$ 是否线性相关? 若线性相关,求出一组相关系数.

解 设 $k_1\boldsymbol{\alpha}_1+k_2\boldsymbol{\alpha}_2+k_3\boldsymbol{\alpha}_3+k_4\boldsymbol{\alpha}_4=\boldsymbol{0}$,构建矩阵 $\boldsymbol{A}=(\boldsymbol{\alpha}_1^{\mathrm{T}},\boldsymbol{\alpha}_2^{\mathrm{T}},\boldsymbol{\alpha}_3^{\mathrm{T}},\boldsymbol{\alpha}_4^{\mathrm{T}})$ 并对矩阵 $\boldsymbol{A}$ 施行初等行变换,化为行最简阶梯形矩阵.

$$\boldsymbol{A}=\begin{pmatrix}3&2&5&3\\4&-5&0&3\\-2&0&-1&-3\\5&-3&2&5\end{pmatrix}\longrightarrow\begin{pmatrix}3&2&5&3\\0&1&1&0\\0&0&1&-1\\0&0&0&0\end{pmatrix}\longrightarrow\begin{pmatrix}1&0&0&2\\0&1&0&1\\0&0&1&-1\\0&0&0&0\end{pmatrix},$$

$r(\boldsymbol{A})=3<4$,所以向量组 $\boldsymbol{\alpha}_1,\boldsymbol{\alpha}_2,\boldsymbol{\alpha}_3,\boldsymbol{\alpha}_4$ 线性相关.

齐次线性方程组 $k_1\boldsymbol{\alpha}_1+k_2\boldsymbol{\alpha}_2+k_3\boldsymbol{\alpha}_3+k_4\boldsymbol{\alpha}_4=\boldsymbol{0}$ 的解为$\begin{cases}k_1=-2c\\k_2=-c\\k_3=c\\k_4=c\end{cases}$ $(c\in\mathbf{R})$.

取 $c=1$,得 $k_1=-2,k_2=-1,k_3=1,k_4=1$.

【例 12.3.6】 证明:如果向量组 $\boldsymbol{\alpha},\boldsymbol{\beta},\boldsymbol{\gamma}$ 线性无关,则向量组 $\boldsymbol{\alpha}+\boldsymbol{\beta},\boldsymbol{\beta}+\boldsymbol{\gamma},\boldsymbol{\gamma}+\boldsymbol{\alpha}$ 也线性无关.

证　设有一组数 k_1,k_2,k_3 使

$$k_1(\boldsymbol{\alpha}+\boldsymbol{\beta})+k_2(\boldsymbol{\beta}+\boldsymbol{\gamma})+k_3(\boldsymbol{\gamma}+\boldsymbol{\alpha})=\boldsymbol{0}$$

成立,整理得

$$(k_1+k_3)\boldsymbol{\alpha}+(k_1+k_2)\boldsymbol{\beta}+(k_2+k_3)\boldsymbol{\gamma}=\boldsymbol{0}.$$

因 $\boldsymbol{\alpha},\boldsymbol{\beta},\boldsymbol{\gamma}$ 线性无关,故 $\begin{cases}k_1+k_3=0\\k_1+k_2=0.\\k_2+k_3=0\end{cases}$

又因系数行列式 $\begin{vmatrix}1&0&1\\1&1&0\\0&1&1\end{vmatrix}=2\neq 0$,故方程组只有零解,即只有 $k_1=k_2=k_3=0$ 时 $k_1(\boldsymbol{\alpha}+\boldsymbol{\beta})+k_2(\boldsymbol{\beta}+\boldsymbol{\gamma})+k_3(\boldsymbol{\gamma}+\boldsymbol{\alpha})=\boldsymbol{0}$ 才成立. 所以,向量组 $\boldsymbol{\alpha}+\boldsymbol{\beta},\boldsymbol{\beta}+\boldsymbol{\gamma},\boldsymbol{\gamma}+\boldsymbol{\alpha}$ 线性无关.

习题 12-3

1. 已知向量 $\boldsymbol{\alpha},\boldsymbol{\beta}$ 满足 $3\boldsymbol{\alpha}+4\boldsymbol{\beta}=(2,1,1,2)^{\mathrm{T}}$,$2\boldsymbol{\alpha}+3\boldsymbol{\beta}=(-1,2,3,1)^{\mathrm{T}}$,求向量 $\boldsymbol{\alpha},\boldsymbol{\beta}$.

2. 设向量组 $\boldsymbol{\alpha}_1=(1,1,1)$,$\boldsymbol{\alpha}_2=(1,2,3)$,$\boldsymbol{\alpha}_3=(1,3,t)$,

(1) 问当 t 为何值时,向量组 $\boldsymbol{\alpha}_1,\boldsymbol{\alpha}_2,\boldsymbol{\alpha}_3$ 线性无关;

(2) 问当 t 为何值时,向量组 $\boldsymbol{\alpha}_1,\boldsymbol{\alpha}_2,\boldsymbol{\alpha}_3$ 线性相关;

(3) 当向量组 $\boldsymbol{\alpha}_1,\boldsymbol{\alpha}_2,\boldsymbol{\alpha}_3$ 线性相关时,将 $\boldsymbol{\alpha}_3$ 表示为 $\boldsymbol{\alpha}_1$ 和 $\boldsymbol{\alpha}_2$ 的线性组合.

第四节　向量组的秩

对任意给定的一个 n 维向量组,在讨论其线性相关性问题时,如何找出尽可能少的向量去表示全体向量组呢? 这就是我们下面要讨论的问题.

定义 12-4　设 $\boldsymbol{T}$ 是 n 维向量所组成的向量组,在 $\boldsymbol{T}$ 中选取 r 个向量 $\boldsymbol{\alpha}_1,\boldsymbol{\alpha}_2,\cdots,\boldsymbol{\alpha}_r$,如果满足:

(1) $\boldsymbol{\alpha}_1,\boldsymbol{\alpha}_2,\cdots,\boldsymbol{\alpha}_r$ 线性无关;

(2) 对于任意 $\boldsymbol{\alpha}\in\boldsymbol{T}$,$\boldsymbol{\alpha}$ 可由 $\boldsymbol{\alpha}_1,\boldsymbol{\alpha}_2,\cdots,\boldsymbol{\alpha}_r$ 线性表示.

则称向量组 $\boldsymbol{\alpha}_1,\boldsymbol{\alpha}_2,\cdots,\boldsymbol{\alpha}_r$ 为向量组 $\boldsymbol{T}$ 的一个**极大无关组**.

【例 12.4.1】 设向量组 $\boldsymbol{\alpha}_1=(-1,0,2)$,$\boldsymbol{\alpha}_2=(1,-1,1)$,$\boldsymbol{\alpha}_3=(1,0,-2)$,可以验证向量组 $\boldsymbol{\alpha}_1,\boldsymbol{\alpha}_2,\boldsymbol{\alpha}_3$ 线性相关,但其中部分向量组 $\boldsymbol{\alpha}_1,\boldsymbol{\alpha}_2$ 线性无关,而且 $\boldsymbol{\alpha}_1,\boldsymbol{\alpha}_2,\boldsymbol{\alpha}_3$ 都可以由 $\boldsymbol{\alpha}_1,\boldsymbol{\alpha}_2$ 线性表出:

$$\boldsymbol{\alpha}_1=1\boldsymbol{\alpha}_1+0\boldsymbol{\alpha}_2,\ \boldsymbol{\alpha}_2=0\boldsymbol{\alpha}_1+1\boldsymbol{\alpha}_2,\ \boldsymbol{\alpha}_3=-1\boldsymbol{\alpha}_1+0\boldsymbol{\alpha}_2,$$

所以 $\boldsymbol{\alpha}_1,\boldsymbol{\alpha}_2$ 为 $\boldsymbol{\alpha}_1,\boldsymbol{\alpha}_2,\boldsymbol{\alpha}_3$ 的一个极大无关组.

同理可以验证 $\boldsymbol{\alpha}_2,\boldsymbol{\alpha}_3$ 也是 $\boldsymbol{\alpha}_1,\boldsymbol{\alpha}_2,\boldsymbol{\alpha}_3$ 的一个极大无关组.

特别地,若向量组本身线性无关,则该向量组就是一个极大无关组.

一般地，向量组的极大无关组可能不止一个，但它们的共性是极大无关组所含向量的个数是相同的. 我们表述成如下的定理.

定理 12－5 一个向量组中，若存在多个极大无关组，则它们所含向量的个数是相同的.

由该定理可知，向量组的极大无关组所含的向量的个数是一个不变量.

定义 12－5 向量组的极大无关组所含的向量的个数，称为向量组的**秩**.

因此，求一个向量组 $\boldsymbol{\alpha}_1,\boldsymbol{\alpha}_2,\cdots,\boldsymbol{\alpha}_m$ 的秩与极大无关组的方法如下：

(1) 由向量组 $\boldsymbol{\alpha}_1,\boldsymbol{\alpha}_2,\cdots,\boldsymbol{\alpha}_m$ 构造成一个矩阵 $\boldsymbol{A}$，使矩阵 $\boldsymbol{A}$ 的第 i 列元素依次为 $\boldsymbol{\alpha}_i$ 的分量；

(2) 用矩阵初等行变换将 $\boldsymbol{A}$ 化为阶梯形矩阵 $\boldsymbol{B}$，于是向量组的秩等于 $r(\boldsymbol{B})$；

(3) 矩阵 $\boldsymbol{B}$ 的非零行第一个非零元素所在列对应的矩阵 $\boldsymbol{A}$ 的列向量组，即为向量组 $\boldsymbol{\alpha}_1,\boldsymbol{\alpha}_2,\cdots,\boldsymbol{\alpha}_m$ 的一个极大无关组.

【例 12.4.2】 设向量组 $\boldsymbol{\alpha}_1=(1,-2,2,3)$，$\boldsymbol{\alpha}_2=(-2,4,-1,3)$，$\boldsymbol{\alpha}_3=(-1,2,0,3)$，$\boldsymbol{\alpha}_4=(0,6,2,3)$，求向量组的秩及其一个极大无关组，并把其余向量用此极大无关组线性表示.

解 构造以 $\boldsymbol{\alpha}_1,\boldsymbol{\alpha}_2,\boldsymbol{\alpha}_3,\boldsymbol{\alpha}_4$ 为列向量的矩阵

$$\boldsymbol{A}=\begin{pmatrix}1&-2&-1&0\\-2&4&2&6\\2&-1&0&2\\3&3&3&3\end{pmatrix}\to\begin{pmatrix}1&-2&-1&0\\0&0&0&6\\0&3&2&2\\0&9&6&3\end{pmatrix}\to\begin{pmatrix}1&-2&-1&0\\0&3&2&2\\0&9&6&3\\0&0&0&6\end{pmatrix}$$

$$\to\begin{pmatrix}1&-2&-1&0\\0&3&2&2\\0&0&0&-3\\0&0&0&6\end{pmatrix}\to\begin{pmatrix}1&-2&-1&0\\0&3&2&2\\0&0&0&-3\\0&0&0&0\end{pmatrix}\to\begin{pmatrix}1&0&\frac{1}{3}&0\\0&1&\frac{2}{3}&0\\0&0&0&1\\0&0&0&0\end{pmatrix}$$

因此，$r(\boldsymbol{A})=3$，从而向量组 $\boldsymbol{\alpha}_1,\boldsymbol{\alpha}_2,\boldsymbol{\alpha}_3,\boldsymbol{\alpha}_4$ 的秩等于 3，向量组 $\boldsymbol{\alpha}_1,\boldsymbol{\alpha}_2,\boldsymbol{\alpha}_4$ 就是原向量组的一个极大无关组，且 $\boldsymbol{\alpha}_3=\frac{1}{3}\boldsymbol{\alpha}_1+\frac{2}{3}\boldsymbol{\alpha}_2+0\boldsymbol{\alpha}_4$.

习题 12－4

1. 求下列向量组的秩及其一个极大无关组：

$\boldsymbol{\alpha}_1=(1,1,3,1)$，$\boldsymbol{\alpha}_2=(-1,1,-1,3)$，$\boldsymbol{\alpha}_3=(5,-2,8,-9)$，$\boldsymbol{\alpha}_4=(-1,3,1,7)$.

2. 已知向量组 $\boldsymbol{\alpha}_1=(1,2,-1,1)$，$\boldsymbol{\alpha}_2=(2,0,t,0)$，$\boldsymbol{\alpha}_3=(0,-4,5,-2)$ 的秩为 2，求 t 的值.

第五节 线性方程组解的结构

当线性方程组有无穷多解时，虽然可以用通解的一般形式将它表示出来，但解与解之间

的关系并没有得到反映. 本节将利用 n 维向量与矩阵秩的有关知识,讨论线性方程组解集合的重要特性,即在线性方程组有无穷多个解的情况下,它的全部解可以用有限个解线性表示,从而使我们对线性方程组的解有一个基本的了解.

一、齐次线性方程组解的结构

微课:齐次线性方程组

齐次线性方程组(Δ)的矩阵形式为 $\boldsymbol{AX}=\boldsymbol{0}$,其中

$$\boldsymbol{A}=(a_{ij})_{m\times n},\boldsymbol{X}=\begin{pmatrix}x_1\\x_2\\\vdots\\x_n\end{pmatrix},$$

若 $x_1=c_1,x_2=c_2,\cdots,x_n=c_n$ 为齐次线性方程组(Δ)的解,则 $\boldsymbol{\xi}=\begin{pmatrix}c_1\\c_2\\\vdots\\c_n\end{pmatrix}$ 称为齐次线性方程组(Δ)的**解向量**,简称为**解**. 齐次线性方程组(Δ)的解有如下性质:

性质 12-1 若 $\boldsymbol{X}=\boldsymbol{\xi}_1,\boldsymbol{X}=\boldsymbol{\xi}_2$ 是齐次线性方程组 $\boldsymbol{AX}=\boldsymbol{0}$ 的解,则 $\boldsymbol{X}=\boldsymbol{\xi}_1+\boldsymbol{\xi}_2$ 也是齐次线性方程组(Δ)的解.

证 因为 $\boldsymbol{\xi}_1,\boldsymbol{\xi}_2$ 都是齐次线性方程组 $\boldsymbol{AX}=\boldsymbol{0}$ 的解,所以

$$\boldsymbol{A\xi}_1=\boldsymbol{0},\boldsymbol{A\xi}_2=\boldsymbol{0}.$$

故有 $\boldsymbol{A}(\boldsymbol{\xi}_1+\boldsymbol{\xi}_2)=\boldsymbol{A\xi}_1+\boldsymbol{A\xi}_2=\boldsymbol{0}+\boldsymbol{0}=\boldsymbol{0}$, 即 $\boldsymbol{\xi}_1+\boldsymbol{\xi}_2$ 是方程组 $\boldsymbol{AX}=\boldsymbol{0}$ 的解.

性质 12-2 若 $\boldsymbol{A}=\boldsymbol{\xi}$ 是齐次线性方程组 $\boldsymbol{AX}=\boldsymbol{0}$ 的解,k 是实数,则 $\boldsymbol{X}=k\boldsymbol{\xi}$ 也是齐次线性方程组 $\boldsymbol{AX}=\boldsymbol{0}$的解.

证 因为 $\boldsymbol{\xi}$ 是齐次线性方程组 $\boldsymbol{AX}=\boldsymbol{0}$ 的解,所以

$$\boldsymbol{A\xi}=\boldsymbol{0}.$$

故有 $\boldsymbol{A}(k\boldsymbol{\xi})=k\boldsymbol{A\xi}=k\boldsymbol{0}=\boldsymbol{0}$, 即 $k\boldsymbol{\xi}$ 也是齐次线性方程组 $\boldsymbol{AX}=\boldsymbol{0}$的解.

由这两个性质容易推出如下性质:

性质 12-3 若 $\boldsymbol{\xi}_1,\boldsymbol{\xi}_2,\cdots,\boldsymbol{\xi}_s$ 是齐次线性方程组 $\boldsymbol{AX}=\boldsymbol{0}$ 的解,则它们的任意一个线性组合

$$k_1\boldsymbol{\xi}_1+k_2\boldsymbol{\xi}_2+\cdots+k_s\boldsymbol{\xi}_s$$

也是齐次线性方程组 $\boldsymbol{AX}=\boldsymbol{0}$ 的解.

由此可知,如果一个齐次线性方程组有非零解,则它就有无穷多个解,这无穷多个解就构成了一个 n 维向量组. 如果我们能求出这个向量组的一个极大无关组,就能用它的线性组合来表示它的全部解,为此我们先引入基础解系的概念.

定义 12-6 设 $\boldsymbol{\xi}_1,\boldsymbol{\xi}_2,\cdots,\boldsymbol{\xi}_s$ 是齐次线性方程组(Δ)的 s 个解,如果满足:

(1) $\boldsymbol{\xi}_1,\boldsymbol{\xi}_2,\cdots,\boldsymbol{\xi}_s$ 线性无关;

(2) 方程组(Δ)的任意一个解都可以由 $\boldsymbol{\xi}_1,\boldsymbol{\xi}_2,\cdots,\boldsymbol{\xi}_s$ 线性表示.

则称 $\boldsymbol{\xi}_1,\boldsymbol{\xi}_2,\cdots,\boldsymbol{\xi}_s$ 为方程组(Δ)的一个**基础解系**.

由定义知,基础解系实际上是方程组(Δ)所有解向量的一个极大无关组,当方程组 $\boldsymbol{AX}=\boldsymbol{0}$ 的系数矩阵的秩 $r(\boldsymbol{A})=n$(未知量个数)时,方程组只有零解,而当 $r(\boldsymbol{A})<n$ 时,有下列定理:

定理 12-6 如果齐次线性方程组 $\boldsymbol{AX}=\boldsymbol{0}$ 的系数矩阵 $\boldsymbol{A}$ 的秩 $r(\boldsymbol{A})=r<n$,则该齐次线性方程组的基础解系一定存在,且每个基础解系中含有 $n-r$ 个解向量.

以下介绍基础解系的求法:

(1) 把齐次线性方程组的系数写成矩阵 $\boldsymbol{A}$;

(2) 把 $\boldsymbol{A}$ 通过初等行变换化为行最简阶梯形矩阵;

(3) 设 $r(\boldsymbol{A})=r$,我们选择系数矩阵 $\boldsymbol{A}$ 所对应的行最简阶梯形矩阵中各非零行的首个非零元素所在列对应的未知量为主未知量,其余未知量为自由未知量,共有 $n-r$ 个;

(4) 分别令自由未知量中一个为 1,其余为 0 的办法,求出 $n-r$ 个解向量,这 $n-r$ 个解向量即构成基础解系.

定理 12-7 设齐次线性方程组(Δ)的系数矩阵 $\boldsymbol{A}$ 的秩 $r(\boldsymbol{A})=r<n$,则齐次线性方程组(Δ)的任一基础解系含有 $n-r$ 个解向量;如果 $\boldsymbol{\xi}_1,\boldsymbol{\xi}_2,\cdots,\boldsymbol{\xi}_{n-r}$ 是一个基础解系,则齐次线性方程组(Δ)的任一解可表示为

$$\boldsymbol{X}=k_1\boldsymbol{\xi}_1+\cdots+k_{n-r}\boldsymbol{\xi}_{n-r},\ (\text{其中 } k_1,k_2,\cdots,k_{n-r}\text{为一组任意常数}).$$

这种表达形式称为齐次线性方程组(Δ)的**通解**.

【例 12.5.1】 求齐次线性方程组

$$\begin{cases}2x_1+2x_2-3x_3-4x_4-7x_5=0\\x_1+x_2-x_3+2x_4+3x_5=0\\-x_1-x_2+2x_3-x_4+3x_5=0\end{cases}$$

的一个基础解系,并用它表示该线性方程组的全部解.

解 对系数矩阵 $\boldsymbol{A}$ 施行如下初等行变换:

$$\boldsymbol{A}=\begin{pmatrix}2&2&-3&-4&-7\\1&1&-1&2&3\\-1&-1&2&-1&3\end{pmatrix}\to\begin{pmatrix}1&1&-1&2&3\\2&2&-3&-4&-7\\-1&-1&2&-1&3\end{pmatrix}$$

$$\to\begin{pmatrix}1&1&-1&2&3\\0&0&-1&-8&-13\\0&0&1&1&6\end{pmatrix}\to\begin{pmatrix}1&1&0&10&16\\0&0&-1&-8&-13\\0&0&0&-7&-7\end{pmatrix}$$

$$\to\begin{pmatrix}1&1&0&10&16\\0&0&1&8&13\\0&0&0&1&1\end{pmatrix}\to\begin{pmatrix}1&1&0&0&6\\0&0&1&0&5\\0&0&0&1&1\end{pmatrix},$$

即得方程组的一般解为

$$\begin{cases}x_1=-x_2-6x_5\\x_3=-5x_5\\x_4=-x_5\end{cases}\quad(\text{其中 } x_2,x_5\text{ 为自由未知量}).$$

取自由未知量$\begin{pmatrix}x_2\\x_5\end{pmatrix}$分别为$\begin{pmatrix}1\\0\end{pmatrix}$，$\begin{pmatrix}0\\1\end{pmatrix}$，得方程组的一个基础解系

$$\boldsymbol{\xi}_1=\begin{pmatrix}-1\\1\\0\\0\\0\end{pmatrix},\boldsymbol{\xi}_2=\begin{pmatrix}-6\\0\\-5\\-1\\1\end{pmatrix}.$$

所以方程组的全部解为$\boldsymbol{X}=k_1\boldsymbol{\xi}_1+k_2\boldsymbol{\xi}_2$，$k_1$，$k_2$为任意实数.

【例 12.5.2】 写出一个以$\xi_1=\begin{pmatrix}2\\-3\\1\\0\end{pmatrix}$，$\xi_2=\begin{pmatrix}-2\\4\\0\\1\end{pmatrix}$为基础解系的齐次线性方程组.

解　根据已知可得该齐次方程组的通解为

$$\boldsymbol{X}=k_1\begin{pmatrix}2\\-3\\1\\0\end{pmatrix}+k_2\begin{pmatrix}-2\\4\\0\\1\end{pmatrix},$$

与此等价的线性方程组可以写成

$$\begin{cases}x_1=2k_1-k_2\\x_2=-3k_1+4k_2\\x_3=k_1\\x_4=k_2\end{cases}\quad\text{或}\begin{cases}x_1=2x_3-x_4\\x_2=-3x_3+x_4\end{cases}\quad\text{或}\begin{cases}x_1-2x_3+x_4=0\\x_2+3x_3-x_4=0\end{cases},$$

这就是一个满足题目要求的齐次线性方程组.

二、非齐次线性方程组解的结构

非齐次线性方程组与其对应的齐次线性方程组的解之间有着密切的联系，为了方便起见，我们将非齐次线性方程组

$$\begin{cases}a_{11}x_1+a_{12}x_2+\cdots+a_{1n}x_n=b_1\\a_{21}x_1+a_{22}x_2+\cdots+a_{2n}x_n=b_2\\\cdots\cdots\\a_{m1}x_1+a_{m2}x_2+\cdots+a_{mn}x_n=b_m\end{cases}$$

所对应的齐次线性方程组

$$\begin{cases}a_{11}x_1+a_{12}x_2+\cdots+a_{1n}x_n=0\\a_{21}x_1+a_{22}x_2+\cdots+a_{2n}x_n=0\\\cdots\cdots\\a_{m1}x_1+a_{m2}x_2+\cdots+a_{mn}x_n=0\end{cases}$$

称为上述非齐次线性方程组的**导出组**. 它们满足如下性质：

(1) 若 $\boldsymbol{\alpha}$ 是非齐次线性方程组 $\boldsymbol{AX}=\boldsymbol{B}$ 的解，$\boldsymbol{\xi}$ 是其导出组 $\boldsymbol{AX}=\boldsymbol{0}$ 的解，则 $\boldsymbol{\xi}+\boldsymbol{\alpha}$ 是非齐次线性方程组 $\boldsymbol{AX}=\boldsymbol{B}$ 的解.

(2) 若 $\boldsymbol{\alpha},\boldsymbol{\beta}$ 都是非齐次线性方程组 $\boldsymbol{AX}=\boldsymbol{B}$ 的解，则 $\boldsymbol{\alpha}-\boldsymbol{\beta}$ 是其导出组 $\boldsymbol{AX}=\boldsymbol{0}$ 的解.

根据这两条性质可得以下定理.

定理 12－8 如果 $\boldsymbol{\eta}^*$ 是非齐次线性方程组 $\boldsymbol{AX}=\boldsymbol{B}$ 的一个解，$\vec{\xi}$ 是其导出组 $\boldsymbol{AX}=\boldsymbol{0}$ 的全部解，则 $\boldsymbol{X}=\boldsymbol{\eta}^*+\vec{\xi}$ 是非齐次线性方程组 $\boldsymbol{AX}=\boldsymbol{B}$ 的全部解.

证 由性质(1)知 $\boldsymbol{X}=\boldsymbol{\eta}^*+\vec{\xi}$ 是非齐次线性方程组 $\boldsymbol{AX}=\boldsymbol{B}$ 的解. 只需证明，非齐次线性方程组 $\boldsymbol{AX}=\boldsymbol{B}$ 的任意一个解 $\boldsymbol{\beta}$，一定能表示成 $\boldsymbol{\eta}^*$ 与其导出组某一解的和即可.

构造向量 $\boldsymbol{\gamma}=\boldsymbol{\beta}-\boldsymbol{\eta}^*$，由性质(2)知 $\boldsymbol{\gamma}$ 是对应齐次方程组 $\boldsymbol{AX}=\boldsymbol{0}$ 的一个解.

于是得到 $\boldsymbol{\beta}=\boldsymbol{\eta}^*+\boldsymbol{\gamma}$，即非齐次线性方程组的任意解都可以表示为其一个解与其导出组某个解的和.

对于非齐次线性方程组 $\boldsymbol{AX}=\boldsymbol{B}$ 的解可以得到下面两个结论：

(1) 如果非齐次线性方程组 $\boldsymbol{AX}=\boldsymbol{B}$ 有解，即 $r(\mathbf{A})=r(\overline{\mathbf{A}})$ 时，只需求出它的一个解 $\boldsymbol{\eta}^*$ 和其导出组 $\boldsymbol{AX}=\boldsymbol{0}$ 的一个基础解系 $\boldsymbol{\xi}_1,\boldsymbol{\xi}_2,\cdots,\boldsymbol{\xi}_{n-r}$，则非齐次线性方程组 $\boldsymbol{AX}=\boldsymbol{B}$ 的全部解可以表示为

$$\boldsymbol{X}=\boldsymbol{\eta}^*+k_1\boldsymbol{\xi}_1+k_2\boldsymbol{\xi}_2+\cdots+k_{n-r}\boldsymbol{\xi}_{n-r}\text{，其中 } k_1,k_2,\cdots,k_{n-r}\text{为一组任意常数.}$$

(2) 如果非齐次线性方程组 $\boldsymbol{AX}=\boldsymbol{B}$ 有解，且它的导出组 $\boldsymbol{AX}=\boldsymbol{0}$ 仅有零解，则该非齐次线性方程组 $\boldsymbol{AX}=\boldsymbol{B}$ 只有一个解；如果其导出组 $\boldsymbol{AX}=\boldsymbol{0}$ 有无穷多解，则该非齐次线性方程组 $\boldsymbol{AX}=\boldsymbol{B}$ 也有无穷多解.

【例 12.5.3】 求非齐次线性方程组

$$\begin{cases}2x_1-3x_2+6x_3-5x_4=3\\-x_1+2x_2-5x_3+3x_4=-1\\4x_1-5x_2+8x_3-9x_4=7\end{cases}\text{的通解.}$$

解 对增广矩阵 $\overline{\mathbf{A}}$ 施行初等行变换

$$\overline{\boldsymbol{A}}=\begin{pmatrix}2&-3&6&-5&3\\-1&2&-5&3&-1\\4&-5&8&-9&7\end{pmatrix}\longrightarrow\begin{pmatrix}1&-2&5&-3&1\\2&-3&6&-5&3\\4&-5&8&-9&7\end{pmatrix},$$

$$\longrightarrow\begin{pmatrix}1&-2&5&-3&1\\0&1&-4&1&1\\0&3&-12&3&3\end{pmatrix}\longrightarrow\begin{pmatrix}1&0&-3&-1&3\\0&1&-4&1&1\\0&0&0&0&0\end{pmatrix}$$

得解

$$\begin{cases} x_1 = 3 + 3x_3 + x_4 \\ x_2 = 1 + 4x_3 - x_4 \\ x_3 = x_3 \\ x_4 = x_4 \end{cases}$$，（其中 x_3, x_4 为自由未知量）.

令 $\begin{pmatrix} x_3 \\ x_4 \end{pmatrix} = \begin{pmatrix} 0 \\ 0 \end{pmatrix}$ 代入上式，可得方程组的一个特解

$$\boldsymbol{\eta}^* = \begin{pmatrix} 3 \\ 1 \\ 0 \\ 0 \end{pmatrix},$$

显然原方程组的导出组的解为

$$\begin{cases} x_1 = 3x_3 + x_4 \\ x_2 = 4x_3 - x_4 \\ x_3 = x_3 \\ x_4 = x_4 \end{cases}.$$

令 $\begin{pmatrix} x_3 \\ x_4 \end{pmatrix}$ 分别为 $\begin{pmatrix} 1 \\ 0 \end{pmatrix}, \begin{pmatrix} 0 \\ 1 \end{pmatrix}$ 代入上式.

可得导出组的基础解系

$$\boldsymbol{\xi}_1 = \begin{pmatrix} 3 \\ 4 \\ 1 \\ 0 \end{pmatrix}, \boldsymbol{\xi}_2 = \begin{pmatrix} 1 \\ -1 \\ 0 \\ 1 \end{pmatrix},$$

故原方程组的通解为

$$\boldsymbol{X} = k_1\boldsymbol{\xi}_1 + k_2\boldsymbol{\xi}_2 + \boldsymbol{\eta}^*,$$

即

$$\begin{pmatrix} x_1 \\ x_2 \\ x_3 \\ x_4 \end{pmatrix} = k_1 \begin{pmatrix} 3 \\ 4 \\ 1 \\ 0 \end{pmatrix} + k_2 \begin{pmatrix} 1 \\ -1 \\ 0 \\ 1 \end{pmatrix} + \begin{pmatrix} 3 \\ 1 \\ 0 \\ 0 \end{pmatrix} \quad (k_1, k_2 \in \mathbf{R}).$$

习题 12－5

1. 求线性方程组 $\begin{cases} x_1 - x_2 + 5x_3 - x_4 = 0 \\ x_1 + x_2 - 2x_3 + 3x_4 = 0 \end{cases}$ 的基础解系.

2. 用基础解系表示齐次线性方程组$\begin{cases}x_1+x_2-3x_4-x_5=0\\x_1-x_2+2x_3-x_4=0\\4x_1-2x_2+6x_3+3x_4-4x_5=0\\2x_1+4x_2-2x_3+4x_4-7x_5=0\end{cases}$的通解.

3. 求齐次线性方程组$\begin{cases}x_1+3x_3+2x_4=0\\x_2-\dfrac{2}{3}x_3+\dfrac{2}{3}x_4=0\end{cases}$的基础解系和通解.

4. 求非齐次线性方程组$\begin{cases}x_1-5x_2+2x_3-3x_4=11\\5x_1+3x_2+6x_3-x_4=-1\\2x_1+4x_2+2x_3+x_4=-6\end{cases}$的一个解及对应齐次方程组的基础解系.

5. 求线性方程组$\begin{cases}x_1+3x_2+5x_3+2x_4=2\\-4x_2-9x_3-2x_4=-2\end{cases}$的通解.

6. 求线性方程组$\begin{cases}2x_1+x_2-x_3-8x_4=-1\\x_1+x_2+x_3-5x_4=2\\x_1+2x_2-3x_3=-7\end{cases}$的通解.

7. 试问线性方程组$\begin{cases}x_1+x_2+x_3=1\\x_1+2x_2+x_3=2\\x_1+x_2+\lambda x_3=\lambda\end{cases}$，当$\lambda$取何值时有解，若有解，求其解，无穷多解时请写出其通解.

复习题十二

一、单项选择题(每小题 2 分，共 10 分)

1. 设$\boldsymbol{A}$是$m\times n$矩阵，$\boldsymbol{AX}=\boldsymbol{B}$有解，则 (　　)

A. 当$\boldsymbol{AX}=\boldsymbol{B}$有唯一解时，$m=n$

B. 当$\boldsymbol{AX}=\boldsymbol{B}$有无穷多解时，$r(\boldsymbol{A})<m$

C. 当$\boldsymbol{AX}=\boldsymbol{B}$有唯一解时，$r(\boldsymbol{A})=n$

D. 当$\boldsymbol{AX}=\boldsymbol{B}$有无穷多解时，$\boldsymbol{AX}=\boldsymbol{0}$只有零解

2. 设$\boldsymbol{A}$是$m\times n$矩阵，齐次线性方程组$\boldsymbol{AX}=\boldsymbol{0}$仅有零解的充要条件是$r(\boldsymbol{A})$ (　　)

A. 小于m　　B. 小于n

C. 等于m　　D. 等于n

3. n元齐次线性方程组$\boldsymbol{AX}=\boldsymbol{0}$有非零解时，其基础解系中所含解向量的个数等于 (　　)

A. $r(\boldsymbol{A})-n$　　B. $r(\boldsymbol{A})+n$

C. $n-r(\boldsymbol{A})$　　D. $r(\boldsymbol{A})$

4. 齐次线性方程组$\boldsymbol{A}_{3\times4}\boldsymbol{X}_{4\times1}=\boldsymbol{0}$ (　　)

A. 无解　　B. 有非零解

C. 只有零解　　D. 可能有解，可能无解

5. 方程组 $\begin{cases} x_1+2x_2-x_3=1 \\ 3x_2-x_3=\lambda \\ (\lambda-1)(\lambda-2)x_3=(\lambda-2)(\lambda-3) \end{cases}$ 无解，则 $\lambda=$ （　　）

A. 0　　B. 1

C. 2　　D. 3

二、判断题(每小题 2 分，共 10 分)

6. 方程的个数小于未知量的个数的线性方程组一定有无穷多解. （　　）

7. 五元齐次线性方程组 $\boldsymbol{AX}=\boldsymbol{0}$ 只有零解，则 $r(\boldsymbol{A})=5$. （　　）

8. 若线性方程组 $\boldsymbol{AX}=\boldsymbol{B}$ 的增广矩阵为 $\overline{\boldsymbol{A}}=\begin{pmatrix} 1 & \lambda & 2 \\ 2 & 1 & 4 \end{pmatrix}$，则当 $\lambda\neq\frac{1}{2}$ 时，此线性方程组有无穷多解. （　　）

9. 向量组 $\boldsymbol{\alpha}_1=(1,1,1)^{\mathrm{T}}$，$\boldsymbol{\alpha}_2=(0,2,5)^{\mathrm{T}}$，$\boldsymbol{\alpha}_3=(2,4,7)^{\mathrm{T}}$ 线性相关. （　　）

10. 若向量组 $\boldsymbol{\alpha}_1,\boldsymbol{\alpha}_2,\boldsymbol{\alpha}_3$ 线性无关，则向量组 $\boldsymbol{\alpha}_1+\boldsymbol{\alpha}_2,\boldsymbol{\alpha}_2+\boldsymbol{\alpha}_3,\boldsymbol{\alpha}_3+\boldsymbol{\alpha}_1$ 是线性无关. （　　）

三、填空题(每小题 2 分，共 10 分)

11. 写出方程组 $\begin{cases} 2x_1+x_2-x_3+x_4=4 \\ 2x_2-3x_3+6x_4=7 \\ 3x_1-4x_3+2x_4=2 \\ x_1+2x_4=9 \end{cases}$ 的系数矩阵 $\boldsymbol{A}=$________，增广矩阵 $\overline{\boldsymbol{A}}=$________.

12. 线性方程组 $\begin{cases} 2x_1+2x_2-x_3=6 \\ x_1-2x_2+4x_3=3 \\ 5x_1+7x_2+x_3=28 \end{cases}$ 的解为________.

13. 若向量组 $\boldsymbol{\alpha}_1=(1,0,2,0)$，$\boldsymbol{\alpha}_2=(1,0,0,2)$，$\boldsymbol{\alpha}_3=(0,1,1,1)$，$\boldsymbol{\alpha}_4=(2,1,k,2)$ 线性相关，则 $k=$________.

14. 已知方程组 $\begin{pmatrix} 1 & 2 & 1 \\ 2 & 3 & a+2 \\ 1 & a & -2 \end{pmatrix}\begin{pmatrix} x_1 \\ x_2 \\ x_3 \end{pmatrix}=\begin{pmatrix} 1 \\ 3 \\ 0 \end{pmatrix}$ 无解，则 $a=$________.

15. 某个线性方程组的一般解为 $\begin{cases} x_1=-x_4+2 \\ x_2=x_4-1 \\ x_3=4 \end{cases}$，($x_4$ 是自由未知量)，若用 x_1 作为自由未知量，则一般解为________.

四、计算题(每小题 10 分，共 60 分)

16. 求方程组 $\begin{cases} x_1+x_2+x_3=2 \\ 2x_1+x_2+x_3=1 \\ x_1+x_2+2x_3=1 \end{cases}$ 的解.

17. 求线性方程组 $\begin{cases} -x_1-6x_2+3x_3=6 \\ x_2-x_3+x_4=-1 \\ x_1-x_2+x_3-4x_4=5 \end{cases}$ 的解.

18. 已知 $\boldsymbol{\beta}=(3,5,-6)$，$\boldsymbol{\alpha}_1=(1,0,1)$，$\boldsymbol{\alpha}_2=(1,1,1)$，$\boldsymbol{\alpha}_3=(0,-1,-1)$，求 $\boldsymbol{\beta}$ 由 $\boldsymbol{\alpha}_1$，$\boldsymbol{\alpha}_2$，$\boldsymbol{\alpha}_3$ 线性表示的表示式.

19. 求下列向量组 $\boldsymbol{\alpha}_1=(3,-1,2)^{\mathrm{T}}$，$\boldsymbol{\alpha}_2=(1,5,-7)^{\mathrm{T}}$，$\boldsymbol{\alpha}_3=(7,-13,20)^{\mathrm{T}}$，$\boldsymbol{\alpha}_4=(-2,6,1)^{\mathrm{T}}$ 的秩及一个极大无关组.

20. 求齐次线性方程组 $\begin{cases}x_1+x_2+2x_3-x_4=0\\2x_1+x_2+x_3-x_4=0\\2x_1+2x_2+x_3+2x_4=0\end{cases}$ 的一个基础解系.

21. 求方程组 $\begin{cases}x_1+x_2+x_3-3x_4=6\\x_1-5x_2+x_3+3x_4=-6\\x_1-2x_2+2x_3-x_4=2\end{cases}$ 的通解.

五、综合题(共 10 分)

22. 设线性方程组 $\begin{cases}x_1-x_2+mx_3=0\\2x_1+x_2-x_3=0\\x_1+x_3=0\end{cases}$ 有非零解，试确定 m 的值，并求解.

第十三章　MATLAB 及其应用*

本章提要　随着计算机的逐步普及，人们对计算机的依赖程度越来越高，我们的工作及生活方式也在悄然发生改变. 为了能够借助计算机来更好地学习、研究及应用数学，数学软件包(也称符号计算系统)应运而生. 目前，广泛使用的数学软件包有 MATLAB、Mathematica、Maple 等. 本章将简单介绍 MATLAB 在高等数学学习中的作用.

MATLAB 是 Matrix Laboratory(矩阵实验室)的缩写，是由美国 Math Works 公司开发的集计算、可视化和编程三大基本功能于一体的，功能强大、操作简单的语言. MATLAB 软件从 1984 年推出的第 1 个版本到目前发布的第 54 个版本 MATLAB 9.11，功能不断增加，现在已成为国际公认的优秀数学应用软件之一，被广泛应用于数学计算、图形处理、数学建模、系统辨识、动态仿真、实时控制、应用软件开发等领域.

MATLAB 系统主要包括 MATLAB 工作环境、MATLAB 语言、图形处理系统、MATLAB 数学函数库和 MATLAB 应用程序接口 5 个部分.

Math Works 公司的网址是 http://www.mathworks.com，读者可以访问该网站，了解 MATLAB 的最新动态.

本章将以线上资源的形式，介绍 MATLAB 软件界面与功能，用 MATLAB 作函数图形，用 MATLAB 做微积分运算等内容. 详细内容请微信扫码浏览.

MATLAB

MATLAB 及其应用

综合练习

综合练习一

一、单项选择题(每小题 4 分,共 32 分)

1. 当 $x\to 0$ 时,下列无穷小中与 x 等价的是 (　　)

A. $e^{\sin x}-1$　　B. $\ln(1+3x)$　　C. $\sqrt{1+x}-1$　　D. $1-\cos x$

2. $x=1$ 为函数 $f(x)=\begin{cases}\dfrac{\sin(x-1)}{x^2-1}, & x\neq 1\\ 2, & x=1\end{cases}$ 的 (　　)

A. 可去间断点　　B. 跳跃间断点

C. 无穷间断点　　D. 连续点

3. 曲线 $y=x\sin\dfrac{1}{x-2}$ 的渐近线共有 (　　)

A. 0 条　　B. 1 条　　C. 2 条　　D. 3 条

4. 设函数 $f(x)=(x-1)(x-2)^2(x-3)^3$,则 $f'(1)$ 等于 (　　)

A. 3　　B. 2　　C. -8　　D. 0

5. 定积分 $\int_{-1}^{1}(x^2\sin x+\sqrt{1-x^2})\mathrm{d}x$ 等于 (　　)

A. 0　　B. $\sqrt{2}\pi$　　C. π　　D. $\dfrac{\pi}{2}$

6. 下列级数中绝对收敛的是 (　　)

A. $\sum\limits_{n=1}^{\infty}\dfrac{n}{n+1}$　　B. $\sum\limits_{n=1}^{\infty}\dfrac{2n+1}{n^2+n}$

C. $\sum\limits_{n=1}^{\infty}\dfrac{1+(-1)^n}{\sqrt{n}}$　　D. $\sum\limits_{n=1}^{\infty}\dfrac{n^2}{2^n}$

7. 四阶行列式 $\begin{vmatrix}1 & 0 & 0 & -1\\ 0 & -2 & 3 & 4\\ 0 & 0 & 3 & 7\\ 2 & 0 & 0 & 4\end{vmatrix}$ 的值是 (　　)

A. -72　　B. -36　　C. -24　　D. -12

8. 矩阵 $\begin{pmatrix}1 & 1\\ 1 & 0\end{pmatrix}$ 的逆矩阵是 (　　)

A. $\begin{pmatrix}0 & 1\\ 1 & 1\end{pmatrix}$　　B. $\begin{pmatrix}1 & 1\\ 1 & 0\end{pmatrix}$　　C. $\begin{pmatrix}0 & 1\\ 1 & -1\end{pmatrix}$　　D. $\begin{pmatrix}1 & 0\\ 1 & -1\end{pmatrix}$

二、填空题(每小题 4 分,共 24 分)

9. 极限 $\lim\limits_{x\to\infty}\left(\dfrac{3+x}{6+x}\right)^{\frac{x-1}{2}}=$ ________.

10. 设函数 $F(x)=\int_{x^2}^{0} t\cos t^2\,\mathrm{d}t$，则 $F'(x)=$ ________.

11. 设 e^{-x} 是函数 $f(x)$的一个原函数，则 $\int x^2 f(\ln x)\mathrm{d}x=$ ________.

12. 设函数 $z=z(x,y)$ 是由方程 $x\mathrm{e}^z+yz=1$ 所确定，则 $\dfrac{\partial z}{\partial x}=$ ________.

13. 幂级数 $\sum\limits_{n=0}^{\infty}\dfrac{2^{n+1}}{\sqrt{n+1}}(x+1)^n$ 的收敛域为________.

14. 线性方程组 $\boldsymbol{AX}=\boldsymbol{B}$ 的增广矩阵 $\bar{\boldsymbol{A}}$ 化成阶梯形矩阵后为

$$\bar{\boldsymbol{A}}\rightarrow\begin{pmatrix}1&2&0&1\\0&4&2&-1\\0&0&0&a-1\end{pmatrix},$$

则当实数 $a=$ ________时，方程组 $\boldsymbol{AX}=\boldsymbol{B}$ 有无穷多个解.

三、计算题(每小题 8 分，共 64 分)

15. 求极限 $\lim\limits_{x\to 0}\dfrac{(\mathrm{e}^x-\mathrm{e}^{-x})^2}{\arctan x^2}$.

16. 设函数 $y=y(x)$ 是由参数方程 $\begin{cases}x=t-\ln(1+t)\\y=t^3+t^2\end{cases}$ 确定，求 $\dfrac{\mathrm{d}y}{\mathrm{d}x}$、$\dfrac{\mathrm{d}^2y}{\mathrm{d}x^2}$.

17. 求不定积分 $\int\arcsin x\mathrm{d}x$.

18. 计算定积分 $\int_0^3\dfrac{x}{1+\sqrt{x+1}}\mathrm{d}x$.

19. 设 $z=f(2x-y,y\sin x)$，其中函数 f 具有二阶连续偏导数，求 $\dfrac{\partial^2 z}{\partial x\partial y}$.

20. 求微分方程 $y''+y'=2x^2+1$ 的通解.

21. 计算二重积分 $\iint\limits_D y\mathrm{d}x\mathrm{d}y$，其中 D 是由曲线 $y=\sqrt{2-x^2}$ 与直线 $y=-x$ 及 y 轴围成的平面闭区域.

22. 设齐次线性方程组 $\begin{cases}x_1+4x_2-3x_3+5x_4=0\\2x_1+7x_2-x_3+x_4=0\\3x_1+10x_2+x_3-3x_4=0\end{cases}$. 试求：

(1) 一个基础解系；

(2) 用基础解系表示该方程组的通解.

四、证明题(每大题 10 分)

23. 证明：当 $x>0$ 时，$x+\dfrac{x^2}{2}>(1+x)\ln(1+x)$.

五、综合题(每小题 10 分，共 20 分)

24. 过曲线 $y=\sqrt{x}$ 上的点 A 作切线，使该切线与曲线及 x 轴所围成的平面图形 D 的面积 $S=\dfrac{1}{3}$. 试求：

(1) 切点 A 的坐标以及切线方程；

(2) 平面图形 D 绕 x 轴旋转一周所形成的旋转体的体积.

25. 向量组 $\boldsymbol{A}$:$\boldsymbol{\alpha}_1=\begin{pmatrix}1\\1\\-1\end{pmatrix}$,$\boldsymbol{\alpha}_2=\begin{pmatrix}3\\4\\-2\end{pmatrix}$,$\boldsymbol{\alpha}_3=\begin{pmatrix}2\\4\\0\end{pmatrix}$,$\boldsymbol{\alpha}_4=\begin{pmatrix}0\\1\\1\end{pmatrix}$. 试求:

(1) $r(\boldsymbol{A})$;

(2) 向量组 $\boldsymbol{A}$ 的一个极大无关组;

(3) 判断向量组 $\boldsymbol{A}$ 的相关性;

(4) 判断向量 $\boldsymbol{\alpha}_3$ 是否可以由 $\boldsymbol{\alpha}_1$,$\boldsymbol{\alpha}_2$ 线性表示?若可以,写出它的一种表达式.

综合练习二

一、单项选择题(每小题 4 分,共 32 分)

1. 函数 $f(x)$在 $x=x_0$ 处有意义是极限 $\lim\limits_{x\to x_0}f(x)$ 存在的 ( )

A. 充分条件　B. 必要条件　C. 充分必要条件　D. 无关条件

2. 函数 $f(x)=\tan x$, 当 $x\to 0^+$ 时,下列函数中是 $f(x)$的高阶无穷小的是 ( )

A. $\sin x$　B. $\sqrt{1+x}-1$　C. $x^3\sin\dfrac{1}{x}$　D. $e^{\sqrt{x}}-1$

3. 设函数 $f(x)$的导函数为 $\cos x$, 则 $f(x)$的一个原函数为 ( )

A. $\sin x$　B. $-\sin x$　C. $\cos x$　D. $-\cos x$

4. 二阶常系数非齐次线性微分方程 $y''+y'-2y=2xe^x$ 的特解形式为 ( )

A. Axe^x　B. Ax^2e^x　C. $(Ax+B)e^x$　D. $x(Ax+B)e^x$

5. 设函数 $z=(x-y)^3$, 则 $dz\Big|_{x=1,y=0}=$ ( )

A. $3dx+3dy$　B. $3dx-3dy$　C. $-3dx+3dy$　D. $-3dx-3dy$

6. 幂级数 $\sum\limits_{n=1}^{\infty}\dfrac{3^n}{n^2}x^n$ 的收敛域为 ( )

A. $\left[-\dfrac{1}{3},\dfrac{1}{3}\right]$　B. $\left[-\dfrac{1}{3},\dfrac{1}{3}\right)$　C. $\left(-\dfrac{1}{3},\dfrac{1}{3}\right]$　D. $\left(-\dfrac{1}{3},\dfrac{1}{3}\right)$

7. 已知矩阵 $\boldsymbol{A}=\begin{pmatrix}1&2&1&0\\2&4&2&0\\1&-1&2&3\end{pmatrix}$,则 $r(\boldsymbol{A})=$ ( )

A. 0　B. 1　C. 2　D. 3

8. 已知三阶方阵 $\boldsymbol{A}$ 的行列式 $|\boldsymbol{A}|=2$,则 $|3\boldsymbol{A}|=$ ( )

A. 3　B. 9　C. 27　D. 54

二、填空题(每小题 4 分,共 24 分)

9. 极限 $\lim\limits_{x\to 0}(1-x)^{\frac{2}{x}}=$ ________.

10. 已知矩阵 $\boldsymbol{A}=\begin{pmatrix}2&1\\3&2\end{pmatrix}$,则 $\boldsymbol{A}^{-1}=$ ______.

11. 函数 $f(x)=x\ln x$ 的 $n(n>1)$ 阶导数 $f^{(n)}(x)=$ ________.

12. 曲线 $y=\dfrac{x^2+1}{2x^3}\sin x$ 的水平渐近线方程为________.

13. 函数 $F(x)=\int_x^{x^2}\sin t\,dt$, 则 $F'(x)=$ ________.

14. 无穷级数 $\sum\limits_{n=1}^{\infty}\dfrac{n^n}{2^n n!}$ ________(填写“收敛”与“发散”).

三、计算题(每小题 8 分,共 64 分)

15. 求极限 $\lim\limits_{x\to 0}\left(\dfrac{1}{x\tan x}-\dfrac{\cos x}{x^2}\right)$.

16. 设函数 $y=y(x)$ 由方程 $y=1+xe^y$ 确定,求 $\dfrac{dy}{dx}$.

17. 计算定积分 $\int_0^9 \frac{1}{1+\sqrt{x}}\mathrm{d}x$.

18. 求不定积分 $\int \frac{\ln x}{x^2}\mathrm{d}x$.

19. 求微分方程 $x^2y'+xy=1$ 满足条件 $y(1)=1$ 的解.

20. 求非齐次线性方程组 $\begin{cases} x_1+x_2+x_3=1 \\ x_1+x_2-x_4=3 \\ 2x_1+2x_2+x_3+x_4=1 \end{cases}$ 的通解.

21. 设 $z=f(xy^2,x^2y)$，其中函数 f 具有二阶连续偏导数，求 $\frac{\partial^2 z}{\partial x\partial y}$.

22. 计算二重积分 $\iint\limits_D x\,\mathrm{d}x\mathrm{d}y$，其中 D 是由直线 $y=x+1$，x 轴及曲线 $y=\sqrt{1-x^2}$ 所围成的平面闭区域.

四、证明题(每大题 10 分，共 10 分)

23. 证明：当 $x>0$ 时，不等式 $1+\frac{1}{2}x>\sqrt{1+x}$ 成立.

五、综合题(每小题 10 分，共 20 分)

24. 在曲线 $y=\ln x$ 上 $(\mathrm{e},1)$ 点处作切线 l.

(1) 求由曲线切线、曲线本身及 x 轴所围的面积；

(2) 求上述所围图形绕 x 轴旋转一周所得旋转体的体积.

25. 已知向量组 $\boldsymbol{\alpha}_1=(1,1,1)^{\mathrm{T}}$，$\boldsymbol{\alpha}_2=(1,1,0)^{\mathrm{T}}$，$\boldsymbol{\alpha}_3=(1,0,0)^{\mathrm{T}}$，$\boldsymbol{\alpha}_4=(1,2,-3)^{\mathrm{T}}$，

(1) 求该向量组的秩；

(2) 确定该向量组的一个极大无关组，并将其余向量用极大无关组线性表示.

综合练习三

一、单项选择题(每小题 4 分,共 32 分)

1. 当 $x\to 0$ 时,函数 $f(x)=1-e^{\sin x}$ 与下列哪个函数是等价无穷小 (　　)

A. $-x$　　B. $\ln(1+2x)$　　C. x　　D. $1-\cos x$

2. 函数 $y=x^x(x>1)$ 的微分 dy 为 (　　)

A. $x^x(\ln x+1)dx$　　B. $x^x(\ln x-1)dx$

C. $x\cdot x^{x-1}dx$　　D. $-x\cdot x^{x-1}dx$

3. $x=1$ 是函数 $f(x)=\begin{cases}x, & x\neq 1\\ \frac{1}{2}, & x=1\end{cases}$ 的 (　　)

A. 无穷间断点　　B. 跳跃间断点

C. 可去间断点　　D. 连续点

4. 设 $F(x)$ 是函数 $f(x)$的一个原函数,则 $\int f(-2x)dx=$ (　　)

A. $-\frac{1}{2}F(-2x)+C$　　B. $\frac{1}{2}F(-2x)+C$

C. $-2F(-2x)+C$　　D. $2F(-2x)+C$

5. 下列级数中条件收敛的是 (　　)

A. $\sum_{n=1}^{\infty}\frac{(-1)^n n}{n^2+1}$　　B. $\sum_{n=1}^{\infty}\frac{(-1)^n n}{n+1}$

C. $\sum_{n=1}^{\infty}\frac{(-1)^n\cdot n!}{2^n}$　　D. $\sum_{n=1}^{\infty}\frac{(-1)^n-n}{n^2}$

6. 交换积分次序 $\int_0^1 dx\int_0^{1-x}f(x,y)dy=$ (　　),其中 $f(x,y)$ 是连续函数 (　　)

A. $\int_0^1 dy\int_0^{1-x}f(x,y)dx$　　B. $\int_0^1 dy\int_0^{1-y}f(x,y)dx$

C. $\int_0^{1-x}dy\int_0^1 f(x,y)dx$　　D. $\int_0^1 dy\int_0^1 f(x,y)dx$

7. 3 阶行列式 $D=\begin{vmatrix}0 & -1 & 1\\ 1 & 0 & -1\\ -1 & 1 & 0\end{vmatrix}$ 中元素 a_{21} 的代数余子式 $A_{21}=$ (　　)

A. -2　　B. -1　　C. 1　　D. 2

8. 设 $\boldsymbol{\alpha}_1=(1,0,1)^T,\boldsymbol{\alpha}_2=(1,1,0)^T,\boldsymbol{\alpha}_3=(0,1,1)^T,\boldsymbol{\alpha}_4=(1,1,1)^T$,则此向量组中共有(　　)个不同的极大无关组

A. 1　　B. 2　　C. 3　　D. 4

二、填空题(每小题 4 分,共 24 分)

9. 设 $f(x)=\lim_{n\to\infty}\left(1+\frac{x}{n}\right)^n$,则 $f(x)=$ ________.

10. 曲线 $y=x+e^x$ 在点 $(0,1)$ 处的切线方程为________.

11. 设矩阵 $\boldsymbol{A}=\begin{pmatrix}2&0&0\\0&1&0\\0&2&2\end{pmatrix}$,则 $\boldsymbol{A}^{-1}=$________.

12. 设 $f(x)=\ln x$,则 $f^{(10)}(x)=$________.

13. 微分方程 $y'-\dfrac{2}{x+1}y=(x+1)^{\frac{5}{2}}$ 满足初始条件 $y\Big|_{x=0}=1$ 的特解为________.

14. 幂级数 $\sum\limits_{n=1}^{\infty}\dfrac{(x-1)^n}{3^n\cdot n}$ 的收敛域为________.

三、计算题(每小题 8 分,共 64 分)

15. 求极限 $\lim\limits_{x\to 0}\dfrac{\int_0^x \arctan t\mathrm{d}t}{\sqrt{1+x^2}-1}$.

16. 设 $f(x)=\begin{cases}x^2\sin\dfrac{1}{x}, & x\neq 0\\ 0, & x=0\end{cases}$,求 $f'(x)$.

17. 计算行列式 $D=\begin{vmatrix}1&9&9&9\\9&1&9&9\\9&9&1&9\\9&9&9&1\end{vmatrix}$ 的值.

18. 求不定积分 $\int\dfrac{x}{\sqrt{9-x}}\mathrm{d}x$.

19. 计算定积分 $\int_{-\pi}^{\pi}(x+x^2)\sin x\mathrm{d}x$.

20. 设函数 f 具有二阶连续偏导数,$z=f\left(x,\dfrac{x}{y}\right)$ 求 $\dfrac{\partial^2 z}{\partial x\partial y}$.

21. 计算二重积分 $\iint\limits_D xy^2\mathrm{d}x\mathrm{d}y$,其中 D 为半圆形闭区域 $x^2+y^2\leqslant 4, x\geqslant 0$.

22. 求微分方程 $y''-5y'+6y=x\cdot \mathrm{e}^{2x}$ 的通解.

四、证明题(每小题 10 分,共 10 分)

23. 证明不等式:$\dfrac{\mathrm{e}^a+\mathrm{e}^b}{2}>\mathrm{e}^{\frac{a+b}{2}}(a,b\in\mathbf{R},a\neq b)$.

五、综合题(每小题 10 分,共 20 分)

24. 设 D 是由曲线 $y=\mathrm{e}^x, y=\mathrm{e}, x=0$ 所围成的平面图形. 试求:

(1) 平面图形 D 的面积;

(2) 平面图形 D 绕 y 轴旋转一周所形成的旋转体的体积.

25. 设矩阵 $\boldsymbol{A}=\begin{pmatrix}1&2&1&-1\\3&6&-1&-3\\5&10&1&-5\end{pmatrix}$,$\boldsymbol{B}=\begin{pmatrix}0\\-4\\-4\end{pmatrix}$,求方程组 $\boldsymbol{AX}=\boldsymbol{0}$ 的基础解系,并判断 $\boldsymbol{AX}=\boldsymbol{B}$ 是否有解,如有解,求其通解.

综合练习四

一、单项选择题(每小题 4 分,共 32 分)

1. 若 $x=2$ 是函数 $f(x)=\dfrac{x^2-4x+a}{x^2-3x+2}$ 的可去间断点,则常数 $a=$ (　　)

A. 1　　B. 2　　C. 3　　D. 4

2. 曲线 $y=2x^3-6x^2$ 的凹区间为 (　　)

A. $(-\infty,+\infty)$　　B. $(-\infty,1]$

C. $[1,+\infty)$　　D. 不存在

3. 若函数 $f(x)$的一个原函数为 $x\cos x$,则 $\int f''(x)\mathrm{d}x=$ (　　)

A. $-2\sin x-x\cos x+C$　　B. $2\sin x+x\cos x+C$

C. $-2\sin x+x\cos x+C$　　D. $2\sin x-x\cos x+C$

4. 已知函数 $z=z(x,y)$ 由方程 $z^3-3xyz+x^3-2=0$ 所确定,则 $\left.\dfrac{\partial z}{\partial x}\right|_{\substack{x=1\\y=0}}=$ (　　)

A. 3　　B. 2　　C. -1　　D. 0

5. 二次积分 $\int_0^2\mathrm{d}x\int_0^{2-x}f(x,y)\mathrm{d}y$ 交换积分次序后得 (　　)

A. $\int_0^2\mathrm{d}y\int_0^{2-y}f(x,y)\mathrm{d}x$　　B. $\int_0^2\mathrm{d}y\int_0^2 f(x,y)\mathrm{d}x$

C. $\int_x^2\mathrm{d}y\int_0^2 f(x,y)\mathrm{d}x$　　D. $\int_0^2\mathrm{d}y\int_0^{2+y}f(x,y)\mathrm{d}x$

6. 下列级数发散的是 (　　)

A. $\sum\limits_{n=1}^{\infty}\dfrac{(-1)^n}{n}$　　B. $\sum\limits_{n=1}^{\infty}\dfrac{1}{n^4}$　　C. $\sum\limits_{n=1}^{\infty}\left(\dfrac{1}{4^n}-\dfrac{1}{n^2}\right)$　　D. $\sum\limits_{n=1}^{\infty}\dfrac{3^n}{n^2}$

7. 已知矩阵 $\boldsymbol{A}=\begin{pmatrix}3&0&5\\-2&4&1\end{pmatrix}$,$\boldsymbol{B}=\begin{pmatrix}-1&1&4&0\\3&-2&5&-3\\2&0&-6&4\end{pmatrix}$,则 $\boldsymbol{AB}=$ (　　)

A. $\begin{pmatrix}7&3&-18&20\\16&-10&6&-8\end{pmatrix}$　　B. $\begin{pmatrix}-7&-3&18&-20\\16&-10&6&-8\end{pmatrix}$

C. $\begin{pmatrix}7&3&-18&20\\-16&10&-6&8\end{pmatrix}$　　D. 不存在

8. 已知三阶方阵 $\boldsymbol{A}$ 的行列式 $|\boldsymbol{A}|=2$,则 $|(2\boldsymbol{A})^{-1}|=$ (　　)

A. 1　　B. $\dfrac{1}{2}$　　C. $\dfrac{1}{8}$　　D. $\dfrac{1}{16}$

二、填空题(每小题 4 分,共 24 分)

9. 曲线 $y=\left(1-\dfrac{3}{x}\right)^x$ 的水平渐近线的方程为________.

10. 设函数 $f(x)=2x^3-ax^2+12x$ 在 $x=2$ 处取得极小值,则 $f(x)$的极大值为________.

11. 定积分 $\int_{-\frac{\pi}{2}}^{\frac{\pi}{2}}(x+1)\cos x\mathrm{d}x=$ ________.

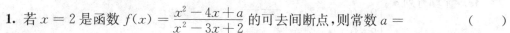

12. 函数 $z=\ln(x^2+y^2)$ 的全微分 $\mathrm{d}z=$ ________.

13. 计算行列式 $\begin{vmatrix} 0 & 0 & 2 & 0 \\ 0 & 2 & 0 & 0 \\ 0 & 0 & 0 & 2 \\ 2 & 0 & 0 & 0 \end{vmatrix}=$ ________.

14. 幂级数 $\sum\limits_{n=1}^{\infty}\dfrac{(x-1)^n}{n}$ 的收敛域为________.

三、计算题(每小题 8 分,共 64 分)

15. 求极限 $\lim\limits_{x\to 0}\left(\dfrac{1}{x\sin x}-\dfrac{1}{x^2}\right)$.

16. 设函数 $y=y(x)$ 是由参数方程 $\begin{cases} x=(1+t)\mathrm{e}^t \\ \mathrm{e}^y+ty=\mathrm{e} \end{cases}$ 确定,求 $\left.\dfrac{\mathrm{d}y}{\mathrm{d}x}\right|_{t=0}$.

17. 求不定积分 $\int x^2\ln x\mathrm{d}x$.

18. 计算定积分 $\int_1^2\dfrac{\sqrt{x-1}}{x+3}\mathrm{d}x$.

19. 判断向量组 $\boldsymbol{\alpha}_1=(1,0,-1,2)$,$\boldsymbol{\alpha}_2=(-1,-1,2,-4)$,$\boldsymbol{\alpha}_3=(2,3,-5,10)$ 的相关性.

20. 设函数 $z=f(\sin x,xy)$,其中函数 f 具有二阶连续偏导数,求 $\dfrac{\partial^2 z}{\partial x\partial y}$.

21. 计算二重积分 $\iint\limits_D(x+y)\mathrm{d}x\mathrm{d}y$,其中 D 是由三条直线 $y=x$,$y=0$,$x=1$ 所围成的平面区域.

22. 求微分方程 $y''-2y'=x$ 的通解.

四、证明题(每小题 10 分,共 10 分)

23. 证明:当 $x>0$ 时,$\mathrm{e}^x-1>\dfrac{x^2}{2}$.

五、综合题(每小题 10 分,共 20 分)

24. 设平面图形 D 由抛物线 $x=1-y^2$ 及其在点 $(0,1)$ 处的切线以及 x 轴围成.试求:

(1) 平面图形 D 的面积;

(2) 平面图形 D 绕 x 轴旋转一周所形成的旋转体的体积.

25. 求线性方程组 $\begin{cases} x_1+x_2+x_5=1 \\ x_1+x_2-x_3=0 \\ x_3+x_4+x_5=-1 \end{cases}$ 的通解.

综合练习五

一、单项选择题(每小题 4 分,共 32 分)

1. 当 $x\to 0$ 时,2^x+3^x-2 是 x 的 ( )

A. 高阶无穷小　　B. 低阶无穷小

C. 同阶无穷小,但不等价　　D. 等价无穷小

2. 若 $x=2$ 是函数 $f(x)=\dfrac{x-2}{x^2+kx-6}$ 的可去间断点,则常数 k 的值为 ( )

A. 1　　B. -1　　C. 2　　D. -2

3. 设函数 $f(x)=\varphi(e^{2x})$ 其中 $\varphi(x)$ 为可导函数,且 $\varphi'(1)=-2$,则 $f'(0)=$ ( )

A. 4　　B. -4　　C. 2　　D. -2

4. 设 $F(x)=e^{-x}$ 是函数 $f(x)$的一个原函数,则 $\int xf'(x)dx=$ ( )

A. $e^{-x}(x-1)+C$　　B. $-e^{-x}(x-1)+C$

C. $e^{-x}(x+1)+C$　　D. $-e^{-x}(x+1)+C$

5. 下列反常积分发散的是 ( )

A. $\int_0^{+\infty} e^{-x}dx$　　B. $\int_1^{+\infty}\dfrac{1}{x^2}dx$　　C. $\int_{-\infty}^{+\infty}\dfrac{1}{1+x^2}dx$　　D. $\int_1^{+\infty}\dfrac{1}{x}dx$

6. 下列级数中条件收敛的是 ( )

A. $\sum\limits_{n=1}^{\infty}\dfrac{(-1)^n}{\sqrt{n}}$　　B. $\sum\limits_{n=1}^{\infty}\dfrac{(-1)^n}{n^2+1}$

C. $\sum\limits_{n=1}^{\infty}\dfrac{\sin n}{n^2}$　　D. $\sum\limits_{n=1}^{\infty}(-1)^n\dfrac{n}{2n+1}$

7. 已知三阶方阵 $\boldsymbol{A}$ 的行列式 $|\boldsymbol{A}|=\dfrac{1}{3}$,则 $|3\boldsymbol{A}|=$ ( )

A. 1　　B. 3　　C. 6　　D. 9

8. 设 $\boldsymbol{A}=\begin{pmatrix}1&2&0&-3\\0&0&-1&3\\2&4&-1&-3\end{pmatrix}$,则秩 $r(\boldsymbol{A})=$ ( )

A. 4　　B. 3　　C. 2　　D. 1

二、填空题(每小题 4 分,共 24 分)

9. 设 $\lim\limits_{x\to\infty}\left(1+\dfrac{a}{x}\right)^x=2$,则常数 $a=$ ________.

10. 设函数 $y=x^x(x>0)$,则 $y'=$ ________.

11. 函数 $z=z(x,y)$ 是由方程 $\ln z=xyz$ 确定,则 $\dfrac{\partial z}{\partial x}=$ ________.

12. 曲线 $y=x^3-3x^2+x+9$ 的凹区间为________.

13. 已知向量 $\boldsymbol{a}=(0,0,-1)$,$\boldsymbol{b}=(1,0,1)$,则 $r(\boldsymbol{a},\boldsymbol{b})$________.

14. 幂级数 $\sum\limits_{n=1}^{\infty}\dfrac{(x+1)^n}{n\cdot 3^n}$ 的收敛域为________.

三、计算题(每小题 8 分,共 64 分)

15. 求极限 $\lim\limits_{x\to 1}\left(\dfrac{x}{1-x}+\dfrac{1}{\ln x}\right)$.

16. 设 $y=y(x)$ 是由参数方程 $\begin{cases} x=\arctan t \\ yt+1=e^y \end{cases}$ 确定的函数,求 $\left.\dfrac{dy}{dx}\right|_{t=0}$.

17. 求不定积分 $\displaystyle\int \frac{1}{(x+5)\sqrt{x+1}}dx$.

18. 计算定积分 $\displaystyle\int_1^2 x\ln x dx$.

19. 设 $z=y^2f(xy,e^x)$,其中函数 f 具有二阶连续偏导数,求 $\dfrac{\partial^2 z}{\partial x\partial y}$.

20. 求微分方程 $(x^2+y^2)dx=xydy$ 的通解.

21. 计算二重积分 $\displaystyle\iint\limits_D \sqrt{x^2+y^2}dxdy$,其中 $D=\{(x,y)\mid (x-1)^2+y^2\leqslant 1,0\leqslant y\leqslant x\}$.

22. 求非齐次线性方程组 $\begin{cases} x_1+2x_2-2x_3+3x_4=2 \\ 2x_1+4x_2-3x_3+4x_4=5 \\ 5x_1+10x_2-8x_3+11x_4=12 \end{cases}$ 的通解.

四、证明题(每小题 10 分,共 10 分)

23. 设函数 $f(x)$ 为连续函数,

证明:$\displaystyle\int_0^{\pi} f(\sin x)dx=2\int_0^{\frac{\pi}{2}} f(\cos x)dx$,并由此计算 $\displaystyle\int_0^{\pi}\sqrt{\sin x-\sin^3 x}dx$.

五、综合题(每小题 10 分,共 20 分)

24. 设函数 $f(x)$ 可导,且满足方程 $f(x)=x+\displaystyle\int_0^x (x-t)f'(t)dt$,试求 $f(x)$ 的表达式.

25. 设向量组 $\boldsymbol{\alpha}_1=(1,1,0)^T$,$\boldsymbol{\alpha}_2=(0,-1,2)^T$,$\boldsymbol{\alpha}_3=(2,5,-6)^T$,求该向量组的一个极大无关组,并将其余向量用该极大无关组线性表示.

附录一　简易积分公式表

一、含有 $a+bx$ 的积分

1. $\int \frac{dx}{a+bx}=\frac{1}{b}\ln|a+bx|+c$;

2. $\int (a+bx)^n dx=\frac{(a+bx)^{n+1}}{b(n+1)}+C\ (n\neq -1)$;

3. $\int \frac{x dx}{a+bx}=\frac{1}{b^2}[a+bx-a\ln|a+bx|]+C$;

4. $\int \frac{x^2 dx}{a+bx}=\frac{1}{b^3}\left[\frac{1}{2}(a+bx)^2-2a(a+bx)+a^2\ln|a+bx|\right]+C$;

5. $\int \frac{dx}{x(a+bx)}=-\frac{1}{a}\ln\left|\frac{a+bx}{x}\right|+C$;

6. $\int \frac{dx}{x^2(a+bx)}=-\frac{1}{ax}+\frac{b}{a^2}\ln\left|\frac{a+bx}{x}\right|+C$;

7. $\int \frac{x dx}{(a+bx)^2}=\frac{1}{b^2}\left[\ln|a+bx|+\frac{a}{a+bx}\right]+C$;

8. $\int \frac{x^2 dx}{(a+bx)^2}=\frac{1}{b^3}\left[a+bx-2a\ln|a+bx|-\frac{a^2}{a+bx}\right]+C$;

9. $\int \frac{dx}{x(a+bx)^2}=\frac{1}{a(a+bx)}-\frac{1}{a^2}\ln\left[\frac{a+bx}{x}\right]+C$.

二、含有 $\sqrt{a+bx}$ 的积分

10. $\int \sqrt{a+bx}\,dx=\frac{2}{3b}\sqrt{(a+bx)^3}+C$;

11. $\int x\sqrt{a+bx}\,dx=-\frac{2(2a-3bx)\sqrt{(a+bx)^3}}{15b^2}+C$;

12. $\int x^2\sqrt{a+bx}\,dx=\frac{2(8a^2-12abx+15b^2x^2\sqrt{(a+bx)^3}}{105b^3}+C$;

13. $\int \frac{x dx}{\sqrt{a+bx}}=-\frac{2(2a-bx)}{3b^2}\sqrt{a+bx}+C$;

14. $\int \frac{x^2 dx}{\sqrt{a+bx}}=\frac{2(8a^2-4abx+3b^2x^2)}{15b^3}\sqrt{a+bx}+C$;

15. $\int \frac{x dx}{x\sqrt{a+bx}}=\begin{cases}\frac{1}{\sqrt{a}}\ln\frac{\sqrt{a+bx}-\sqrt{a}}{\sqrt{a+bx}+\sqrt{a}}+C & (a>0),\\ \frac{2}{\sqrt{-a}}\arctan\sqrt{\frac{a+bx}{-a}}+C & (a<0);\end{cases}$

16. $\int \frac{dx}{x^2\sqrt{a+bx}}=-\frac{\sqrt{a+bx}}{ax}-\frac{b}{2a}\int\frac{dx}{x\sqrt{a+bx}}$;

17. $\int \frac{\sqrt{a+bx}\,\mathrm{d}x}{x} = 2\sqrt{a+bx} + a\int x \frac{\mathrm{d}x}{\sqrt{a+bx}}.$

三、含有 $a^2 \pm x^2$ 的积分

18. $\int \frac{\mathrm{d}x}{a^2+x^2} = \frac{1}{a}\arctan\frac{x}{a} + C;$

19. $\int \frac{\mathrm{d}x}{(a^2+x^2)^n} = \frac{x}{2(n-1)a^2(a^2+x^2)^{n-1}} + \frac{2n-3}{2(n-1)a^2}\int \frac{\mathrm{d}x}{(a^2+x^2)^{n-1}};$

20. $\int \frac{\mathrm{d}x}{a^2-x^2} = \frac{1}{2a}\left|\frac{a+x}{a-x}\right| + C;$

21. $\int \frac{\mathrm{d}x}{x^2-a^2} = \frac{1}{2a}\ln\left|\frac{x-a}{x+a}\right| + C.$

四、含有 $a^2 \pm bx^2$ 的积分

22. $\int \frac{\mathrm{d}x}{a+bx^2} = \frac{1}{\sqrt{ab}}\arctan\sqrt{\frac{b}{a}}x + C \quad (a>0, b>0);$

23. $\int \frac{\mathrm{d}x}{a-bx^2} = \frac{1}{2\sqrt{ab}}\ln\left|\frac{\sqrt{a}+\sqrt{b}x}{\sqrt{a}-\sqrt{b}x}\right| + C;$

24. $\int \frac{x\,\mathrm{d}x}{a+bx^2} = \frac{1}{2b}\ln(a+bx^2) + C;$

25. $\int \frac{x^2\,\mathrm{d}x}{a+bx^2} = \frac{x}{b} - \frac{a}{b}\int \frac{\mathrm{d}x}{a+bx^2};$

26. $\int \frac{\mathrm{d}x}{x(a+bx^2)} = \frac{1}{2a}\ln\left|\frac{x^2}{a+bx^2}\right| + C;$

27. $\int \frac{\mathrm{d}x}{x^2(a+bx^2)} = -\frac{1}{ax} - \frac{b}{a}\int \frac{\mathrm{d}x}{a+bx^2};$

28. $\int \frac{\mathrm{d}x}{(a+bx^2)^2} = \frac{x}{2a(a+bx^2)} + \frac{1}{2a}\int \frac{\mathrm{d}x}{a+bx^2}.$

五、含有 $\sqrt{x^2+a^2}$ 的积分

29. $\int \sqrt{x^2+a^2}\,\mathrm{d}x = \frac{x}{2}\sqrt{x^2+a^2} + \frac{a^2}{2}\ln(x+\sqrt{x^2+a^2}) + C;$

30. $\int \sqrt{(x^2+a^2)^3}\,\mathrm{d}x = \frac{x}{8}(2x^2+5a^2)\sqrt{x^2+a^2} + \frac{3a^4}{8}\ln(x+\sqrt{x^2+a^2}) + C;$

31. $\int x\sqrt{x^2+a^2}\,\mathrm{d}x = \frac{\sqrt{(x^2+a^2)^3}}{3} + C;$

32. $\int x^2\sqrt{x^2+a^2}\,\mathrm{d}x = \frac{x}{8}(2x^2+a^2)\sqrt{x^2+a^2} - \frac{a^4}{8}\ln(x+\sqrt{x^2+a^2}) + C;$

33. $\int \frac{\mathrm{d}x}{\sqrt{x^2+a^2}} = \ln(x+\sqrt{x^2+a^2} + C;$

34. $\int \frac{\mathrm{d}x}{\sqrt{(x^2+a^2)^3}} = \frac{x}{a^2\sqrt{x^2+a^2}}C;$

35. $\int \frac{x\mathrm{d}x}{\sqrt{x^2+a^2}} = \sqrt{x^2+a^2}+C$；

36. $\int \frac{x^2\mathrm{d}x}{\sqrt{x^2+a^2}} = \frac{x}{2}\sqrt{x^2+a^2}-\frac{a^2}{2}\ln(x+\sqrt{x^2+a^2})+C$；

37. $\int \frac{x^2\mathrm{d}x}{\sqrt{(x^2+a^2)^3}} = -\frac{x}{\sqrt{x^2+a^2}}+\ln(x+\sqrt{x^2+a^2})+C$；

38. $\int \frac{\mathrm{d}x}{x\sqrt{x^2+a^2}} = \frac{1}{a}\ln\frac{|x|}{a+\sqrt{x^2+a^2}}+C$；

39. $\int \frac{\mathrm{d}x}{x^2\sqrt{x^2+a^2}} = -\frac{\sqrt{x^2+a^2}}{a^2x}+C$；

40. $\int \frac{\sqrt{x^2+a^2}\mathrm{d}x}{x} = \sqrt{x^2+a^2}-a\ln\frac{a+\sqrt{x^2+a^2}}{|x|}+C$；

41. $\int \frac{\sqrt{x^2+a^2}\mathrm{d}x}{x^2} = -\frac{\sqrt{x^2+a^2}}{x}+\ln(x+\sqrt{x^2+a^2})+C$.

六、含有$\sqrt{x^2-a^2}$的积分

42. $\int \frac{\mathrm{d}x}{\sqrt{x^2-a^2}} = \ln|x+\sqrt{x^2-a^2}|+C$；

43. $\int \frac{\mathrm{d}x}{\sqrt{(x^2-a^2)^3}} = -\frac{x}{a^2\sqrt{x^2-a^2}}+C$；

44. $\int \frac{x\mathrm{d}x}{\sqrt{x^2-a^2}} = \sqrt{x^2-a^2}+C$；

45. $\int \sqrt{x^2-a^2}\mathrm{d}x = \frac{x}{2}\sqrt{x^2-a^2}-\frac{a^2}{2}\ln|x+\sqrt{x^2-a^2}|+C$；

46. $\int \sqrt{(x^2-a^2)^3}\mathrm{d}x = \frac{x}{8}(2x^2-5a^2)\sqrt{x^2-a^2}+\frac{3a^4}{8}\ln|x+\sqrt{x^2-a^2}|+C$；

47. $\int x\sqrt{x^2-a^2}\mathrm{d}x = \frac{\sqrt{(x^2-a^2)^3}}{3}+C$；

48. $\int x\sqrt{(x^2-a^2)^3}\mathrm{d}x = \frac{\sqrt{(x^2-a^2)^5}}{5}+C$；

49. $\int x^2\sqrt{x^2-a^2}\mathrm{d}x = \frac{x}{8}(2x^2-a^2)\sqrt{x^2-a^2}-\frac{a^4}{8}\ln|x+\sqrt{x^2-a^2}|+C$；

50. $\int \frac{x^2}{\sqrt{x^2-a^2}}\mathrm{d}x = \frac{x}{2}\sqrt{x^2-a^2}+\frac{a^2}{2}\ln|x+\sqrt{x^2-a^2}|+C$；

51. $\int \frac{x^2}{\sqrt{(x^2-a^2)^3}}\mathrm{d}x = -\frac{x}{\sqrt{x^2-a^2}}\ln|x+\sqrt{x^2-a^2}|+C$；

52. $\int \frac{\mathrm{d}x}{x\sqrt{x^2-a^2}} = \frac{1}{a}\arccos\frac{a}{x}+C$；

53. $\int \frac{\mathrm{d}x}{x^2\sqrt{x^2-a^2}} = \frac{\sqrt{x^2-a^2}}{a^2x}+C$；

54. $\int \frac{\sqrt{x^2-a^2}\mathrm{d}x}{x} = \sqrt{x^2-a^2}-a\arccos\frac{a}{x}+C$；

55. $\int \frac{\sqrt{x^2-a^2}\mathrm{d}x}{x^2} = -\frac{\sqrt{x^2-a^2}}{x} + \ln|x+\sqrt{x^2-a^2}| + C.$

七、含有$\sqrt{a^2-x^2}$的积分

56. $\int \frac{\mathrm{d}x}{\sqrt{a^2-x^2}} = \arcsin\frac{x}{a} + C$；

57. $\int \frac{\mathrm{d}x}{\sqrt{(a^2-x^2)^3}} = \frac{x}{a^2\sqrt{a^2-x^2}} + C$；

58. $\int \frac{x\mathrm{d}x}{\sqrt{a^2-x^2}} = -\sqrt{a^2-x^2} + C$；

59. $\int \frac{x\mathrm{d}x}{\sqrt{(a^2-x^2)^3}} = \frac{1}{\sqrt{a^2-x^2}} + C$；

60. $\int \frac{x^2\mathrm{d}x}{\sqrt{a^2-x^2}} = -\frac{x}{2}\sqrt{a^2-x^2} + \frac{a^2}{3}\arcsin\frac{x}{a} + C$；

61. $\int \sqrt{a^2-x^2}\mathrm{d}x = \frac{x}{2}\sqrt{a^2-x^2} + \frac{a^2}{2}\arcsin\frac{x}{a} + C$；

62. $\int \sqrt{(a^2-x^2)^3}\mathrm{d}x = \frac{x}{8}(5a^2-2x^2)\sqrt{a^2-x^2} + \frac{3a^4}{8}\arcsin\frac{x}{a} + C$；

63. $\int x\sqrt{a^2-x^2}\mathrm{d}x = -\frac{\sqrt{(a^2-x^2)^3}}{3} + C$；

64. $\int x\sqrt{(a^2-x^2)^3}\mathrm{d}x = -\frac{\sqrt{(a^2-x^2)^5}}{5} + C$；

65. $\int x^2\sqrt{a^2-x^2}\mathrm{d}x = \frac{x}{8}(2x^2-a^2)\sqrt{a^2-x^2} + \frac{a^4}{8}\arcsin\frac{x}{a} + C$；

66. $\int \frac{x^2\mathrm{d}x}{\sqrt{(a^2-x^2)^3}} = \frac{x}{\sqrt{a^2-x^2}} - \arcsin\frac{x}{a} + C$；

67. $\int \frac{\mathrm{d}x}{x\sqrt{a^2-x^2}} = \frac{1}{a}\ln\left|\frac{x}{a+\sqrt{a^2-x^2}}\right| + C$；

68. $\int \frac{\mathrm{d}x}{x^2\sqrt{a^2-x^2}} = -\frac{\sqrt{a^2-x^2}}{a^2x} + C$；

69. $\int \frac{\sqrt{a^2-x^2}}{x}\mathrm{d}x = \sqrt{a^2-x^2} - a\ln\left|\frac{a+\sqrt{a^2-x^2}}{x}\right| + C$；

70. $\int \frac{\sqrt{a^2-x^2}}{x^2}\mathrm{d}x = -\frac{\sqrt{a^2-x^2}}{x} - \arcsin\frac{x}{a} + C.$

八、含有$a+bx\pm cx^2(c>0)$的积分

71. $\int \frac{\mathrm{d}x}{a+bx-cx^2} = \frac{1}{\sqrt{b^2+4ac}}\ln\left|\frac{\sqrt{b^2+4ac}+2cx-b}{\sqrt{b^2+4ac}-2cx+b}\right| + C$；

72. $$\int \frac{\mathrm{d}x}{a+bx+cx^2} = \begin{cases} \frac{2}{\sqrt{4ac-b^2}}\arctan\frac{2cx+b}{\sqrt{4ac-b^2}} + C & (b^2<4ac) \\ \frac{1}{\sqrt{b^2-4ac}}\ln\left|\frac{2cx+b-\sqrt{4ac-b^2}}{2cx+b+\sqrt{4ac-b^2}}\right| + C & (b^2>4ac) \end{cases}$$

九、含有$\sqrt{a+bx\pm cx^2}$ $(c>0)$的积分

73. $\int \frac{dx}{\sqrt{a+bx+cx^2}}=\frac{1}{\sqrt{c}}\ln|2cx+b+2\sqrt{c}\sqrt{a+bx+cx^2}|+C$;

74. $\int \sqrt{a+bx+cx^2}dx=\frac{2cx+b}{4c}\sqrt{a+bx+cx^2}-$
$$\frac{b^2-4ac}{8\sqrt{c^3}}\ln|2cx+b+2\sqrt{c}\sqrt{a+bx+cx^2}|+C;$$

75. $\int \frac{xdx}{\sqrt{a+bx+cx^2}}=\frac{\sqrt{a+bx+cx^2}}{c}-\frac{b}{2\sqrt{c^3}}\ln|2cx+b+2\sqrt{a+bx+cx^2}|+C$;

76. $\int \frac{dx}{\sqrt{a+bx-cx^2}}=\frac{1}{\sqrt{c}}\arcsin\frac{2cx-b}{\sqrt{b^2+4ac}}+C$;

77. $\int \sqrt{a+bx-cx^2}dx=\frac{2cx-b}{4c}\sqrt{a+bx-cx^2}+\frac{b^2+4ac}{8\sqrt{c^3}}\arcsin\frac{2cx-b}{\sqrt{b^2+4ac}}+C$;

78. $\int \frac{xdx}{\sqrt{a+bx-cx^2}}=-\frac{\sqrt{a+bx-cx^2}}{c}+\frac{b}{2\sqrt{c^3}}\arcsin\frac{2cx-b}{\sqrt{b^2+4ac}}+C$.

十、含有$\sqrt{\frac{a\pm b}{b\pm x}}$的积分和含有$\sqrt{(x-a)(b-x)}$的积分

79. $\int\sqrt{\frac{a+x}{b+x}}dx=\sqrt{(a+x)(b+x)}+(a-b)\ln(\sqrt{a+x}+\sqrt{b+x})+C$;

80. $\int\sqrt{\frac{a-x}{b+x}}dx=\sqrt{(a-x)(b+x)}+(a+b)\arcsin\sqrt{\frac{x+b}{a+b}}+C$;

81. $\int\sqrt{\frac{a+x}{b-x}}dx=-\sqrt{(a+x)(b-x)}-(a+b)\arcsin\sqrt{\frac{b-x}{a+b}}+C$;

82. $\int\frac{dx}{\sqrt{(x-a)(b-x)}}=2\arcsin\sqrt{\frac{x-a}{b-a}}+C$.

十一、含有三角函数的积分

83. $\int\sin x dx=-\cos x+C$;

84. $\int\cos x dx=\sin x+C$;

85. $\int\tan x dx=-\ln|\cos x|+C$;

86. $\int\cot x dx=\ln|\sin x|+C$;

87. $\int\sec x dx=\ln|\sec x+\tan x|+C=\ln\left|\tan\left(\frac{\pi}{4}+\frac{\pi}{2}\right)\right|+C$;

88. $\int\csc x dx=\ln|\csc x-\cot x|+C=\ln\left|\tan\frac{x}{2}\right|+C$;

89. $\int \sec^2 x\,dx = \tan x + C$;

90. $\int \csc^2 x\,dx = -\cot x + C$;

91. $\int \sec x\tan x\,dx = \sec x + C$;

92. $\int \csc x\cot x\,dx = -\csc x + C$;

93. $\int \sin^2 x\,dx = \frac{x}{2} - \frac{1}{4}\sin 2x + C$;

94. $\int \cos^2 x\,dx = \frac{x}{2} + \frac{1}{4}\sin 2x + C$;

95. $\int \sin^n x\,dx = -\frac{\sin^{n-1} x\cos x}{n} + \frac{n-1}{n}\int \sin^{n-2} x\,dx$;

96. $\int \cos^n x\,dx = \frac{\cos^{n-1} x\sin x}{n} + \frac{n-1}{n}\int \cos^{n-2} x\,dx$;

97. $\int \frac{dx}{\sin^n x} = \frac{1}{n-1}\frac{\cos x}{\sin^{n-1} x} + \frac{n-2}{n-1}\int \frac{dx}{\sin^{n-2} x}$;

98. $\int \frac{dx}{\cos^n x} = \frac{1}{n-1}\frac{\sin x}{\cos^{n-1} x} + \frac{n-2}{n-1}\int \frac{dx}{\cos^{n-2} x}$;

99. $$\begin{aligned}\int \cos^m x\sin^n x\,dx &= \frac{\cos^{m-1} x\sin^{n+1} x}{m+n} + \frac{m-1}{m+n}\int \cos^{m-2} x\sin^n x\,dx \\ &= \frac{\sin^{n-1} x\cos^{m+1} x}{m+n} + \frac{n-1}{m+n}\int \cos^m x\sin^{n-2} x\,dx;\end{aligned}$$

100. $\int \sin mx\cos nx\,dx = -\frac{\cos(m+n)x}{2(m+n)} - \frac{\cos(m-n)x}{2(m-n)} + C \quad (m \neq n)$;

101. $\int \sin mx\sin nx\,dx = -\frac{\sin(m+n)x}{2(m+n)} + \frac{\sin(m-n)x}{2(m-n)} + C \quad (m \neq n)$;

102. $\int \cos mx\cos nx\,dx = \frac{\sin(m+n)x}{2(m+n)} + \frac{\sin(m-n)x}{2(m-n)} + C \quad (m \neq n)$;

103. $\int \frac{dx}{a+b\sin x} = \frac{2}{\sqrt{a^2-b^2}}\arctan\frac{a\tan\frac{x}{2}+b}{\sqrt{a^2-b^2}} + C \quad (a^2 > b^2)$;

104. $\int \frac{dx}{a+b\sin x} = \frac{1}{\sqrt{b^2-a^2}}\ln\left|\frac{a\tan\frac{x}{2}+b-\sqrt{b^2-a^2}}{a\tan\frac{x}{2}+b+\sqrt{b^2-a^2}}\right| + C \quad (a^2 < b^2)$;

105. $\int \frac{dx}{a+b\cos x} = \frac{2}{\sqrt{a^2-b^2}}\arctan\left(\sqrt{\frac{a-b}{a+b}}\tan\frac{x}{2}\right) + C \quad (a^2 > b^2)$;

106. $\int \frac{dx}{a+b\cos x} = \frac{1}{\sqrt{b^2-a^2}}\ln\left|\frac{\tan\frac{x}{2}+\sqrt{\frac{b+a}{b-a}}}{\tan\frac{x}{2}-\sqrt{\frac{b+a}{b-a}}}\right| + C \quad (a^2 < b^2)$;

107. $\int \frac{dx}{a^2\cos^2 x + b^2\sin^2 x} = \frac{1}{ab}\arctan\left(\frac{b\tan x}{a}\right) + C$;

108. $\int \frac{dx}{a^2\cos^2 x - b^2\sin^2 x} = \frac{1}{2ab}\ln\left|\frac{b\tan x + a}{b\tan x - a}\right| + C$;

109. $\int x\sin ax\,dx = \frac{1}{a^2}\sin ax - \frac{1}{a}x\cos ax + C$;

110. $\int x^2 \sin ax\,dx = -\frac{1}{a}x^2\cos ax + \frac{2}{a^2}x\sin ax + \frac{2}{a^3}x\cos ax + C$;

111. $\int x\cos ax\,dx = \frac{1}{a^2}\cos ax + \frac{1}{a}x\sin ax + C$;

112. $\int x^2\cos ax\,dx = \frac{1}{a}\sin ax + \frac{2}{a^2}x\cos ax - \frac{2}{a^3}\sin ax + C$.

十二、含有反三角函数的积分

113. $\int \arcsin\frac{x}{a}dx = x\arcsin\frac{x}{a} + \sqrt{a^2-x^2} + C$.

114. $\int x\arcsin\frac{x}{a}dx = \left(\frac{x^2}{2}-\frac{a^2}{4}\right)\arcsin\frac{x}{a} + \frac{x}{4}\sqrt{a^2-x^2} + C$;

115. $\int x^2\arcsin\frac{x}{a}dx = \frac{x^3}{3}\arcsin\frac{x}{a} + \frac{1}{9}(x^2+2a^2)\sqrt{a^2-x^2} + C$;

116. $\int \arccos\frac{x}{a}dx = x\arccos\frac{x}{a} - \sqrt{a^2-x^2} + C$;

117. $\int x\arccos\frac{x}{a}dx = \left(\frac{x^2}{2}-\frac{a^2}{4}\right)\arccos\frac{x}{a} - \frac{x}{4}\sqrt{a^2-x^2} + C$;

118. $\int x^2\arccos\frac{x}{a}dx = \frac{x^3}{3}\arccos\frac{x}{a} - \frac{1}{9}(x^2+2a^2)\sqrt{a^2-x^2} + C$;

119. $\int \arctan\frac{x}{a}dx = x\arctan\frac{x}{a} - \frac{a}{2}\ln(a^2+x^2) + C$;

120. $\int \arctan\frac{x}{a}dx = \frac{1}{2}(x^2+a^2)\arctan\frac{x}{a} - \frac{ax}{2} + C$;

121. $\int x^2\arctan\frac{x}{a}dx = \frac{x^3}{3}\arctan\frac{x}{a} - \frac{ax^2}{6} + \frac{a^3}{6}\ln(a^2+x^2) + C$.

十三、含有指数函数的积分

122. $\int a^x dx = \frac{a^x}{\ln a} + C$;

123. $\int e^{ax}dx = \frac{e^{ax}}{a} + C$;

124. $\int e^{ax}\sin bx\,dx = \frac{e^{ax}(a\sin bx - b\cos bx)}{a^2+b^2} + C$;

125. $\int e^{ax}\cos bx\,dx = \frac{e^{ax}(b\sin bx + a\cos bx)}{a^2+b^2} + C$;

126. $\int xe^{ax}dx = \frac{e^{ax}}{a^2}(ax-1) + C$;

127. $\int x^n e^{ax}dx = \frac{x^n e^{ax}}{a} - \frac{n}{a}\int x^{n-1}e^{ax}dx$;

128. $\int xa^{mx}dx = \frac{xa^{mx}}{m\ln a} - \frac{a^{mx}}{(m\ln a)^2} + C$;

129. $\int x^n a^{mx}dx = \frac{a^{mx}x^m}{m\ln a} - \frac{n}{m\ln a}\int x^{n-1}a^{mx}dx$;

130. $\int e^{ax}\sin^n bx\,dx = \frac{e^{ax}\sin^{n-1}bx}{a^2+b^2n^2}(a\sin bx - nb\cos bx) + \frac{n(n-1)}{a^2+b^2n^2}b\int e^{ax}\sin^{n-2}bx\,dx$；

131. $\int e^{ax}\cos^n bx\,dx = \frac{e^{ax}\cos^{n-1}bx}{a^2+b^2n^2}(a\cos bx + nb\sin bx) + \frac{n(n-1)}{a^2+b^2n^2}b^2\int e^{ax}\cos^{n-2}bx\,dx$.

十四、含有对数函数的积分

132. $\int \ln x\,dx = x\ln x - x + C$；

133. $\int \frac{dx}{x\ln x} = \ln(\ln x) + C$；

134. $\int x^n\ln x\,dx = x^{n+1}\left[\frac{\ln x}{n+1} - \frac{1}{(n+1)^2}\right] + C$；

135. $\int \ln^n x\,dx = x\ln^n x - n\int \ln^{n-1} x\,dx$；

136. $\int x^m\ln^n x\,dx = \frac{x^{m+1}}{m+1}\ln^n x - \frac{n}{m+1}\int x^m\ln^{n-1} x\,dx$.

附录二　世界十大数学家简介*

延伸阅读：世界十大数学家简介

附录三　习题答案及课程思政案例*

注：本书复习题及综合练习答案定时上线，微信扫本书封面二维码浏览，祝您成功！

参考文献

1. 同济大学数学系.高等数学(第七版)[M].北京:高等教育出版社,2014.
2. 李忠,周建莹.高等数学(第二版)[M].北京:北京大学出版社,2009.
3. 熊丽华.微积分[M].大连:大连理工大学出版社,2013.
4. 刘习贤,华柳斌.高等数学[M].上海:同济大学出版社,2009.
5. 董锦华,张德全.高等数学[M].沈阳:东北大学出版社,2011.
6. 韩贵金.经济应用数学[M].北京:石油工业出版社,2009.
7. 侯风波.高等数学(第四版)[M].北京:高等教育出版社.2014.
8. 童健,杨和稳.新编专转本高等数学考试必读[M].南京:南京大学出版社,2016.